建 筑 结 构

（第4版）

主　编　曹孝柏　曹绍江

副主编　肖应祺　安　昶　易君芝

　　　　陈丽君　韩　磊　唐善德

　　　　田　凯　付　沛　李伟娜

参　编　贺　超　彭炜敏　张犁慌

北京理工大学出版社

BEIJING INSTITUTE OF TECHNOLOGY PRESS

内 容 提 要

本书按照高等院校人才培养目标及专业教学改革的需要，坚持以培养职业技能为重点进行编写。全书共分12个项目，主要内容包括：钢筋和混凝土的力学性能，建筑结构的基本设计原则，受弯构件承载力计算，受扭构件承载力计算，受压构件承载力计算，受拉构件承载力计算，预应力混凝土构件，钢筋混凝土梁、板结构，单层厂房排架结构，多高层框架结构，砌体结构和钢结构等。

本书可作为高等院校工程造价等相关专业的教材，也可作为函授和自考辅导用书，还可供建筑工程施工现场相关技术和管理人员工作时参考使用。

图书在版编目（CIP）数据

建筑结构 / 曹孝柏，曹绍江主编. -- 4版. -- 北京：
北京理工大学出版社，2024.4
ISBN 978-7-5763-2887-5

Ⅰ.①建… Ⅱ.①曹… ②曹… Ⅲ.①建筑结构－高
等学校－教材 Ⅳ.①TU3

中国国家版本馆CIP数据核字（2023）第174766号

责任编辑：封 雪		**文案编辑**：封 雪	
责任校对：刘亚男		**责任印制**：王美丽	

出版发行 / 北京理工大学出版社有限责任公司

社　　址 / 北京市丰台区四合庄路6号

邮　　编 / 100070

电　　话 / （010）68914026（教材售后服务热线）

　　　　　　（010）68944437（课件资源服务热线）

网　　址 / http：//www.bitpress.com.cn

版印次 / 2024 年 4 月第 4 版第 1 次印刷

印　　刷 / 北京紫瑞利印刷有限公司

开　　本 / 787 mm×1092 mm　1/16

印　　张 / 20

字　　数 / 474 千字

定　　价 / 89.00 元

建筑结构如同建筑的骨骼，承担着支撑整个建筑物的作用，承受各种力的作用，确保建筑物的稳定性和安全性。建筑结构是建筑物存在和功能发挥的基础，对建筑物的安全性、耐用性和美观性至关重要。

党的二十大报告中指出："统筹职业教育、高等教育、继续教育协同创新，推进职普融通、产教融合、科教融汇，优化职业教育类型定位"。本书在编写过程中充分体现以学生就业为导向、以能力为本位，素质教育优先，贯彻党的教育方针，立德树人，坚持为党育人、为国育才；以专业理论知识"够用"为尺度，精选教材内容。

本书修订时充分考虑了建筑工程相关专业的深度和广度，以"必需、够用"为度，以"讲清概念、强化应用"为重点，力求目标明确，内容精炼，由浅入深，循序渐进，从而为"工程造价管理""结构软件设计""建筑工程质量检测"等后续课程的学习打下牢固的基础。通过对本书内容的学习，学生可了解建筑结构的基本设计原理，掌握钢筋、混凝土及砌体材料的力学性能，以及钢筋混凝土结构、砌体结构、钢结构中各种基本构件的受力特点，掌握一般房屋建筑的结构布置、截面选型及基本构件的设计计算方法，正确理解国家建筑结构设计规范中的相关规定，正确进行截面设计等，同时能处理建筑结构施工中的一般问题，逐步培养和提高综合应用能力，为将来从事房屋建筑工程设计、施工及项目管理工作打下良好的基础。

本书由湖南城建职业技术学院曹孝柏、昆明工业职业技术学院曹绍江担任主编，安徽工贸职业技术学院肖应祺、新疆农业职业技术学院安昶、江西应用工程职业学院易君芝、安徽工业经济职业技术学院陈丽君、张家口职业技术学院韩磊、广西水利电力职业技术学院唐善德、广西水利电力职业技术学院田凯、湖南建筑高级技工学校付沛、福州软件职业技术学院李伟娜担任副主编，湖南高速铁路职业技术学院贺超、广州城建职业学院彭炜敏、云南农业职业技术学院张犁慌参与编写。

本书在修订过程中参阅了国内同行多部著作，部分高等院校教师提出了宝贵意见，在此向他们表示由衷的感谢！

虽经推敲核正，但由于编者的专业水平和实践经验有限，书中仍难免有疏漏或不妥之处，恳请广大读者指正。

编　者

第3版前言

建筑结构是高等院校土建学科工程管理类相关专业的主干课程之一，主要包括混凝土结构、砌体结构和钢结构三类结构体系，主要研究一般房屋建筑结构的特点、结构布置原则、结构构件受力特点及破坏形态、简单结构构件的设计原理和设计计算、建筑结构的有关构造要求及结构施工图等内容。

近年来，随着我国建筑结构技术及其应用的迅速发展，新材料、新技术、新工艺、新设备在建筑工程中得到了广泛应用。为此，国家对建筑结构设计相关规范进行了全面修订。本次修订以建筑工程设计与施工新标准规范为依据，以适应社会需求为目标，以培养学生的技术能力为主线，结合高等院校建筑结构课程教学大纲的要求进行。修订时充分考虑了建筑工程相关专业的深度和广度，以"必需、够用"为度，以"讲清概念、强化应用"为重点，力求目标明确，内容精炼，由浅入深，循序渐进，从而为"工程造价管理""结构软件设计""建筑工程质量检测"等后续课程的学习打下牢固的基础。

通过对本书内容的学习，学生可了解建筑结构的基本设计原理，掌握钢筋、混凝土及砌体材料的力学性能，以及钢筋混凝土结构、砌体结构、钢结构中各种基本构件的受力特点，掌握一般房屋建筑的结构布置、截面选型及基本构件的设计计算方法，正确理解国家建筑结构设计规范中的相关规定，正确进行截面设计等，同时能处理建筑结构施工中的一般问题，逐步培养和提高综合应用能力，为将来从事房屋建筑工程设计、施工及项目管理工作打下良好的基础。

本次修订后的主要内容包括钢筋和混凝土的力学性能，建筑结构的基本设计原则，受弯构件承载力计算，受扭构件承载力计算，受压构件承载力计算，受拉构件承载力计算，预应力混凝土构件，钢筋混凝土梁、板结构，单层厂房排架结构，多高层框架结构，砌体结构，钢结构等，全面介绍了建筑结构设计原理、计算方法等基础知识，并配有大量例题，帮助学生理解、消化所学内容。

本书由湖南城建职业技术学院曹孝柏、山东水利职业学院伊安海、四川建筑职业技术学院张建新担任主编；由湖南高速铁路职业技术学院肖毅，云南经贸外事职业学院吴海燕，成都艺术职业学院张忠良担任副主编；云南经贸外事职业学院杨文兵，唐玉智参与编写。具体编写分工为：曹孝柏编写第一章、第二章、第六章，伊安海编写第三章、第四章、附录，张建新编写第七章、第十章，肖毅编写第十二章，吴海燕编写第八章，张忠良编写第九章，杨文兵编写第十一章，唐玉智编写第五章，湖南城建职业技术学院王运政对全书主审定稿。

本书在修订过程中参阅了国内同行多部著作，部分高等院校教师提出了宝贵意见，在此向他们表示由衷的感谢！

虽经推敲核正，但由于编者的专业水平和实践经验有限，书中仍难免有疏漏或不妥之处，恳请广大读者指正。

编　者

　　建筑结构是高等院校土建大类土建施工类、工程管理类专业的主干课程之一，主要包括混凝土结构、砌体结构、钢结构三类结构体系以及建筑抗震基本知识，主要研究一般房屋建筑结构的特点、结构构件布置原则、结构构件的受力特点及破坏形态、简单结构构件的设计原理和设计计算、建筑结构的有关构造要求以及结构施工图等内容。

　　近年来，随着我国建筑结构技术及其应用的迅速发展，新材料、新技术、新工艺得到了广泛应用。为此，国家对建筑结构设计相关规范进行了全面修订。本书以全国高职高专教育土建类专业教学指导委员会制订的教育标准和培养方案及主干课程教学大纲为指导，以适应社会需求为目标，以国家现行建筑结构设计相关规范为依据，以培养技术能力为主线组织编写。在编写时充分考虑土建工程专业的深度和广度，以"必需、够用"为度，以"讲清概念、强化应用"为重点，深入浅出，注重实用。

　　通过对本书的学习，学生可了解建筑结构的基本设计原理，掌握钢筋、混凝土及砌体材料的力学性能，以及钢筋混凝土结构、砌体结构和各种基本构件的受力特点，掌握一般房屋建筑的结构布置、截面选型及基本构件的设计计算方法，正确理解国家建筑结构设计规范中的有关规定，正确进行截面设计等，同时能处理建筑结构施工中的一般问题，逐步培养和提高综合应用能力，为从事房屋建筑工程设计、施工及项目管理工作打下良好的基础。

　　本书共13章，从钢筋和混凝土的力学性能，建筑结构的基本设计原则，受弯构件承载力计算，受扭构件承载力计算，受压构件承载力计算，受拉构件承载力计算，预应力混凝土构件，钢筋混凝土梁、板结构，单层厂房排架结构，多高层框架结构，钢结构，砌体结构以及建筑结构抗震设计等方面介绍了建筑结构设计原理、计算方法等基础知识，并配有大量例题，以帮助学生理解、消化所学内容。

　　本书内容翔实，系统全面，注重理论联系实际及教学互动。为方便教学，在各章前设置学习重点和学习目标，各章后设置本章小结和思考与练习，从更深层次给学生以思考、复习的提示，由此构建了"引导—学习—总结—练习"的教学模式。

　　本书由曹孝柏、郭清燕、毕俊岭担任主编，张建新、董远林、孟胜国、张忠良担任副主编，靳雪梅、胡小勇、封文静、王锦、韩哲、夏欢、王军芳参与了本书部分章节的编写，李辉、王运政审阅了全书。本书在修订过程中，除了按新规范进行修改外，仍然保持本书第1版中说明清楚、简明扼要、便于教学、便于自学等特点。本书既可作为高职高专院校土建施工类、工程管理类专业的教材，也可作为建筑工程技术人员的参考用书。

　　本书在修订过程中参阅了国内同行多部著作，部分高职高专院校教师提出了很多宝贵意见，在此向他们表示衷心的感谢！

　　本书虽经推敲核证，但由于编者的专业水平和实践经验有限，仍难免有疏漏或不妥之处，恳请广大读者指正。

编　者

第 1 版前言

建筑结构是高等院校土建学科工程管理类专业的主干课程之一，包括混凝土结构、砌体结构和钢结构三类结构体系，主要研究一般房屋建筑结构的特点、结构构件布置原则、结构构件的受力特点及破坏形态、简单结构构件的设计原理和设计计算、建筑结构的有关构造要求以及结构施工图等内容。

近年来，随着我国建筑结构技术及其应用的迅速发展，新材料、新技术、新工艺得到了广泛应用。为此，国家对建筑结构设计相关规范进行了全面修订。本教材以全国高职高专教育土建类专业教学指导委员会制订的教育标准和培养方案及主干课程教学大纲为指导，以适应社会需求为目标，以国家现行建筑结构设计相关规范为依据，以培养技术能力为主线组织编写。在编写时充分考虑土建工程专业的深度和广度，以"必需、够用"为度，以"讲清概念、强化应用"为重点，深入浅出，注重实用。

通过对本教材的学习，学生可了解建筑结构的基本设计原理，掌握钢筋、混凝土及砌体材料的力学性能，以及钢筋混凝土结构、砌体结构和各种基本构件的受力特点，掌握一般房屋建筑的结构布置、截面选型及基本构件的设计计算方法，正确理解国家建筑结构设计规范中的有关规定，正确进行截面设计等，同时能处理建筑结构施工中的一般问题，逐步培养和提高综合应用能力，为从事房屋建筑工程设计、施工及项目管理工作打下良好的基础。

本书共分13章，从钢筋和混凝土的力学性能，建筑结构的基本设计原则，受弯构件，受扭构件，受压构件，受拉构件，预应力混凝土构件，钢筋混凝土梁、板结构，单层厂房排架结构，多高层框架结构，钢结构，砌体结构以及建筑结构抗震设计等方面详细讲解了建筑结构设计原理、计算方法等基础知识，并配有大量例题，以帮助学生理解、消化所学内容。

本教材内容翔实，系统全面，注重理论联系实际以及教学互动。为方便教学，在各章前设置【学习重点】和【培养目标】，各章后设置【本章小结】和【思考与练习】，从更深层次给学生以思考、复习的提示，由此构建了"引导—学习—总结—练习"的教学模式。

本教材由刘雁宁、郭清燕、张秀丽担任主编，申桂英、孙敏、汪一鸣、高秀青担任副主编，靳雪梅、刘建帮参与编写。本教材既可作为高职高专院校工程管理类专业的教材，也可作为建筑工程技术人员的参考用书。

本教材在编写过程中参阅了国内同行多部著作，部分高职高专院校教师提出了很多宝贵意见，在此表示衷心的感谢！

本教材虽经推敲核证，但由于编者的专业水平和实践经验有限，仍难免有疏漏或不妥之处，恳请广大读者指正。

编　者

Contents

目 录

项目一　钢筋和混凝土的力学性能 ………… 1

任务一　钢筋的选用及强度指标的查用 … 2

一、钢筋的种类和级别 ……………… 2

二、钢筋的力学性能 ………………… 3

三、钢筋的强度指标 ………………… 5

任务二　混凝土的选用及强度指标

的查用 ……………………… 7

一、混凝土的强度 …………………… 8

二、混凝土的变形 …………………… 9

三、混凝土的选用原则 …………… 11

任务三　钢筋与混凝土粘结 ………… 12

一、黏结作用 ……………………… 12

二、粘结强度 ……………………… 12

三、影响粘结强度的因素 ………… 13

项目二　建筑结构的基本设计原则 … 16

任务一　建筑结构荷载 ……………… 17

一、荷载分类 ……………………… 17

二、荷载代表值 …………………… 18

三、荷载效应 ……………………… 20

任务二　极限状态设计法 …………… 20

一、极限状态方程 ………………… 20

二、承载能力极限状态设计表达式 … 20

三、正常使用极限状态计算

设计表达式 ………………… 22

项目三　受弯构件承载力计算 ……… 24

任务一　受弯构件构造要求 ………… 25

一、梁的一般构造要求 …………… 26

二、板的一般构造要求 …………… 29

任务二　受弯构件正截面承载力计算 … 31

一、受弯构件正截面的受力性能 …… 31

二、受弯构件正截面承载力计算

基本原则 …………………… 33

三、单筋矩形截面受弯构件正截面

承载力计算 ………………… 36

四、双筋矩形截面受弯构件正截面

承载力计算 ………………… 40

五、T形截面受弯构件正截面

承载力计算 ………………… 43

任务三　受弯构件斜截面承载力计算 … 49

一、受弯构件斜截面的工作性能 …… 49

二、受弯构件斜截面破坏的主要形态 … 49

三、受弯构件斜截面受剪承载力计算 … 50

任务四　受弯构件裂缝及变形验算……54

　一、概述……54

　二、裂缝宽度验算……55

　三、受弯构件挠度验算……61

项目四　受扭构件承载力计算……68

　任务一　纯扭构件承载力计算……69

　一、混凝土构件受到扭转的种类……69

　二、钢筋混凝土矩形截面受扭构件
　　的破坏形态……69

　三、受扭钢筋的形式……70

　四、矩形截面纯扭构件的受扭
　　承载力计算……71

　任务二　弯剪扭构件承载力计算……71

　一、弯剪扭构件截面限制条件……71

　二、矩形截面构件弯剪扭承载力计算……72

　三、受扭构件配筋构造要求……74

项目五　受压构件承载力计算……79

　任务一　受压构件概述……81

　一、受压构件的概念和分类……81

　二、钢筋混凝土轴心受压构件
　　的构造要求……81

　三、钢筋混凝土偏心受压构件
　　的构造要求……83

　任务二　轴心受压构件承载力计算……86

　一、配置普通箍筋的轴心受压构件
　　承载力计算……86

　二、配置螺旋式或焊接环式间接钢筋的
　　轴心受压构件承载力计算……87

任务三　偏心受压构件承载力计算……88

　一、偏心受压构件的受力性能……88

　二、矩形截面偏心受压构件正截面
　　受压承载力计算……94

　三、偏心受压构件斜截面
　　承载力计算……100

项目六　受拉构件承载力计算……104

　任务一　轴心受拉构件承载力计算……107

　一、轴心受拉构件的受力特点……107

　二、轴心受拉构件承载力计算……107

　三、轴心受拉构件构造要求……107

　任务二　偏心受拉构件承载力计算……108

　一、偏心受拉构件的构造要求……108

　二、偏心受拉构件的分类……109

　三、矩形截面偏心受拉构件正截面
　　承载力计算……109

项目七　预应力混凝土构件……113

　任务一　预应力混凝土概述……114

　一、预应力混凝土构件……114

　二、预应力混凝土的种类……115

　三、预应力混凝土材料……115

　任务二　施加预应力的方法、锚具和
　　夹具……117

　一、施加预应力的方法……117

二、锚具和夹具 ……………………119

任务三 张拉控制应力和预应力损失 …119

一、张拉控制应力 ……………………119

二、预应力损失 ……………………120

任务四 预应力混凝土构件的构造
要求 …………………………124

一、先张法预应力混凝土构件的构造
要求 …………………………124

二、后张法预应力混凝土构件的构造
要求 …………………………125

项目八 钢筋混凝土梁、板结构 …………129

任务一 钢筋混凝土梁、板结构概述 …131

一、钢筋混凝土平面楼盖的组成及结构
类型 …………………………131

二、楼盖上作用的荷载 ……………132

三、单向板和双向板 ………………133

任务二 单向板肋梁楼盖的设计 ………134

一、楼盖结构布置及设计步骤 ………134

二、单向板肋梁楼盖结构内力
的计算 ………………………135

三、弯矩调幅 ………………………142

四、梁和板的截面设计与配筋计算 …145

任务三 双向板肋梁楼盖的设计 ………162

一、双向板肋梁楼盖的结构平面
布置 …………………………162

二、双向板的受力特点及试验结果 …162

三、双向板肋梁楼盖结构内力
的计算 ………………………163

四、双向板的截面设计 ……………165

五、双向板楼盖支承梁设计 ………167

任务四 装配式楼盖的设计 ……………168

一、预制板与预制梁 ………………168

二、位于非抗震设防区的连接构造 …170

三、抗震设防区的连接构造 ………171

任务五 楼梯设计 ………………………173

一、现浇梁式楼梯 …………………173

二、现浇板式楼梯 …………………174

项目九 单层厂房排架结构 ………………179

任务一 单层厂房的组成和布置 ………181

一、单层厂房的结构组成与传力
途径 …………………………181

二、单层厂房的结构布置 …………183

任务二 排架结构荷载及内力计算 ……190

一、排架结构的计算单元与计算
简图 …………………………190

二、排架的荷载计算 ………………191

三、排架的内力计算 ………………195

四、排架结构的控制截面与内力
组合 …………………………198

任务三 单层厂房柱的设计 ……………199

一、柱下独立基础 …………………199

二、柱截面的设计 …………………206

三、牛腿的设计 ……………………207

项目十 多高层框架结构 ···········212

　任务一 多高层框架结构的组成和

　　　　　布置 ············214

　　一、多高层建筑常用的结构体系 ·····214

　　二、框架结构的类型和布置 ·······217

　任务二 框架结构的计算简图与荷载

　　　　　分类 ············218

　　一、多高层框架结构的计算简图 ····218

　　二、多高层建筑结构的荷载 ·······219

　任务三 框架结构的构造要求 ·······220

　　一、框架梁、柱的截面形状及尺寸 ···220

　　二、框架柱的配筋 ···········220

　　三、框架的节点构造 ·········222

项目十一 砌体结构 ···········226

　任务一 砌体结构概述 ·········227

　　一、砌体结构的概念及特点 ·······227

　　二、砌体结构的分类 ·········228

　任务二 砌体材料及砌体的力学性能 ···229

　　一、砌体材料 ············229

　　二、砌体力学性能 ··········232

　任务三 砌体结构构件承载力计算 ····234

　　一、无筋砌体受压构件承载力计算 ···234

　　二、无筋砌体局部受压承载力计算 ···236

　　三、其他构件的承载力计算 ·······239

　任务四 砌体构件的构造要求 ······243

　　一、墙、柱高厚比的验算 ·······243

　　二、过梁 ··············245

　　三、墙梁 ··············247

项目十二 钢结构 ············254

　任务一 钢结构概述 ··········256

　　一、钢结构的类型及特点 ·······256

　　二、钢材的力学性能 ·········257

　　三、钢材的种类及规格 ········257

　任务二 钢结构的连接 ·········260

　　一、钢结构的连接方法 ········260

　　二、焊接连接的构造与计算 ······261

　　三、螺栓连接的设计与计算 ······271

　任务三 轴心受力构件计算 ·······277

　　一、轴心受力构件的强度计算 ·····278

　　二、轴心受力构件的刚度验算 ·····278

　　三、轴心受压构件的稳定计算 ·····279

　任务四 受弯构件计算 ·········281

　　一、梁的强度计算 ··········281

　　二、整体稳定性计算 ·········282

　　三、局部稳定性计算 ·········283

附录 常用数据 ·············289

参考文献 ················310

项目一 钢筋和混凝土的力学性能

◉ **知识目标**

1. 了解钢筋的强度指标；熟悉钢筋的力学性能；掌握钢筋的种类和级别。
2. 熟悉混凝土的变形和混凝土的选用原则；掌握混凝土的强度。
3. 了解钢筋与混凝土的黏结作用和粘结强度；熟悉影响粘结强度的因素。

◉ **素养目标**

1. 具有良好的团队合作、沟通交流和语言表达能力。
2. 具有吃苦耐劳、爱岗敬业的职业精神。

有屈服点钢筋的应力-应变曲线有明显的屈服台阶，延伸率大，塑性好，破坏前有明显预兆。在具体使用时，钢筋承受过强力作用并达到屈服点后，会出现明显破坏征兆，然后进入塑性变形阶段。学生自身学习能力的塑造犹如钢筋力学性能的改变，经过自身的不懈努力，学生的学习能力会不断提升。当发现学生的能力达到瓶颈有退缩时，教师应及时给予引导，使其突破困难，稳定前进，经受住反复磨砺，最终百炼成钢，成长为服务于社会的有用人才。

◉ **项目导入**

1. 工程事故概况

某地一高层建筑结构，共27层，建筑平面尺寸为 $60.7 \text{ m} \times 90.4 \text{ m}$。现浇混凝土框架-剪力墙结构。当施工主体结构完成到14层楼板时，赶上重点工程建筑质量大检查，发现第10～14层混凝土强度普遍达不到设计要求，设计混凝土强度等级为C30，实际测定只有C10～C15，有些混凝土显得疏松，用小锤轻轻敲打，即有掉皮及漏砂现象，从散落的混凝土可见水泥浆黏结性能差。

2. 原因分析

事故原因主要是水泥质量极差，在浇筑10～14层混凝土期间，进场的水泥没有严格检验，水泥来源于许多小水泥厂，牌号很杂。原厂表明强度等级为42.5级的普通硅酸盐水泥，经实测强度等级只能达到32.5级，施工时按强度等级42.5级的水泥配制，强度达不到要求，而且施工用的砂子本应为粗砂，但实际上却用了粉细砂。

任务一　钢筋的选用及强度指标的查用

◎ 任务目标

利用钢筋混凝土材料性能解决实际工程问题的能力。

一、钢筋的种类和级别

我国用于混凝土结构的钢筋，按加工工艺不同，主要分为热轧钢筋、冷拉钢筋、热处理钢筋、冷轧钢筋（冷轧带肋钢筋、冷轧扭钢筋）、冷拔低碳钢丝、消除应力钢丝、钢绞线等。按化学成分不同可分为碳素钢和普通低合金钢。钢筋的含碳量越高，强度越高，但塑性和可焊性下降。工程中常用低碳钢。普通低合金钢是在碳素钢的基础上，加入微量的合金元素，如硅、锰、钒、钛、铌等，目的是提高钢材的强度，改善钢材的塑性性能。按其外形不同可分为光圆钢筋和变形钢筋。按在结构中是否施加预应力可分为普通钢筋和预应力钢筋。

1. 普通钢筋

我国《混凝土结构设计规范（2015 年版）》（GB 50010—2010）（以下简称《设计规范》）对混凝土结构用钢做了调整，目前钢筋混凝土结构用钢筋主要包括 HPB300、HRB400、HRBF400、RRB400、HRB500、HRBF500 等类别，见表 1-1。其中，HPB300 级钢筋为光圆钢筋，其余钢筋均为变形钢筋（钢筋的外形如图 1-1 所示）；HRB400、HRB500 级钢筋分别是指强度级别为 400 MPa、500 MPa 的普通热轧带肋钢筋；RRB400 级钢筋是指强度级别为 400 MPa 的余热处理带肋钢筋；HRBF400、HRBF500 级钢筋分别是指强度级别为 400 MPa、500 MPa 的细晶粒热轧带肋钢筋。

表 1-1　普通钢筋强度标准值

种类	符号	公称直径 d/mm	屈服强度标准值 f_{yk}/(N·mm^{-2})	极限强度标准值 f_{stk}/(N·mm^{-2})
HPB300	ϕ	6～14	300	420
HRB400 HRBF400 RRB400	Φ Φ^F Φ^R	6～50	400	540
HRB500 HRBF500	Φ Φ^F	6～50	500	630

《设计规范》中规定纵向受力普通钢筋可采用 HRB400、HRB500、HRBF400、HRBF500、RRB400、HPB300 级钢筋；梁、柱和斜撑构件的纵向受力普通钢筋宜采用 HRB400、HRB500、HRBF400、HRBF500 级钢筋。

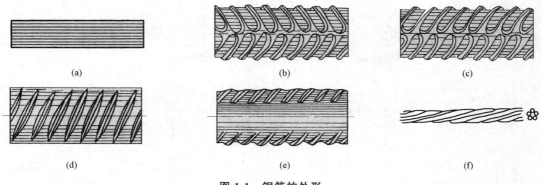

图 1-1 钢筋的外形

(a)光圆钢筋；(b)人纹钢筋；(c)螺纹钢筋；(d)月牙纹钢筋；(e)刻痕钢筋；(f)钢绞线

2. 预应力钢筋

预应力混凝土结构所用钢材一般为预应力钢丝、钢绞线和预应力螺纹钢筋。钢绞线是由多根高强度钢丝交织在一起而形成的，有 3 股和 7 股两种，多用于后张法大型构件。预应力钢丝主要是消除应力钢丝，其外形有光圆、螺旋肋、三面刻痕三种。

二、钢筋的力学性能

1. 钢筋的强度和变形

钢筋的强度和变形方面的性能主要通过钢筋的应力-应变曲线来表示。

有明显屈服点的钢筋的典型应力-应变曲线如图 1-2(a)所示。图中在 a 点以前，钢筋处于弹性阶段，应力与应变成正比，a 点的钢筋应力即钢筋的屈服强度 f_y，直线 Oa 的斜率为钢筋的弹性模量 E_s。过 a 点后，应变较应力增长快。到达 b 点，钢筋开始屈服，其强度与加荷速度、截面形式、试件表面粗糙度等多种因素有关，很不稳定，b 点称为屈服上限。超过 b 点后，进入强化阶段，钢筋的应力下降到 c 点，在应力基本保持不变的情况下，应变显著增加，产生较大的塑性变形，但比较稳定，c 点称为屈服下限或屈服点。与 c 点所对应的应力称为屈服强度，以 σ_s 表示，水平 cd 段称为屈服台阶或流幅。过 d 点后，钢筋还能继续承载，应力应变继续加大，到达 e 点后钢筋产生颈缩现象，应力开始下降，但应变仍能继续增长，至 f 点试件被拉断。e 点对应的应力称为抗拉强度极限 σ_b，曲线的 de 段称为强化阶段，ef 段称为颈缩下降阶段。

在钢筋混凝土构件计算中，一般取钢筋的屈服强度作为强度计算指标。

无明显屈服点的钢筋的应力-应变曲线如图 1-2(b)所示。由图中可知，它没有明显的屈服平台，其强度很高，但延伸率大为降低，塑性性能减弱。设计上取相应于残余应变为 0.2% 的应力为名义屈服强度 $\sigma_{0.2}$，约为国家标准的抗拉强度极限 σ_b 的 85%。

图 1-2(c)所示为各级钢筋的应力-应变曲线。从图中可以看出，普通钢筋应力-应变曲线都有明显的屈服点，这种钢筋即低碳钢，也称软钢。没有明显屈服点的热处理钢筋和钢丝，称为硬钢。

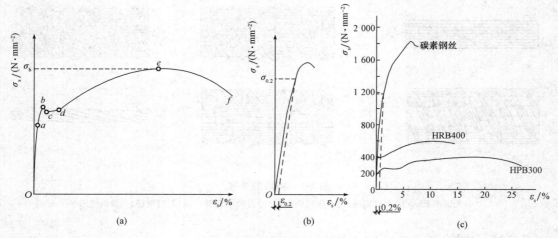

图 1-2　钢筋的应力-应变曲线

（a）有明显屈服点；（b）无明显屈服点；（c）各级钢筋的应力-应变曲线

对于抗震结构，钢筋应力在地震作用下可考虑进入强化阶段，为了保证结构在强震下"裂而不倒"，对钢筋的极限抗拉强度与屈服强度的比值有一定的要求，一般不小于 1.25。**钢筋在弹性阶段应力与应变的比值，称为弹性模量，用 E_s 表示。**

$$E_s = \frac{\sigma_s}{\varepsilon_s} \tag{1-1}$$

2. 钢筋的塑性性能

钢筋拉断后的伸长值与原长的比率称为伸长率。它是横梁钢材塑性的重要指标，代表材料断裂前具有的塑性变形能力。伸长率大，则钢筋性能好，拉断前有明显的预兆，属于延性破坏；伸长率小，说明钢筋塑性较差，拉断前变形小，破坏突然，属于脆性破坏。伸长率按下式计算：

$$\delta = \frac{L_1 - L_0}{L_0} \times 100\%$$

式中　δ——伸长率；

　　　L_1——试件拉断后长度；

　　　L_0——试件原长度。

3. 钢筋的冷加工

为了节约钢材，在常温下对有明显屈服点的钢筋（软钢）进行机械冷加工，可以使钢材内部组织结构发生变化，从而提高钢材的强度，但其塑性会有所降低。

冷拉是在常温条件下，把钢筋应力拉到超过其原有的屈服点，然后完全放松，使钢材内部组织结构发生变化，从而提高其强度（图 1-3）。冷拉时效只能提高钢筋的抗拉屈服强度，却不能提高其抗压屈服强度。故当用冷拉钢筋作受压钢筋时，

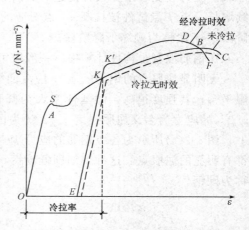

图 1-3　钢筋冷拉后的应力-应变曲线

其屈服强度与母材相同。

冷拔是将钢筋(盘条)用强力拔过比它本身直径还小的硬质合金拔丝模,这是钢筋同时受到纵向拉力和横向压力的作用以提高其强度的一种加工方法。钢筋经多次冷拔后,截面变小而长度增加,强度比原来提高很多,但其塑性会降低。其硬度得到了提高,冷拔后钢丝的抗压强度也会随之提高。

经过冷拉和冷拔的钢筋(钢丝)加热后,其力学性能将发生变化。钢材硬化的消失和原有性能的恢复,都需要有一定的高温延续时间。因此,在焊接时如果采用适当的焊接方法,严格控制高温持续时间,则在焊接后可有效避免钢筋屈服强度或极限强度值过分降低。

◆应用提示　必须指出,上述冷加工钢筋以大幅度牺牲延性来换取强度的有限提高,终究不是提高结构性能的有效途径,近年来,强度高、性能好的钢筋(钢丝、钢绞线)在我国已充分供应,故冷拉钢筋和冷拔钢丝不再列入《设计规范》,但并不是不允许使用这些钢筋。当应用这些钢筋时,应符合专门规程的规定。

三、钢筋的强度指标

《设计规范》规定,钢筋的强度标准值应具有不小于95%的保证率。普通钢筋的屈服强度标准值 f_{yk}、极限强度标准值 f_{stk} 应按表1-1采用;预应力钢丝、钢绞线和预应力螺纹钢筋的极限强度标准值 f_{ptk} 及屈服强度标准值 f_{pyk} 应按表1-2采用。

表1-2　预应力筋强度标准值

种类		符号	公称直径 d/mm	屈服强度标准值 f_{pyk}/(N·mm^{-2})	极限强度标准值 f_{ptk}/(N·mm^{-2})
中强度预应力钢丝	光面	ϕ^{PM}	5、7、9	620	800
				780	970
	螺旋肋	ϕ^{HM}		980	1 270
预应力螺纹钢筋	螺纹	ϕ^{T}	18、25、32、40、50	785	980
				930	1 080
				1 080	1 230
消除应力钢丝	光面	ϕ^{P}	5	—	1 570
				—	1 860
	螺旋肋	ϕ^{H}	7	—	1 570
			9	—	1 470
				—	1 570

种类		符号	公称直径 d/mm	屈服强度标准值 f_{pyk}/(N·mm^{-2})	极限强度标准值 f_{ptk}/(N·mm^{-2})
钢绞线	1×3（三股）	ϕ^S	8.6、10.8、12.9	—	1 570
				—	1 860
				—	1 960
	1×3（七股）		9.5、12.7、15.2、17.8	—	1 720
				—	1 860
				—	1 960
			21.6	—	1 860

注：极限强度标准值为 1 960 N/mm² 的钢绞线作后张预应力配筋时，应有可靠的工程经验。

  普通钢筋的抗拉强度设计值 f_y、抗压强度设计值 f'_y 应按表 1-3 采用；预应力筋的抗拉强度设计值 f_{py}、抗压强度设计值 f'_{py} 应按表 1-4 采用。

  当构件中配有不同种类的钢筋时，每种钢筋应采用各自的强度设计值。

  对轴心受压构件，当采用 HRB500、HRBF500 钢筋时，钢筋的抗压强度设计值 f'_y 应取 400 N/mm²。横向钢筋的抗拉强度设计值 f_{yv} 应按表中 f_y 的数值采用；但用作受剪、受扭、受冲切承载力计算时，其数值大于 360 N/mm² 时应取 360 N/mm²。普通钢筋及预应力筋在最大力下的总伸长率 δ_{gt} 不应小于表 1-5 规定的数值。普通钢筋和预应力筋的弹性模量 E_s 可按表 1-6 采用。

表 1-3 普通钢筋强度设计值　　　　　　　　　　N·mm^{-2}

牌号	抗拉强度设计值 f_y	抗压强度设计值 f'_y
HPB300	270	270
HRB400、HRBF400、RRB400	360	360
HRB500、HRBF500	435	435

表 1-4 预应力筋强度设计值　　　　　　　　　　N·mm^{-2}

种类	极限强度标准值 f_{ptk}	抗拉强度设计值 f_{py}	抗压强度设计值 f'_{py}
中强度预应力钢丝	800	510	410
	970	650	
	1 270	810	
消除应力钢丝	1 470	1 040	410
	1 570	1 110	
	1 860	1 320	
钢绞线	1 570	1 110	390
	1 720	1 220	
	1 860	1 320	
	1 960	1 390	

种类	极限强度标准值 f_{ptk}	抗拉强度设计值 f_{py}	抗压强度设计值 f'_{py}
预应力螺纹钢筋	980	650	400
	1 080	770	
	1 230	900	

注：当预应力筋的强度标准值不符合表 1-4 的规定时，其强度设计值应进行相应的比例换算。

表 1-5　普通钢筋及预应力筋在最大力下的总伸长率限值

钢筋品种	普通钢筋			预应力筋
	HPB300	HRB400 HRBF400、HRB500、HRBF500	RRB400	
$\delta_{gt}/\%$	10.0	7.5	5.0	3.5

表 1-6　钢筋的弹性模量　　　　　　　　　　　$N \cdot mm^{-2}$

牌号或种类	弹性模量 E_s
HPB300	2.10
HRB400、HRB500 HRBF400、HRBF500、RRB400 预应力螺纹钢筋	2.00
消除应力钢丝、中强度预应力钢丝	2.05
钢绞线	1.95

◆**应用提示**　钢筋混凝土结构及预应力混凝土结构的钢筋，应按下列规定选用：

①钢筋混凝土结构中的钢筋和预应力混凝土结构中的非预应力钢筋宜优先采用 HRB400 级、HRBF400 级、HRB500 级和 HRBF500 级钢筋。

②预应力混凝土构件中的预应力钢筋宜采用钢绞线、高强度钢丝及热处理钢筋等高强度钢材，从而发挥钢筋"强度高"的优点。

③在特殊环境，如高温、低温等环境中使用构件，还应考虑钢材的化学成分，以适应需要。

④在实际工程中，应尽量选用强度较高、塑性较好、价格较低的钢材。

任务二　混凝土的选用及强度指标的查用

◎ **任务目标**

能进行混凝土强度指标的查用。

一、混凝土的强度

1. 混凝土立方体抗压强度及强度等级

立方体抗压强度是衡量混凝土强度高低的基本标准值，是确定混凝土强度等级的依据。《设计规范》规定，按照标准方法制作养护边长为 150 mm 的立方体试件，以在 28 d 龄期以标准试验方法测得的具有 95% 保证率的抗压强度作为混凝土的立方体抗压强度标准值，用 $f_{cu,k}$ 表示，单位为 N/mm²（MPa）。

《设计规范》根据混凝土立方体抗压强度标准值，将混凝土划分为 14 个强度等级，分别以 C15、C20、C25、C30、C35、C40、C45、C50、C55、C60、C65、C70、C75、C80 表示。一般将 C50 以上的混凝土称为高强度混凝土。

2. 混凝土轴心抗压强度

在工程中，钢筋混凝土受压构件的尺寸，往往是高度 h 比截面的边长 b 大很多，形成棱柱体，用棱柱体试件测得的抗压强度称为轴心抗压强度。试验时，棱柱体试件的高宽比 h/b 通常为 3～4，常用试件尺寸为 100 mm×100 mm×300 mm 和 150 mm×150 mm× 450 mm。

💡 知识窗

轴心抗压强度的试件是棱柱体试件时，与立方体试件的制作条件相同，混凝土轴心抗压强度测试的方法与立方体试件抗压强度的测试方法也相同，测试试件上、下表面同样不涂润滑剂。棱柱体的抗压试验及试件破坏情况如图 1-4 所示。棱柱体试件的高度越大，试验机压板与试件之间摩擦力对试件高度中部的横向变形的约束影响越小，所以，棱柱体试件的抗压强度比立方体试件的强度值小，棱柱体试件高宽比越大，强度越小，但当高宽比达到一定值后，棱柱体抗压强度变化很小。为了消除试验机上、下承压板摩擦的影响，可在承压板和试块上、下表面之间涂以油脂润滑剂，则试验加压时摩擦力将大为减小。

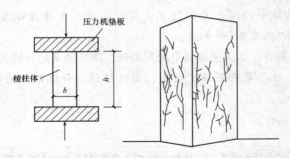

图 1-4　混凝土棱柱体的抗压试验及试件破坏情况

---

3. 混凝土轴心抗拉强度

混凝土的抗拉强度很低，与立方体抗压强度之间为非线性关系，一般只有其立方体抗压强度的 1/17～1/8。

混凝土强度标准值见表1-7。

表1-7　混凝土强度标准值　　　　　　　　　　　　　N·mm^{-2}

强度种类	混凝土强度等级													
	C15	C20	C25	C30	C35	C40	C45	C50	C55	C60	C65	C70	C75	C80
f_{ck}	10.0	13.4	16.7	20.1	23.4	26.8	29.6	32.4	35.5	38.5	41.5	44.5	47.4	50.2
f_{tk}	1.27	1.54	1.78	2.01	2.20	2.39	2.51	2.64	2.74	2.85	2.93	2.99	3.05	3.11

注：f_{ck}是指混凝土轴心抗压强度标准值，f_{tk}是指混凝土轴心抗拉强度标准值。

4. 复合应力状态下的混凝土强度

在实际混凝土结构中，混凝土处于单向应力状态的情况很少，往往都处于三向复合压应力状态。在复合应力状态下，混凝土的强度和变形性能与单轴应力状态下有明显的不同。

当混凝土三向受压时，不仅混凝土一向的抗压强度随另两向压应力的增加而增大，并且混凝土的极限压应变也会大大增加。这是由于侧向压力约束了混凝土的横向变形，抑制了混凝土内部裂缝的出现和发展，使得混凝土的强度和延性均有明显提高。利用三向受压可使混凝土抗压强度得以提高这一特性，在实际工程中可将受压构件做成"约束混凝土"，以提高混凝土的抗压强度和延性。常用的方式有配置密排侧向箍筋、螺旋箍筋柱及钢管混凝土柱等。

二、混凝土的变形

混凝土的变形可分为两类：一类是在荷载作用下的受力变形，如单调短期加荷、多次重复加荷以及荷载长期作用下的变形；另一类与受力无关，称为体积变形，如混凝土收缩、膨胀，以及由于温度变化所产生的变形等。

1. 混凝土在一次短期荷载下的变形

(1)混凝土在单调短期加荷作用下的应力-应变曲线是其最基本的力学性能，曲线的特征是研究钢筋混凝土构件的强度、变形、延性(承受变形的能力)和受力全过程分析的依据。

图1-5所示为混凝土棱柱体试件在受压时的应力-应变曲线，曲线由上升段Oc和下降段ce两部分组成。

上升段Oc大致可分为以下三段：

1)曲线Oa段($\sigma_c \leqslant 0.3f_c$)。此时混凝土压应力较小，混凝土基本处于弹性变形阶段，应力-应变关系呈直线，卸载后应变可恢复到零。

2)曲线ab段($0.3f_c < \sigma_c \leqslant 0.8f_c$)。随着混凝土压应力继续增大，应变增加的速度比应力快，混凝土呈现出塑性性质，应力-应变关系偏离直线，此阶段混凝土内部微裂缝开始延伸、扩展。

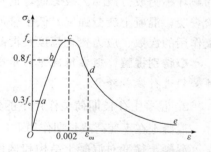

图1-5　混凝土受压时的应力-应变曲线

3)曲线bc段($0.8f_c < \sigma_c \leqslant f_c$)。混凝土的塑性变形显著增大，$c$点达到峰值应力($\sigma_c = f_c$)，相应的峰值压应变$\varepsilon_0 \approx 0.002$。此阶段混凝土内裂缝不断扩展，裂缝数量及宽度急剧增加，最后形成相互贯通并与压力方向平行的裂缝，试件即将破坏。

4）下降段 ce。当压应力达到 c 点峰值应力后，曲线开始下降，试件承载力逐渐降低，应变继续增大，并在 d 点出现拐点，d 点相应的应变称为混凝土的极限压应变 ε_{cu}，一般为 0.003 3。

◆**特别提醒**　ε_{cu} 值越大，说明混凝土的塑性变形能力越强，即材料的延性越好，抗震性能越好。

（2）混凝土的横向变形系数。混凝土试件在一次短期加压时，其纵向产生压缩应变 ε_{cv}，而横向产生膨胀应变 ε_{ch}，其比值 $\nu_c = \varepsilon_{ch}/\varepsilon_{cv}$ 称为横向变形系数（又称泊松比），在混凝土应力 $\sigma_c < 0.5f_c$ 时，其值基本为常数，《设计规范》取 $\nu_c = 0.2$，当 $\sigma_c > 0.5f_c$ 时，横向变形突然增加，表明混凝土内部微裂缝开始迅速发展。

（3）混凝土的弹性模量、变形模量和剪变模量。混凝土的应力与弹性应变之比称为混凝土的弹性模量，用符号 E_c 表示。根据大量试验统计结果，《设计规范》采用经验公式计算混凝土的弹性模量：

$$E_c = \frac{10^5}{2.2 + \dfrac{34.7}{f_{cu,k}}} \tag{1-2}$$

混凝土的应力与其弹塑性总应变之比称为混凝土的变形模量，用符号 E_c' 表示。该值小于混凝土的弹性模量 E_c。混凝土的弹性模量 E_c 与变形模量 E_c' 的关系为

$$E_c' = \upsilon E_c \tag{1-3}$$

式中　υ——混凝土弹性特征系数，当 $\sigma_c \leqslant 0.3f_c$ 时，$\upsilon = 1.0$；$\sigma_c = 0.5f_c$ 时，$\upsilon = 0.8 \sim 0.9$；$\sigma_c = 0.9f_c$ 时，$\upsilon = 0.4 \sim 0.7$。

混凝土的剪变模量是指剪应力和剪应变的比值，用 G_c 表示。《设计规范》取 $G_c = 0.4E_c$。

2. 混凝土在多次重复加载时的变形

工程中的某些构件，如工业厂房中的起重机梁，在其使用期限内要承受 200 万次以上的重复荷载作用，在多次重复荷载作用情况下，混凝土的强度和变形性能都会出现重要变化。在多次重复加荷情况下，混凝土将产生"疲劳"现象，混凝土由于荷载重复作用而引起的破坏称为疲劳破坏。疲劳破坏的产生取决于加载时应力是否超过混凝土疲劳强度 f_c^f。试验表明，混凝土疲劳强度 f_c^f 低于轴心抗压强度 f_c，为 $(0.4 \sim 0.5)f_c$，此值的大小与荷载重复作用的次数、应力变化幅度及混凝土强度等级有关。

◆**特别提醒**　通常情况下，承受重复荷载作用并且荷载循环次数不少于 200 万次的构件必须进行疲劳验算。

3. 混凝土在长期荷载作用下的变形

混凝土在不变荷载长期作用下，其应变随时间延长而继续增长的现象称为混凝土的徐变。

混凝土徐变对混凝土结构和构件的工作性能有很大的影响。混凝土的徐变会使受弯构件的变形增大，使结构或构件产生内力重分布。在预应力混凝土结构中还会产生较大的预应力损失。

产生徐变的原因通常认为有两个方面：一是混凝土中尚未形成水泥石结晶体的水泥石凝胶体的黏性流动所致；二是由于混凝土内部微裂缝在长期荷载作用下不断发展和增长，而导致应变增长。

影响徐变的因素很多，主要有以下几个方面：

(1)应力条件。应力条件是指混凝土初始加荷应力和加载时混凝土的龄期，这是影响徐变的最主要因素。初始加荷应力越大，徐变越大；加载时混凝土的龄期越短，徐变越大。在实际工程中，应加强养护，使混凝土尽早结硬，减小徐变。

(2)内在因素。内在因素是指混凝土的组成成分和配合比。例如，集料越坚硬，徐变越小；水胶比越大，水泥用量越多，徐变越大。

(3)环境因素。环境因素是指养护和使用时的温湿度。受荷前养护的温度越高，湿度越大，水泥水化作用就越充分，徐变就越小；加荷期间温度越高，湿度越低，徐变就越大。

4. 混凝土的收缩变形

混凝土在空气中结硬时体积减小的现象称为收缩；当混凝土在水中结硬时，其体积会产生膨胀。通常收缩值的量值较大，对结构有明显的不利影响，因此，需特别注意；而膨胀值的量值很小，对结构有利，一般可不予考虑。

混凝土的收缩由凝缩和干缩两部分组成。凝缩是由水泥水化反应引起的本身体积的收缩，它是不可恢复的；干缩则是由混凝土内自由水分蒸发而引起的收缩，当干缩后的混凝土再次吸水时，部分干缩变形可以恢复。

影响混凝土收缩的因素有内在因素和环境因素。

(1)内在因素。水泥强度高、用量多、水胶比大，则收缩量大；集料粒径大、级配好、弹性模量高，则收缩量小；混凝土越密实，收缩量就越小。

(2)环境因素。混凝土在养护和使用期间的环境湿度大，则收缩量小；采用高温蒸汽养护时，收缩量减小。

另外，混凝土构件的表面面积与其体积的比值越大，收缩量也就越大。

混凝土收缩属于自发变形，当受到外部(支座)或内部(钢筋)的约束时，混凝土将产生拉应力，从而加速裂缝的出现和发展；在预应力混凝土结构中，收缩还会导致预应力损失。在工程中为尽量减小收缩，可采取如下措施：

1)减少水泥用量和降低水胶比；

2)选择粒径大、级配好的集料；

3)提高混凝土的密实度；

4)加强混凝土的早期养护；

5)设置施工缝、构造钢筋等。

5. 混凝土的温度变形

混凝土随温度的升降会产生胀缩，称为温度变形。混凝土的温度线膨胀系数为$(1.0\sim1.5)\times10^{-5}/℃$，《设计规范》取$1.0\times10^{-5}/℃$，它与钢筋的线膨胀系数$1.2\times10^{-5}/℃$相近，因此，当温度发生变化时，在混凝土和钢筋之间引起的内应力很小，不会影响到钢筋与混凝土之间的黏结。但对结构构件来说，当温度应力过大时，则可能造成混凝土结构出现裂缝。

◈ **应用提示** 在工程中，为防止混凝土出现收缩裂缝和温度裂缝，可根据工程具体情况采取设置温度收缩缝、承受温度应力的构造钢筋和混凝土后浇带等措施。

三、混凝土的选用原则

根据混凝土结构工程的不同情况，应选择不同强度等级的混凝土。

1. 混凝土结构

素混凝土结构的混凝土强度等级不应低于 C15；用于钢筋混凝土结构的混凝土强度等级不应低于 C20；当采用强度等级 400 MPa 及以上的钢筋时，混凝土强度等级不应低于 C25。

从结构混凝土耐久性的基本要求考虑，对设计使用年限为 50 年的结构混凝土，其最低混凝土强度等级分别为 C20（一类环境）、C25（二 a 类环境）、C30（二 b 类环境）、C35（三 a 类环境）、C40（三 b 类环境）。而一类环境中设计使用年限为 100 年的钢筋混凝土结构最低混凝土强度等级为 C30。

知识拓展：绿色混凝土与可持续发展

2. 预应力混凝土结构

预应力混凝土结构的混凝土强度等级不应低于 C30，不宜低于 C40。在一类环境中，设计使用年限为 100 年的预应力混凝土结构的最低混凝土强度等级为 C40。

任务三　钢筋与混凝土黏结

任务目标

能进行黏结锚固应力的计算。

一、黏结作用

在钢筋混凝土结构中，钢筋和混凝土这两种性质不同的材料之所以能有效地结合在一起共同工作，除两者之间温度线膨胀系数相近及混凝土包裹钢筋具有保护作用外，主要的原因是两者在接触面上具有良好的黏结作用。该作用可使其承受黏结表面上的剪应力，抵抗钢筋与混凝土之间的相对滑动。

试验研究表明，粘结力由以下三部分组成：

（1）因水泥颗粒的水化作用形成的凝胶体对钢筋表面产生的胶结力；

（2）因混凝土结硬时体积收缩，将钢筋紧紧握裹而产生的摩擦力；

（3）由于钢筋表面凹凸不平与混凝土之间产生的机械咬合力。

其中，胶结力作用最小，光圆钢筋以摩擦力为主，带肋钢筋以机械咬合力为主。

◇**特别提醒**　光圆钢筋和变形钢筋的黏结机理的主要差别是：光圆钢筋粘结力主要来自胶结力和摩阻力，而变形钢筋的粘结力主要来自机械咬合作用。二者的差别，可以用钉入木料中的普通钉和螺丝钉的差别来理解。

二、粘结强度

钢筋与混凝土的黏结面上所能承受的平均剪应力的最大值称为粘结强度。钢筋的粘结强度由拉拔试验测定，拉拔试件如图 1-6(a)所示。黏结锚固应力 τ 由拉拔力 F 除以锚固面积 $\pi d l_a$（d 为钢筋直径，l_a 为锚固长度）求得。

$$\tau = \frac{F}{\pi d l_a} \tag{1-4}$$

设拉拔试验时测量钢筋与混凝土之间的滑移 s，则黏结锚固应力与滑移（τ-s）关系曲线表达了钢筋与混凝土之间的黏结锚固性能。曲线的斜率表示锚固刚度（抵抗滑移的能力）；曲线的峰值 τ_u 为锚固强度；曲线的下降段为锚固延性（大滑移时锚固能力），如图 1-6(b)所示。

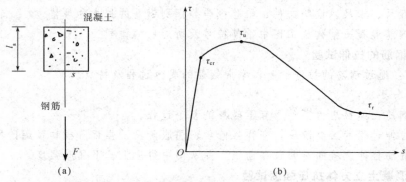

图 1-6 钢筋与混凝土的黏结锚固应力与滑移（τ-s）关系曲线
(a)拉拔试件；(b)τ-s 曲线

三、影响粘结强度的因素

由锚固试验确定的钢筋和混凝土的锚固强度与许多因素有关，主要有握裹层混凝土的强度、锚固钢筋的外形、混凝土保护层厚度、对锚固区域混凝土的约束（如配箍）等。

(1)混凝土强度的影响。混凝土强度越高，伸入钢筋横肋间的混凝土咬合齿越强，握裹层混凝土的劈裂就越不容易发生，黏结锚固作用也就越强。

(2)保护层的厚度。混凝土的保护层越厚，对锚固钢筋的约束越大；咬合力使握裹层混凝土的劈裂越难以发生，黏结锚固作用就越强。当保护层厚度达到一定程度后，锚固强度增加的趋势就会减缓。

(3)锚固钢筋的外形。钢筋的外形决定了混凝土咬合齿的形状，因而对锚固强度影响很大。锚固钢筋主要的外形参数为相对肋高和肋面积比、横肋的对称性及连续性。光圆钢筋及刻痕钢丝的锚固性能最差；旋扭状的钢绞线次之；间断型的月牙肋钢筋较好；而连续的螺旋肋钢筋锚固性能最好。

(4)锚固区域的配箍。锚固长度范围内的配箍对锚固强度影响很大。不配箍的锚筋在握裹层混凝土劈裂后即丧失锚固力；而配箍较多时，即便发生劈裂，黏结锚固强度也会有一定程度的增长。

任务实训

任务1　认识钢筋种类、规格

实训目的：掌握钢筋的分类方法，熟练识别各种规格的钢筋。

实训内容与要求：

(1)通过直尺、卡尺、证明文件、检验报告等识别钢筋的种类和规格。

(2)识读钢筋混凝土结构施工图中钢筋符号及所对应的排号。

任务2　钢筋的拉伸试验

实训目的：通过钢筋的拉伸试验，掌握钢筋的受力过程及特点。

实训内容与要求：

(1)了解钢筋在纯拉应力条件下直至破坏的整个过程。

(2)了解拉伸过程的四个阶段，即弹性阶段、屈服阶段、强化阶段和颈缩阶段。

(3)掌握钢筋拉伸试验的荷载位移曲线，并从图中得出上、下屈服强度。

任务3　混凝土立方体抗压强度试验

实训目的：通过混凝土试块的抗压强度试验，掌握混凝土的立方体抗压强度。

实训内容与要求：

(1)了解试验机、混凝土试块。

(2)能应用混凝土试块抗压强度试验数据写出混凝土试块试验报告。

(3)了解立方体抗压强度的测定，立方体抗压强度的评定。

(4)掌握非标准立方体试件抗压强度的换算。

能力提升

一、填空题

1.钢筋按化学成分可分为_____和_____。

2.目前，钢筋混凝土结构用钢筋共_____个级别_____种钢筋，分别是_____、_____、_____、_____、_____、_____。

3.预应力混凝土结构所用钢材一般为_____、_____和_____。

4.钢筋在强度和变形方面的性能主要通过钢筋的_____来表示。

5.在钢筋混凝土构件计算中，一般取钢筋的_____作为强度计算指标。

6.钢筋拉断后的_____称为伸长率，它是衡量钢材塑性的重要指标，代表材料断裂前具有的塑性变形能力。

7._____是衡量混凝土强度高低的基本指标值，是确定混凝土强度等级的依据。

8.混凝土在不变荷载长期作用下，其应变随时间延长而继续增长的现象称为混凝土的_____。

9.混凝土的应力与弹性应变之比称为混凝土的_____。

10. 素混凝土结构的混凝土强度等级不应低于_____；用于钢筋混凝土结构的混凝土强度等级不应低于_____；当采用强度等级为 400 MPa 及以上钢筋时，混凝土强度等级不应低于_____。

二、选择题

1. 钢筋的强度标准值应具有不小于(   )的保证率。
   A. 80%　　　　　　　B. 85%　　　　　　　C. 90%　　　　　　　D. 95%

2. 影响徐变的因素不包括(   )。
   A. 应力条件　　　　B. 内在因素　　　　C. 环境因素　　　　D. 养护时间长短

3. 在预应力混凝土结构中，收缩还会导致预应力损失。在工程中为尽量减小收缩，可采取的措施不包括(   )。
   A. 减少水泥用量和降低水胶比　　　　B. 选择粒径小、级配好的集料
   C. 提高混凝土的密实度　　　　　　　D. 加强混凝土的早期养护

4. 预应力混凝土结构的混凝土强度等级不应低于(   )，不宜低于(   )。
   A. C30，C40　　　　B. C20，C40　　　　C. C30，C45　　　　D. C20，C45

三、简答题

1. 简述伸长率与塑性性能的关系。
2. 简述经过冷拉和冷拔的钢筋的屈服强度的区别。
3. 混凝土的立方体抗压强度、轴心抗压强度和轴心抗拉强度如何确定？
4. 混凝土的变形主要有哪些类型？
5. 简述混凝土在一次短期荷载下的变形过程。
6. 影响混凝土收缩的因素有哪些？
7. 钢筋与混凝土共同工作的原理是什么？

项目二 建筑结构的基本设计原则

◎ 知识目标

1. 熟悉荷载效应的概念；掌握荷载分类、荷载代表值的计算。
2. 熟悉极限状态方程，承载能力极限状态设计表达式；掌握正常使用极限状态的计算。

◎ 素养目标

1. 独立制订学习计划，并按计划实施学习和撰写学习体会。
2. 积极参与实践工作，勤思考，多动手。

> 承载能力极限状态关系到结构全部或部分的破坏或倒塌，会产生经济损失，甚至导致人员伤亡，所以对所有结构和构件必须按承载能力极限状态进行计算，这样才能保证施工质量，满足结构的安全性。学生在学习中要具备"工匠精神"，"工匠精神"的重要表现之一是准确地理解事物，遵循一定的程序和标准。工匠们对产品设计、生产、制造、销售等环节都保持高度的流水标准和规格，严格按照已有的标准执行，体现出严格严谨的工作态度。在具体的实践中，工匠们在严格遵守标准程序的基础上需要拥有水滴石穿的韧劲，即耐心专注。

◎ 项目导入

在实际工程中，所有建筑物都要依靠其结构来承受荷载和其他间接作用（如温差伸缩、地基不均匀沉降等），结构是建筑的重要组成部分。结构构件在外荷载及其他作用下必定在其内部引起内力和变形，即荷载效应。荷载效应的大小决定了后续的结构设计工作中选择什么样的材料、材料的强度等级、材料的用量、构件截面形状及尺寸等内容。以钢筋混凝土结构为例，构件在荷载作用下的荷载效应之一是弯矩，截面的弯矩大小决定了截面纵向受力钢筋的多少及钢筋所处的位置。

任务一　建筑结构荷载

◎ 任务目标

能进行荷载和材料代表值的取用，理解建筑结构设计基本原则。

荷载是指作用在结构上的外力，它是结构上的"作用"中的一类。所谓"作用"是指使结构和构件产生内力、变形和裂缝的各种原因。

结构上的作用是建筑结构设计的基本依据之一，分为直接作用和间接作用。凡施加在结构上的集中力或分布力，属于直接作用，称为荷载，如恒载、活荷载、风荷载等。凡引起结构外加变形（包括裂缝）或约束变形的原因，属于间接作用，如基础沉降、地震作用、温度变化、材料收缩、焊接等。

一、荷载分类

《建筑结构荷载规范》（GB 50009—2012）将结构上的荷载按作用时间的长短和性质分为以下三类。

1. 永久荷载

永久荷载也称恒荷载，是指在使用期间，其值不随时间变化，或其变化与平均值相比可以忽略不计，或其变化是单调的并能趋于限制的荷载，如结构自重、土压力、预应力等。

2. 可变荷载

可变荷载也称活荷载，是指在使用期间，其值随时间变化，且其变化与平均值相比不可忽略不计的荷载，如楼面可变荷载、屋面可变荷载和积灰荷载、风荷载、雪荷载、吊车荷载、温度作用等。

3. 偶然荷载

偶然荷载是指在结构设计使用年限内不一定出现，而一旦出现其量值很大，且持续时间很短的荷载，如爆炸力、撞击力等。

☀ 知识窗

1. 按空间位置的变异分类

（1）固定荷载。在结构空间位置上不发生变化的荷载，如结构自重、固定设备荷载等。

（2）可动荷载。在结构空间位置上的一定范围内可以随意变化的荷载，如人群、吊车荷载、车辆荷载等。

---

2. 按结构的反应分类

（1）静态荷载。对结构或构件不产生加速度或其加速度很小可忽略不计的荷载，如结构自重、楼面人群、屋面荷载、雪荷载等。

（2）动态荷载。对结构或构件产生不可忽略的加速度的荷载，如工业厂房、吊车荷载、设备振动、撞击力、爆炸力等。

二、荷载代表值

设计建筑结构时，根据不同极限状态的设计要求所采用的荷载值称为荷载代表值。对永久荷载应采用标准值作为代表值；对可变荷载应根据设计要求采用标准值、组合值、频遇值或准永久值作为代表值；对偶然荷载应按建筑结构使用的特点确定其代表值。

1. 荷载标准值

荷载标准值是该荷载在结构设计基准期内在正常情况下可能达到的最大量值。永久荷载标准值 G_k 可按结构构件的设计尺寸和材料重力密度计算确定，《建筑结构荷载规范》（GB 50009—2012）附录 A 中给出了常用材料和构件的自重。

2. 可变荷载的代表值

（1）**可变荷载组合值**。当两种或两种以上可变荷载同时作用在结构上时，考虑到它们同时达到其标准值的可能性较小，故除产生最大作用效应的主导荷载外，其他可变荷载标准值均乘以荷载组合值系数所得的值，称为可变荷载组合值，即

$$Q_c = \psi_c Q_k \tag{2-1}$$

式中　Q_c——可变荷载组合值；

　　　ψ_c——可变荷载组合值系数，见表 2-1；

　　　Q_k——可变荷载标准值。

（2）**可变荷载频遇值**。可变荷载在设计基准期内在结构上偶尔出现的较大荷载，称为可变荷载频遇值。其具有持续时间较短或发生次数较少的特点，对结构的破坏性有所减缓。可变荷载频遇值由可变荷载标准值乘小于 1.0 的频遇值系数 ψ_f 得到。

（3）**可变荷载准永久值**。可变荷载在设计基准期内经常作用的可变荷载，称为可变荷载准永久值。可变荷载准永久值总持续时间较长，对结构的影响类似于永久荷载。可变荷载准永久值由可变荷载标准值乘小于 1.0 的准永久值系数 ψ_q 得到。

表 2-1　民用建筑楼面均布活荷载标准值及其组合值、频遇值和准永久值系数

项次	类别	标准值 /(kN·m⁻²)	组合值 系数 ψ_c	频遇值 系数 ψ_f	准永久值 系数 ψ_q
1	（1）住宅、宿舍、旅馆、办公楼、医院病房、托儿所、幼儿园	2.0	0.7	0.5	0.4
	（2）试验室、阅览室、会议室、医院门诊室	2.0	0.7	0.6	0.5
2	教室、食堂、餐厅、一般资料档案室	2.5	0.7	0.6	0.5

项次	类别			标准值 /(kN·m⁻²)	组合值 系数 ψ_c	频遇值 系数 ψ_f	准永久值 系数 ψ_q
3	(1)礼堂、剧场、影院、有固定座位的看台			3.0	0.7	0.5	0.3
	(2)公共洗衣房			3.0	0.7	0.6	0.5
4	(1)商店、展览厅、车站、港口、机场大厅及其旅客等候室			3.5	0.7	0.6	0.5
	(2)无固定座位的看台			3.5	0.7	0.5	0.3
5	(1)健身房、演出舞台			4.0	0.7	0.6	0.5
	(2)运动场、舞厅			4.0	0.7	0.6	0.3
6	(1)书库、档案库、储藏室			5.0	0.9	0.9	0.8
	(2)密集柜书库			12.0	0.9	0.9	0.8
7	通风机房、电梯机房			7.0	0.9	0.9	0.8
8	汽车通道及客车停车库	(1)单向板楼盖(板跨不小于2 m)和双向板楼盖(板跨不小于3 m×3 m)	客车	4.0	0.7	0.7	0.6
			消防车	35.0	0.7	0.7	0.0
		(2)双向板楼盖(板跨不小于6 m×6 m)和无梁楼盖(柱网不小于6 m×6 m)	客车	2.5	0.7	0.7	0.6
			消防车	20.0	0.7	0.7	0.0
9	厨房	(1)餐厅		4.0	0.7	0.7	0.7
		(2)其他		2.0	0.7	0.6	0.5
10	浴室、卫生间、盥洗室			2.5	0.7	0.6	0.5
11	走廊、门厅	(1)宿舍、旅馆、医院病房、托儿所、幼儿园、住宅		2.0	0.7	0.5	0.4
		(2)办公楼、餐厅、医院门诊部		2.5	0.7	0.6	0.5
		(3)教学楼及其他可能出现人员密集的情况		3.5	0.7	0.5	0.3
12	楼梯	(1)多层住宅		2.0	0.7	0.5	0.4
		(2)其他		3.5	0.7	0.5	0.3
13	阳台	(1)可能出现人员密集的情况		3.5	0.7	0.6	0.5
		(2)其他		2.5	0.7	0.6	0.5

注：(1)本表所给各项活荷载适用于一般使用条件，当使用荷载较大、情况特殊或有专门要求时，应按实际情况采用。

(2)第6项书库活荷载，当书架高度大于2 m时，书库活荷载尚应按每米书架高度不小于2.5 kN/m² 确定。

(3)第8项中的客车活荷载仅适用于停放载人少于9人的客车；消防车活荷载适用于满载总重为300 kN的大型车辆；当不符合本表的要求时，应将车轮的局部荷载按结构效应的等效原则，换算为等效均布荷载。

(4)第8项消防车活荷载，当双向板楼盖板跨为3 m×3 m~6 m×6 m时，应按跨度线性插值确定。

(5)第12项楼梯活荷载，对预制楼梯踏步平板，还应按1.5 kN集中荷载验算。

(6)本表各项荷载不包括隔墙自重和二次装修荷载；对固定隔墙的自重应按永久荷载考虑，当隔墙位置可灵活自由布置时，非固定隔墙的自重应取不小于1/3的每延米长墙重(kN/m)作为楼面活荷载的附加值(kN/m²)计入，且附加值不应小于1.0 kN/m²。

三、荷载效应

荷载(直接作用)和间接作用都将使结构或结构构件产生内力、变形和裂缝,人们称之为作用效应。由于结构设计中以荷载作用为多,故常称作荷载效应。荷载效应 S 与荷载 Q 之间一般可认为呈线性或近似线性关系,即

$$S = CQ \qquad (2\text{-}2)$$

式中 C——荷载效应系数。

如简支梁在均布荷载作用下,跨中截面弯矩和支座边缘截面剪力分别为

$$m = \frac{1}{8}ql^2 \qquad V = \frac{1}{2}ql \qquad (2\text{-}3)$$

式中 m,V——荷载效应;

$\quad\;\; q$——荷载;

$\quad\;\; \frac{1}{8}l^2$,$\frac{1}{2}l$——荷载效应系数。

荷载为随机变量,荷载效应也是随机变量。

任务二　极限状态设计法

◎ 任务目标

能运用承载能力极限状态设计表达式进行建筑结构的设计与验算。

一、极限状态方程

结构的工作性能可用下列结构功能函数 Z 来描述。为简化起见,仅以荷载效应 S 和结构抗力 R 两个基本变量来表达结构的功能函数,则有

$$Z = R - S \qquad (2\text{-}4)$$

式中,荷载效应 S 和结构抗力 R 均为随机变量,其函数 Z 也是一个随机变量,关系式 $Z = R - S$ 称为极限状态方程。在实际工程中,可能出现以下三种情况:

(1)当 $\boldsymbol{Z} > \boldsymbol{0}$,即 $\boldsymbol{R} > \boldsymbol{S}$ 时,表示结构处于安全状态;

(2)当 $\boldsymbol{Z} < \boldsymbol{0}$,即 $\boldsymbol{R} < \boldsymbol{S}$ 时,表示结构处于失效状态;

(3)当 $\boldsymbol{Z} = \boldsymbol{0}$,即 $\boldsymbol{R} = \boldsymbol{S}$ 时,表示结构处于极限状态。

二、承载能力极限状态设计表达式

1. 承载能力极限状态设计

在极限状态设计方法中,结构构件的承载力计算应采用下列表达式:

$$\gamma_0 S_d \leqslant R_d \qquad (2\text{-}5)$$

式中 γ_0——结构重要性系数，见表2-2；

S_d——承载能力极限状态的荷载效应组合设计值；

R_d——结构构件的抗力设计值，在抗震设计时，应除以承载力抗震调整系数 γ_{RE}。

表2-2 构件设计使用年限及重要性系数 γ_0

设计使用年限或安全等级	示例	γ_0
安全等级为三级	临时性结构	$\geqslant 0.9$
安全等级为二级	普通房屋和构筑物	$\geqslant 1.0$
安全等级为一级	纪念性建筑和特别重要的建筑结构	$\geqslant 1.1$
注：对地震设计状况下应取1.0。		

2. 基本组合荷载效应组合设计值

(1)由可变荷载效应控制的组合：

$$S_d = \sum_{j=1}^{m} \gamma_{G_j} S_{G_j k} + \gamma_{Q_1} \gamma_{L_1} S_{Q_1 k} + \sum_{i=2}^{n} \gamma_{Q_i} \gamma_{L_i} \psi_{c_i} S_{Q_i k} \tag{2-6}$$

式中 γ_{G_j}——第 j 个永久载的分项系数，应按表2-3采用；

γ_{Q_i}——第 i 个可变荷载的分项系数，其中 γ_{Q_1} 为主导可变荷载 Q_1 的分项系数，应按表2-3采用；

γ_{L_i}——第 i 个可变荷载考虑设计使用年限的调整系数，其中 γ_{L_1} 为主导可变荷载 Q_1 考虑设计使用年限的调整系数；

$S_{G_j k}$——按第 j 个永久荷载标准值 G_{jk} 计算的荷载效应值；

$S_{Q_i k}$——按第 i 个可变荷载标准值 Q_{ik} 计算的荷载效应值，其中 $S_{Q_1 k}$ 为诸可变荷载效应中起控制作用者；

ψ_{c_i}——第 i 个可变荷载 Q_i 的组合值系数；

m——参与组合的永久荷载数；

n——参与组合的可变荷载数。

表2-3 基本组合的荷载分项系数

项目	内容
永久荷载的分项系数	(1)当其效应对结构不利时： 对由可变荷载效应控制的组合，取1.2； 对由永久荷载效应控制的组合，取1.35。 (2)当其效应对结构有利时： 一般情况下，不应大于1.0； 对结构的倾覆、滑移或漂浮验算，取0.9
可变荷载的分项系数	(1)一般情况下取1.4； (2)对标准值大于 4 kN/m^2 的工业房屋楼面结构的活荷载取1.3
注：对于某些特殊情况，可按建筑结构有关设计规范的规定确定。	

(2)由永久荷载效应控制的组合：

$$S_d = \sum_{j=1}^{m} \gamma_{G_j} S_{G_j k} + \sum_{i=2}^{n} \gamma_{Q_i} \gamma_{L_i} \psi_{c_i} S_{Q_i k} \tag{2-7}$$

基本组合中的设计值仅适用于荷载与荷载效应为线性的情况。

当对 S_{Q_1k} 无法明显进行判断时，应轮次以各可变荷载效应作为 S_{Q_1k}，选其中最不利的荷载效应组合。

三、正常使用极限状态计算设计表达式

在正常使用极限状态计算中，应根据不同的设计要求，采用荷载的标准组合、频遇组合或准永久组合，按下列设计表达式进行设计：

$$S_d \leqslant C \tag{2-8}$$

式中　S_d——正常使用极限状态的荷载效应组合的设计值；

　　　C——结构或构件达到正常使用要求的规定限值，应按有关建筑结构设计规范的规定采用。

正常使用情况下荷载效应和结构抗力的变异性，已在确定荷载标准值和结构抗力标准值时做出了一定程度的处理，并具有一定的安全储备。考虑到正常使用极限状态设计属于校核验算性质，所要求的安全储备可以略低一些，所以采用荷载效应及结构抗力标准值进行计算。

(1)对于标准组合，荷载效应组合的设计值 S_d 按下式计算(仅适用于荷载与荷载效应为线性的情况)：

$$S_d = \sum_{j=1}^m S_{G_jk} + S_{Q_1k} + \sum_{i=2}^n \psi_{c_i} S_{Q_ik} \tag{2-9}$$

注：组合中的设计值仅适用于荷载与荷载效应为线性的情况。

标准组合是在设计基准期内根据正常使用条件可能出现最大可变荷载时的荷载标准值进行组合而确定的，在一般情况下均采用这种组合值进行正常使用极限状态的验算。

(2)对于频遇组合，荷载效应组合的设计值可按下式计算：

$$S_d = \sum_{j=1}^m S_{G_jk} + \psi_{f_1} S_{Q_1k} + \sum_{i=2}^n \psi_{q_i} S_{Q_ik} \tag{2-10}$$

注：组合中的设计值仅适用于荷载与荷载效应为线性的情况。

频遇组合是采用考虑时间影响的频遇值为主导进行组合而确定的。当结构或构件允许考虑荷载的总持续时间较短或可能出现次数较少时，则应按其相应的最大可变荷载的组合(即频遇组合)，进行正常使用极限状态的验算。例如，构件考虑疲劳的破坏，则应按所需承受的疲劳次数相应频遇组合值进行疲劳强度的验算，但如采用较大的荷载标准组合值进行验算时，则构件将会超过所需承受的疲劳次数，也即其实际设计使用年限超过了设计基准期，但该构件最终是要随着设计使用年限仅为设计基准期的结构的其他构件而报废，可见按频遇组合值验算是较为经济合理的。

(3)对于准永久组合，荷载效应组合值可按下式计算：

$$S_d = \sum_{j=1}^m S_{G_jk} + \sum_{i=2}^n \psi_{q_i} S_{Q_ik} \tag{2-11}$$

注：组合中的设计值仅适用于荷载与荷载效应为线性的情况。

准永久组合是采用设计基准期内持久作用的准永久值进行组合而确定的。它是考虑可变荷载的长期作用起主要影响并具有自己独立性的一种组合形式。但在《设计规范》中，由于对结构抗力(裂缝、变形)的试验研究结果多数是在荷载短期作用情况下取得的，因此，

对荷载准永久组合值的应用，仅作为考虑荷载长期作用对结构抗力(刚度)降低的影响因素之一。

知识窗

结构的功能要求有以下三个方面：

(1)安全性。结构在功能承受正常施工和正常使用时可能出现的各种作用；在偶然事件(如地震、爆炸)发生时及发生后，仍能保持必需的整体稳定性。

(2)适用性。结构在正常使用时，应具有良好的工作性能，如有一定的刚度，以免过大变形，不能产生过大裂缝。

(3)耐久性。结构在正常维护下具有足够的耐久性能。例如，在正常使用环境下，混凝土不发生严重的风化、脱落；钢筋不发生严重的锈蚀，以免影响结构的使用寿命。

任务实训

任务　认识某构件在不同荷载作用下的各种组合值

实训目的：通过标准求解各种组合值，掌握荷载在不同计算(验算)条件下的组合值求解。

实训内容与要求：

(1)学会设计值、标准组合、准永久组合的计算。

(2)工具：《建筑结构荷载规范》(GB 50009—2012)或教材中附表。

能力提升

一、填空题

1.设计建筑结构时，根据不同极限状态的设计要求所采用的荷载值称为_____。

2._____是该荷载在结构设计基准期内在正常情况下可能达到的最大量值。

3.荷载(直接作用)和间接作用都将使结构或结构构件产生内力、变形和裂缝，人们称之为_____。

二、简答题

1.结构上的荷载按作用时间的长短和性质分为哪几类？

2.承载力极限状态计算的表达式是什么？

3.正常使用极限状态计算的表达式是什么？

项目三　受弯构件承载力计算

◎ 知识目标

1. 了解受弯构件正截面的受力性能及构造要求；熟悉受弯构件正截面承载力计算依据及条件；掌握单筋矩形截面受弯构件正截面、双筋矩形截面受弯构件正截面、T形截面受弯构件正截面承载力的计算方法。

2. 了解受弯构件斜截面的工作性能；掌握受弯构件斜截面受剪承载力的计算方法；掌握受弯构件裂缝宽度及变形的验算方法。

◎ 素养目标

1. 认真完成从事的工作，尽职尽责、一丝不苟，有严格的务实精神。
2. 聆听指令，倾听他人讲话，倾听不同的观点。

> 土木工程行业人员一定要遵守行业规范，要做到"不忘初心、严谨敬业"，工程设计、施工中少配或漏配受力钢筋，会造成很严重的工程事故。作为一名学生，要不忘初心，坚持自己所走的路，朝着目标努力，不管遇到多少艰难险阻，都不要放弃，只要初心不改，定能成就人生。

◎ 项目导入

某车管所办公楼房，半层地下室，地上 6 层，框架结构承重，现浇混凝土梁、板楼（屋）盖，发现四层部分框架梁（地下室顶）出现不同程度的裂缝，要求鉴定，同时委托查勘四层结构状况，该层局部曾经作档案室（现已取消）使用，明显增加了楼面荷载。

根据现场调查、检测，四层框架梁局部存在裂缝，裂缝的特点：基本出现在梁底跨中附近粉刷层，垂直于梁跨，最多的梁底出现三条，个别梁侧口粉刷层也有不规则裂缝，最宽裂缝宽度为 0.38 mm，凿除裂缝部位粉刷层后，发现粉刷层厚度最大为 70 mm，且分两次粉刷，有明显接缝痕迹，未发现结构层裂缝；四层框架梁粉刷层裂缝个别存在，且肉眼不易察觉。

根据原设计施工要求及房屋使用情况，对有关承重构件复核，经过综合分析，判明为温度应力裂缝，属于结构性裂缝，该裂缝未危及房屋结构安全。

如裂缝出现于受弯构件下列部位：受压区、斜截面、冲切面等，以及后张预应力构件端部局压部位等皆属于结构性裂缝脆性破坏。其特点：事先没有明显的预兆，突然发生，一旦出现裂缝，对结构强度影响很大，是结构破坏的征兆。

任务一　受弯构件构造要求

任务目标

根据工程实际情况能进行梁、板受弯构造设计。

受弯构件主要是指受弯矩和剪力共同作用的构件，是在工程中应用最为广泛的一类构件。 建筑结构中各类型的梁、板是典型的受弯构件。梁、板的区别在于梁的截面高度一般大于其宽度，而板的截面高度则远小于其宽度。仅在受拉区配置受力钢筋的受弯构件称为单筋受弯构件；在截面受压区与受拉区都配置钢筋的受弯构件称为双筋受弯构件。

受弯构件在荷载作用下可能发生两种破坏：一种是当受弯构件沿弯矩最大的截面发生破坏，破坏截面与构件的纵轴线垂直，称为沿正截面破坏，如图 3-1（a）所示；另一种是当受弯构件沿剪力最大或弯矩和剪力都较大的截面发生破坏，破坏截面与构件的纵轴线斜交，称为沿斜截面破坏，如图 3-1（b）所示。

图 3-1　受弯构件的破坏形式

（a）沿正截面破坏；（b）沿斜截面破坏

知识窗

受弯构件的截面形状

梁和板均为常见的受弯构件，梁的截面高度一般大于自身的高度，而板的截面高度则远小于自身的宽度。梁的截面形状常见的有矩形、T 形、花篮形等；板的截面形状常见的有矩形、槽形及空心形等（图 3-2）。

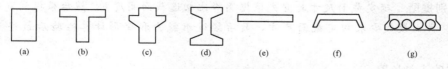

图 3-2　常用梁和板的截面形状

一、梁的一般构造要求

1. 梁的截面形式和尺寸

（1）梁的截面形式。梁的截面形式主要分为矩形和 T 形，还可以做成 L 形、倒 L 形、工字形及花篮形等（图 3-3）。

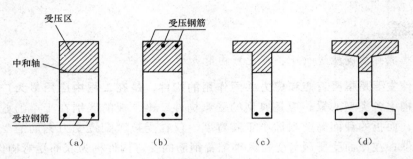

图 3-3　梁的截面形式

(a)单筋矩形梁；(b)双筋矩形梁；(c)T 形梁；(d)工字形梁

（2）梁的截面尺寸。

1）梁的高跨比。梁截面高度 h 按高跨比 h/l 估算。梁的高度 h 按表 3-1 采用，表中 l_0 为梁的计算跨度。

表 3-1　梁的截面高度

项次	构件种类		简支	两端连续	悬臂
1	整体肋形梁	次梁	$l_0/15$	$l_0/20$	$l_0/8$
		主梁	$l_0/12$	$l_0/15$	$l_0/6$
2	独立梁		$l_0/12$	$l_0/15$	$l_0/6$

2）梁截面的高宽比。梁截面的高宽比按下列比值范围选用：

对矩形截面梁，取 $b=\left(\dfrac{1}{3}\sim\dfrac{1}{2}\right)h$；

对 T 形截面梁，取 $b=\left(\dfrac{1}{4}\sim\dfrac{1}{2.5}\right)h$。

为了统一模板尺寸和便于施工，梁的截面尺寸应符合模数要求，梁截面高度 h 取 250 mm，300 mm，…，800 mm，以 50 mm 的模数递增，800 mm 以上则以 100 mm 的模数递增。梁截面宽度 b 取 120 mm，150 mm，180 mm，200 mm，220 mm，250 mm，以 50 mm 的模数递增。

◇**特别提醒**　确定截面尺寸时宜先根据高跨比初选截面高度 h，然后根据高宽比初选截面宽度 b，再由模数要求初定截面尺寸，最后经过承载力和变形计算检验后最终确定截面尺寸。

2. 梁的支承长度

梁在砖墙或砖柱上的支承长度 a，应满足梁内受力钢筋在支座处的锚固要求，并应满足支座处砌体局部抗压承载力的要求。当梁截面高度 $h \leqslant 500$ mm 时，$a \geqslant 180 \sim 240$ mm；当梁截面高度 $h > 500$ mm 时，$a \geqslant 370$ mm；当梁支承在钢筋混凝土梁（柱）上时，其支承长度 $a \geqslant 180$ mm。

3. 梁的配筋

梁中通常配置纵向受力钢筋、箍筋、架立钢筋等构成钢筋骨架（图 3-4），有时还配置纵向构造钢筋及相应的拉筋等。

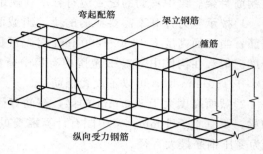

图 3-4　梁的配筋

（1）纵向受力钢筋。 配置在受拉区的受力钢筋主要承受由弯矩在梁内产生的拉力，配置在受压区的纵向受力钢筋用来补充混凝土受压能力的不足。通常，梁的纵向受力钢筋应符合下列规定：

1）伸入梁支座范围内的钢筋不应少于 2 根。

2）当梁高 $h < 300$ mm 时，$d \geqslant 8$ mm；当梁高 $h \geqslant 300$ mm 时，$d \geqslant 10$ mm。

3）梁上部纵向钢筋水平方向的净间距不应小于 30 mm 和 $1.5d$；下部纵向钢筋水平方向的净间距不应小于 25 mm 和 d（d 为钢筋的最大直径）；当下部钢筋多于 2 层时，2 层以上钢筋水平方向的中距应比下面 2 层的中距增大一倍；各层钢筋之间的净间距不应小于 25 mm 和 d。

4）在梁的配筋密集区域可采用并筋的配筋形式。

💡 **知识窗**

并筋的布置方式，二并筋可按纵向或横向布置；三并筋宜按品字形布置，如图 3-5 所示。

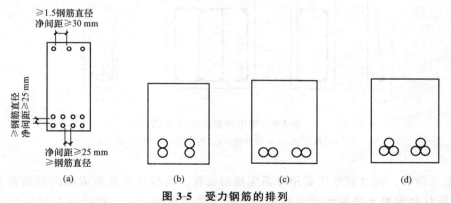

图 3-5　受力钢筋的排列

（a）单根钢筋的排列；（b）并筋纵向布置；（c）并筋横向布置；（d）并筋品字形布置

采用并筋布置方式时，钢筋间距、保护层厚度、钢筋锚固长度、搭接接头面积百分率及搭接长度等的构造规定均应按单根等效钢筋进行计算。等效钢筋的等效直径，相同直径的二并筋可取为 1.41 倍单根钢筋直径，三并筋可取为 1.73 倍单根钢筋直径。

（2）弯起钢筋。 钢筋在跨中下侧承受正弯矩产生的拉力，在靠近支座的位置利用弯起段承受弯矩和剪力共同产生的主拉应力的钢筋称作弯起钢筋。当梁高 $h \leqslant 800$ mm 时，弯起角

度采用 45°；当梁高 $h > 800$ mm 时，采用 60°。

（3）**箍筋**。箍筋的主要作用是承担梁中的剪力和固定纵筋的位置，并与纵向钢筋一起形成钢筋骨架。梁中箍筋的配置应符合下列规定：

1）按承载力计算不需要箍筋的梁，当截面高度大于 300 mm 时，应沿梁全长设置构造箍筋；当截面高度 $h = 150 \sim 300$ mm 时，可仅在构件端部 $l_0/4$ 范围内设置构造箍筋，l_0 为跨度。但当在构件中部 $l_0/2$ 范围内有集中荷载作用时，则应沿梁全长设置箍筋。当截面高度小于 150 mm 时，可以不设置箍筋。

2）截面高度大于 800 mm 的梁，箍筋直径不宜小于 8 mm；对截面高度不大于 800 mm 的梁，不宜小于 6 mm。梁中配有计算需要的纵向受压钢筋时，箍筋直径尚不应小于 $d/4$，d 为受压钢筋最大直径。

3）梁中箍筋的最大间距宜符合表 3-2 的规定；当 $V > 0.7 f_t b h_0 + 0.05 N_{p0}$ 时，箍筋的配筋率 $\rho_{sv} [\rho_{sv} = A_{sv}/(bs)]$ 不应小于 $0.24 f_t / f_{yv}$。

表 3-2　梁中箍筋的最大间距　　　　　　　　　　　　　　　　mm

梁高	$V > 0.7 f_t b h_0 + 0.05 N_{p0}$	$V \leqslant 0.7 f_t b h_0 + 0.05 N_{p0}$
$150 < h \leqslant 300$	150	200
$300 < h \leqslant 500$	200	300
$500 < h \leqslant 800$	250	350
$h > 800$	300	400

◈**应用提示**　箍筋的形式分为开口式和封闭式两种，如图 3-6 所示。开口箍不利于纵向钢筋的定位，且不能约束芯部混凝土。故除小过梁外，一般均采用末端带有弯钩的封闭式箍筋。当梁中配有按计算需要的纵向受压钢筋时，应采用封闭式箍筋。

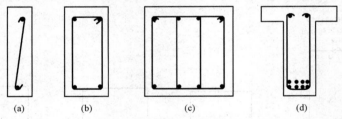

图 3-6　梁中箍筋的主要形式
（a）单肢箍；（b）双肢箍；（c）四肢箍；（d）开口式

（4）**架立钢筋**。架立钢筋主要用来固定箍筋位置，与纵向钢筋形成梁的钢筋骨架，并承受因温度变化和混凝土收缩而产生的应力，防止发生裂缝。其一般设置在梁的受压区外缘两侧，平行于纵向受力钢筋。当受压配置有纵向受压钢筋时，可兼作架立钢筋。

对于架立钢筋，当梁的跨度小于 4 m 时，直径不宜小于 8 mm；当梁的跨度为 4~6 m 时，直径不应小于 10 mm；当梁的跨度大于 6 m 时，直径不宜小于 12 mm。

（5）**纵向构造钢筋及拉筋**。当梁的腹板高度 $h_w \geqslant 450$ mm 时，应在梁的两个侧面沿高度配置纵向构造钢筋（也称腰筋），并用拉筋固定（图 3-7），且其间距不宜大于 200 mm。

4. 混凝土保护层厚度和截面有效高度

（1）混凝土保护层厚度。混凝土保护层是指钢筋外边缘至构件表面范围用于保护钢筋的

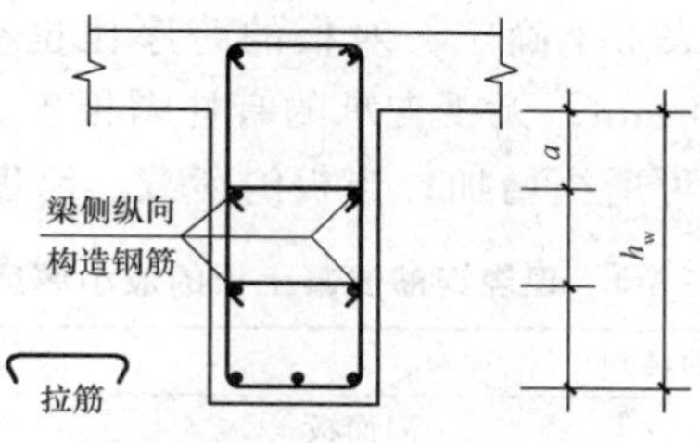

图 3-7 纵向构造钢筋及拉筋

混凝土。构件中普通钢筋及预应力筋的混凝土保护层厚度应满足下列要求：

1)构件中受力钢筋的保护层厚度不应小于钢筋的直径 d。

2)设计使用年限为 50 年的混凝土结构，最外层钢筋的保护层厚度应符合表 3-3 的规定；设计使用年限为 100 年的混凝土结构，最外层钢筋的保护层厚度不应小于表 3-3 中数值的 1.4 倍。

表 3-3 混凝土保护层的最小厚度 mm

环境类别	板、墙、壳	梁、柱、杆
一	15	20
二 a	20	25
二 b	25	35
三 a	30	40
三 b	40	50

注：1. 混凝土强度等级不大于 C25 时，表中保护层厚度数值应增加 5 mm。
　　2. 钢筋混凝土基础宜设置混凝土垫层，基础中钢筋的混凝土保护层厚度应从垫层顶面算起，且不应小于 40 mm。

（2）截面有效高度。在进行受弯构件配筋计算时，要确定梁、板的有效高度 h_0。所谓有效高度是指受拉钢筋的重心至截面受压边缘的垂直距离，它与受拉钢筋的直径和排数有关，截面有效高度可表示为

$$h_0 = h - a_s \tag{3-1}$$

式中　h_0——截面有效高度；

　　　h——截面高度；

　　　a_s——受拉钢筋的重心至截面受拉边缘的距离。对于室内正常环境下的梁，当混凝土的强度等级≥C25 时，a_s 取 35 mm（单层钢筋）或 60 mm（双层钢筋）；板的 a_s 取 20 mm。

纵向受拉钢筋的配筋百分率是指纵向受拉钢筋总截面面积 A_s 与正截面的有效面积 bh_0 的比值，用 ρ 表示，简称配筋率，用百分数来计量，即

$$\rho = \frac{A_s}{bh_0}$$

◇**特别提醒**　纵向受拉钢筋的配筋百分率 ρ 在一定程度上标志了正截面上纵向受拉钢筋与混凝土之间的面积比率，它是对梁的受力性能有很大影响的一个重要指标。根据经验，板的经济配筋率为 0.3%～0.8%，单筋矩形梁的经济配筋率为 0.6%～1.5%。

二、板的一般构造要求

1. 板的厚度

板的厚度除应满足强度、刚度和裂缝方面的要求外，还应考虑经济效果和施工方便，

可参考已有经验和规范规定按表 3-4 确定。对板的跨厚比也有要求：钢筋混凝土单向板不大于 30 mm，双向板不大于 40 mm；无梁支承的有柱帽板不大于 35 mm，无梁支承的无柱帽板不大于 30 mm。预应力板可适当增加；当板的荷载、跨度较大时宜适当减小。

表 3-4　现浇钢筋混凝土板的最小厚度　　　　　　　　　　　　　　mm

板的类别		最小厚度
单向板	屋面板	60
	民用建筑楼板	60
	工业建筑楼板	70
	行车道下的楼板	80
双向板		80
密肋楼盖	面板	50
	肋高	250
悬臂板(根部)	悬臂长度不大于 500 mm	60
	悬臂长度 1 200 mm	100
无梁楼板		150
现浇空心楼盖		200

2. 板的支承长度

现浇板在砖墙上的支承长度一般不小于板厚且不小于 120 mm，还应满足受力钢筋在支座内的锚固长度要求。预制板的支承长度，在墙上不宜小于 100 mm；在钢筋混凝土梁上不宜小于 80 mm；在钢屋架或钢梁上不宜小于 60 mm。

3. 板的配筋

板通常配置纵向受力钢筋和分布钢筋(图 3-8)。

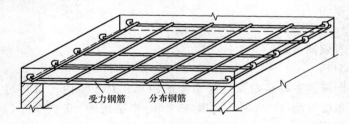

受力钢筋　　分布钢筋

图 3-8　板的配筋

(1)受力钢筋。板的受力钢筋的直径一般为 6～12 mm，板厚度较大时，钢筋直径可用 14～18 mm。为了正常地分担内力，板中受力钢筋的间距不宜过稀，但为了绑扎方便和保证浇捣质量，板的受力钢筋间距也不宜过密。当板厚不大于 150 mm 时，板的受力钢筋间距不宜大于 200 mm；当板厚大于 150 mm 时，板的受力钢筋间距不宜大于板厚的 1.5 倍，且不宜大于 250 mm。

(2)分布钢筋。当按单向板设计时，应在垂直于受力的方向布置分布钢筋。分布钢筋的作用：一是固定受力钢筋的位置，形成钢筋网；二是将板上荷载有效地传到受力钢筋；三是防止因温度或混凝土收缩等原因沿跨度方向产生裂缝。单位宽度上的配筋率不宜小于单位宽度上的受力钢筋的 15%，且配筋率不宜小于 0.15%；分布钢筋的直径不宜小于

6 mm，间距不宜大于 250 mm；当集中荷载较大时，分布钢筋的配筋面积还应增加，且间距不宜大于 200 mm。

任务二　受弯构件正截面承载力计算

◎ 任务目标

能进行单筋矩形截面受弯构件正截面、双筋矩形截面受弯构件正截面、T 形截面受弯构件正截面承载力的设计与复核。

一、受弯构件正截面的受力性能

1. 钢筋混凝土梁正截面工作的三个阶段

钢筋混凝土受弯构件的破坏有两种情况：一种是由弯矩引起的，破坏截面与构件的纵轴线垂直（正交），称为沿正截面破坏；另一种是由弯矩及剪力共同引起的，破坏截面是倾斜的，称为沿斜截面破坏，如图 3-9 所示。

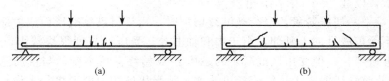

图 3-9　受弯构件的破坏形态
（a）沿正截面破坏；（b）沿斜截面破坏

试验研究表明，钢筋混凝土受弯构件当具有足够的抗剪能力而且构造设计合理时，构件受力后将在弯矩较大的部位，或在图 3-9 中纯弯区段的正截面发生弯曲破坏。受弯构件自加载至破坏的过程中，随着荷载的增加及混凝土塑性变形的发展，对于正常配筋的梁，其正截面上的应力及其分布和应变发展过程可分为以下三个阶段：

（1）**第 I 阶段——弹性工作阶段。** 开始增加荷载时，弯矩很小，截面应力及应变均很小，混凝土基本处于弹性工作阶段，截面应变变化符合平截面假定（图 3-10 I），梁截面应力分布图形为三角形，中和轴以上受压，另一侧受拉。

随着 M 的增大，由于混凝土抗拉能力远小于抗压能力，在受拉边缘处混凝土产生塑性变形，当弯矩增加到使受拉边缘的应变达到混凝土的极限拉应变时，相应的边缘拉应力达到混凝土的抗拉强度 f_t，拉应力图形接近矩形的曲线变化，压应力图形接近三角形，构件处于将裂未裂的极限状态，此即第 I 阶段末，以 I_a 表示（图 3-10 I_a）；相应构件所能承受弯矩以 M_{cr} 表示。

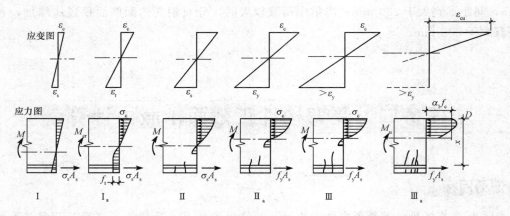

图 3-10　钢筋混凝土受弯构件工作的三个阶段

（2）**第Ⅱ阶段——带裂缝工作阶段。**弯矩达到 M_{cr} 后，在纯弯段内混凝土抗拉强度最弱的截面上将出现第一批裂缝。开裂部分混凝土承受的拉力将传递给钢筋，使开裂截面的钢筋应力突然增大，截面中和轴上移。随着弯矩增大，截面应变也随之增大；但截面应变分布基本上符合平截面假定（图 3-10 Ⅱ）；而受压区混凝土则逐渐表现出塑性变形的特征，受压区的应力图形呈曲线形。

当荷载增加到某一数值时，纵向受拉钢筋开始屈服，钢筋应力达到其屈服强度 f_y，此即为第Ⅱ阶段末，以Ⅱ$_a$表示（图 3-10 Ⅱ$_a$）。

（3）**第Ⅲ阶段——屈服阶段。**当荷载继续增加时，钢筋将继续变形而应力保持 f_y 数值不变。此时裂缝不断扩展且向上延伸，由于中和轴上升，受压区高度很快减小，内力臂增大，截面弯矩仍然有所增长，但受压区混凝土的总压力 D 始终保持不变，与钢筋总拉力 T 保持平衡（$D=T$）。此时受压混凝土边缘应变迅速增长，受压区应力图形更趋丰满（图 3-10 Ⅲ）。

当弯矩再增加至极限弯矩 M_u 时，称为第Ⅲ阶段末，以Ⅲ$_a$表示。此时，由于钢筋塑性变形的发展，截面中和轴不断上升，混凝土受压区高度不断减小。截面受压区边缘纤维应变增大到混凝土极限压应变 ε_{cu}，构件即开始破坏。其后，在试验时虽然仍可继续变形，但所承受的弯矩将有所降低，最后受压区混凝土被压碎甚至崩落而导致构件完全破坏（图 3-10 Ⅲ$_a$）。

💡 **知识窗**

在以上三个阶段中：

第Ⅰ阶段末（Ⅰ$_a$）：构件所能承受的抗裂弯矩为 M_{cr}，它是抗裂度计算的依据。

第Ⅱ阶段：构件在荷载标准值作用下所处的阶段，它是构件正常使用极限状态中变形及裂缝宽度验算的依据。

第Ⅲ阶段末（Ⅲ$_a$）：构件所能承受的破坏弯矩为 M_u，它是承载力极限状态计算的依据。

---

2. 钢筋混凝土梁正截面的破坏特征

在钢筋混凝土受弯构件中，钢筋用量的变化将影响构件的受力性能和破坏形态。钢筋

用量的多少，通过受拉钢筋面积 A_s 与混凝土有效面积 A 的比值（即配筋率）来反映，即

$$\rho = \frac{A_s}{A} \tag{3-2}$$

式中　A_s——纵向受拉钢筋截面面积；

　　　A——构件截面面积，对矩形截面，$A = bh$；对倒 T 形截面，$A = bh + (b_f - b)h_f$。

（1）**少筋梁的破坏特征**。配筋率低于 ρ_{min} 的梁称为少筋梁。这种梁受拉区混凝土一旦出现裂缝，受拉钢筋立即达到屈服强度，并可能进入强化阶段而发生破坏[图 3-11（a）]，少筋梁在破坏时裂缝开展较宽，挠度增长也较大，如图 3-12 所示的 A 曲线。少筋梁破坏属脆性破坏，而且梁的承载力很低，所以设计时应避免采用。

（2）**适筋梁的破坏特征**。适筋梁的破坏特点是受拉区钢筋首先进入屈服阶段，再继续增加荷载后，受压区最外边缘混凝土就会被压碎（达到其抗压极限强度），梁宣告破坏，其破坏形态如图 3-11（b）所示，在压坏前，构件有显著的裂缝和挠度，即有明显的破坏预兆，这种破坏属于塑性破坏，在整个破坏过程中，挠度的增长相当大，如图 3-12 所示的 B 曲线，此时钢筋和混凝土这两种材料性能基本上都得到充分利用，因而设计中一般采用这种设计方式。

（3）**超筋梁的破坏特征**。配筋率过高的梁称为超筋梁，即配筋率高于 $\rho_{max}\left(\rho_{max} = \xi_b\alpha_1\dfrac{f_c}{f_y}\right)$ 的梁称为"超筋梁"。若配筋率过高，加载后受拉钢筋应力尚未达到屈服强度，受压混凝土却先达到极限压应变而被压坏，致使构件突然破坏[图 3-11（c）]，破坏前没有明显预兆，如图 3-12 所示的 C 曲线，这种破坏属于脆性破坏，虽然配置了很多受拉钢筋，但超筋破坏中钢筋未能发挥应有作用，浪费了钢材，因此，设计中必须避免采用超筋梁。

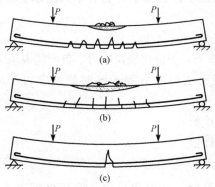

图 3-11　梁的破坏形式

（a）少筋梁；（b）适筋梁；（c）超筋梁

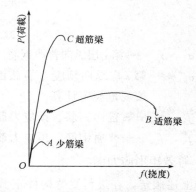

图 3-12　不同破坏形态梁的 P-f 曲线

二、受弯构件正截面承载力计算基本原则

受弯构件正截面承载力是指适筋梁截面在承载能力极限状态所能承担的弯矩 M_u。正截面承载力的计算依据为适筋梁第Ⅲ阶段末的应力状态。

1. 基本假定

（1）截面应变保持平面。构件正截面在弯曲变形以后仍保持一平面。

（2）不考虑混凝土的抗拉强度。

（3）混凝土受压的应力与应变关系，应采用图 3-13 所示的曲线并符合下列规定：

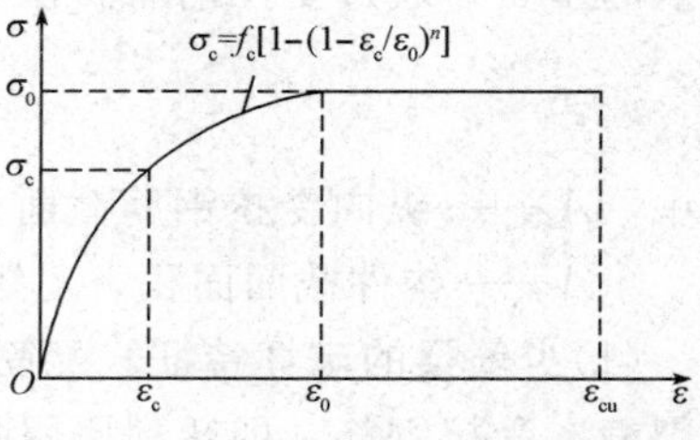

1）当 $\varepsilon_c \leqslant \varepsilon_0$ 时

$$\sigma_c = f_c \left[1 - \left(1 - \frac{\varepsilon_c}{\varepsilon_0} \right)^n \right] \tag{3-3}$$

2）当 $\varepsilon_0 < \varepsilon_c \leqslant \varepsilon_{cu}$ 时

$$\sigma_c = f_c \tag{3-4}$$

$$n = 2 - \frac{1}{60}(f_{cu,k} - 50) \tag{3-5}$$

$$\varepsilon_0 = 0.002 + 0.5(f_{cu,k} - 50) \times 10^{-5} \tag{3-6}$$

$$\varepsilon_{cu} = 0.003\,3 - (f_{cu,k} - 50) \times 10^{-5} \tag{3-7}$$

图 3-13 的图注：混凝土应力-应变曲线，曲线方程 $\sigma_c = f_c[1-(1-\varepsilon_c/\varepsilon_0)^n]$

图 3-13　混凝土应力-应变曲线

式中　σ_c——混凝土压应变为 ε_c 时的混凝土压应力；

　　　f_c——混凝土轴心抗压强度设计值；

　　　ε_0——混凝土压应力刚达到 f_c 时的混凝土压应变，当计算的 ε_0 值小于 0.002 时，取 0.002；

　　　ε_{cu}——正截面的混凝土极限压应变，当处于非均匀受压时，按式（3-7）计算，如计算的 ε_{cu} 值大于 0.003 3，取 0.003 3；当处于轴心受压时取值为 ε_0；

　　　$f_{cu,k}$——混凝土立方体抗压强度标准值；

　　　n——系数，当计算的 n 值大于 2.0 时，取 2.0。

（4）纵向受拉钢筋的极限拉应变取为 0.01。

（5）纵向钢筋的应力取钢筋应变与其弹性模量的乘积，但其值应符合下列要求：

$$-f_y' \leqslant \sigma_{si} \leqslant f_y$$

$$\sigma_{p0i} - f_{py}' \leqslant \sigma_{pi} \leqslant f_{py}$$

式中　σ_{si}，σ_{pi}——第 i 层纵向普通钢筋、预应力筋的应力，正值代表拉应力，负值代表压应力；

　　　σ_{p0i}——第 i 层纵向预应力筋截面重心处混凝土法向应力等于零时的预应力筋应力，按规范规定计算；

　　　f_y，f_{py}——普通钢筋、预应力筋抗拉强度设计值；

　　　f_y'，f_{py}'——普通钢筋、预应力筋抗压强度设计值。

2. 等效矩形应力图

按上述假定，在进行受弯构件正截面承载力计算时，为简化计算，受压区混凝土的曲线应力图形可采用等效矩形应力图形来代替，如图 3-14 所示。其代换原则是保证受压区混凝土压应力合力的大小相等和作用点位置不变。

等效矩形应力图形的应力值取为 $\alpha_1 f_c$，其换算受压区高度取为 x，实际受压区高度为 x_c，令 $x = \beta_1 x_c$。根据等效原则，通过计算统计分析，系数 α_1 和 β_1 取值见表 3-5。

表 3-5　受压混凝土的简化应力图形系数 β_1、α_1 值

混凝土强度等级	≤C50	C55	C60	C65	C70	C75	C80
β_1	0.8	0.79	0.78	0.77	0.76	0.75	0.74
α_1	1.0	0.99	0.98	0.97	0.96	0.95	0.94

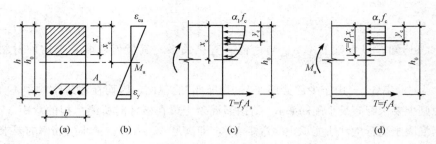

图 3-14 等效矩形应力图形代换曲线应力图形

(a)截面；(b)应变分布；(c)曲线应力分布；(d)等效矩形应力分布

3. 适筋梁的界限条件

(1)相对界限受压区高度 ξ_b 和最大配筋率 ρ_{max}。相对界限受压区高度 ξ_b 是指适筋梁在界限破坏时，等效压区高度与截面高度之比 $\dfrac{x}{h_0}$。界限破坏的特征是受拉钢筋屈服的同时，受压区混凝土边缘达到极限压应变。

破坏时的相对受压区高度为

$$\xi=\frac{x}{h_0}=\frac{\beta_1 x_c}{h_0} \tag{3-8}$$

根据平截面假定，相对界限受压区高度可用简单的几何关系求出：

$$\xi_b=\frac{x_b}{h_0}=\frac{\beta_1}{1+\dfrac{f_y}{\varepsilon_{cu}E_s}} \tag{3-9}$$

对于常用钢筋，所对应的 ξ_b 值见表 3-6。

表 3-6 相对界限受压区高度 ξ_b 值

混凝土强度等级 钢筋种类	≤C50	C55	C60	C65	C70	C75	C80
HPB300	0.575 7	0.566 1	0.556 4	0.546 8	0.537 2	0.527 6	0.518 0
HRB400 HRBF400 RRB400	0.517 6	0.508 4	0.499 2	0.490 0	0.480 8	0.471 6	0.462 5
HRB500 HRBF500	0.482 2	0.473 3	0.464 4	0.455 5	0.446 6	0.437 8	0.429 0

根据截面上力的平衡条件，由图 3-14 可知，$\alpha_1 f_c b x = f_y A_s$，即

$$\xi=\frac{x}{h_0}=\frac{A_s}{bh_0}\times\frac{f_y}{\alpha_1 f_c}=\rho\frac{f_y}{\alpha_1 f_c} \tag{3-10a}$$

或

$$\rho=\xi\frac{\alpha_1 f_c}{f_y} \tag{3-10b}$$

由式(3-10a)可知，受压区高度 x 随 ρ 的增大而增大，即相对受压区高度 ξ 也在增大，当 ξ 达到适筋梁的界限 ξ_b 值时，相应的 ρ 也达到界限配筋率 ρ_b，即

$$\rho_b = \rho_{max} = \xi_b \frac{\alpha_1 f_c}{f_y} \tag{3-11}$$

由式(3-11)知，最大配筋率 ρ_{max} 与 ξ_b 值有直接关系，其量值仅取决于构件材料种类和强度等级。

（2）最小配筋率 ρ_{min}。由于少筋梁属于"一裂即坏"的截面，因而在建筑结构中不允许采用少筋截面。原则上要求配有最小配筋率 ρ_{min} 的钢筋混凝土梁在破坏时所能承担的弯矩 M_u 等同于相同截面的素混凝土受弯构件所能承担的弯矩 M_{cr}，即满足 $M_u = M_{cr}$。最小配筋率的要求见表3-7。

表 3-7　混凝土构件中纵向受力钢筋的最小配筋率 ρ_{min}　　　　　　　　　　　%

受力类型			最小配筋率
受压构件	全部纵向钢筋	强度等级 500 MPa	0.50
		强度等级 400 MPa	0.55
		强度等级 300 MPa	0.60
	一侧纵向钢筋		0.20
受弯构件、偏心受拉构件、轴心受拉构件一侧的受拉钢筋			0.20 和 $45f_t/f_y$ 中的较大值

注：1. 受压构件全部纵向钢筋最小配筋率，当采用C60以上强度等级的混凝土时，应按表中规定增加0.10；

2. 板类受弯构件（不包括悬臂板）的受拉钢筋，当采用强度等级 400 MPa、500 MPa 的钢筋时，其最小配筋率应允许采用 0.15 和 $45f_t/f_y$ 中的较大值；

3. 偏心受拉构件中的受压钢筋，应按受压构件一侧纵向钢筋考虑；

4. 受压构件的全部纵向钢筋和一侧纵向钢筋的配筋率以及轴心受拉构件和小偏心受拉构件一侧受拉钢筋的配筋率均应按构件的全截面面积计算；

5. 受弯构件、大偏心受拉构件一侧受拉钢筋的配筋率应按全截面面积扣除受压翼缘面积 $(b_f' - b)h_f'$ 后的截面面积计算；

6. 当钢筋沿构件截面周边布置时，"一侧纵向钢筋"是指沿受力方向两个对边中一边布置的纵向钢筋。

三、单筋矩形截面受弯构件正截面承载力计算

根据适筋梁在破坏时的应力状态及基本假定，并用等效矩形应力图形代替受力截面来计算单筋矩形截面。

1. 基本公式及适用条件

（1）基本公式。按图 3-15 所示的计算应力图形，建立平衡条件，同时从满足承载力极限状态出发，应满足 $M \leqslant M_u$。故单筋矩形截面受弯构件正截面承载力计算公式为

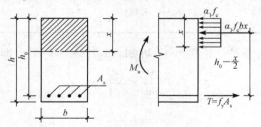

图 3-15　单筋矩形截面受弯构件
正截面计算应力图形

$$\alpha_1 f_c bx = f_y A_s \tag{3-12}$$

$$M \leqslant M_u = \alpha_1 f_c bx \left(h_0 - \frac{x}{2} \right) \tag{3-13}$$

或

$$M \leqslant M_u = f_y A_s \left(h_0 - \frac{x}{2} \right) \tag{3-14}$$

式中　f_c——混凝土轴心抗压强度设计值;

　　　b——截面宽度;

　　　x——混凝土受压区高度;

　　　α_1——系数,当混凝土强度等级≤C50时取1.0,当混凝土等级为C80时取0.94,中间按线性内插法取用;

　　　f_y——钢筋抗拉强度设计值;

　　　A_s——纵向受拉钢筋截面面积;

　　　h_0——截面有效高度;

　　　M_u——截面破坏时的极限弯矩;

　　　M——作用在截面上的弯矩设计值。

(2)适用条件。

1)为防止发生超筋脆性破坏,应满足以下条件:

$$\rho \leqslant \rho_{max} = \xi_b \alpha_1 \frac{f_c}{f_y} \tag{3-15a}$$

或

$$\xi \leqslant \xi_b (即\ x \leqslant x_b = \xi_b h_0) \tag{3-15b}$$

或

$$M \leqslant M_{u,max} = \alpha_1 f_c bh_0^2 \xi_b (1 - 0.5\xi_b) \tag{3-15c}$$

式(3-15c)中,$M_{u,max}$是适筋梁所能承担的最大弯矩,由该式可知,$M_{u,max}$是一个定值,只取决于截面尺寸、材料种类等因素,与钢筋的数量无关。

2)为防止发生少筋脆性破坏,应满足以下条件:

$$\rho \geqslant \rho_{min} \tag{3-16a}$$

或

$$A_s \geqslant \rho_{min} bh \tag{3-16b}$$

2. 截面设计和复核

(1)**截面设计**。在进行截面设计时,通常已知弯矩设计值 M,截面尺寸 bh,材料强度设计值 f_c 和 f_y,要求计算截面所需配置的纵向受拉钢筋截面面积 A_s。

一般现浇构件混凝土采用C20、C25、C30,预制构件为了减轻自重可适当提高混凝土强度等级。钢筋宜采用HRB400级,也可采用HPB300级。

关于截面尺寸的确定,可按构件的高跨比来估计。

当材料截面尺寸确定后,基本公式有两个未知数 x 和 A_s,通过解方程即可求得所需钢筋面积 A_s。

按基本公式求解,一般必须解二次联立方程,可根据基本公式编制计算表格。

由于相对受压区高度 $\xi = x/h_0$,则 $x = \xi h_0$。

由式(3-13)得　　　$$M = \alpha_1 f_c bx \left(h_0 - \frac{x}{2} \right) = \alpha_1 f_c bh_0^2 \xi (1 - 0.5\xi) \tag{3-17a}$$

令　　　　　　　　$$\alpha_s = \xi(1 - 0.5\xi) \tag{3-17b}$$

则 $$M = \alpha_s \alpha_1 f_c b h_0^2 \qquad (3\text{-}17c)$$

由式(3-14)得 $$M = f_y A_s \left(h_0 - \frac{x}{2} \right) = f_y A_s h_0 (1 - 0.5\xi) \qquad (3\text{-}18a)$$

令 $$\gamma_s = 1 - 0.5\xi \qquad (3\text{-}18b)$$

则 $$M = f_y A_s \gamma_s h_0 \qquad (3\text{-}18c)$$

由式(3-12)得 $$A_s = \frac{\alpha_1 f_c b x}{f_y} = \xi b h_0 \frac{\alpha_1 f_c}{f_y} \qquad (3\text{-}19)$$

由式(3-18c)得 $$A_s = \frac{M}{f_y \gamma_s h_0} \qquad (3\text{-}20)$$

式中 α_s——截面抵抗矩系数，反映截面抵抗矩的相对大小，在适筋梁范围内，ρ 越大，则 α_s 值越大，M_u 值也越高；

γ_s——截面内力臂系数，是截面内力臂与有效高度的比值，ξ 越大，γ_s 越小。

显然，α_s、γ_s 均为相对受压区高度 ξ 的函数，利用 α_s、γ_s 和 ξ 的关系，预先编制成计算表格(附表5)供设计时查用。当已知 α_s、γ_s、ξ 之中某一值时，就可查出相对应的另外两个系数值。当然，也可以直接采用下式计算求得：

$$\xi = 1 - \sqrt{1 - 2\alpha_s} \qquad (3\text{-}21a)$$

$$\gamma_s = \frac{1 + \sqrt{1 - 2\alpha_s}}{2} \qquad (3\text{-}21b)$$

(2)**截面复核**。截面复核时，一般是在材料强度、截面尺寸及配筋都已知的情况下，计算截面的极限承载力设计值 M_u，并与截面所需承担的设计弯矩 M 进行比较。当 $M_u \geqslant M$ 时，则截面是安全的。

计算构件的极限承载力 M_u 时，对于 $\xi > \xi_b$ 的超筋构件，应取 $\xi = \xi_b$，按下式计算：

$$M_{u,max} = \alpha_1 f_c b h_0^2 \xi_b (1 - 0.5\xi_b) \qquad (3\text{-}22)$$

◈ **应用提示** 根据求出的 A_s 选配钢筋，所选用的钢筋应满足以下要求：

①理论上讲，实际选用的钢筋截面面积与计算所需 A_s 之间，相差应在 $\pm 5\%$ 以内。但在实际工程中，若实际选用的钢筋截面面积大于计算所需 A_s 时，可以超过 5%。

②实际的 α_s 值与假定的值应大致相符，相差太大时应重新计算。

③截面上钢筋的布置应满足混凝土保护层厚度、钢筋净间距等要求。

【**例 3-1**】 已知矩形截面承受弯矩设计值 $M = 165 \text{ kN} \cdot \text{m}$，环境类别为一类，试设计该截面。

【**解**】 (1)选用材料。混凝土强度等级采用 C25，查附表 1 得 $f_c = 11.9 \text{ N/mm}^2$。采用 HRB400 级钢筋，查表 1-3 得 $f_y = 360 \text{ N/mm}^2$。

(2)确定截面尺寸。选取 $\rho = 1\%$，假定 $b = 250 \text{ mm}$，则

$$h_0 = 1.05 \sqrt{\frac{M}{\rho f_y b}} = 1.05 \times \sqrt{\frac{165 \times 10^6}{0.01 \times 360 \times 250}} = 450 (\text{mm})$$

因 ρ 不大，假定布置一层钢筋，混凝土保护层厚度 $c = 25 \text{ mm}$，$a_s = 35 \text{ mm}$，则 $h = 450 + 35 = 485 (\text{mm})$，实际取 $h = 500 \text{ mm}$，此时 $\dfrac{b}{h} = \dfrac{250}{500} = \dfrac{1}{2}$，合适。于是，截面实际有效高度 $h_0 = 500 - 35 = 465 (\text{mm})$。

（3）计算钢筋截面面积和选择钢筋。

由式（3-13）可得

$$165 \times 10^6 = 1.0 \times 11.9 \times 250x(465 - 0.5x)$$

$$x^2 - 930x + 110\,924 = 0$$

$$x = \frac{930}{2} \pm \sqrt{\left(\frac{930}{2}\right)^2 - 110\,924} = 465 \pm 324.5$$

$$x = 140.5 \text{ mm} \quad \text{或} \quad x = 789.5 \text{ mm}$$

因为 x 不可能大于 h，所以不应取 $x = 789.5$ mm，而应取 $x = 140.5$ mm $< 0.518h_0 = 241$ mm。

将 $x = 140.5$ mm 代入式（3-12）得

$$1.0 \times 11.9 \times 250 \times 140.5 = 360A_s$$

$$A_s = 1\,161 \text{ mm}^2$$

选用 4Φ20，$A_s = 1\,256$ mm^2。

$$0.45 \frac{f_t}{f_y} = 0.45 \times \frac{1.27}{360} = 0.16\% < 0.2\%$$

取 $\rho_{min} = 0.2\%$，$\rho = \dfrac{1\,256}{250 \times 500} = 1.0\% > \rho_{min} = 0.2\%$（符合要求）

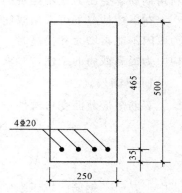

图 3-16　例 3-1 钢筋布置图

钢筋布置如图 3-16 所示。

【例 3-2】　已知一截面尺寸 $b \times h = 200$ mm $\times 450$ mm 的钢筋混凝土梁，环境类别为二 a 类。采用强度等级为 C25 的混凝土和 HRB400 级钢筋（$f_y = 360$ N/mm^2），截面构造如图 3-17 所示，该梁承受弯矩设计值 $M = 62$ kN·m，试复核该截面是否安全。

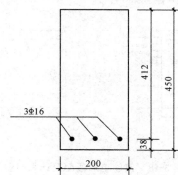

图 3-17　例 3-2 钢筋布置图

【解】　查附表 1 和表 1-3 得 $f_c = 11.9$ N/mm^2，$f_y = 360$ N/mm^2，$A_s = 603$ mm^2。

钢筋净间距 $s_n = \dfrac{200 - 2 \times 30 - 3 \times 16}{2} = 46$(mm) $> d = 16$ mm 或 25 mm（符合要求）

混凝土保护层厚度为 30 mm，$h_0 = 450 - 30 - \dfrac{16}{2} = 412$(mm)。

由式（3-12）可得

$$x = \frac{300 \times 603}{1.0 \times 11.9 \times 200} = 76(\text{mm}) < 0.518h_0 = 0.518 \times 412 = 213(\text{mm})（符合要求）$$

将 x 值代入式(3-13)得

$$M_u = 1.0 \times 11.9 \times 200 \times 76 \times (412 - 0.5 \times 76)$$

$$= 67.6 \times 10^6 (\text{N} \cdot \text{mm}) = 67.6 \text{ kN} \cdot \text{m} > M = 62 \text{ kN} \cdot \text{m}$$

M_u 略大于 M，表明该梁正截面设计是安全和经济的。

四、双筋矩形截面受弯构件正截面承载力计算

在梁的受拉区和受压区同时配置纵向受力钢筋的截面称为双筋截面。在正截面抗弯中，利用钢筋承受压力是不经济的，故应尽量少用双筋截面。

在下述情况下可采用双筋截面：当 $M > \alpha_{s,max} \alpha_1 f_c b h_0^2$，而截面尺寸及材料强度又由于种种原因不能再增大和提高时；由于荷载有多种组合，截面可能承受变号弯矩时；在抗震结构中为提高截面的延性，要求框架梁必须配置一定比例的受压钢筋时。

1. 基本公式

双筋矩形截面受弯构件正截面承载力计算简图如图 3-18 所示，由平衡条件可得：

$$\sum N = 0, \quad \alpha_1 f_c b x + f'_y A'_s = f_y A_s \tag{3-23}$$

$$\sum M = 0, \quad M \leqslant \alpha_1 f_c b x \left(h_0 - \frac{x}{2}\right) + f'_y A'_s (h_0 - a'_s) \tag{3-24}$$

式中　f'_y——钢筋的抗压强度设计值；

A'_s——受压钢筋的截面面积；

a'_s——受压钢筋的合力点到截面受压区外边缘的距离；

A_s——受拉钢筋的截面面积，$A_s = A_{s1} + A_{s2}$，而 $A_{s1} = \dfrac{f'_y A'_s}{f_y}$。

其余符号意义同前。

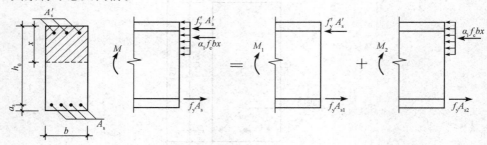

图 3-18　双筋矩形截面梁计算简图

式(3-24)中，若取

$$M_1 = f'_y A'_s (h_0 - a'_s) \tag{3-25}$$

$$M_2 = \alpha_1 f_c b x \left(h_0 - \frac{x}{2}\right) \tag{3-26}$$

则得　　　　　　　　　　　　$M \leqslant M_1 + M_2$ 　　　　　　　　　　　(3-27)

式中　M_1——由受压钢筋的压力 $f'_y A'_s$ 和相应的部分受拉钢筋的拉力 $A_{s1} f_y$ 所组成的内力矩；

M_2——由受压区混凝土的压力和余下的受拉钢筋的拉力 $A_{s2} f_y$ 所组成的内力矩。

式(3-23)和式(3-24)必须满足下列适用条件：

$$x \leqslant \xi_b h_0 \tag{3-28}$$

$$x \geqslant 2a'_s \tag{3-29}$$

满足式(3-28)的条件是为了防止双筋梁发生超筋破坏；满足式(3-29)的条件是为了保证受压钢筋在构件破坏时达到屈服强度。

2. 截面设计和复核

(1)**截面设计**。在双筋截面配筋计算中，可能遇到下列两种情况：

情况Ⅰ：已知弯矩设计值M，材料强度f_y、f'_y、f_c，截面尺寸b、h。求受拉钢筋截面面积A_s和受压钢筋截面面积A'_s。

在此情况中，两个基本方程中有三个未知数x、A_s、A'_s，需要增加一个条件才能求解。为节约钢材，应充分利用混凝土强度，故令$x = \xi_b h_0$，代入式(3-24)解得

$$A'_s = \frac{M - \alpha_1 f_c b h_0^2 \xi_b (1 - 0.5\xi_b)}{f'_y(h_0 - a'_s)} \tag{3-30}$$

由式(3-23)可得

$$A_s = \frac{\alpha_1 f_c b h_0 \xi_b + f'_y A'_s}{f_y} \tag{3-31}$$

情况Ⅱ：已知弯矩设计值M，材料强度值f_c、f_y、f'_y、截面尺寸$b \times h$以及受压钢筋截面面积A'_s，求受拉钢筋截面面积A_s。

在此情况中，受压钢筋面积通常是由变号弯矩或构造上的需要而设置的。在这种情况下，应考虑充分利用受压钢筋的强度，以使总用钢量为最小。这时，基本公式只剩下A_s及x两个未知数，可解方程求得。也可根据公式分解，用查表法求得，步骤如下：

1)查表，计算各类参数；

2)用式(3-25)求得

$$M_1 = f'_y A'_s (h_0 - a'_s)$$

3)$M_2 = M - M_1$；

4)$\alpha_{s2} = \dfrac{M_2}{\alpha_1 f_c b h_0^2}$；

5)查附表5得ξ；

6)若求得$2a_s \leqslant x = \xi h_0 \leqslant \xi_b h_0$，则得

$$A_s = \frac{\alpha_1 f_c b x + f'h_y A' h_s}{f_y} \tag{3-32a}$$

若出现$x < 2a_s$的情况，则得

$$A_s = \frac{M}{f_y(h_0 - a'_s)} \tag{3-32b}$$

若求得的$\xi > \xi_b$，说明给定的A'_s太小，不符合公式的要求，这时应按A'_s为未知值，按情况Ⅰ步骤计算A_s及A'_s。

(2)**截面复核**。已知材料的强度设计值f_c、f_y、f'_y，截面尺寸$b \times h$，受力钢筋面积A_s及A'_s，求该截面受弯承载力。

双筋矩形截面的极限承载力$M = M_1 + M_2$，其中受压钢筋的承载力M_1可由式(3-25)求出。然后再由式(3-23)求出受压区高度x，并根据x求出单筋梁部分的极限承载力M_2。

$$A_{s1} = A_s - A_{s2} \tag{3-33}$$

$$x = \frac{f_y A_{s1}}{\alpha_1 f_c b} \leqslant \xi_b h_0 \tag{3-34}$$

如 $x > \xi_b h_0$，取 $x = \xi_b h_0$，$M_2 = \alpha_1 f_c b h_0^2 \xi_b (1 - 0.5\xi_b)$

$$M = M_1 + M_2$$

当 $x < 2a_s'$ 时应设 $x = 2a_s'$，由下式统一计算截面极限承载力：

$$M = f_y A_s (h_0 - a_s') \tag{3-35}$$

【例 3-3】　有一矩形截面 $b \times h = 200 \text{ mm} \times 400 \text{ mm}$，承受弯矩设计值 $M = 180 \text{ kN} \cdot \text{m}$，混凝土强度等级为 C25（$f_c = 11.9 \text{ N/mm}^2$），用 HRB400 级钢筋配筋（$f_y = f_y' = 360 \text{ N/mm}^2$），环境类别为二 a 类，求所需钢筋截面面积。

【解】　(1)检查是否需采用双筋截面。假定受拉钢筋为两层，$h_0 = 400 - 65 = 335 \text{(mm)}$，若为单筋截面，其所能承担的最大弯矩设计值为

$$M_{max} = 0.384\alpha_1 f_c b h_0^2 = 0.384 \times 1.0 \times 11.9 \times 200 \times 335^2 = 102.6 \times 10^6 \text{(N} \cdot \text{mm)}$$
$$= 102.6 \text{(kN} \cdot \text{m)} < M = 180 \text{(kN} \cdot \text{m)}$$

计算结果表明，必须设计成双筋截面。

(2)求 A_s'。假定受压钢筋为一层，则 $a_s' = 40 \text{ mm}$。

$$A_s' = \frac{M - 0.384\alpha_1 f_c b h_0^2}{f_y'(h_0 - a_s')} = \frac{180 \times 10^6 - 0.384 \times 1.0 \times 11.9 \times 200 \times 335^2}{360 \times (335 - 40)} = 729 \text{(mm}^2)$$

(3)求 A_s。

$$A_s = 0.518 \times \frac{\alpha_1 f_c}{f_y} b h_0 + \frac{f_y'}{f_y} A_s' = 0.518 \times \frac{1.0 \times 11.9}{360} \times 200 \times 335 + \frac{360}{360} \times 729 = 1\,876 \text{(mm}^2)$$

(4)选择钢筋。受拉钢筋选用 3⏀22+3⏀20，$A_s = 2\,081 \text{ mm}^2$；受压钢筋选用 2⏀22，$A_s' = 760 \text{ mm}^2$。

钢筋布置如图 3-19 所示。

【例 3-4】　已知梁截面尺寸 $b \times h = 200 \text{ mm} \times 500 \text{ mm}$，混凝土强度等级为 C25（$f_c = 11.9 \text{ N/mm}^2$），采用 HPB300 级钢筋（$f_y = f_y' = 270 \text{ N/mm}^2$），受拉钢筋为 5⏀20（$A_s = 1\,571 \text{ mm}^2$），受压钢筋为 2⏀16（$A_s' = 402 \text{ mm}^2$），承受弯矩设计值 $M = 120 \text{ kN} \cdot \text{m}$。试验算该截面是否安全。

【解】　$h_0 = 500 - 40 = 460 \text{(mm)}$

$$\xi = \frac{A_s - A_s'}{b h_0} \times \frac{f_y}{\alpha_1 f_c} = \frac{1\,571 - 402}{200 \times 460} \times \frac{270}{1.0 \times 11.9} = 0.288$$

查附表 5 得 $\alpha_s = 0.247$

$$M_u = \alpha_s \alpha_1 f_c b h_0^2 + f_y' A_s'(h_0 - a_s')$$
$$= 0.247 \times 1.0 \times 11.9 \times 200 \times 460^2 + 270 \times 402 \times (460 - 40)$$
$$= 169.98 \times 10^6 \text{(N} \cdot \text{mm)} = 169.98 \text{(kN} \cdot \text{m)} > M = 120 \text{(kN} \cdot \text{m)}$$

计算结果表明设计符合要求。

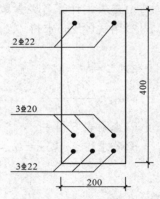

图 3-19　例 3-3 钢筋布置图

知识拓展：双筋截面
受弯构件的构造要求

五、T形截面受弯构件正截面承载力计算

受弯构件产生裂缝后，受拉混凝土因开裂而退出工作，则拉力全部由受拉钢筋承担，故可将受拉区混凝土的一部分挖去，并把原有的纵向受拉钢筋集中布置，就形成如图 3-20 所示的 T 形截面。该 T 形截面的正截面承载力不但与原有截面相同，而且节约混凝土并减轻了自重。

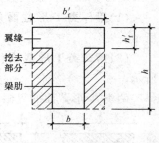

图 3-20　T 形截面

T 形截面由梁肋 $b \times h$ 和挑出翼缘 $(b'_f - b) \times h'_f$（b 为梁肋宽度，b'_f 为受压翼缘宽度，h'_f 为厚度，h 为截面全高度）两部分组成。

由于 T 形截面受力比矩形截面合理，所以在工程中应用十分广泛。其一般用于：

(1)独立的 T 形截面梁、I 形截面梁，如起重机梁、屋面梁等；

(2)整体现浇肋形楼盖中的主、次梁等；

(3)槽形板、预制空心板等受弯构件。

T 形截面的受压翼缘宽度越大，截面受弯承载力也越高，因为 b'_f 增大可使受压区高度 x 减小，内力臂增大。但试验表明，与肋部共同工作的翼缘宽度是有限的，沿翼缘宽度上的压应力分布是不均匀的，距离肋部越远翼缘应力越小，如图 3-21(a)、(c)所示。为简化计算，在设计中假定距肋部一定范围内的翼缘全部参与工作，且在此宽度范围内压应力分布均匀，此宽度称为翼缘的计算宽度 b'_f，如图 3-21(b)、(d)所示。其取值见表 3-8。

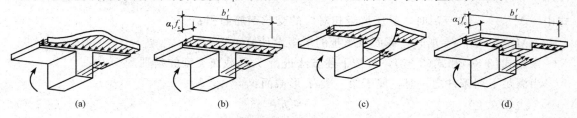

图 3-21　T 形截面应力分布和翼缘计算宽度 b'_f

表 3-8　T 形、I 形及倒 L 形截面受弯构件翼缘计算宽度 b'_f

	情况		T 形、I 形截面		倒 L 形截面
			肋形梁（板）	独立梁	肋形梁（板）
1	按计算跨度 l_0 考虑		$l_0/3$	$l_0/3$	$l_0/6$
2	按梁（肋）净距 s_n 考虑		$b+s_n$	—	$b+s_n/2$
3	按翼缘高度 h'_f 考虑	$h'_f/h_0 \geq 0.1$	—	$b+12h'_f$	—
		$0.05 \leq h'_f/h_0 < 0.1$	$b+12h'_f$	$b+6h'_f$	$b+5h'_f$
		$h'_f/h_0 < 0.05$	$b+12h'_f$	b	$b+5h'_f$

注：1. 表中 b 为腹板宽度；

2. 肋形梁在梁跨内设有间距小于纵肋间距的横肋时，可不考虑表中情况 3 的规定；

3. 加腋的 T 形、I 形和倒 L 形截面，当受压区加腋的高度 $h_h \geq h'_f$ 且加腋的长度 $b_h \leq 3h_h$ 时，其翼缘计算宽度可按表中情况 3 的规定分别增加 $2b_h$（T 形、I 形截面）和 b_h（倒 L 形截面）；

4. 独立梁受压区的翼缘板在荷载作用下经验算沿纵肋方向可能产生裂缝时，其计算宽度应取腹板宽度 b。

1. T形截面的分类及其判别

T形截面梁，根据其受力后受压区高度 x 的大小，可分为两类 T 形截面：

(1)**第一类 T 形截面（$x \leqslant h'_f$）**。中和轴在翼缘内，受压区面积为矩形，如图 3-22（a）所示。

(2)**第二类 T 形截面（$x > h'_f$）**。中和轴在梁肋内，受压区面积为 T 形，如图 3-22（b）所示。

两类 T 形截面的界限情况为 $x = h'_f$，按照图 3-23 所示，由平衡条件可得

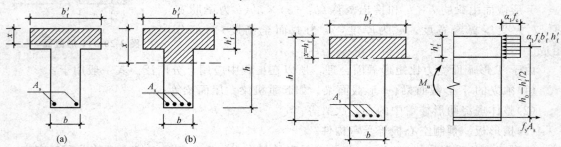

图 3-22　两类 T 形截面　　　　　图 3-23　两类 T 形截面的界限

$$\alpha_1 f_c b'_f h'_f = f_y A_s^* \tag{3-36}$$

$$M_u^* = \alpha_1 f_c b'_f h'_f \left(h_0 - \frac{h'_f}{2} \right) \tag{3-37}$$

式中　A_s^*——当 $x = h'_f$ 时，受压翼缘相对应的受拉钢筋面积；

　　　M_u^*——当 $x = h'_f$ 时，截面所承担的弯矩设计值。

根据式(3-36)和式(3-37)，可按下述方法进行 T 形截面类型的判别。

当满足下列条件之一时，属于第一类 T 形截面：

$$x \leqslant h'_f \tag{3-38a}$$

或

$$A_s \leqslant A_s^* = \frac{\alpha_1 f_c b'_f h'_f}{f_y} \tag{3-38b}$$

或

$$M_u \leqslant M_u^* = \alpha_1 f_c b'_f h'_f \left(h_0 - \frac{h'_f}{2} \right) \tag{3-38c}$$

当满足下列条件之一时，属于第二类 T 形截面：

$$x > h'_f \tag{3-39a}$$

或

$$A_s > A_s^* = \frac{\alpha_1 f_c b'_f h'_f}{f_y} \tag{3-39b}$$

或

$$M_u > M_u^* = \alpha_1 f_c b'_f h'_f \left(h_0 - \frac{h'_f}{2} \right) \tag{3-39c}$$

设计截面或复核强度时，可根据已知的设计弯矩 M_u 或受拉钢筋截面面积 A_s，用式(3-38)或式(3-39)判别 T 形截面的类型。

2. 基本计算公式及适用条件

(1)第一类 T 形截面。由于受弯构件承载力主要取决于受压区的混凝土，而与受拉区混凝土的形状无关(不考虑混凝土的受拉作用)，故受压区面积为矩形($b'_f \times x$)的第一类 T 形截

面，当仅配置受拉钢筋时，其承载力可按宽度为 b'_f 的单筋矩形截面进行计算。计算应力图形如图 3-24 所示。

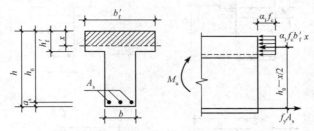

图 3-24　第一类 T 形截面计算应力图形

根据平衡条件可得基本计算公式为

$$\alpha_1 f_c b'_f x = f_y A_s \tag{3-40}$$

$$M_u = \alpha_1 f_c b'_f x \left(h_0 - \frac{x}{2} \right) \tag{3-41}$$

基本公式适用条件：

1）防止超筋破坏。

$$\xi \leqslant \xi_b \tag{3-42a}$$

或

$$M \leqslant \alpha_1 f_c b'_f h_0^2 \xi_b (1 - 0.5\xi_b) \tag{3-42b}$$

第一类 T 形截面由于受压区高度 x 较小，相应的受拉钢筋不会太多，通常不必验算。

2）防止少筋破坏。

$$\rho \geqslant \rho_{min} \tag{3-43a}$$

或

$$A_s \geqslant \rho_{min} bh \tag{3-43b}$$

由于 ρ_{min} 是由截面的开裂弯矩 M_{cr} 决定的，而 M_{cr} 主要取决于受拉区混凝土面积，故 $\rho = A_s/bh$。

（2）第二类 T 形截面。混凝土受压区的形状已由矩形变为 T 形，其计算应力图形如图 3-25（a）所示。根据平衡条件可得

$$\alpha_1 f_c bx + \alpha_1 f_c (b'_f - b) h'_f = f_y A_s \tag{3-44}$$

$$M_u = \alpha_1 f_c (b'_f - b) h'_f \left(h_0 - \frac{h'_f}{2} \right) + \alpha_1 f_c bx \left(h_0 - \frac{x}{2} \right) \tag{3-45}$$

和双筋矩形截面一样，可把第二类 T 形截面所承担的弯矩 M_u 分为两部分：第一部分为 $b \times x$ 的受压区混凝土与部分受拉钢筋 A_{s1} 组成的单筋矩形截面，相应的受弯承载力为 M_{u1}，如图 3-25（b）所示；第二部分为翼缘挑出部分 $(b'_f - b) h'_f$ 的混凝土与相应的其余部分受拉钢筋 A_{s2} 组成的截面，其相应的受弯承载力为 M_{u2}，如图 3-25（c）所示。总受拉钢筋面积为 $A_s = A_{s1} + A_{s2}$，总受弯承载力为 $M_u = M_{u1} + M_{u2}$。

对第一部分，由平衡条件可得

$$\alpha_1 f_c bx = f_y A_s \tag{3-46}$$

$$M_{u1} = \alpha_1 f_c bx \left(h_0 - \frac{x}{2} \right) \tag{3-47}$$

对第二部分，由平衡条件可得

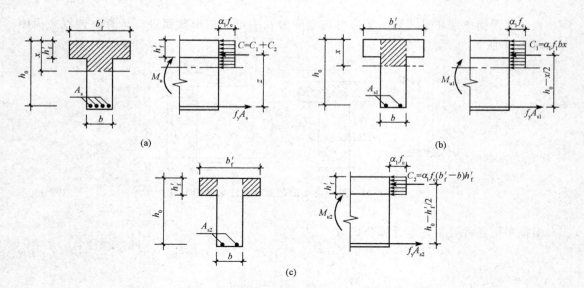

图 3-25　第二类 T 形截面计算应力图形

(a)计算应力图；(b)受弯承载力为 M_{u1} 时的应力图；(c)受弯承载力为 M_{u2} 时的应力图

$$\alpha_1 f_c (b'_f - b) h'_f = f_y A_{s2} \tag{3-48}$$

$$M_{u2} = \alpha_1 f_c (b'_f - b) h'_f \left(h_0 - \frac{h'_f}{2} \right) \tag{3-49}$$

基本公式适用条件：

1)防止超筋破坏。

$$x \leqslant \xi_b h_0 \tag{3-50a}$$

或

$$\rho = \frac{A_{s1}}{b h_0} \leqslant \rho_{max} = \xi_b \frac{\alpha_1 f_c}{f_y} \tag{3-50b}$$

2)防止少筋破坏。

$$\rho \geqslant \rho_{min} \tag{3-51}$$

第二类 T 形截面梁受压区高度 x 较大，相应的受拉钢筋配筋率较高，故通常不必验算。

3. 截面设计计算方法

已知截面尺寸(b、h、b'_f、h'_f)，材料强度设计值(α_1、f_c、f_y)，弯矩设计值 M，求纵向受拉钢筋截面面积 A_s。

(1)第一类 T 形截面。当 $M \leqslant \alpha_1 f_c b'_f h'_f \left(h_0 - \frac{h'_f}{2} \right)$ 时，属于第一类 T 形截面。其计算方法与 $b'_f \times h$ 的单筋矩形截面完全相同。

(2)第二类 T 形截面。当 $M > \alpha_1 f_c b'_f h'_f \left(h_0 - \frac{h'_f}{2} \right)$ 时，属于第二类 T 形截面。其计算方法与双筋截面梁类似，计算步骤如下：

1)求 A_{s2} 和相应承担的弯矩 M_{u2}。

$$A_{s2} = \frac{\alpha_1 f_c (b'_f - b) h'_f}{f_y} \tag{3-52}$$

$$M_{u2} = \alpha_1 f_c (b'_f - b) h'_f \left(h_0 - \frac{h'_f}{2} \right)$$

2)求 M_{u1}。

$$M_{u1} = M - M_{u2} = M - \alpha_1 f_c (b'_f - b) h'_f \left(h_0 - \frac{h'_f}{2} \right) \qquad (3-53)$$

3)求 A_{s1}，先求 α_s。

$$\alpha_s = \frac{M_{u1}}{\alpha_1 f_c b h_0^2} \qquad (3-54)$$

由 α_s 查附表 5 得出相应的 ξ、γ_s。

若 $\xi > \xi_b$，则表明梁的截面尺寸不够，应加大截面尺寸或改用双筋 T 形截面。

若 $\xi \leqslant \xi_b$，表明梁处于适筋状态，截面尺寸满足要求，则

$$A_{s1} = \frac{M_{u1}}{f_y \gamma_s h_0} \qquad (3-55)$$

或

$$A_{s1} = \xi b h_0 \frac{\alpha_1 f_c}{f_y} \qquad (3-56)$$

4)求总钢筋截面面积，计算式为 $A_s = A_{s1} + A_{s2}$。

【例 3-5】 有一 T 形截面(图 3-26)，其截面尺寸为：$b = 250$ mm，$h = 700$ mm，$b'_f = 1\,000$ mm，$h'_f = 80$ mm，承受弯矩设计值 $M = 450$ kN·m，混凝土强度等级为 C25($f_c = 11.9$ N/mm^2)，采用 HRB400 级钢筋配筋($f_y = 360$ N/mm^2)，环境类别为一类，试求所需钢筋截面面积。

【解】 (1)类型鉴别。

$$h_0 = 700 - 60 = 640 \text{(mm)}$$

$$\alpha_1 f_c b'_f h'_f \left(h_0 - \frac{h'_f}{2} \right) = 1.0 \times 11.9 \times 1\,000 \times 80 \times \left(640 - \frac{80}{2} \right)$$

$$= 571.2 \times 10^6 \text{(N·mm)} = 571.2 \text{(kN·m)} > M = 450 \text{(kN·m)}$$

这表明该截面属于第一类 T 形截面，按截面尺寸 $b'_f \times h = 1\,000$ mm $\times 700$ mm 的矩形截面计算。

(2)计算 A_s。

$$\alpha_s = \frac{M}{\alpha_1 f_c b'_f h_0^2} = \frac{450 \times 10^6}{1.0 \times 11.9 \times 1\,000 \times 640^2} = 0.092\,3$$

查附表 5 得 $\gamma_s = 0.954$，则

$$A_s = \frac{M}{f_y \gamma_s h_0} = \frac{450 \times 10^6}{360 \times 0.954 \times 640} = 2\,047 \text{(mm}^2\text{)}$$

选用 7Φ22，$A_s = 2\,661$ mm^2。钢筋配置如图 3-26 所示。

(3)验算适用条件。

$$0.45 \frac{f_t}{f_y} = 0.45 \times \frac{1.27}{360} = 0.16\% < 0.2\%，取$$

$\rho_{min} = 0.2\%$，则

$$\rho = \frac{A_s}{b h_0} = \frac{2\,661}{250 \times 640} = 1.66\% > 0.2\%$$

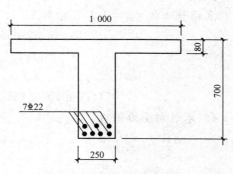

图 3-26 例 3-5 钢筋布置图

计算结果表明设计符合要求。

【例 3-6】 有一 T 形截面，其截面尺寸为：$b=300$ mm，$h=800$ mm，$b_f'=600$ mm，$h_f'=100$ mm，承受弯矩设计值 $M=650$ kN·m，混凝土强度等级为 C25，采用 HRB400 级钢筋配筋，环境类别为一类。试求受拉钢筋截面面积。

【解】 (1)类型鉴别。

$$h_0=800-60=740(\text{mm})$$

$$\alpha_1 f_c b_f' h_f'\left(h_0-\frac{h_f'}{2}\right)=1.0\times11.9\times600\times100\times\left(740-\frac{100}{2}\right)$$

$$=492.7\times10^6(\text{N}\cdot\text{mm})=492.7(\text{kN}\cdot\text{m})<M=650(\text{kN}\cdot\text{m})$$

这表明该截面属于第二类 T 形截面。

(2)计算 A_{s1} 和 A_{s2}。

$$A_{s2}=\frac{\alpha_1 f_c(b_f'-b)h_f'}{f_y}=\frac{1.0\times11.9\times(600-300)\times100}{360}=992(\text{mm}^2)$$

$$M_{u2}=\alpha_1 f_c(b_f'-b)h_f'\left(h_0-\frac{h_f'}{2}\right)=1.0\times11.9\times(600-300)\times100\times\left(740-\frac{100}{2}\right)$$

$$=246.3\times10^6(\text{N}\cdot\text{mm})=246.3(\text{kN}\cdot\text{m})$$

则 $M_{u1}=M-M_{u2}=650-246.3=403.7(\text{kN}\cdot\text{m})$

$$\alpha_s=\frac{M_{u1}}{\alpha_1 f_c b h_0^2}=\frac{403.7\times10^6}{1.0\times11.9\times300\times740^2}=0.207$$

查附表 5 得 $\gamma_s=0.882$，则

$$A_{s1}=\frac{M_{u1}}{f_y\gamma_s h_0}=\frac{403.7\times10^6}{360\times0.882\times740}=1\ 718(\text{mm}^2)$$

(3)计算 A_s。

$$A_s=A_{s1}+A_{s2}=1\ 718+992=2\ 710(\text{mm}^2)$$

选用 4Φ25＋2Φ22，$A_s=2\ 724$ mm²。钢筋布置如图 3-27 所示。

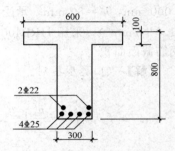

图 3-27 例 3-6 钢筋布置图

【例 3-7】 已知抗震 8 度区某框架梁，$b=250$ mm，$h=550$ mm，二级抗震等级，$a_s'=40$ mm，考虑地震作用组合的梁端负弯矩设计值 $M=300$ kN·m；混凝土强度等级为 C30，纵向受力钢筋为 HRB400 级。试验算截面受压区高度，并求纵向受力钢筋。

【解】 (1)验算截面受压区高度。按《设计规范》第 11.1.6 条的规定，正截面受弯承载力抗震调整系数 $\gamma_{RE}=0.75$，按第 11.3.1 条规定：

$$h_0=550-40=510(\text{mm})$$

$$x=h_0-\sqrt{h_0^2-\frac{2M\gamma_{RE}}{\alpha_1 f_c b}}=510-\sqrt{510^2-\frac{2\times300\times10^6\times0.75}{1.0\times14.3\times250}}$$

$$=144(\text{mm})<0.35h_0=0.35\times510=178.5(\text{mm})(\text{满足要求})$$

(2)求纵向受力钢筋。

$$A_s=\frac{\alpha_1 f_c b x}{f_y}=\frac{1.0\times14.3\times250\times144}{360}=1\ 430(\text{mm}^2)$$

$$\rho=\frac{A_s}{bh}=\frac{1\ 430}{250\times550}=1.04\%>0.65\frac{f_c}{f_y}=0.65\times\frac{1.43}{360}=0.25\%$$

满足最小配筋率的要求。

任务三　受弯构件斜截面承载力计算

能进行受弯构件斜截面承载力的设计与复核。

一、受弯构件斜截面的工作性能

(1)钢筋混凝土和预应力混凝土受弯构件,在其主要受弯区段内,将产生垂直裂缝并最终导致正截面受弯破坏。同时,在其剪力和弯矩共同作用的剪跨区内,还会产生斜裂缝并有可能继续发展导致斜截面受剪破坏。因此,受弯构件除要进行正截面承载力计算外,还必须进行斜截面承载力的计算。对于偏心受压构件及偏心受拉构件也同样要进行斜截面承载力计算。

(2)根据裂缝出现的部位,斜裂缝可分为弯剪裂缝和腹剪裂缝两类。在弯矩和剪力共同作用下,构件先在梁底出现垂直的弯曲裂缝,然后再斜向发展成为斜裂缝的裂缝称为弯剪裂缝。弯剪裂缝的宽度在裂缝的底部最大,呈底宽顶尖的形状。当剪力较大时,在梁腹部出现的斜裂缝称为腹剪裂缝。腹剪裂缝在腹板的中和轴处宽度最大,然后沿斜向向两端延伸,呈两端尖、中间大的细长枣核形。腹剪裂缝在薄腹梁中更易发生。

除弯剪和腹剪两类主要斜裂缝外,还可能出现一些次生裂缝,如纵向钢筋与斜裂缝相交处,由于钢筋与混凝土黏结破坏而出现的黏结裂缝;当剪跨比较大时,临破坏前沿纵向钢筋出现的水平撕裂裂缝等。

二、受弯构件斜截面破坏的主要形态

试验表明,受弯构件的斜截面破坏主要有下列三种形态:

(1)**斜拉破坏。**斜拉破坏主要发生在剪跨比 λ 较大 $(\lambda > 3)$ 的无腹筋梁或腹筋配置过少的**有腹筋梁中。**这里的剪跨比 λ 是指集中荷载离开支座或节点边缘的距离 a 与截面有效高度 h_0 的比值 $(\lambda = a/h_0)$。在荷载作用下,首先在梁的下边缘出现垂直的弯曲裂缝,然后其中一条弯曲裂缝迅速斜向(垂直于主拉应力方向)伸展到梁顶的集中荷载作用点处,形成临界斜裂缝,将梁沿斜向裂成两部分而破坏,这种破坏称为斜拉破坏[图 3-28(a)]。有时在斜裂缝的下端还会沿纵筋轴向发生撕裂裂缝。

斜拉破坏与临界斜裂缝的形成几乎同时发生,其承载力相对最低,破坏性质类似于正截面中的少筋破坏,脆性性质最为严重。在设计中应当避免发生斜拉破坏。

(2)**剪压破坏。**剪压破坏多发生在剪跨比 $1 < \lambda < 3$ 的无腹筋梁和腹筋配置适量的有腹筋**梁中,**是最常见的斜截面破坏形态。

在荷载作用下,首先在剪跨区出现数条短的弯剪裂缝。随着荷载的增加,在几条裂缝中将形成一条延伸最长、开展较宽的主要斜裂缝,即其临界斜裂缝。此时的临界斜裂缝一般不贯通至梁顶，而在集中荷载作用点下面维持着一定的受压区高度。临界斜裂缝发生后，梁仍能继续加载。最后，与临界斜裂缝相交的腹筋达到屈服强度；同时，临界斜裂缝末端上部的剪压区混凝土，在剪应力和压应力的共同作用下达到混凝土的复合应力状态下的极限强度而被剪压破碎，这种破坏形态称为剪压破坏[图 3-28(b)]。

（3）斜压破坏。斜压破坏一般发生在剪力较大、弯矩较小，即剪跨比较小($\lambda < 1$)的情况。在剪跨比虽然较大，但在腹筋配置过多及腹板很薄的薄腹梁中也会发生斜压破坏。

在加载后，梁腹中垂直于主拉应力方向，先后出现若干条大致相互平行的腹剪裂缝，梁的腹部被分割成若干斜向的受压棱柱体。随着荷载的增大，混凝土棱柱体沿斜向最终被压破坏，这种破坏称为斜压破坏[图 3-28(c)]。其相对的承载力是三种破坏形态中最大的。

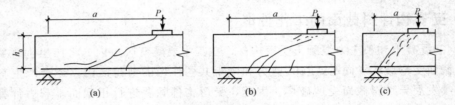

图 3-28　斜截面的破坏形态

(a)斜拉破坏；(b)剪压破坏；(c)斜压破坏

发生斜压破坏时，箍筋应力达不到相应的屈服强度，承载力主要取决于混凝土的抗压强度，破坏的性质类似于正截面中的超筋破坏，属于脆性破坏，在设计时也应设法避免。

除以上三种主要破坏形态外，也有可能出现其他一些破坏，如集中荷载距离支座极近时可能发生纯剪破坏，荷载作用点及支座处可能发生局部承压破坏，以及纵向钢筋的锚固破坏等。

◉**应用提示**　上述三种破坏形式，在实际工程中都应设法避免。剪压破坏通过计算避免，斜压破坏和斜拉破坏分别通过限制截面尺寸与最小配箍率避免。减压破坏的应力状态是建立斜截面受剪承载力计算公式的依据。

三、受弯构件斜截面受剪承载力计算

计算斜截面受剪承载力时，剪力设计值的计算截面应按下列规定采用：

（1）支座边缘处的斜截面（图 3-29 中截面 1—1）；

（2）受拉区弯起钢筋弯起点处的斜截面[图 3-29(a)中截面 2—2、3—3]；

（3）箍筋截面面积或间距改变处的截面[图 3-29(b)中截面 4—4]；

（4）截面尺寸改变处的截面。

注：1. 受拉边倾斜的受弯构件，还应包括梁的高度开始变化处、集中荷载作用处和其他不利的截面；

　　2. 箍筋的间距及弯起钢筋前一排（对支座而言）的弯起点至后一排的弯终点的距离，应符合梁横向配筋的构造要求。

（1）不配置箍筋和弯起钢筋的一般板类受弯构件，其斜截面受剪承载力应符合下列规定：

$$V \leqslant 0.7\beta_{h} f_{t} bh_{0} \tag{3-57}$$

$$\beta_{h} = \left(\frac{800}{h_{0}}\right)^{1/4} \tag{3-58}$$

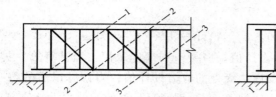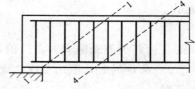

(a)　　　　　　　　　　　　　　　　(b)

图 3-29　斜截面受剪承载力剪力设计值的计算截面

1—1 为支座边缘处的斜截面；2—2，3—3 为受拉区弯起钢筋弯起点处的斜截面；
4—4 为箍筋截面面积或间距改变处的截面

式中 β_h——截面高度影响系数：当 $h_0<800$ mm 时，取 800 mm；当 $h_0>2\,000$ mm 时，取 $2\,000$ mm。

(2)当仅配置箍筋时，矩形、T 形和 I 形截面受弯构件的斜截面受剪承载力应符合下列规定：

$$V\leqslant V_{cs}+V_p \tag{3-59}$$

$$V_{cs}=\alpha_{cv}f_t bh_0+f_{yv}\frac{A_{sv}}{s}h_0 \tag{3-60}$$

$$V_p=0.05N_{p0} \tag{3-61}$$

式中 V——构件斜截面上的最大剪力设计值，包含重要性系数 γ_0；

V_{cs}——构件斜截面上混凝土和箍筋的受剪承载力设计值；

V_p——由预加力所提高的构件受剪承载力设计值；

α_{cv}——斜截面混凝土受剪承载力系数，对于一般受弯构件取 0.7；对集中荷载作用下（包括作用有多种荷载，其中集中荷载对支座截面或节点边缘所产生的剪力值占总剪力的 75% 以上的情况）的独立梁，取 $\alpha_{cv}=\dfrac{1.75}{\lambda+1}$（$\lambda$ 为计算截面的剪跨比，可取 $\lambda=a/h_0$，当 $\lambda<1.5$ 时，取 1.5；当 $\lambda>3$ 时，取 3；a 取集中荷载作用点至支座截面或节点边缘的距离）；

A_{sv}——配置在同一截面内箍筋各肢的全部截面面积，即 nA_{sv1}（n 为在同一个截面内的箍筋肢数，A_{sv1} 为单肢箍筋的截面面积）；

s——沿构件长度方向的箍筋间距；

f_{yv}——箍筋的抗拉强度设计值；

N_{p0}——计算截面上混凝土法向预应力等于零时的预加力，按 $N_{p0}=\sigma_{p0}A_p+\sigma'_{p0}A'_p-\sigma_{l5}A_s-\sigma'_{l5}A'_s$ 计算，当 $N_{p0}>0.3f_cA_0$ 时，取 $N_{p0}=0.3f_cA_0$。

计算 V_p 时，对预加力 N_{p0} 引起的截面弯矩与外弯矩方向相同的情况以及预应力混凝土连续梁和允许出现裂缝的预应力混凝土简支梁，均应取 $V_p=0$。同时，对先张法预应力混凝土构件，在计算预加力 N_{p0} 时，应考虑预应力钢筋传递长度 l_{tr} 的影响。

(3)矩形、T 形和 I 形截面的一般受弯构件，当符合下式要求时，可不进行斜截面的受剪承载力计算而仅按构造要求配置箍筋，但是箍筋配置应满足《设计规范》第 9.2.9 条的有关规定。

$$V\leqslant\alpha_{cv}f_t bh_0+0.05N_{p0} \tag{3-62}$$

(4)当配置箍筋和弯起钢筋时，矩形、T 形和 I 形截面受弯构件的斜截面受剪承载力应符合下列规定：

$$V \leqslant V_{cs} + V_p + 0.8 f_{yv} A_{sb} \sin\alpha_s + 0.8 f_{py} A_{pb} \sin\alpha_p \tag{3-63}$$

式中 V——配置弯起钢筋处的剪力设计值，应按下列规定取用：当计算第一排（对支座而言）弯起钢筋时，取用支座边缘处的剪力设计值；当计算以后的每一排弯起钢筋时，取用前一排（对支座而言）弯起钢筋弯起点处的剪力设计值；

V_p——由预加力所提高的构件受剪承载力设计值，按 $V_p = 0.05 N_{p0}$ 计算，但计算预加力 N_{p0} 时不考虑弯起预应力筋的作用；

A_{sb}，A_{pb}——同一平面内的弯起普通钢筋、弯起预应力钢筋的截面面积；

α_s，α_p——斜截面上弯起普通钢筋、弯起预应力钢筋的切线与构件纵向轴线的夹角。

◈ **应用提示** 计算弯起钢筋时，截面剪力设计值可按下列规定取用：

① 计算第一排（对支座而言）弯起钢筋时，取支座边缘处的剪力值；

② 计算以后的每一排弯起钢筋时，取前一排（对支座而言）弯起钢筋弯起点处的剪力值。

（5）计算公式的适用条件。

1）上限值——截面最小尺寸的控制。对矩形、T形和I形截面受弯构件：

当 $\dfrac{h_w}{b} \leqslant 4$ 时 $\qquad\qquad\qquad V \leqslant 0.25 \beta_c f_c b h_0 \tag{3-64}$

当 $\dfrac{h_w}{b} \geqslant 6$ 时 $\qquad\qquad\qquad V \leqslant 0.2 \beta_c f_c b h_0 \tag{3-65}$

当 $4 < \dfrac{h_w}{b} < 6$ 时，按线性内插法确定。

式中 β_c——混凝土强度影响系数；当混凝土强度 $\leqslant$ C50 时，$\beta_c = 1.0$；当混凝土强度 $\geqslant$ C80 时，$\beta_c = 0.8$；当强度在 C50～C80 时，按线性内插法确定；

f_c——混凝土轴心抗压强度设计值；

b——矩形截面的宽度，T形截面或I形截面的腹板宽度；

h_w——截面的腹板高度，矩形截面取截面有效高度，T形截面取为有效高度减去翼缘高度，I形截面取为腹板净高。

对受拉边侧斜的构件，截面尺寸条件也可适当放宽；当有实践经验时，对T形或I形截面的简支构件，$V = 0.3 f_c b h_0$。

2）下限值——箍筋的最小配筋率要求：

$$\rho_{sv} = \frac{n A_{sv1}}{bs} \geqslant \rho_{sv.min} = 0.24 \frac{f_t}{f_{yv}} \tag{3-66}$$

式中 A_{sv1}——单肢箍筋的截面面积；

n——同一截面内箍筋的肢数。

【例3-8】 图3-30所示的矩形截面简支梁，截面尺寸 $b \times h = 250 \text{ mm} \times 600 \text{ mm}$，混凝土强度等级为C25（$f_c = 11.9 \text{ N/mm}^2$，$f_t = 1.27 \text{ N/mm}^2$），纵筋为HRB400级钢筋（$f_y = 360 \text{ N/mm}^2$），箍筋为HPB300级钢筋（$f_{yv} = 270 \text{ N/mm}^2$）。梁承受均布荷载设计值 80 kN/m（包括梁自重）。根据正截面受弯承载力计算所配置的纵筋为 4Φ25。要求确定腹筋数量。

【解】 （1）计算剪力设计值。支座边缘截面的剪力设计值为

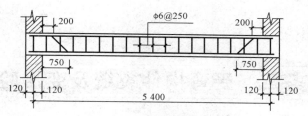

图 3-30　矩形截面简支梁

$$V=\frac{1}{2}\times80\times(5.4-0.24)=206.4(\text{kN})$$

（2）验算截面尺寸。$h_w=h_0=565$ mm，$h_w/b=565/250=2.26<4$，应按式（3-64）验算；因为混凝土强度等级为 C25，低于 C50，故 $\beta_c=1.0$，则

$$0.25\beta_c f_c bh_0=0.25\times1.0\times11.9\times250\times565=420\ 219(\text{N})=420.219\ \text{kN}>V$$

可见截面尺寸满足要求。

（3）验算是否按计算配置腹筋。由式（3-57）得

$$0.7f_t bh_0=0.7\times1.27\times250\times565=125\ 571(\text{N})=125.571\ \text{kN}<V=206.4\ \text{kN}$$

故需按计算配置腹筋。

（4）计算腹筋数量。

1）若只配箍筋，由式（3-60）得

$$\frac{A_{sv}}{s}\geqslant\frac{V-0.7f_t bh_0}{1.25f_{yv}h_0}=\frac{206\ 400-125\ 571}{1.25\times270\times565}=0.424$$

选用双肢 Φ8 箍筋，$A_{sv}=101$ mm²，则

$$s\leqslant\frac{A_{sv}}{0.424}=\frac{101}{0.424}=238(\text{mm})$$

取 $s=200$ mm，相应的箍筋的配筋率为

$$\rho_{sv}=\frac{A_{sv}}{bs}=\frac{101}{250\times200}=0.202\%>\rho_{sv,min}=0.24\frac{f_t}{f_{yv}}=0.24\times\frac{1.27}{270}=0.113\%$$

故所配双肢 Φ8@200 箍筋满足要求。

2）若既配箍筋又配弯起钢筋，选用双肢 Φ6@250 箍筋（满足构造要求），由式（3-63）得

$$A_{sb}\geqslant\frac{V-V_{cs}}{0.8f_y\sin\alpha_s}=\frac{206\ 400-\left(125\ 571+1.25\times270\times\frac{57}{250}\times565\right)}{0.8\times360\times\sin45°}=183(\text{mm}^2)$$

将跨中抵抗正弯矩钢筋弯起 1Φ25（$A_{sb}=491$ mm²）。钢筋弯起点至支座边缘的距离为 $200+550=750(\text{mm})$，如图 3-30 所示。

再验算弯起点的斜截面。弯起点处对应的剪力设计值 V_1 和该截面的受剪承载力设计值 V_{cs} 计算如下：

$$V_1=\frac{1}{2}\times80\times(5.4-0.24-1.5)=146.4(\text{kN})$$

$$V_{cs}=125\ 571+1.25\times270\times\frac{57}{250}\times565=169\ 048(\text{N})=169.05\ \text{kN}>V_1$$

该截面满足受剪承载力要求，所以该梁只需配置一排弯起钢筋。知识拓展：保证斜截面受弯承载力的构造措施

任务四 受弯构件裂缝及变形验算

◎ 任务目标

根据工程实际情况能进行裂缝宽度验算、受弯构件挠度验算。

一、概述

钢筋混凝土结构设计应进行正截面和斜截面承载能力极限状态计算，以保证结构的安全性。另外，还应根据结构构件的工作条件和使用要求，进行正常使用极限状态验算，以保证结构构件的适用性和耐久性。

正常使用极限状态验算包括裂缝宽度验算及变形验算。与承载能力极限状态相比，超过正常使用极限状态所造成的危害性和严重性往往要小，因而，对其可靠性的保证率可适当放宽。因此，在进行正常使用极限状态的计算中，荷载和材料强度都用标准值而不是设计值。

《设计规范》根据环境类别将钢筋混凝土和预应力混凝土结构的裂缝控制等级划分为以下三级：

（1）一级——严格要求不出现裂缝的构件，按荷载效应标准组合计算时，构件受拉边缘混凝土不应产生拉应力，即

$$\sigma_{ck} - \sigma_{pc} \leq 0 \tag{3-67a}$$

（2）二级——一般要求不出现裂缝的构件，按荷载效应标准组合计算时，构件受拉边缘混凝土拉应力不应大于混凝土抗拉强度标准值，即

$$\sigma_{ck} - \sigma_{pc} \leq f_{tk} \tag{3-67b}$$

（3）三级——允许出现裂缝的构件：对钢筋混凝土构件的最大裂缝宽度可按荷载准永久组合并考虑长期作用影响的效应计算，对预应力混凝土构件的最大裂缝宽度可按荷载标准组合并考虑长期作用影响的效应计算。最大裂缝宽度应符合下列规定：

$$\omega_{max} \leq \omega_{lim} \tag{3-67c}$$

对环境类别为二 a 类的预应力混凝土构件，在荷载准永久组合下，受拉边缘应力尚应符合下列规定：

$$\sigma_{cq} - \sigma_{pc} \leq f_{tk} \tag{3-67d}$$

式中　σ_{ck}，σ_{cq}——荷载标准组合、准永久组合下构件抗裂验算边缘的混凝土法向应力；

σ_{pc}——扣除全部预应力损失后在抗裂验算边缘的混凝土的预压应力；

f_{tk}——混凝土轴心抗拉强度标准值；

ω_{max}——按荷载的标准组合或准永久组合并考虑长期作用影响计算的最大裂缝宽度；

ω_{lim}——最大裂缝宽度限值，按表 3-9 采用。其是根据结构构件所处的环境类别确定的。

表 3-9　结构构件的裂缝控制等级及最大裂缝宽度限值　　　　　　　　mm

环境类别	钢筋混凝土结构		预应力混凝土结构	
	裂缝控制等级	最大裂缝宽度限值 ω_{lim}	裂缝控制等级	最大裂缝宽度限值 ω_{lim}
一	三级	0.30(0.40)	三级	0.20
二 a		0.20		0.10
二 b			二级	—
三 a、三 b			一级	—

注：1. 对处于年平均相对湿度小于 60% 地区一类环境下的受弯构件，其最大裂缝宽度限值可采用括号内的数值；

　　2. 在一类环境下，对钢筋混凝土屋架、托架及需做疲劳验算的起重机梁，其最大裂缝宽度限值应取为 0.20 mm；对钢筋混凝土屋面梁和托梁，其最大裂缝宽度限值应取为 0.30 mm；

　　3. 在一类环境下，对预应力混凝土屋架、托架及双向板体系，应按二级裂缝控制等级进行验算；对一类环境下的预应力混凝土屋面梁、托梁、单向板，应按表中二 a 类环境的要求进行验算；在一类和二 a 类环境下需做疲劳验算的预应力混凝土起重机梁，应按裂缝控制等级不低于二级的构件进行验算；

　　4. 表中规定的预应力混凝土构件的裂缝控制等级和最大裂缝宽度限值仅适用于正截面的验算；预应力混凝土构件的斜截面裂缝控制验算应符合《设计规范》第 7 章的要求；

　　5. 对于烟囱、筒仓和处于液体压力下的结构，其裂缝控制要求应符合专门标准的有关规定；

　　6. 对于处于四、五类环境下的结构构件，其裂缝控制要求应符合专门标准的有关规定；

　　7. 表中的最大裂缝宽度限值为用于验算荷载作用引起的最大裂缝宽度。

二、裂缝宽度验算

　　钢筋混凝土受弯构件的裂缝有两种：一种是由混凝土的收缩或温度变形引起的；另一种是由荷载引起的。对于前一种裂缝，主要是采取控制混凝土浇筑质量、改善水泥性能、选择合理的级配成分、设置伸缩缝等措施解决，不需要进行裂缝的宽度验算；对于后一种裂缝，由于混凝土的抗拉强度很低，当荷载还比较小时，构件受拉区就会开裂，因此，大多数钢筋混凝土构件都是带裂缝工作的。但如果裂缝过大，会使钢筋暴露在空气中氧化锈蚀，从而降低结构的耐久性，并且裂缝的出现和扩展还降低了构件的刚度，从而使变形增大，甚至影响正常使用。

　　(1)影响裂缝宽度的主要因素如下：

　　1)纵向钢筋的拉应力。裂缝宽度与钢筋应力大致呈线性关系。

　　2)纵向钢筋的直径。在构件内纵向受拉钢筋面积相同的情况下，采用细而密的钢筋可以增加钢筋与混凝土的接触面积，使粘结力增大，裂缝宽度变小。

　　3)纵向钢筋的表面形状。变形钢筋由于与混凝土面有较大的粘结力，所以其裂缝宽度较光圆钢筋的小。

　　4)纵向钢筋的配筋率。配筋率越大，裂缝宽度越小。

　　5)保护层厚度。保护层厚度越大，钢筋与混凝土边缘的距离越大，对边缘混凝土的约束力越小，混凝土的裂缝宽度越大。

　　◆ 应用提示　需要注意的是，沿裂缝深度，裂缝的宽度是不相同。钢筋表面处的裂缝宽度只有构件混凝土表面裂缝宽度的 1/5~1/3。我们所要验算的裂缝宽度是指受拉钢筋中心水平处构件侧表面上混凝土的裂缝宽度。

(2)在矩形、T形、倒T形和I形截面的钢筋混凝土受拉、受弯和偏心受压构件及预应力混凝土轴心受拉和受弯构件中，按荷载标准组合或准永久组合并考虑长期作用影响的最大裂缝宽度可按下列公式计算：

$$\omega_{\max} = \alpha_{cr} \psi \frac{\sigma_s}{E_s} \left(1.9 c_s + 0.08 \frac{d_{eq}}{\rho_{te}}\right) \tag{3-68}$$

$$\psi = 1.1 - 0.65 \times \frac{f_{tk}}{\rho_{te} \sigma_s} \tag{3-69}$$

$$d_{eq} = \frac{\sum n_i d_i^2}{\sum n_i \nu_i d_i} \tag{3-70}$$

$$\rho_{te} = \frac{A_s + A_p}{A_{te}} \tag{3-71}$$

式中　α_{cr}——构件受力特征系数(表3-10)；

ψ——裂缝间纵向受拉钢筋应变不均匀系数，当 $\psi < 0.2$ 时，取 $\psi = 0.2$；当 $\psi > 1.0$ 时，取 $\psi = 1.0$；对直接承受重复荷载的构件，取 $\psi = 1.0$；

σ_s——按荷载准永久组合计算的钢筋混凝土构件纵向受拉普通钢筋应力或按荷载标准组合计算的预应力混凝土构件纵向受拉钢筋等效应力；

E_s——钢筋的弹性模量；

c_s——最外层纵向受拉钢筋外边缘至受拉区底边的距离(mm)，当 $c_s < 20$ 时，取 $c_s = 20$；当 $c_s > 65$ 时，取 $c_s = 65$；

ρ_{te}——按有效受拉混凝土截面面积计算的纵向受拉钢筋配筋率，对无黏结后张构件，仅取纵向受拉普通钢筋计算配筋率；在最大裂缝宽度计算中，当 $\rho_{te} < 0.01$ 时，取 $\rho_{te} = 0.01$；

A_{te}——有效受拉混凝土截面面积，对轴心受拉构件，取构件截面面积；对受弯、偏心压和偏心受拉构件，取 $A_{te} = 0.5bh + (b_f - b)h_f$($b_f$、$h_f$ 为受拉翼缘的宽度、高度)；

A_s——受拉区纵向普通钢筋截面面积；

A_p——受拉区纵向预应力筋截面面积；

d_{eq}——受拉区纵向钢筋的等效直径（mm），对无黏结后张构件，仅为受拉区纵向受拉普通钢筋的等效直径；

d_i——受拉区第 i 种纵向钢筋的公称直径（mm），对于有黏结预应力钢绞线束的直径，取为 $\sqrt{n_1}\,d_{p1}$（d_{p1} 为单根钢绞线的公称直径，n_1 为单根钢绞线根数）；

n_i——受拉区第 i 种纵向钢筋的根数，对于有黏结预应力钢绞线，取为钢绞线束数；

ν_i——受拉区第 i 种纵向钢筋的相对黏结特性系数（表 3-11）。

表 3-10　构件受力特征系数 α_{cr}

类型	α_{cr}	
	钢筋混凝土构件	预应力混凝土构件
受弯、偏心受压	1.9	1.5
偏心受拉	2.4	—
轴心受拉	2.7	2.2

表 3-11　钢筋的相对黏结特性系数

钢筋类别	钢筋		先张法预应力筋			后张法预应力筋		
	光圆钢筋	带肋钢筋	带肋钢筋	螺旋肋钢丝	钢绞线	带肋钢筋	钢绞线	光圆钢丝
ν_i	0.7	1.0	1.0	0.8	0.6	0.8	0.5	0.4

注：对环氧树脂涂层带肋钢筋，其相对黏结特性系数应按表中系数的 80% 取用。

在最大裂缝宽度计算时，对承受起重机荷载但不需做疲劳验算的受弯构件，可将计算求得的最大裂缝宽度乘以系数 0.85；对按《设计规范》第 9.2.15 条配置表层钢筋网片的梁，按式（3-68）计算的最大裂缝宽度可适当折减，折减系数可取 0.7；对 $e_0/h_0 \leqslant 0.55$ 的偏心受压构件，可不验算裂缝宽度。

（3）在荷载准永久组合或标准组合下，钢筋混凝土构件受拉区纵向普通钢筋的应力或预应力混凝土构件受拉区纵向钢筋的等效应力可按下列公式计算：

1）钢筋混凝土构件受拉区纵向普通钢筋的应力。

①轴心受拉构件：

$$\sigma_{sq} = \frac{N_q}{A_s} \tag{3-72}$$

②偏心受拉构件：

$$\sigma_{sq} = \frac{N_q e'}{A_s(h_0 - a_s')} \tag{3-73}$$

③受弯构件：

$$\sigma_{sq} = \frac{M_q}{0.87 h_0 A_s} \tag{3-74}$$

④偏心受压构件：

$$\sigma_{sq} = \frac{N_q(e - z)}{A_s z} \tag{3-75}$$

$$z = \left[0.87 - 0.12(1 - \gamma_f')\left(\frac{h_0}{e}\right)^2\right] h_0 \tag{3-76}$$

$$e = \eta_s e_0 + y_s \tag{3-77}$$

$$\gamma'_f = \frac{(b'_f - b)h'_f}{b_0} \tag{3-78}$$

$$\eta_s = 1 + \frac{1}{4\,000\,\dfrac{e_0}{h_0}}\left(\frac{l_0}{h}\right)^2 \tag{3-79}$$

式中　A_s ——受拉区纵向普通钢筋截面面积，对轴心受拉构件，取全部纵向普通钢筋截面面积；对偏心受拉构件，取受拉较大边的纵向普通钢筋截面面积；对受弯、偏心受压构件，取受拉区纵向普通钢筋截面面积；

　　　　N_q，M_q ——按荷载准永久组合计算的轴向力值、弯矩值；

　　　　e' ——轴向拉力作用点至受压区或受拉较小边纵向普通钢筋合力点的距离；

　　　　e ——轴向压力作用点至纵向受拉普通钢筋合力点的距离；

　　　　e_0 ——荷载准永久组合下的初始偏心距，取为 M_q/N_q；

　　　　z ——纵向受拉普通钢筋合力点至截面受压区合力点的距离，且不大于 $0.87h_0$；

　　　　η_s ——使用阶段的轴向压力偏心距增大系数，当 $l_0/h \leqslant 14$ 时，取 $\eta_s = 1.0$；

　　　　y_s ——截面重心至纵向受拉普通钢筋合力点的距离；

　　　　γ'_f ——受压翼缘截面面积与腹板有效截面面积的比值；

　　　　b'_f，h'_f ——受压区翼缘的宽度、高度，当 $h'_f > 0.2h_0$ 时，取 $h'_f = 0.2h_0$。

2）预应力混凝土构件受拉区纵向钢筋的等效应力。

①轴心受拉构件：

$$\sigma_{sk} = \frac{N_k - N_{p0}}{A_p + A_s} \tag{3-80}$$

②受弯构件：

$$\sigma_{sk} = \frac{M_k - N_{p0}(z - e_p)}{(\alpha_1 A_p + A_s)z} \tag{3-81}$$

$$e = e_p + \frac{M_k}{N_{p0}} \tag{3-82}$$

$$e_p = y_{ps} - e_{p0} \tag{3-83}$$

式中　A_p ——受拉区纵向预应力筋截面面积，对轴心受拉构件，取全部纵向预应力筋截面面积；对受弯构件，取受拉区纵向预应力筋截面面积；

　　　　N_{p0} ——计算截面上混凝土法向预应力等于零时的预加力，按《设计规范》的规定计算；

　　　　N_k，M_k ——按荷载标准组合计算的轴向力值、弯矩值；

　　　　z ——受拉区纵向普通钢筋和预应力筋合力点至截面受压区合力点的距离，按式（3-76）计算，其中 $e = e_p + \dfrac{M_k}{N_{p0}}$；

　　　　α_1 ——无黏结预应力筋的等效折减系数，取 $\alpha_1 = 0.3$；对灌浆后的后张预应力筋，取 $\alpha_1 = 1.0$；

　　　　e_p ——计算截面上混凝土法向预应力等于零时的预加力 N_{p0} 的作用点至受拉区纵向预应力筋和普通钢筋合力点的距离；

y_{ps}——受拉区纵向预应力筋和普通钢筋合力点的偏心距；

e_{p0}——计算截面上混凝土法向预应力等于零时的预加力 N_{p0} 作用点的偏心距，应按《设计规范》第 10.1.13 条的规定计算。

（4）在荷载标准组合和准永久组合下，抗裂验算时截面边缘混凝土的法向应力应按下列公式计算。

1）轴心受拉构件：

$$\sigma_{ck} = \frac{N_k}{A_0} \tag{3-84a}$$

$$\sigma_{cq} = \frac{N_q}{A_0} \tag{3-84b}$$

2）受弯构件：

$$\sigma_{ck} = \frac{M_k}{W_0} \tag{3-85a}$$

$$\sigma_{cq} = \frac{M_q}{W_0} \tag{3-85b}$$

3）偏心受拉和偏心受压构件：

$$\sigma_{ck} = \frac{M_k}{W_0} + \frac{N_k}{A_0} \tag{3-86a}$$

$$\sigma_{cq} = \frac{M_q}{W_0} + \frac{N_q}{A_0} \tag{3-86b}$$

式中　A_0——构件换算截面面积；

　　　W_0——构件换算截面受拉边缘的弹性抵抗矩。

（5）预应力混凝土受弯构件应分别对截面上的混凝土主拉应力和主压应力进行验算。

1）混凝土主拉应力。

一级裂缝控制等级构件，应符合下列规定：

$$\sigma_{tp} \leqslant 0.85 f_{tk} \tag{3-87}$$

二级裂缝控制等级构件，应符合下列规定：

$$\sigma_{tp} \leqslant 0.95 f_{tk} \tag{3-88}$$

2）混凝土主压应力。对一、二级裂缝控制等级构件，均应符合下列规定：

$$\sigma_{cp} \leqslant 0.60 f_{ck} \tag{3-89}$$

式中　σ_{tp}，σ_{cp}——分别为混凝土的主拉应力、主压应力。

此时，应选择跨内不利位置的截面，对该截面的换算截面重心处和截面宽度突变处进行验算。对允许出现裂缝的起重机梁，在静力计算中应符合式（3-88）和式（3-89）的规定。

（6）混凝土主拉应力和主压应力应按下式计算：

$$\left.\begin{array}{c}\sigma_{tp}\\\sigma_{cp}\end{array}\right\} = \frac{\sigma_x + \sigma_y}{2} \pm \sqrt{\left(\frac{\sigma_x - \sigma_y}{2}\right)^2 + \tau^2} \tag{3-90}$$

$$\sigma_x = \sigma_{pc} + \frac{M_k y_0}{I_0} \tag{3-91}$$

$$\tau = \frac{\left(V_k - \sum \sigma_{pe} A_{pb} \sin \alpha_p\right) S_0}{I_0 b} \tag{3-92}$$

式中　σ_x——由预加力和弯矩值 M_k 在计算纤维处产生的混凝土法向应力；

　　　σ_y——由集中荷载标准值 F_k 产生的混凝土竖向压应力；

　　　τ——由剪力值 V_k 和弯起预应力筋的预加力在计算纤维处产生的混凝土剪应力；当计算截面上有扭矩作用时，还应计入扭矩引起的剪应力；对超静定后张法预应力混凝土结构构件，在计算剪应力时，还应计入预加力引起的次剪力；

　　　σ_{pc}——扣除全部预应力损失后，在计算纤维处由预加力产生的混凝土法向应力，按

$$\sigma_{pc}=\frac{N_{p0}}{A_0}\pm\frac{N_{p0}e_{p0}}{I_0}y_0\text{（先张法构件）或}\sigma_{pc}=\frac{N_p}{A_n}\pm\frac{N_pe_{pn}}{I_n}y_n+\sigma_{p2}\text{（后张法构件）计算；}$$

　　　σ_{p2}——由预应力次内力引起的混凝土截面法向应力；

　　　y_0——换算截面重心至计算纤维处的距离；

　　　I_0——换算截面惯性矩；

　　　V_k——按荷载标准组合计算的剪力值；

　　　S_0——计算纤维以上部分的换算截面面积对构件换算截面重心的面积矩；

　　　σ_{pe}——弯起预应力筋的有效预应力；

　　　A_{pb}——计算截面上同一弯起平面内的弯起预应力筋的截面面积；

　　　α_p——计算截面上弯起预应力筋的切线与构件纵向轴线的夹角。

注：式（3-90）和式（3-91）中的 σ_x、σ_y、σ_{pc} 和 $\dfrac{M_ky_0}{I_0}$，当为拉应力时，以正值代入；当为压应力时，以负值代入。

　　对先张法预应力混凝土构件端部进行正截面、斜截面抗裂验算时，应考虑预应力筋在其预应力传递长度 l_{tr} 范围内实际应力值的变化。预应力筋的实际应力可考虑为线性分布，在构件端部取为零，在其预应力传递长度的末端取有效预应力值 σ_{pe}（图3-31），预应力筋的预应力传递长度 l_{tr} 应按下式计算确定：

$$l_{tr}=\alpha\frac{\sigma_{pe}}{f'_{tk}}d \tag{3-93}$$

式中　σ_{pe}——放张时预应力筋的有效预应力；

　　　d——预应力筋的公称直径；

　　　α——预应力筋的外形系数，对于光圆钢筋，$\alpha=0.16$；带肋钢筋，$\alpha=0.14$；螺旋肋钢丝，$\alpha=0.13$；三股钢绞线，$\alpha=0.16$；七股钢绞线，$\alpha=0.17$；

　　　f'_{tk}——与放张时混凝土立方体抗压强度 f'_{cu} 相应的轴心抗拉强度标准值，按线性内插法确定。

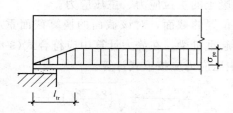

图 3-31　预应力传递长度范围内有效预应力值的变化

【例3-9】　一轴心受拉构件，截面尺寸为 $b\times h=200\text{ mm}\times200\text{ mm}$，按荷载效应标准组合计算的轴向拉力值 $N_k=150\text{ kN}$，混凝土强度等级为 C20（$f_{tk}=1.54\text{ N/mm}^2$），根据承载

力计算，钢筋取用 HRB400 级，配置 4Φ16 钢筋（$A_s = 804$ mm^2）。裂缝宽度最大限值 $\omega_{\lim} = 0.3$ mm，试验算最大裂缝宽度。

【解】

$$E_s = 2.0 \times 10^5 \text{ N/mm}^2$$

$$\rho_{te} = \frac{A_s}{bh} = \frac{804}{200 \times 200} = 0.020\ 1$$

由于是轴心受拉构件，所以

$$\sigma_{sk} = \frac{N_k}{A_s} = \frac{150 \times 10^3}{804} = 186.57 \text{(N/mm}^2)$$

$$\psi = 1.1 - 0.65 \times \frac{f_{tk}}{\rho_{te}\sigma_{sk}} = 1.1 - 0.65 \times \frac{1.54}{0.020\ 1 \times 186.57} = 0.833$$

$$d_{eq} = \frac{\sum n_i d_i^2}{\sum n_i \nu_i d_i} = \frac{4 \times 16^2}{4 \times 1.0 \times 16} = 16 \text{(mm)}$$

$$\omega_{\max} = \alpha_{cr}\psi\frac{\sigma_{sk}}{E_s}\left(1.9c_s + 0.08\frac{d_{eq}}{\rho_{te}}\right)$$

$$= 2.7 \times 0.833 \times \frac{186.57}{2.0 \times 10^5} \times \left(1.9 \times 25 + 0.08 \times \frac{16}{0.020\ 1}\right)$$

$$= 0.233 \text{(mm)} < \omega_{\lim} = 0.3 \text{ mm}$$

计算结果表明满足要求。

【例 3-10】 矩形截面偏心受拉杆件的截面尺寸 $b \times h = 160 \text{ mm} \times 200 \text{ mm}$，配置 4$\Phi$16 钢筋（$A_s = 804 \text{ mm}^2$），混凝土强度等级为 C25（$f_{tk} = 1.78 \text{ N/mm}^2$），混凝土保护层厚度 $c = 25 \text{ mm}$，按荷载效应的标准组合计算的轴向拉力值 $N_k = 144 \text{ kN}$，偏心距 $e_0 = 30 \text{ mm}$，$\omega_{\lim} = 0.3 \text{ mm}$。试验算最大裂缝宽度是否符合要求。

【解】

$$a_s = a_s' = c_s + \frac{d}{2} = 25 + \frac{16}{2} = 33 \text{(mm)}$$

$$h_0 = h - a_s = 200 - 33 = 167 \text{(mm)}$$

$$A_s = A_s' = 402 \text{ mm}^2, \quad e' = e_0 + y_c - a_s' = 30 + 0.5 \times 200 - 33 = 97 \text{(mm)}$$

$$\rho_{te} = \frac{A_s}{0.5bh} = \frac{402}{0.5 \times 160 \times 200} = 0.025\ 1$$

$$\sigma_{sk} = \frac{N_k e'}{A_s(h_0 - a_s'h_s)} = \frac{144 \times 10^3 \times 97}{402 \times (167 - 33)} = 259 \text{(N/mm}^2)$$

$$\psi = 1.1 - \frac{0.65f_{tk}}{\rho_{te}\sigma_{sk}} = 1.1 - \frac{0.65 \times 1.78}{0.025\ 1 \times 259} = 0.922$$

$$\omega_{\max} = \alpha_{cr}\psi\frac{\sigma_{sk}}{E_s}\left(1.9c_s + 0.08\frac{d_{eq}}{\rho_{te}}\right)$$

$$= 2.4 \times 0.922 \times \frac{259}{2.0 \times 10^5} \times \left(1.9 \times 25 + 0.08 \times \frac{16}{0.025\ 1}\right)$$

$$= 0.282 \text{(mm)} < \omega_{\lim} = 0.3 \text{ mm}$$

计算结果表明满足要求。

三、受弯构件挠度验算

钢筋混凝土和预应力混凝土受弯构件的挠度可按照结构力学方法计算，且不应超过

表 3-12 规定的限值。

表 3-12 受弯构件的挠度限值

构件类型		挠度限值
起重机梁	手动起重机	$l_0/500$
	电动起重机	$l_0/600$
屋盖、楼盖及楼梯构件	当 $l_0 < 7$ m 时	$l_0/200(l_0/250)$
	当 7 m $\leqslant l_0 \leqslant 9$ m 时	$l_0/250(l_0/300)$
	当 $l_0 > 9$ m 时	$l_0/300(l_0/400)$

注：1. 表中 l_0 为构件计算跨度；计算悬臂构件的挠度限值时，其计算跨度 l_0 按实际悬臂长度的 2 倍取用。

　　2. 表中括号内数值适用于使用上对挠度有较高要求的构件。

　　3. 如果构件制作时预先起拱，且使用上也允许，则在验算挠度时，可将计算所得的挠度值减去起拱值；对预应力混凝土构件，还可减去预加力所产生的反拱值。

　　4. 构件制作时的起拱值和预加力所产生的反拱值，不宜超过构件在相应荷载组合作用下的计算挠度值。

在等截面构件中，可假定各同号弯矩区段内的刚度相等，并取用该区段内最大弯矩处的刚度。当计算跨度内的支座截面刚度不大于跨中截面刚度的 2 倍或不小于跨中截面刚度的 1/2 时，该跨也可按等刚度构件进行计算，其构件刚度可取跨中最大弯矩截面的刚度。

（1）矩形、T 形、倒 T 形和 I 形截面受弯构件考虑荷载长期作用影响的刚度 B 可按下列规定计算。

1）采用荷载标准组合时：

$$B = \frac{M_k}{M_q(\theta-1)+M_k}B_s \tag{3-94}$$

2）采用荷载准永久组合时：

$$B = \frac{B_s}{\theta} \tag{3-95}$$

式中　M_k——按荷载的标准组合计算的弯矩，取计算区段内的最大弯矩值；

　　　　M_q——按荷载的准永久组合计算的弯矩，取计算区段内的最大弯矩值；

　　　　B_s——按荷载的准永久组合计算的钢筋混凝土受弯构件或按标准组合计算的预应力混凝土受弯构件的短期刚度，按《设计规范》第 7.2.3 条计算；

　　　　θ——考虑荷载长期作用对挠度增大的影响系数，按下列规定取用：对于钢筋混凝土受弯构件，当 $\rho'=0$ 时，取 $\theta=2.0$；当 $\rho'=\rho$ 时，取 $\theta=1.6$；当 ρ' 为中间数值时，θ 按线性内插法取用 $\left(\rho'=\dfrac{A_s'}{bh_0}, \rho=\dfrac{A_s}{bh_0}\right)$。对于翼缘位于受拉区的倒 T 形截面，$\theta$ 应增加 20%。对于预应力混凝土受弯构件，取 $\theta=2.0$。

（2）在按裂缝控制等级要求的荷载组合作用下，钢筋混凝土受弯构件和预应力混凝土受弯构件的短期刚度 B_s，可按下列公式计算：

1）钢筋混凝土受弯构件。

$$B_s = \frac{E_s A_s h_0^2}{1.15\psi+0.2+\dfrac{6\alpha_E\rho}{1+3.5\gamma_f'}} \tag{3-96}$$

2)预应力混凝土受弯构件。

①要求不出现裂缝的构件:

$$B_s = 0.85E_c I_0 \tag{3-97}$$

②允许出现裂缝的构件:

$$B_s = \frac{0.85E_c I_0}{\kappa_{cr} + (1 - \kappa_{cr})\omega} \tag{3-98}$$

$$\kappa_{cr} = \frac{M_{cr}}{M_k} \tag{3-99}$$

$$\omega = \left(1.0 + \frac{0.21}{\alpha_E \rho}\right)(1 + 0.45\gamma_f) - 0.7 \tag{3-100}$$

$$M_{cr} = (\sigma_{pc} + \gamma f_{tk})W_0 \tag{3-101}$$

$$\gamma_f = \frac{(b_f - b)h_f}{bh_0} \tag{3-102}$$

式中　ψ——裂缝间纵向受拉钢筋应变不均匀系数,当 $\psi < 0.2$ 时,取 $\psi = 0.2$;当 $\psi > 1.0$ 时,取 $\psi = 1.0$;对直接承受重复荷载的构件,取 $\psi = 1.0$;

　　　α_E——钢筋弹性模量与混凝土弹性模量的比值,$\alpha_E = E_s/E_c$;

　　　ρ——纵向受拉钢筋配筋率,对钢筋混凝土受弯构件,取 $\rho = \dfrac{A_s}{bh_0}$;对预应力混凝土受弯构件,取 $\rho = \dfrac{\alpha_1 A_p + A_s}{bh_0}$,对灌浆的后张预应力筋,取 $\alpha_1 = 1.0$,对无黏结后张预应力筋,取 $\alpha_1 = 0.3$;

　　　I_0——换算截面惯性矩;

　　　γ_f——受拉翼缘截面面积与腹板有效截面面积的比值;

　　　b_f,h_f——受拉区翼缘的宽度、高度;

　　　κ_{cr}——预应力混凝土受弯构件正截面的开裂弯矩 M_{cr} 与弯矩 M_k 的比值,当 $\kappa_{cr} > 1.0$ 时,取 $\kappa_{cr} = 1.0$;

　　　σ_{pc}——扣除全部预应力损失后,由预加力在抗裂验算边缘产生的混凝土预压应力;

　　　γ——混凝土构件的截面抵抗矩塑性影响系数,其数值可按下式计算:

$$\gamma = \left(0.7 + \frac{120}{h}\right)\gamma_m \tag{3-103}$$

式中　γ_m——混凝土构件的截面抵抗矩塑性影响系数基本值,可按正截面应变保持平面的假定,并取受拉区混凝土应力图形为梯形、受拉边缘混凝土极限拉应变为 $2f_{tk}/E_c$ 确定;对常用的截面形状,γ_m 值可按表3-13取用;

　　　h——截面高度(mm),当 $h < 400$ 时,取 $h = 400$;当 $h > 1\,600$ 时,取 $h = 1\,600$;对圆形、环形截面,取 $h = 2r$(r 为圆形截面半径或环形截面的外环半径)。

表 3-13　截面抵抗矩塑性影响系数基本值 γ_m

项次	1	2	3		4		5
截面形状	矩形截面	翼缘位于受压区的 T 形截面	对称 I 形截面或箱形截面		翼缘位于受拉区的倒 T 形截面		圆形和环形截面
			$b_f/b \leqslant 2$、h_f/h 为任意值	$b_f/b > 2$、$h_f/h < 0.2$	$b_f/b \leqslant 2$、h_f/h 为任意值	$b_f/b > 2$、$h_f/h < 0.2$	
γ_m	1.55	1.50	1.45	1.35	1.50	1.40	$1.6 - 0.24\dfrac{r_1}{r}$

注：1. 对 $b_f' > b_f$ 的 I 形截面，可按项次 2 与 3 之间的数值采用；对 $b_f' < b_f$ 的 I 形截面，可按项次 3 与项次 4 之间的数值采用；

　　2. 对于箱形截面，b 是指各肋宽度的总和；

　　3. r_1 为环形截面的内环半径，对圆形截面取 $r_1 = 0$。

（3）对重要的或特殊的预应力混凝土受弯构件的长期反拱值，可根据专门的试验分析确定或根据配筋情况采用考虑收缩、徐变影响的计算方法分析确定。

（4）对于预应力混凝土构件应采取措施控制反拱和挠度，并宜符合下列规定：

1）当考虑反拱后计算的构件长期挠度不符合规范规定时，可采用施工预先起拱等方式控制挠度；

2）对永久荷载相对于可变荷载较小的预应力混凝土构件，应考虑反拱过大对正常使用的不利影响，并应采取相应的设计和施工措施。

预应力混凝土受弯构件在使用阶段的预加力反拱值，可用结构力学方法按刚度 $E_c I_0$ 进行计算，并应考虑预压应力长期作用的影响，计算中预应力筋的应力应扣除全部预应力损失。简化计算时，可将计算的反拱值乘以增大系数 2.0。

【例 3-11】　钢筋混凝土简支梁，计算跨度为 6.5 m，矩形截面 $b \times h = 250$ mm $\times 500$ mm，混凝土强度等级为 C30（$E_c = 3.0 \times 10^4$ N/mm²），采用 HRB400 级钢筋（$E_s = 2.0 \times 10^5$ N/mm²）。梁上承受均布恒荷载标准值（包括梁自重）$g_k = 20$ kN/m，均布活荷载标准值 $q_k = 12$ kN/m，按正截面承载力计算，受拉钢筋选配 4Φ22（$A_s = 1\,520$ mm²）。试验算其变形能否满足最大不超过 $l_0/250$ 的要求（楼面活荷载准永久值系数为 0.5）。

【解】　（1）计算梁内最大弯矩标准值。

1）恒荷载标准值产生的跨中最大弯矩：

$$M_{gk} = \frac{1}{8} g_k l^2 = \frac{1}{8} \times 20 \times 6.5^2 = 105.6 (\text{kN} \cdot \text{m})$$

2）活荷载标准值产生的跨中最大弯矩：

$$M_{qk} = \frac{1}{8} q_k l^2 = \frac{1}{8} \times 12 \times 6.5^2 = 63.4 (\text{kN} \cdot \text{m})$$

3）按荷载效应标准组合计算的跨中最大弯矩：

$$M_k = M_{gk} + M_{qk} = 105.6 + 63.4 = 169 (\text{kN} \cdot \text{m})$$

4）按荷载效应准永久组合计算的跨中最大弯矩：

$$M_q = M_{gk} + 0.5 M_{qk} = 105.6 + 0.5 \times 63.4 = 137.3 (\text{kN} \cdot \text{m})$$

（2）受拉钢筋应变不均匀系数。

1）裂缝截面钢筋应力：

$$\sigma_{sk}=\frac{M_q}{0.87A_sh_0}=\frac{137.3\times10^6}{0.87\times1\,520\times465}=223.3(\text{N/mm}^2)$$

2）按有效受拉混凝土截面面积计算的配筋率：

$$\rho_{te}=\frac{A_s}{A_{te}}=\frac{A_s}{0.5bh}=\frac{1\,520}{0.5\times250\times500}=0.024\,3>0.01$$

3）受拉钢筋应变不均匀系数：

$$\psi=1.1-\frac{0.65f_{tk}}{\rho_{te}\sigma_{sk}}=1.1-\frac{0.65\times1.78}{0.024\,3\times223.3}=0.887$$

$$0.4<\psi<1.0$$

（3）刚度计算。

1）短期刚度：

$$\alpha_E=\frac{E_s}{E_c}=\frac{2\times10^5}{3.0\times10^4}=6.67$$

$$\rho=\frac{A_s}{bh_0}=\frac{1\,520}{250\times465}=0.013$$

$$B_s=\frac{E_sA_sh_0^2}{1.15\psi+0.2+\dfrac{6\alpha_E\rho}{1+3.5\gamma'h_f}}$$

$$=\frac{2.0\times10^5\times1\,520\times465^2}{1.15\times0.887+0.2+\dfrac{6\times6.67\times0.013}{1+3.5\times0}}=3.78\times10^{13}(\text{N/mm}^2)$$

2）挠度增大系数：根据《设计规范》，$\rho'=0$，故 $\theta=2.0$。

3）受弯构件刚度：

$$B=\frac{M_k}{M_q(\theta-1)+M_k}B_s=\frac{169}{137.3\times(2.0-1)+169}\times3.78\times10^{13}=2.09\times10^{13}(\text{N/mm}^2)$$

4）跨中挠度：

$$f=\alpha\frac{M_kl^2}{B}=\frac{5}{48}\times\frac{169\times10^6\times6\,500^2}{2.09\times10^{13}}=35.6(\text{mm})$$

允许挠度为

$$f_{lim}=\frac{l_0}{250}=\frac{6\,500}{250}=26(\text{mm})<f=35.6\text{ mm}$$

计算结果表明不满足要求。

 任务实训

任务1　受弯构件破坏特征试验

实训目的：通过受弯构件破坏特征试验，掌握钢筋混凝土梁受弯破坏的全过程。

实训内容与要求：

(1)参观钢筋混凝土梁。

(2)了解钢筋混凝土梁正截面受弯试验的试验方法和操作程序，加深对钢筋混凝土梁正截面受力特点、变形性能和裂缝开展规律的理解，了解正常使用极限状态和承载能力极限状态下梁的受弯性能。

(3)工具：静态电阻应变仪、力传感器、百分表或电子百分表、手持式引伸仪、高压油泵全套设备、千斤顶、工字钢分配梁(自重 0.1 kN/根)、裂缝观察镜和裂缝宽度量测卡或裂缝观测仪。

任务2　受弯构件适筋梁正截面受力分析及基本公式推导

实训目的：通过受弯构件适筋梁正截面的受力分析并进行公式推导，掌握受弯构件适筋梁正截面承载力计算中的基本假设、公式适用条件等。

实训内容与要求：学会导出受弯构件适筋梁正截面承载力计算公式。

任务3　认知侧筋混凝土 T 形梁

实训目的：通过参观 T 形梁，掌握 T 形梁在工程中应用的实际意义及截面尺寸构成。

实训内容与要求：

(1)能确定 T 形、倒 L 形截面受弯构件翼缘计算宽度。

(2)实物：校内教学楼、办公楼楼盖。

能力提升

一、填空题

1. 梁中通常配置_____、_____、_____等构成钢筋骨架。

2. 钢筋在跨中下侧承受正弯矩产生的拉力，在靠近支座的位置利用弯起段承受弯矩和剪力共同产生的主拉应力的钢筋称为_____。

3. _____的主要作用是承担梁中的剪力和固定纵筋的位置，并与纵向钢筋一起形成钢筋骨架。

4. 现浇钢筋混凝土结构中，主梁的截面宽度应不小于_____，次梁的截面宽度应不小于_____。

5. 根据裂缝出现的部位，受弯构件斜截面斜裂缝可分为_____和_____两类。

6. 正常使用极限状态验算包括_____及_____。

7. 当梁高 $h \leqslant 800$ mm 时，弯起钢筋弯起角度采用_____；当梁高 $h > 800$ mm 时，弯起钢筋弯起角度采用_____。

二、简答题

1. 受弯构件在荷载作用下可能发生哪两种破坏？

2. 梁中箍筋的配置应符合哪些规定？

3. 钢筋混凝土正截面受弯全过程可划分为哪几个阶段？各阶段的主要特点是什么？

4. 受弯构件正截面承载力计算时做了哪些基本规定？

5. 什么是双筋截面？在什么情况下才采用双筋截面？

6. 受弯构件斜截面受剪破坏形态及破坏特点是什么？

7. 影响裂缝宽度的主要因素有哪些？

三、计算题

1. 受均布荷载作用的矩形截面简支梁如图 3-32 所示，跨长 $l=6.0$ m，荷载标准值：包括梁自重在内的永久荷载 $g=5.5$ kN/m；可变荷载 $P=9$ kN/m，相应的分项系数分别为 1.2 和 1.4。试按正截面受弯承载力设计此梁的截面并计算配筋。

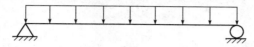

图 3-32 矩形截面简支梁

2. 已知矩形梁的截面尺寸 $b×h=200$ mm $×400$ mm，环境类别为二 b 类。承受的弯矩设计值 $M=120$ kN·m，混凝土强度等级为 C30，钢筋采用 HRB400 级，受拉钢筋为 4Φ25（$A_s=1\,473$ mm²），受压钢筋为 2Φ16（$A'_s=402$ mm²），截面配筋如图 3-33 所示，试验算截面是否安全。

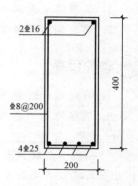

图 3-33 截面配筋图

3. 已知一 T 形截面梁，弯矩设计值 $M=440$ kN·m，梁截面尺寸为 $b×h=200$ mm $×600$ mm，$b'_f=1\,000$ mm，$h'_f=90$ mm；混凝土强度等级为 C25，钢筋采用 HRB400 级，环境类别为一类。求受拉钢筋截面面积 A_s。

4. 已知一 T 形截面梁，截面尺寸 $b'_f=500$ mm，$h'_f=120$ mm，$b×h=250$ mm $×700$ mm，混凝土强度等级为 C25，配有 7Φ22（$A_s=2\,661$ mm²）HRB400 级受拉钢筋，试求其截面所承受的弯矩设计值 M_u。

5. 某均布荷载作用下的矩形截面梁，$b×h=200$ mm $×500$ mm，混凝土强度等级为 C20（$f_c=9.6$ N/mm²），箍筋用 HPB300 级钢筋（$f_{yv}=270$ N/mm²），直径为 8 mm（$A_{sv}=100.6$ mm²）双肢箍，间距为 120 mm。若支座边缘处最大剪力设计值（包括自重）$V=180$ kN，验算此梁斜截面承载力（$a_s=a'_s=35$ mm）。

6. 一钢筋混凝土矩形截面简支梁，跨度为 4 m，截面尺寸 $b×h=250$ mm $×700$ mm，跨中承受一集中荷载，其设计值 $P=240$ kN（忽略梁自重），采用强度等级为 C30 的混凝土，箍筋采用 HRB400 级钢筋，纵筋采用 HRB400 级 6Φ25，试确定梁内箍筋。

7. 已知矩形梁的截面尺寸 $b×h=300$ mm $×600$ mm，承受弯矩设计值 $M=150$ kN·m，混凝土强度等级为 C30，钢筋采用 HRB400 级，在受压区已配置 2Φ14 的钢筋（$A'_s=308$ mm²），求受拉钢筋的面积 A_s。

8. 已知某屋架下弦按轴心受拉构件设计，截面尺寸为 200 mm $×160$ mm，保护层厚度 $c=25$ mm，配置 4Φ16 HRB400 级钢筋，混凝土强度等级为 C40，荷载效应的准永久组合的轴向拉力 $N_q=142$ kN，$\omega_{lim}=0.2$ mm。试验算最大裂缝宽度。

9. 已知在教学楼楼盖中一矩形截面简支梁，截面尺寸为 200 mm $×500$ mm，配置 4Φ16 HRB400 级受力钢筋，混凝土强度等级为 C20，保护层厚度 $c=25$ mm，$l_0=5.6$ m；承受均布荷载，其中永久荷载（包括自重在内）标准值 $g_k=12.4$ kN/m，楼面活荷载标准值 $q_k=8$ kN/m，楼面活荷载的准永久值系数 $\psi_q=0.5$。试验算其挠度 f。

项目四　受扭构件承载力计算

知识目标

1. 了解混凝土构件受到扭转的种类。
2. 熟悉钢筋混凝土矩形截面受扭构件的破坏形态；掌握弯剪扭构件承载力的计算方法。

素养目标

1. 有效地计划并实施各种活动；了解并遵守各种行为规范和操作规范。
2. 听取他人的意见，积极讨论各种观点想法，共同努力，达成一致意见。

> 一般工程建设都投资巨大，需要严格遵守国家法律法规及行业规范、标准等。作为一名建设者要时刻强化廉洁自律、职业道德修养。可通过推进廉政文化进校园，加强对学生的廉洁教育，在实践中启发学生的道德觉悟，引导学生在现实生活中正确认识和处理个人与他人、个人与集体、个人与社会的关系，促进形成以廉为荣、以贪为耻的社会风尚，形成团结互助、平等友爱、共同前进的新型人际关系，促进校园稳定和谐。

项目导入

1. 工程概况

在南方冰雪灾害中，南方各省大面积轻型门式刚架厂房倒塌或发生不同程度破坏。许多刚架垮塌，部分刚架梁与刚架柱断开，屋面檩条扭曲严重，屋面板与檩条脱离，刚架柱柱脚被拔出，有些厂房已经完全破坏，经济损失惨重。有些厂房组织人员上屋面除雪，所以厂房并未倒塌，但整个厂房已明显倾斜，多处梁、柱及屋面檩条产生扭曲变形。

2. 原因分析

本次雪灾中，钢桁架及网架结构破坏的主要原因还是因为雪荷载过大，超出规范规定的荷载取值，以致结构构件在过大雪载作用下挠曲严重，甚至扭曲，从而引起结构的局部垮塌或整体垮塌。

任务一 纯扭构件承载力计算

◎ **任务目标**

能进行钢筋混凝土矩形截面受阻构件破坏形态的确定；能进行矩形截面受扭构件的受扭承载力计算。

一、混凝土构件受到扭转的种类

混凝土结构构件，除承受弯矩、轴力、剪力外，还可能承受扭矩的作用。工程中，混凝土构件受到的扭转有以下两类：

（1）由外荷载直接作用产生的扭转，其扭矩可由静力平衡条件求得，与构件的抗扭刚度无关，一般也称为平衡扭转。如图 4-1（a）、（b）中的受檐口竖向荷载作用的挑檐梁、受水平制动力作用的起重机梁，截面上承受有扭矩，都是这一类扭转。

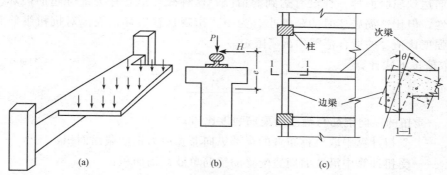

图 4-1 工程中常见的受扭构件

（a）挑檐梁；（b）起重机梁；（c）现浇框架的边梁

（2）超静定结构中由于变形的协调使截面产生的扭转，称为协调扭转。如图 4-1（c）中的现浇框架的边梁，由于次梁梁端的弯曲转动变形使得边梁产生扭转，因此其截面承受扭矩。但在边梁受扭开裂后，其抗扭刚度迅速降低，从而截面所承受的扭矩也会随之减少。

◆**特别提醒** 平衡扭转的扭矩不随构件的刚度变化而变化，而协调扭转的扭矩与刚度变化相关。

知识拓展：纯扭构件的受力特性

二、钢筋混凝土矩形截面受扭构件的破坏形态

试验表明，对于钢筋混凝土矩形截面受扭构件，其破坏形态与配置钢筋的数量多少有关，可分为以下三类：

（1）**少筋破坏。** 当配筋（垂直纵轴的箍筋和沿周边的纵向钢筋）过少或配筋间距过大时，在扭矩作用下，先在构件截面的长边最薄弱处产生一条与纵轴成45°左右的斜裂缝，构件一旦开裂，钢筋不足以承担由混凝土开裂后转移给钢筋承担的拉力，裂缝就迅速向相邻两侧面呈螺旋形延伸，形成三面开裂、一面受压的空间扭曲裂面，构件随即破坏。破坏过程急速而突然，属于脆性破坏。其破坏扭矩 T_u 基本上等于开裂扭矩 T_{cr}。这种破坏形态称为少筋破坏。为防止发生这类脆性破坏，《设计规范》对受扭构件提出了抗扭箍筋和抗扭纵筋的下限（最小配筋率），并对箍筋最大间距等作出了严格的规定。

（2）**适筋破坏。** 配筋适量时，在扭矩作用下，首条斜裂缝出现后并不立即破坏。随着扭矩的增加，将陆续出现多条大体平行的连续的螺旋形裂缝。与斜裂缝相交的纵筋和箍筋先后达到屈服，斜裂缝进一步展开，最后受压面上的混凝土也被压碎，构件随之破坏。这种破坏称为适筋破坏，属于具有一定延性的破坏。下面列出的受扭承载力公式所计算的就是这一类破坏形态。

（3）**超筋破坏。** 若配筋量过大，则在纵筋和箍筋尚未达到屈服时，混凝土就因受压而被压碎，构件立即破坏。这种破坏称为超筋破坏，属于无预兆的脆性破坏。在设计中，应力求避免发生超筋破坏，因此，在规范中就规定了配筋的上限，也就是规定了最小的截面尺寸条件。

如果抗扭纵筋和抗扭箍筋的配筋强度（配筋量及钢筋强度值）的比例失调，破坏时会发生一种钢筋达到屈服而另一种没有达到的情况，这种破坏形态称为部分超筋破坏。它虽也有一定延性，但比适筋破坏时的延性小。为防止出现这种破坏，规范对抗扭纵筋和抗扭箍筋的配筋强度比值 ζ 的适合范围作出了限定。

ζ 的取值按下式计算：

$$\zeta = \frac{f_y A_{stl} s}{f_{yv} A_{st1} u_{cor}} \tag{4-1}$$

式中　ζ——受扭的纵向钢筋与箍筋的配筋强度比值；

　　　A_{stl}——受扭计算中取对称布置的全部纵向非预应力钢筋截面面积；

　　　A_{st1}——受扭计算中沿截面周边配置的箍筋单肢截面面积；

　　　u_{cor}——截面核心部分的周长，$u_{cor} = 2(b_{cor} + h_{cor})$（$b_{cor}$、$h_{cor}$ 为箍筋内表面范围内截面核心部分的短边、长边尺寸）；

　　　f_{yv}——箍筋抗拉强度设计值；

　　　s——箍筋间距。

对钢筋混凝土结构构件，其 ζ 值应符合 $0.6 \leqslant \zeta \leqslant 1.7$ 的要求，当 $\zeta > 1.7$ 时；取 $\zeta = 1.7$；对偏心距 $e_{p0} \leqslant h/6$ 的预应力混凝土纯扭构件，当符合 $\zeta \geqslant 1.7$ 时，可在式（4-1）的右边增加预应力影响项 $0.05 \dfrac{N_{p0}}{A_0} W_t$（$N_{p0}$ 为计算截面上混凝土法向预应力等于零时的预加力，按《设计规范》第10.1.13条的规定计算，当 $N_{p0} > 0.3 f_c A_0$ 时，取 $0.3 f_c A_0$，A_0 为构件的换算截面面积）。

三、受扭钢筋的形式

在混凝土构件中配置适当的抗扭钢筋，当混凝土开裂后，可由钢筋继续承担拉力，这对提高构件的抗扭承载力有很大的作用。根据弹性分析结果，扭矩在构件中引起的主拉应力轨迹线为一组与构件纵轴大致成45°，并绕四周面连续的螺旋线。因此，最合理的配筋方式是在构件靠近表面处设置45°走向的螺旋形钢筋。但这种配筋方式不仅不便于施工，而且在实际工程中，扭矩在构件全长上常常要改变方向。扭矩方向一改变，螺旋筋的旋角方向也要相应地加以改变，这在配筋构造措施上就会造成很大的困难，而且当扭矩改变方向后则将完全失去效应。因此，在实际工程中，一般是采用由靠近构件表面设置的横向箍筋和沿构件周边均匀对称布置的纵向钢筋共同组成的抗扭钢筋骨架。它恰好与构件中抗弯钢筋和抗剪钢筋的配筋方式相协调。因此，在实际工程结构中，都采用垂直构件纵轴的箍筋和沿截面周边布置的纵向钢筋组成的空间钢筋骨架来承担扭矩。

四、矩形截面纯扭构件的受扭承载力计算

矩形截面纯扭构件的受扭承载力按下式计算：

$$T \leqslant 0.35 f_t W_t + 1.2\sqrt{\zeta} f_{yv} \frac{A_{st1} A_{cor}}{s} \tag{4-2}$$

$$W_t = \frac{b^2}{6}(3h - b) \tag{4-3}$$

式中 T——扭矩设计值；

f_t——混凝土抗拉强度设计值；

W_t——截面受扭塑性抵抗矩；

b，h——矩形截面的短边尺寸、长边尺寸；

A_{cor}——截面核心部分的面积，$A_{cor} = b_{cor} h_{cor}$。

式中其他符号意义同前。

当 $\zeta < 1.7$ 或 $e_{p0} > h/6$ 时，不应考虑预加力影响项，而应按钢筋混凝土纯扭构件计算。

任务二 弯剪扭构件承载力计算

◎ 任务目标

能进行受剪扭构件承载力计算。

一、弯剪扭构件截面限制条件

(1)在弯矩、剪力和扭矩共同作用下，对 $h_w/b \leqslant 6$ 的矩形、T形、I形截面和 $h_w/t_w \leqslant 6$ 的箱形截面构件(图4-2)，其截面应符合下列条件：

当 h_w/b(或 h_w/t_w)$\leqslant 4$ 时

$$\frac{V}{bh_0} + \frac{T}{0.8W_t} \leqslant 0.25\beta_c f_c \tag{4-4}$$

当 $4 < h_w/b$（或 h_w/t_w）< 6 时，按线性内插法确定。

当 h_w/b（或 h_w/t_w）$= 6$ 时

$$\frac{V}{bh_0} + \frac{T}{0.8W_t} \leqslant 0.2\beta_c f_c \tag{4-5}$$

式中　T——扭矩设计值；

　　　　V——剪力设计值；

　　　　b——矩形截面的宽度，T形或I形截面的腹板宽度，箱形截面的侧壁总厚度为 $2t_w$；

　　　　h_0——截面的有效高度；

　　　　W_t——受扭构件的截面受扭塑性抵抗矩；

　　　　h_w——截面的腹板高度，对矩形截面，取有效高度 h_0；对 T 形截面，取有效高度减去翼缘高度；对 I 形和箱形截面，取腹板净高；

　　　　t_w——箱形截面壁厚，其值不应小于 $b_h/7$（b_h 为箱形截面的宽度）。

当 h_w/b（或 h_w/t_w）> 6 时，受扭构件的截面尺寸条件及扭曲截面承载力计算应符合相关规定。

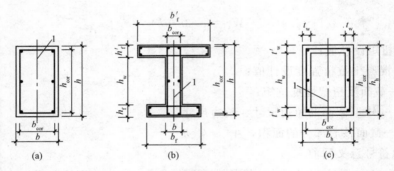

图 4-2　受扭构件截面

(a)矩形截面；(b)T 形、I 形截面；(c)箱形截面（$t_w \leqslant t'_w$）

1—弯矩、剪力作用平面

（2）在弯矩、剪力和扭矩共同作用下的构件（图 4-2），当符合下列公式的要求时，均可不进行构件受剪扭承载力计算，仅需按构造要求配置纵向钢筋和箍筋：

$$\frac{V}{bh_0} + \frac{T}{W_t} \leqslant 0.7f_t + 0.05\frac{N_{p0}}{bh_0} \tag{4-6}$$

$$\frac{V}{bh_0} + \frac{T}{W_t} \leqslant 0.7f_t + 0.07\frac{N}{bh_0} \tag{4-7}$$

式中　N_{p0}——计算截面上混凝土法向预应力等于零时的纵向预应力钢筋及非预应力钢筋的合力，当 $N_{p0} > 0.3f_c A_0$ 时，取 $N_{p0} = 0.3f_c A_0$（A_0 为构件的换算面积）；

　　　　N——与剪力、扭矩设计值 V、T 相应的轴向压力设计值，当 $N > 0.3f_c A$ 时，取 $N = 0.3f_c A$（A 为构件的截面面积）。

二、矩形截面构件弯剪扭承载力计算

1. 轴向压力和扭矩共同作用下

在轴向压力和扭矩共同作用下的矩形截面钢筋混凝土构件，其受扭承载力应符合下列规定：

$$T \leqslant 0.35 f_t W_t + 1.2\sqrt{\zeta} f_{yv} \frac{A_{st1} A_{cor}}{s} + 0.07 \frac{N}{A} W_t \tag{4-8}$$

式中　N——与扭矩设计值 T 相应的轴向压力设计值，当 $N > 0.3 f_c A$ 时，取 $N = 0.3 f_c A$；

　　　A——构件截面面积。

2. 剪力和扭矩共同作用下

(1)矩形截面一般剪扭构件的承载力应按下列公式计算：

受剪承载力　$V \leqslant (1.5 - \beta_t)(0.7 f_t b h_0 + 0.05 N_{p0}) + f_{yv} \dfrac{A_{sv}}{s} h_0 \tag{4-9}$

$$\beta_t = \frac{1.5}{1 + 0.5 \dfrac{V W_t}{T b h_0}} \tag{4-10}$$

受扭承载力　$T \leqslant \beta_t \left(0.35 f_t + 0.05 \dfrac{N_{p0}}{A_0}\right) W_t + 1.2\sqrt{\zeta} f_{yv} \dfrac{A_{st1} A_{cor}}{s} \tag{4-11}$

式中　A_{sv}——受剪承载力所需的箍筋截面面积；

　　　β_t——一般剪扭构件混凝土受扭承载力降低系数（表 4-1），当 $\beta_t < 0.5$ 时，取 $\beta_t = 0.5$；当 $\beta_t > 1$ 时，取 $\beta_t = 1$。

式中其他符号意义同前。

(2)矩形截面集中荷载作用下的独立剪扭构件的承载力应按下列公式计算：

受剪承载力　$V \leqslant (1.5 - \beta_t)\left(\dfrac{1.75}{\lambda + 1} f_t b h_0 + 0.05 N_{p0}\right) + f_{yv} \dfrac{A_{sv}}{s} h_0 \tag{4-12}$

$$\beta_t = \frac{1.5}{1 + 0.2(\lambda + 1) \dfrac{V W_t}{T b h_0}} \tag{4-13}$$

式中　λ——计算截面的剪跨比；

　　　β_t——集中荷载作用下剪扭构件混凝土受扭承载力降低系数（表 4-1），当 $\beta_t < 0.5$ 时，取 $\beta_t = 0.5$；当 $\beta_t > 1$ 时，取 $\beta_t = 1$。

式中其他符号意义同前。

受扭承载力仍按式(4-11)计算，但式中的 β_t 应按式(4-13)计算。

表 4-1　剪扭构件混凝土受扭承载力降低系数 β_t

项目	内容	
	一般剪扭构件	集中荷载作用下的独立剪扭构件
矩形截面	$\beta_t = \dfrac{1.5}{1 + 0.5 \dfrac{V W_t}{T b h_0}}$	$\beta_t = \dfrac{1.5}{1 + 0.2(\lambda + 1) \dfrac{V W_t}{T b h_0}}$
T 形和 I 形截面	同矩形截面，但将 T 及 W_t 分别以 T_w 及 W_{tw} 代替；受压翼缘及受拉翼缘可按纯扭构件的规定进行计算，但计算时应将 T 及 W_t 分别以 T_f' 及 W_{tf}' 或 T_f 及 W_{tf} 代替	
箱形截面	同矩形截面，但式中的 W_t 应以 $\alpha_h W_t$ 代替	

3. 轴向压力、弯矩、剪力和扭矩共同作用下

(1)在轴向压力、弯矩、剪力和扭矩共同作用下的钢筋混凝土矩形截面框架柱，其受剪

扭承载力应符合下列规定：

受剪承载力 $\quad V\leqslant(1.5-\beta_t)\left(\dfrac{1.75}{\lambda+1}f_t bh_0+0.07N\right)+f_{yv}\dfrac{A_{sv}}{s}h_0$ (4-14)

受扭承载力 $\quad T\leqslant\beta_t\left(0.35f_t+0.07\dfrac{N}{A}\right)W_t+1.2\sqrt{\zeta}f_{yv}\dfrac{A_{st1}A_{cor}}{s}$ (4-15)

式中 $\quad\beta_t$——受扭承载力降低系数。应按集中荷载作用下的独立剪扭构件的相关规定计算（表 4-1）。

(2)在轴向压力、弯矩、剪力和扭矩共同作用下的钢筋混凝土矩形截面框架柱，当 $T\leqslant(0.175f_t+0.035N/A)W_t$ 时，可仅按偏心受压构件的正截面承载力和斜截面受剪承载力分别进行计算。

(3)在轴向压力、弯矩、剪力和扭矩共同作用下的钢筋混凝土矩形截面框架柱，其纵向钢筋截面面积应分别按偏心受压构件的正截面承载力和剪扭构件的受扭承载力计算确定，并应配置在相应的位置；箍筋截面面积应分别按剪扭构件的受剪承载力和受扭承载力计算确定，并应配置在相应的位置。

4. 弯矩、剪力和扭矩共同作用下

在弯矩、剪力和扭矩共同作用下的矩形截面构件，可按下列规定进行承载力计算：

(1)当 $V\leqslant0.35f_t bh_0$ 或 $V\leqslant0.875f_t bh_0/(\lambda+1)$ 时，可仅按受弯构件的正截面受弯承载力和纯扭构件的受扭承载力分别进行计算；

(2)当 $T\leqslant0.175f_t W_t$ 或 $T\leqslant0.175\alpha_h f_t W_t$ 时，可仅按受弯构件的正截面受弯承载力和斜截面受剪承载力分别进行计算。

三、受扭构件配筋构造要求

(1)最小配筋率要求。

1)纯扭构件的最小配筋率应符合下式要求：

$$\rho_{tl}=\frac{A_{stl}}{bh}\geqslant\rho_{tl,\min}=0.6\sqrt{\frac{T}{Vb}\frac{f_t}{f_y}}$$ (4-16)

式中 $\quad\rho_{tl}$——梁内受扭纵向钢筋的配筋率；

A_{stl}——沿截面周边布置的受扭纵向钢筋总截面面积。

当 $\dfrac{T}{Vb}>2.0$ 时，取 $\dfrac{T}{Vb}=2.0$。

2)弯剪扭构件的最小配筋率应符合下式要求：

$$\rho_{sv}=\frac{A_{sv}}{bs}\geqslant0.28\frac{f_t}{f_{yv}}$$ (4-17)

式中 $\quad\rho_{sv}$——箍筋的配筋率。

式(4-16)和式(4-17)中的 b 为受剪的截面宽度，对箱形截面应以 b_h 代替。

(2)受扭构件配筋的构造要求。受扭构件纵筋的构造要求见表 4-2，受扭构件箍筋的构造要求见表 4-3。

表 4-2　受扭构件纵筋的构造要求

项目	构造说明	示意图
抗扭钢筋配置	沿截面周边布置的受扭纵向钢筋的间距不应大于 200 mm 和梁截面短边长度；除应在梁截面四角设置受扭纵向钢筋外，其余受扭纵向钢筋宜沿截面周边均匀对称布置。当梁支座边作用有较大扭矩时，受扭纵向钢筋应按受拉钢筋锚固在支座内	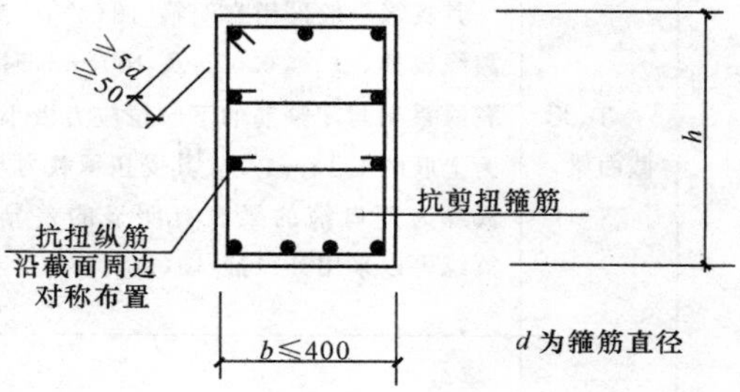 d 为箍筋直径
纵筋弯折	在弯剪扭构件中，配置在截面弯曲受拉边的纵向受力钢筋，其截面面积不应小于按受弯构件受拉钢筋最小配筋率规定的钢筋截面面积与按受扭纵向钢筋最小配筋率计算并分配到弯曲受拉边的钢筋截面面积之和	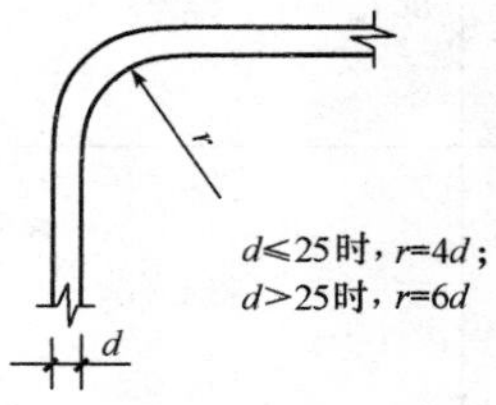 $d \leqslant 25$ 时，$r=4d$；$d>25$ 时，$r=6d$

表 4-3　受扭构件箍筋的构造要求

序号	项目	构造说明	示意图
1	箍筋间距、形式及弯折要求	在弯剪扭构件中，箍筋间距应符合梁中箍筋最大间距的规定，其中受扭所需的箍筋应做成封闭式，且应沿截面周边布置；当采用复合箍筋时，位于截面内部的箍筋不应计入受扭所需的箍筋面积。受扭所需箍筋的末端应做成 135° 弯钩，弯钩端头平直段长度不应小于 10d (d 为箍筋直径)	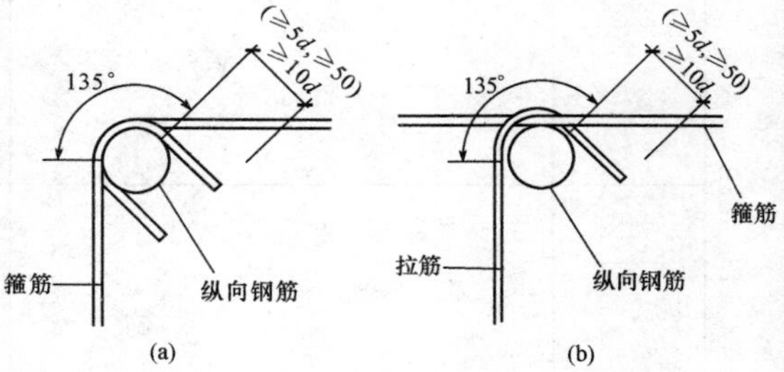
2	矩形截面梁	当梁高≤800 mm 时，箍筋直径不宜小于 6 mm；当梁高>800 mm 时，箍筋直径不宜小于 8 mm；梁中配有计算需要的纵向受压钢筋时，箍筋直径还不应小于纵向受压钢筋最大直径的 0.25 倍	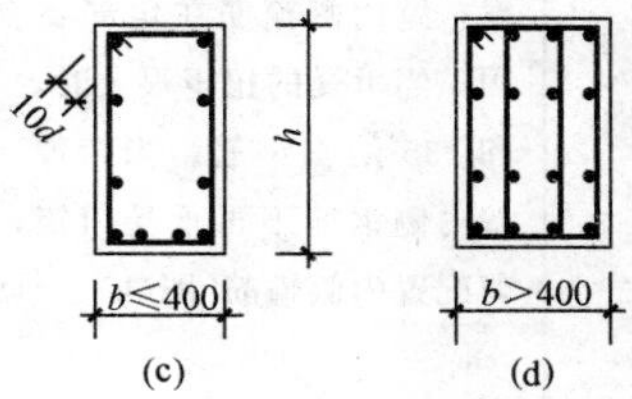

序号	项目	构造说明	示意图
2	T 形截面梁	其翼缘一般采用封闭箍[图(e)];当翼缘较薄,$h'_f < 0.55b$ 及 100 mm 时,翼缘采用封闭箍筋的下肢拉应力极小,为上肢的 1/15～1/3,其受扭承载力与翼缘为开口箍的梁没有明显的差异,翼缘可以采用开口箍[图(f)]	
	I 形截面梁	下翼缘箍筋的两端应满足锚固长度 l_a	
	Γ 形截面梁	箍筋应沿全部周边设置,内拐角处箍筋要交叉锚固	
	箱形截面梁	当壁厚 $t \leq b/6$ 时,可在壁的外侧和内侧配置横向钢筋和纵筋[图(j)]。注意:壁内侧箍筋在角部要有足够的锚固;当承受的扭矩很大时,宜采用 45° 和 135° 的斜钢筋。当壁厚 $t > b/6$ 时,壁内侧钢筋不再承受扭矩,可仅按受剪配置内侧箍筋[图(k)、(l)]	

序号	项目	构造说明	示意图
3	边梁与楼面梁接头处的配筋	楼面梁支承在框架边梁上，楼面梁支承点的弯曲转动，使边梁受扭。楼面梁和边梁的连接构造非常重要，与连续梁不同，这里没有支座反力产生的垂直压应力帮助抵抗推力；同时边梁跨中受正弯矩，它的侧向拉应力进一步削弱了接头。因此，除在边梁的接头配置足够的附加箍筋 a，将楼面梁的反力全部传到边梁的受压区外，同时在接头区还必须加密配置楼面梁的箍筋 b，以抵抗斜裂缝间混凝土斜压杆施加在纵筋上的压力	

 任务实训

任务 1　钢筋混凝土梁中受扭钢筋设置

实训目的：通过扭转脆性材料（如粉笔）、塑性材料（如钢丝）试验，观察破坏截面，理解钢筋混凝土梁中受扭箍筋、受扭纵筋布置的要求。

实训内容与要求：认识受扭箍筋、受扭纵筋作用。

任务 2　描述剪扭构件承载力计算公式

实训目的：通过描述剪扭构件承载力计算公式演变来源，掌握其应用。

实训内容与要求：学会应用剪扭构件承载力计算公式。

 能力提升

一、填空题

1. 如果抗扭纵筋和抗扭箍筋的配筋强度（配筋量及钢筋强度值）的比例失调，破坏时会发生一种钢筋达到屈服而另一种没有达到的情况，这种破坏形态称为_____。

2. 在实际工程中，一般是采用由_____和_____共同组成的抗扭钢筋骨架。

二、简答题

1. 混凝土结构受到的扭转有哪几种？

2. 矩形截面钢筋混凝土纯扭构件的破坏形态有哪些形式？各有什么特点？

3. 在弯矩、剪力和扭矩共同作用下的矩形截面构件，如何进行承载力计算？

4. 简述受扭构件纵筋的构造要求。

三、计算题

1. 一钢筋混凝土矩形截面纯扭构件，承受的扭矩设计值 $T = 20$ kN·m。截面尺寸 $b\times$

$h = 250 \text{ mm} \times 500 \text{ mm}$,混凝土强度等级为 C30,纵筋采用 HRB400 级钢筋,箍筋采用 HPB300 级钢筋,一类环境。求此构件所需配置的受扭纵筋和箍筋。

2. 已知矩形截面构件,$b \times h = 250 \text{ mm} \times 500 \text{ mm}$,承受扭矩设计值 $T = 12 \text{ kN} \cdot \text{m}$,剪力设计值 $V = 100 \text{ kN}$,采用强度等级为 C20 的混凝土和 HPB300 级钢筋,一类环境。试计算其配筋。

3. 某钢筋混凝土矩形截面悬挑梁,截面尺寸为 $240 \text{ mm} \times 240 \text{ mm}$,混凝土强度等级为 C25,箍筋为 HRB400 级钢筋,纵筋为 HRB400 级钢筋。承受弯矩、剪力、扭矩设计值分别为 $M = 25 \text{ kN} \cdot \text{m}$,$V = 40 \text{ kN}$,$T = 6 \text{ kN} \cdot \text{m}$,环境类别为一类。试计算该梁的配筋数量。

项目五　受压构件承载力计算

知识目标

1. 了解受压构件的概念和分类；熟悉受压构件的构造要求。
2. 掌握轴心受压构件承载力的计算方法；掌握偏心受压构件承载力的计算方法。

素养目标

1. 具有查阅及整理资料，分析问题、解决问题的能力。
2. 具有良好的团队合作、沟通交流能力，具有吃苦耐劳精神。

钢筋混凝土柱作为建筑结构的主要受力构件，其设计过程不是一个大师个人的成果，更非是某个专业的成就，其往往是一个团队数百人、几十个专业共同打造的作品，数千张的图纸是优秀设计作品的基石。作为一名学生要学习这种团队合作精神，互相帮助，为了共同的目标，坚持奋斗到底。如果说个人能力是推动团队发展的纵向动能，团队精神则是横向动能。每个民族要发展、要强盛，必须要有民族精神作支撑。同样，每个班级要形成良好班风和成为好的班集体，也必须有团队精神作支撑。

项目导入

1. 工程概况

某公司职工宿舍楼，该工程为四层三跨框架建筑物，长为 60 m，宽为 27.5 m，高为 16.5 m（底层高为 4.5 m，其余各层为 4.0 m），建筑面积为 6 600 m²（图 5-1）。该工程最初按一层作为食堂使用考虑建造，使用 8 个月后在原一层食堂上加建三层宿舍。两次建设均严重违反建设程序，无报建、无招投标、无证设计、无勘察、无证施工、无质检。此楼投入使用经过雨季后，西排柱下沉 130 mm，西北墙也下沉，墙体开裂，窗户变形。底层地面出现裂缝，且多在柱子周围。建设单位请包工头看后认为没问题，未作任何处理，造成裂缝急剧发展，最终导致该楼整体倒塌。

2. 原因分析

（1）实际基础底面土压力为天然地基承载力设计值的 2.3～3.6 倍，造成土体剪切破坏。柱基沉降差大大超过地基变形的允许值。因而，在倒塌前已造成建筑物严重倾斜、柱列沉降量过大、沉降速率过快、墙体构件开裂、地面柱子周围出现裂缝等现象。在此情况下单独柱基受力状态变得十分复杂，一部分柱基受力必然加大，而基础底板厚度又过小，造成柱下基础底板锥型冲切破坏，柱子沉入地基土层 400 mm 之多，这是一般框架结构事故中罕见的现象。

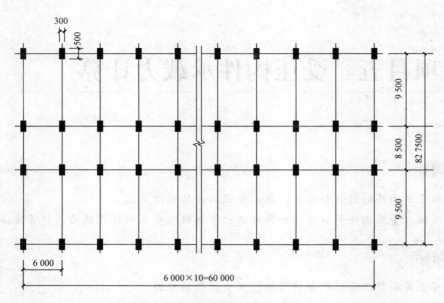

图 5-1　某宿舍楼柱网平面

（2）上部结构配筋过少。底层中柱纵、横向实际配筋只达到估算需要量的 21.9％和 13.1％；底层边柱只达到估算需要量的 32.3％和 20.4％；一、二、三层梁的边支座和中间支座处实际配筋也只有估算需要量的 20.8％和 58.9％。

任务一　受压构件概述

◎ **任务目标**

根据工程实际情况能进行钢筋混凝土轴心受压构件、偏心受压构件构造设计。

一、受压构件的概念和分类

以承受轴向压力为主的构件称为受压构件。受压构件按纵向压力作用线与构件截面形心是否重合，可分为轴心受压构件和偏心受压构件。当纵向压力作用线与构件截面形心重合时为轴心受压构件[图 5-2(a)]；当纵向压力作用线与构件截面形心不重合时为偏心受压构件。偏心受压构件又可分为单向偏心受压构件[图 5-2(b)]和双向偏心受压构件[图 5-2(c)]。

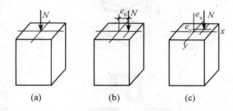

图 5-2　轴心受压与偏心受压构件
(a)轴心受压；(b)单向偏心受压；(c)双向偏心受压

◇**特别提醒**　在实际工程中，由于构件制作、运输、安装等原因，真正的轴心受压构件是不存在的，但为了计算方便，偏心不大时可以简化为轴心受压构件。

二、钢筋混凝土轴心受压构件的构造要求

配有普通箍筋的轴心受压构件，其构造要求应符合下列规定：

(1)截面形式和尺寸要求。轴心受压构件的截面以方形为主，根据需要也可采用矩形、圆形截面或正多边形截面。柱截面尺寸主要根据内力的大小、构件长度及构造要求等条件确定。现浇钢筋混凝土柱的截面尺寸不宜小于 250 mm×250 mm。另外，柱截面尺寸宜符合模数，800 mm 及以下的取 50 mm 的倍数，800 mm 以上的可取 100 mm 的倍数。对于 I 形截面，翼缘厚度不宜小于 120 mm，腹板厚度不宜小于 100 mm。长细比宜控制在 $l_0/b \leqslant 30$ 或 $l_0/d \leqslant 25$(b 为矩形截面短边，d 为圆形截面直径)之内。

(2)材料强度要求。为充分发挥混凝土材料的抗压性能，减小构件的截面尺寸，节约钢筋，宜采用强度等级较高的混凝土。一般采用强度等级为 C25、C30、C35、C40 的混凝土，必要时可以采用强度等级更高的混凝土。钢筋与混凝土共同受压时，由于受到混凝土最大压应变的限制，高强度的钢筋不能充分发挥其作用，因此不宜采用高强度钢筋作为受压钢

筋。同时，也不得用冷拉钢筋作受压钢筋。一般采用 HRB400 级和 RRB400 级钢筋。箍筋一般采用 HPB300 级钢筋，也可采用 HRB400 级钢筋。

（3）纵筋配置要求。柱中纵向钢筋的配置应符合下列规定：

1）纵向受力钢筋直径不宜小于 12 mm；全部纵向受压钢筋的配筋率不宜大于 5%。

2）柱中纵向钢筋的净间距不应小于 50 mm，且不宜大于 300 mm。

3）偏心受压柱的截面高度不小于 600 mm 时，在柱的侧面上应设置直径不小于 10 mm 的纵向构造钢筋，并相应设置复合箍筋或拉筋，如图 5-3 所示。

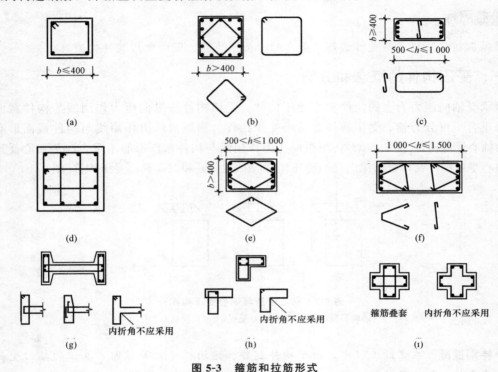

图 5-3 箍筋和拉筋形式

4）圆柱中纵向钢筋不宜少于 8 根，不应少于 6 根，且宜沿周边均匀布置。

（4）箍筋配置要求。

1）箍筋采用热轧钢筋时，其直径不应小于 $d/4$（d 为纵向钢筋的最大直径），且不应小于 6 mm。

2）箍筋间距不应大于 400 mm 及构件截面的短边尺寸，且不应大于 $15d$（d 为纵向钢筋的最小直径）。

3）柱及其他受压构件中的周边箍筋应做成封闭式；对圆柱中的箍筋，搭接长度不应小于《设计规范》第 8.3.1 条规定的锚固长度，且末端应做成 135° 弯钩，弯钩末端平直段长度不应小于 $5d$（d 为箍筋直径）。

4）当柱每边的纵向受力钢筋不多于 3 根（或当柱截面短边尺寸 $b \leq 400$ mm 而纵向钢筋不多于 4 根）时，可采用单个箍筋；否则，应设置复合箍筋。

5）柱中全部纵向受力钢筋的配筋率大于 3% 时，箍筋直径不应小于 8 mm，间距不应大于 $10d$，且不应大于 200 mm。箍筋末端应做成 135° 弯钩，且弯钩末端平直段长度不应小于 $10d$（d 为纵向受力钢筋的最小直径）。

6)在配有螺旋式或焊接环式箍筋的柱中，如在正截面受压承载力计算中考虑间接钢筋的作用时，箍筋间距不应大于 80 mm 及 $d_{cor}/5$（d_{cor} 为按箍筋内表面确定的核心截面直径），且不宜小于 40 mm。

配有螺旋箍筋的轴心受压构件，其构造要求应符合下列规定：

(1)在计算中考虑间接钢筋的作用时，其螺距（或环形箍筋间距）不应大于 80 mm 及 $d_{cor}/5$，同时也不应小于 40 mm。

(2)螺旋箍筋柱的截面常做成圆形或正多边形（如正八边形），纵向钢筋不宜少于 8 根，不应少于 6 根，沿截面周边均匀布置。

💡 知识窗

　　按照箍筋配置方式不同，钢筋混凝土轴心受压柱可分为两种：一种是配置纵向钢筋和普通箍筋的柱，称为普通箍筋柱；另一种是配置纵向钢筋和螺旋筋或焊接环筋的柱，称为螺旋箍筋柱或间接箍筋柱，如图5-4所示。

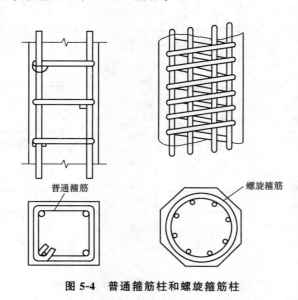

普通箍筋　　　　螺旋箍筋

图5-4　普通箍筋柱和螺旋箍筋柱

三、钢筋混凝土偏心受压构件的构造要求

(一)截面形式

现浇柱以矩形截面为主，其截面宽度不宜小于 250 mm（考虑抗震设计的框架柱，其截面宽度和高度均不宜小于 300 mm）；装配式柱当截面尺寸较大时，也常采用 I 形截面或双肢截面。I 形截面的翼缘厚度不宜小于 120 mm，腹板厚度不宜小于 100 mm。

为避免构件长细比太大而过多降低构件承载力，一般取 $l_0/h \leq 25$ 及 $l_0/b \leq 30$（l_0 为柱的计算长度，h 和 b 分别为截面的高度和宽度）。

(二)纵向受力钢筋

1. 钢筋的种类、直径和间距

纵向受力钢筋通常采用 HRB400 级、HRB500 级、HRBF400 级和 HRBF500 级热轧钢筋。强度太高的钢筋由于在构件破坏时得不到充分利用而不宜采用。

对纵向受力钢筋的要求与轴心受压构件的相同,即直径不宜小于 12 mm,并宜优先选择直径较大的受力钢筋;钢筋净间距不应小于 50 mm。在偏心受压柱中,垂直于弯矩作用平面的纵向受力钢筋,其中距也不应大于 300 mm。对水平浇筑的预制柱,纵向受力钢筋的间距可按梁的规定采用。

2. 纵向钢筋的设置位置

纵向受力钢筋按计算要求设置在弯矩作用方向的两对边;当截面高度 $h\geqslant600$ mm 时,还应在柱的侧面设置直径为 10~16 mm 的纵向构造钢筋并相应设置复合箍筋或拉筋,如图 5-5 所示。

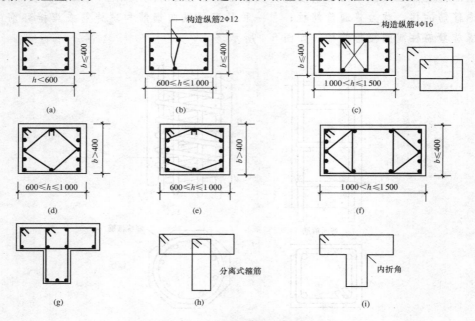

图 5-5 偏心受压柱的箍筋和附加箍筋

(a)~(g)常用的偏心受压矩形截面柱的箍筋构造;(h)分离式封闭箍筋;(i)内折角式箍筋

3. 纵向受力钢筋的配筋率

(1)最小配筋率。偏心受压构件的一侧纵向钢筋和全部纵向钢筋的配筋率均应按构件的全截面面积计算。一侧纵向钢筋的最小配筋率为 0.20%;全部纵向钢筋最小配筋率,对强度等级为 300 MPa 的钢筋为 0.60%,详细情况见表 3-7。

(2)全部纵向受力钢筋的最大配筋率。全部纵向受力钢筋的配筋率不宜大于 5%。一般情况下不宜超过 3%,当超过 3% 时,箍筋直径应不小于 8 mm,其末端应做成 135° 弯钩且弯钩末端平直段不应小于箍筋直径的 10 倍,箍筋也可焊成封闭式;箍筋间距不大于 200 mm 和 $10d$(d 为纵向受力钢筋最小直径),以保证高配筋柱的纵向钢筋抗压强度的充分发挥,防止纵向钢筋压屈。

(三）箍筋

偏心受压柱中的箍筋应采用封闭式箍筋，其构造要求与轴心受压柱的相同：采用热轧钢筋时的箍筋直径不应小于 6 mm 且不应小于 $d/4$（d 为纵向钢筋的最大直径）；箍筋的间距不应大于 400 mm，且不应大于构件截面短边尺寸，同时不大于 $15d$（d 为纵向钢筋的最小直径）。

常用的偏心受压矩形截面柱的箍筋构造如图 5-5（a）～（g）所示。当构件截面有缺角时，不得采用内折角式的箍筋［图 5-5（i）］，以免造成折角处混凝土崩裂，而应采用图 5-5（h）所示的分离式封闭箍筋。当柱截面短边尺寸大于 400 mm 且各边纵向钢筋多于 3 根时，或当柱截面短边尺寸不大于 400 mm 但各边纵向钢筋多于 4 根时，应设置复合箍筋。

(四）混凝土

1. 混凝土强度等级的选用

偏心受压构件的混凝土强度等级不应低于 C20，一般设计中常用 C30～C50，并宜优先选择较高的混凝土强度等级。

2. 混凝土保护层厚度

偏心受压构件的混凝土保护层厚度与结构所处的环境类别和设计使用年限有关。表 3-3 给出了设计使用年限为 50 年的钢筋混凝土构件最外层钢筋的保护层厚度的取值，设计使用年限为 100 年的混凝土结构保护层厚度不应小于表 3-3 数值的 1.4 倍。同时，构件中受力钢筋的保护层厚度不应小于钢筋直径 d。

💡 知识窗

在普通箍筋柱中，箍筋是构造钢筋。柱破坏时，混凝土处于单向受压状态。而螺旋箍筋柱中的箍筋既是构造钢筋又是受力钢筋。由于螺旋筋或焊接环筋的套箍作用可约束核心混凝土（螺旋筋或焊接环筋所包围的混凝土）的横向变形，使核心混凝土处于三向受压状态，从而间接提高了混凝土的纵向抗压强度。当混凝土纵向压缩产生横向膨胀时，将受到密排螺旋筋或焊接环筋的约束，在箍筋中产生拉力而在混凝土中产生侧向压力。当构件的压应变超过无约束混凝土的极限应变后，箍筋外面的混凝土保护层开始崩裂剥落，混凝土的截面面积减小，轴力略有下降。但核心部分混凝土受到螺旋箍筋的约束，仍能继续受压，直至箍筋屈服。显然，混凝土抗压强度的提高程度与箍筋的约束力的大小有关。为了使箍筋对混凝土有足够大的约束力，箍筋应为圆形，当为圆环时应焊接。由于螺旋筋或焊接环筋间接地起到了纵向受压钢筋的作用，故又称之为间接钢筋。需要说明的是，螺旋箍筋柱虽可提高构件承载力，但施工复杂，用钢量较多，一般仅用于轴力很大，截面尺寸又受限制，采用普通箍筋柱会使纵向钢筋配筋率过高，而混凝土强度等级又不宜再提高的情况。

螺旋箍筋柱的截面形状一般为圆形或正八边形。箍筋为螺旋环或焊接圆环，间距不应大于 80 mm 及 $d_{cor}/5$，且不宜小于 40 mm，d_{cor} 为按箍筋内表面确定的核心截面直径。间接钢筋的直径应符合柱中箍筋直径的规定。

任务二 轴心受压构件承载力计算

任务目标

能进行轴向受压构件承载力计算。

一、配置普通箍筋的轴心受压构件承载力计算

配置普通箍筋的轴心受压构件如图 5-6 所示。其正截面承载力计算公式为

$$N \leqslant 0.9\varphi(f_c A + f_y' A_s') \qquad (5\text{-}1)$$

式中　N——轴向压力设计值（包含重要性系数 γ_0 在内）；

　　　φ——钢筋混凝土构件的稳定系数，见表 5-1；

　　　A——构件截面面积；

　　　A_s'——全部纵向受压钢筋的截面面积；

　　　f_c——混凝土轴心抗压强度设计值，按《设计规范》相关规定采用；

　　　f_y'——普通钢筋抗压强度设计值，按《设计规范》相关规定采用。

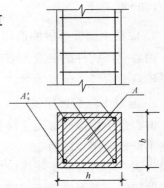

图 5-6　普通箍筋轴心受压构件

表 5-1　钢筋混凝土轴心受压构件的稳定系数 φ

l_0/b	$\leqslant 8$	10	12	14	16	18	20	22	24	26	28
l_0/d	$\leqslant 7$	8.5	10.5	12	14	15.5	17	19	21	22.5	24
l_0/i	$\leqslant 28$	35	42	48	55	62	69	76	83	90	97
φ	1.00	0.98	0.95	0.92	0.87	0.81	0.75	0.70	0.65	0.60	0.56
l_0/b	30	32	34	36	38	40	42	44	46	48	50
l_0/d	26	28	29.5	31	33	34.5	36.5	38	40	41.5	43
l_0/i	104	111	118	125	132	139	146	153	160	167	174
φ	0.52	0.48	0.44	0.40	0.36	0.32	0.29	0.26	0.23	0.21	0.19

注：表中 l_0 为构件的计算长度；b 为矩形截面的短边尺寸；d 为圆形截面的直径；i 为截面的最小回转半径。

（1）截面设计。已知轴心压力设计值（N），材料强度设计值（f_c、f_y'），构件的计算长度 l_0，求构件截面面积（A 或 bh）及纵向受压钢筋面积（A_s'）。

由式（5-1）可知，仅有一个公式，需求解三个未知量（φ、A、A_s'），无确定解，故必须增加或假设一些已知条件。一般可以先选定一个合适的配筋率 ρ'（即 A_s'/A），通常可取 ρ' 为 1.0%～1.5%，再假定 $\varphi=0.1$，然后代入式（5-1）求解 A。根据 A 来选定实际的构件截面尺寸（bh）。由长细比 l_0/b 查表 5-1 确定 φ，再代入式（5-1）求实际的 A_s'。当然，最后还应检查是否满足最小配筋率要求。

（2）截面复核。截面复核比较简单，只需将有关数据代入式（5-1），如果式（5-1）成立，则满足承载力要求。

二、配置螺旋式或焊接环式间接钢筋的轴心受压构件承载力计算

一般采用有螺旋式筋或焊接环式筋的构件以提高柱子的承载力（图5-7），其承载能力极限状态设计表达式为

$$N \leqslant 0.9(f_c A_{cor} + f'_y A'_s + 2\alpha f_{yv} A_{ss0}) \qquad (5-2)$$

$$A_{ss0} = \frac{\pi d_{cor} A_{ss1}}{s} \qquad (5-3)$$

式中　f_{yv}——间接钢筋的抗拉强度设计值；

　　　A_{cor}——构件的核心截面面积，取间接钢筋内表面范围内的混凝土截面面积；

　　　A_{ss0}——螺旋式或焊接环式间接钢筋的换算截面面积；

　　　d_{cor}——构件的核心截面直径，取间接钢筋内表面之间的距离；

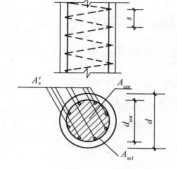

　　　A_{ss1}——螺旋式或焊接环式单根间接钢筋的截面面积；

图5-7　螺旋式筋轴心受压构件

　　　s——间接钢筋沿构件轴线方向的间距；

　　　α——间接钢筋对混凝土约束的折减系数，当混凝土强度等级不超过C50时，取1.0；当为C80时，取0.85；其间值按线性内插法确定。

（1）按式（5-2）算得的构件受压承载力设计值不应大于按式（5-1）算得的构件受压承载力设计值的1.5倍。

（2）当遇到下列任意一种情况时，不应计入间接钢筋的影响，而应按《设计规范》第6.2.15条的规定进行计算：

1）当 $l_0/d > 12$ 时；

2）当按式（5-2）算得的受压承载力小于按式（5-1）算得的受压承载力时；

3）当间接钢筋的换算截面面积 A_{ss0} 小于纵向钢筋的全部截面面积的25%时。

【例5-1】　某展示厅内一根钢筋混凝土柱，按建筑设计要求截面为圆形，直径不大于500 mm。该柱承受的轴心压力设计值 $N = 4\ 600$ kN，柱的计算长度 $l_0 = 5.25$ m，混凝土强度等级为C25，纵筋用HRB400级钢筋，箍筋用HPB300级钢筋。试进行该柱的设计。

【解】　（1）按普通箍筋柱设计。

由 $l_0/d = 5\ 250/500 = 10.5$，查表5-1得 $\varphi = 0.95$，得

$$A'_s = \frac{1}{f'_y}\left(\frac{N}{0.9\varphi} - f_c A\right) = \frac{1}{360} \times \left(\frac{4\ 600 \times 10^3}{0.9 \times 0.95} - 11.9 \times \frac{\pi \times 500^2}{4}\right) = 14\ 879\,(\text{mm}^2)$$

$$\rho' = \frac{A'_s}{A} = \frac{14\ 879}{\dfrac{\pi \times 500^2}{4}} = 0.075\ 8 = 7.58\%$$

由于配筋率太大，且长细比又满足 $l_0/d < 12$ 的要求，故考虑按螺旋箍筋柱设计。

（2）按螺旋箍筋柱设计。

假定纵筋配筋率 $\rho' = 3\%$，则 $A'_s = 0.03 \times \dfrac{\pi}{4} \times 500^2 = 5\ 888\,(\text{mm}^2)$，选12⌀25，$A'_s = 5\ 880\ \text{mm}^2$。取混凝土保护层为30 mm，则 $d_{cor} = 500 - 30 \times 2 = 440\,(\text{mm})$，$A_{cor} = \dfrac{\pi d_{cor}^2}{4} =$

$$\frac{\pi \times 440^2}{4} = 151\ 976\ (\text{mm}^2)。$$

混凝土 C25 < C50，$\alpha = 1.0$。得

$$A_{ss0} = \frac{\dfrac{N}{0.9} - (f_c A_{cor} + f'_y A'_s)}{2\alpha f_{yv}} = \frac{\dfrac{4\ 600 \times 10^3}{0.9} - (11.9 \times 151\ 976 + 360 \times 5\ 880)}{2 \times 1.0 \times 270}$$

$$= 2\ 195.92\ (\text{mm}^2) > 0.25 A'_s = 1\ 470\ \text{mm}^2\ (可以)$$

假定螺旋箍筋直径 $d = 10\ \text{mm}$，则 $A_{ss1} = 78.5\ \text{mm}^2$，即

$$s = \frac{\pi d_{cor} A_{ss1}}{A_{ss0}} = \frac{3.14 \times 440 \times 78.5}{2\ 849.3} = 38\ (\text{mm})$$

实取螺旋箍筋为 φ10@35。

普通箍筋柱的承载力为

$$N_u = 0.9\varphi(f_c A + f'_y A'_s) = 0.9 \times 0.95 \times \left(11.9 \times \frac{\pi \times 500^2}{4} + 360 \times 5\ 880\right)$$

$$= 1\ 829 \times 10^3\ (\text{N})$$

$1.5 N_u = 1.5 \times 1\ 829 = 2711\ (\text{kN}) < 4\ 600\ \text{kN}$，不可以。

任务三　偏心受压构件承载力计算

◎ 任务目标

能进行偏心受压构件承载力计算。

一、偏心受压构件的受力性能

(一)试验研究分析

偏心受压构件的正截面受力性能可视为轴心受压构件($M=0$)和受弯构件($N=0$)的中间状态；或者说轴心受压构件和受弯构件是偏心受压构件(同时承受 M 和 N)的两个极端情况。

试验表明，偏心受压构件的最终破坏都是由混凝土的压碎而造成的。但是，由于引起混凝土压碎的原因不同，其破坏特征也不同，据此可将偏心受压构件的破坏分为大偏心受压破坏和小偏心受压破坏两类。

1. 大偏心受压破坏(受拉破坏)

当偏心距较大且受拉钢筋配置不太多时发生大偏心受压破坏。此种情况的构件具有与适筋受弯构件类似的受力特点：在偏心压力的作用下，截面离压力较远一侧受拉，离压力较近的一侧受压，当压力 N 增加到一定程度时，会先在受拉区出现短的横向裂缝；随着荷载的增加，裂缝发展和加宽，裂缝截面处的拉力完全由钢筋承担。在更大的荷载作用下，

受拉钢筋首先达到屈服强度，并形成一条明显的主裂缝，随后主裂缝逐渐加宽并向受压一侧延伸，受压区高度缩小。最后，受压边缘混凝土达到极限压应变ε_{cu}，该处混凝土就会出现纵向裂缝，受压混凝土被压碎而导致构件破坏。破坏时，混凝土压碎区较短，受压钢筋一般都能屈服。其典型破坏情形及破坏阶段的应力、应变分布图形如图5-8所示。

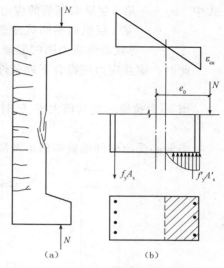

◇**特别提醒**　大偏心受压构件的破坏特征与适筋受弯构件的破坏特征完全相同：受拉钢筋首先达到屈服强度，然后是受压钢筋达到屈服强度（用热轧钢筋配筋时），最后由于受压区混凝土压碎而导致构件破坏。由于破坏是从受拉钢筋屈服开始的，故这种破坏也称为受拉破坏。

2. 小偏心受压破坏（受压破坏）

图 5-8　大偏心受压破坏形态

当荷载的偏心距较小，或者偏心距较大但离纵向较远一侧的钢筋配置过多时，构件将发生小偏心受压破坏。

发生小偏心受压破坏的截面应力状态有以下两种类型：

（1）第一种是当偏心距很小时，构件全截面受压——距轴向压力较近一侧的混凝土压应力较大，另一侧的压应力较小，构件的破坏由受压较大一侧的混凝土压碎而引起的，该侧的钢筋达到受压屈服强度，只要偏心距不是过小，另一侧的钢筋虽处于受压状态但不会屈服。

（2）第二种是当偏心距较小或偏心距较大但受拉钢筋配置过多时，截面处于大部分受压而小部分受拉的状态。随着荷载的增加，受拉区虽有裂缝发生但开展较为缓慢；构件的破坏也是由受压区混凝土的压碎而引起的，而且压碎区域较大；破坏时，受压区一侧的纵向钢筋一般能达到屈服强度，但受拉钢筋不会屈服。这种破坏与受弯构件的"超筋破坏"有相似之处。

◇**特别提醒**　上述两种小偏心受压破坏的共同特点：破坏都是由受压区混凝土压碎引起的，离纵向力较近一侧的钢筋受压屈服，而另一侧的钢筋无论是受压还是受拉，均达不到屈服强度，破坏无明显预兆。混凝土强度越高，破坏越突然。由于破坏是从受压区开始的，故这种破坏也称为受压破坏。

小偏心受压构件中离纵向力较远一侧钢筋在构件破坏时的应力σ_s，可以根据应变保持平面的截面假定求得。《设计规范》为了简化计算起见，允许采用下列近似公式进行计算：

$$\sigma_s = \left(\frac{\xi - \beta_1}{\xi_b - \beta_1} \right) f_y \tag{5-4a}$$

式中　β_1——同受弯构件，当混凝土强度等级不超过 C50 时，取 0.8；当为 C80 时，取 0.74，其间按线性内插法确定。

当该侧钢筋不止一层时，则有：

$$\sigma_{si} = \frac{f_y}{\xi_b - \beta_1} \left(\frac{x}{h_{0i}} - \beta_1 \right) \tag{5-4b}$$

式中　σ_{si}——第 i 层纵向钢筋的应力，正值代表拉应力、负值代表压应力；

　　　h_{0i}——第 i 层纵向钢筋截面重心至截面受压边缘距离；

　　　x——等效矩形应力图的混凝土受压区高度，同受弯构件。

此时，钢筋应力应符合下列条件：

$$-f'_y \leqslant \sigma_s \leqslant f_y \tag{5-5}$$

当 σ_s 为拉应力且其值大于 f_y 时，取 $\sigma_s = f_y$；当 σ_s 为压应力且其绝对值大于 f'_y 时，取 $\sigma_s = -f'_y$。

小偏心受压构件的破坏情形及破坏时的截面应力、应变状态如图 5-9 所示。

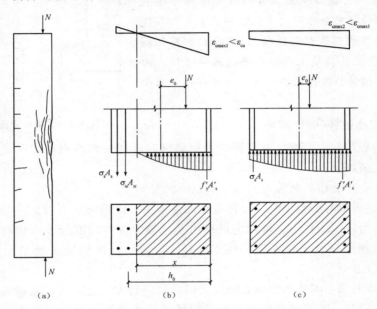

图 5-9　小偏心受压破坏形态

(二)界限破坏及大、小偏心受压的分界

1. 界限破坏

在大偏心受压破坏和小偏心受压破坏之间，在理论上存在一种"界限破坏"状态：当受拉钢筋屈服的同时，受压区边缘混凝土应变达到极限压应变值，混凝土被压碎。这种特殊状态可作为区分大、小偏心受压的界限。

大、小偏心受压之间的根本区别是，截面破坏时受拉钢筋是否屈服，亦即受拉钢筋的应变是否超过屈服应变值 $\varepsilon_y(\varepsilon_y = f_y/E_s)$。

在大偏心受压破坏时，其受压边缘的混凝土极限压应变值 ε_{cu} 与受弯构件基本相同，可取相同数值。因此，偏心受压破坏的截面应变分布可能出现图 5-10 中 ab、ac 等情形。

随着偏心距的减小或受拉钢筋的增加，构件破坏时的钢筋最大拉应变将逐渐减小。在界限破坏状态时，当受拉钢筋达到屈服应变 ε_y 的同时，受压边缘混凝土也刚好达到极限压应变 ε_{cu}，如图 5-10 中 ad 情形。当继续减小偏心距或增加受拉钢筋，则受拉钢筋的应变将小于 ε_y，甚至受压，即转入小偏心受压状态，其应变如图 5-10 所示 ae、af、$a'g$ 等情形。显然，$a''h$ 表示轴心受压状态。

2. 大、小偏心受压的分界

如用 x'_{b0} 表示界限受压区高度，则由图 5-10 可得：

$$x'_{b0}/h_0 = \varepsilon_{cu}/(\varepsilon_{cu} + \varepsilon_y)$$

由于大偏心受压和适筋梁受弯的破坏特征相同，且 ε_{cu} 的取值也与受弯构件的一致。因此，破坏时其正截面应力的理论分布与受弯构件完全一致，并可用简化的矩形应力分布图代替（图 5-11）。矩形应力图的换算受压区高度 x 等于理论受压区高度 x_0 的 β_1 倍，即 $x = \beta_1 x_0$，而矩形应力分布图中的应力即为 $\alpha_1 f_c$。因此，在大、小偏心受压的界限状态下，截面相对界限受压区高度 ξ_b 具有与受弯构件的 ξ_b 完全相同的值。

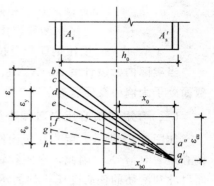

图 5-10　截面应变

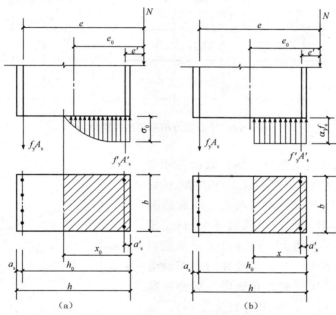

图 5-11　大偏心受压的正截面应力图
(a)理论应力分布图；(b)等效矩形应力分布图

(1)当 $\xi(\xi = x/h_0) < \xi_b$ 时，截面属大偏心受压；

(2)当 $\xi > \xi_b$ 时，截面属小偏心受压；

(3)当 $\xi = \xi_b$ 时，截面处于界限状态。

3. 界限破坏荷载 N_b

在界限状态下，偏心受压截面的应力和应变都是已知的，因此，可以方便地计算出界限破坏荷载 N_b。以矩形截面为例，由图 5-11(b)可得：

$$N_b = \alpha_1 f_c b h_0 \xi_b + f'_y A'_s - f_y A_s \tag{5-6}$$

式中　ξ_b——界限相对受压区高度，$\xi_b = x_b/h_0$；

　　　f_c——混凝土轴心抗压强度设计值；

　　　α_1——系数，同受弯构件；

b，h_0——矩形截面宽度和截面有效高度；

f'_y，f_y——受压钢筋和受拉钢筋的强度设计值；

A'_s，A_s——受压钢筋和受拉钢筋的面积。

当实际内力设计值 $N > N_b$ 时，截面处于小偏心受压状态；当 $N < N_b$ 且偏心距较大时，截面处于大偏心受压状态。

（三）弯矩和轴心压力对偏心受压构件正截面承载力的影响

如图 5-12 所示，偏心受压构件实际上是弯矩 M 和轴心压力 N 共同作用的构件。荷载偏心距 $e_0 = M/N$。因此，弯矩和轴心压力的不同组合会使偏心距不同，将对给定材料、截面尺寸和配筋的偏心受压构件的承载力产生不同的影响。也就是说，在到达承载力极限状态时，截面承受的轴力 N 与弯矩 M 具有相关性，构件可以在不同 N 和 M 的组合下到达承载力极限状态。

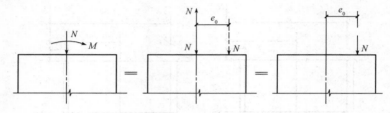

图 5-12　轴心压力和弯矩的共同作用

图 5-13 是一组混凝土强度等级、截面尺寸及配筋都相同的试件仅当偏心距变化时的 N-M 承载力试验相关曲线。随着偏心距的增大，截面的破坏形态由"受压破坏"转化为"受拉破坏"。在受压破坏时，随着偏心距的增大，构件的受压承载力减小而受弯承载力增大；在受拉破坏时，随着偏心距的增大，构件受压承载力和受弯承载力都减小（只受弯曲时，$e_0 = \infty$，极限弯矩为最小）。总之，无论是大偏心受压还是小偏心受压，偏心距的增大都会使构件的受压承载力减小，这种现象也可从"受拉破坏"和"受压破坏"的原因来说明。在受拉破坏时，首先是受拉钢筋屈服，然后是受压混凝土压碎，偏心距的增大使得弯矩增大，即

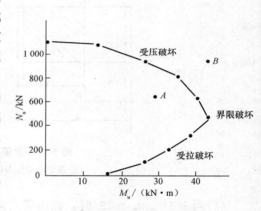

图 5-13　N-M 相关曲线

受拉钢筋的应力和受压混凝土的应力增大，因而使构件的受压和受弯承载力都降低。在"受压破坏"时，破坏原因是混凝土压碎，偏心距的增大使混凝土受到的压应力增大，从而混凝土压碎提早，因而，使构件的受压承载力降低，而离纵向力较远一侧的钢筋由于偏心距的增大而应力增大，能进一步发挥作用，因而使构件受弯承载力有所提高（该侧钢筋破坏时不屈服）。

由于相关曲线上的各点反映了构件处于承载力极限状态时的 M 和 N，故当 M、N 的实际组合（如 A 点）落在曲线以内时，表明构件不会进入承载力极限状态，承载力足够；反之，

当 M 和 N 的实际组合(如 B 点)落在曲线以外时，则表明构件将丧失承载力。

(四)附加偏心距

如上所述，偏心距的增大会使偏心受压构件的受压承载力降低。由于工程中实际存在着荷载作用位置的不定性、混凝土质量的不均匀性及施工的偏差等因素，这些都可能产生附加偏心距，则偏心受压构件的初始偏心距可表达为

$$e_i = e_0 + e_a \tag{5-7}$$

式中　　e_i——初始偏心距，取轴向压力设计值 N 至截面重心距离；

e_0——轴向压力对截面重心的偏心距，$e_0 = M/N$，当需要考虑二阶效应时，M 为按规定调整后确定的弯矩设计值；

e_a——附加偏心距，其值取 20 mm 和偏心方向截面最大尺寸的 1/30 两者中较大值，对于矩形截面，当 $h \leqslant 600$ mm 时，$e_a = 20$ mm；当 $h > 600$ mm 时，$e_a = h/30$。

(五)结构侧移和构件挠曲引起的附加内力

钢筋混凝土偏心受压构件中的轴向力在结构发生层间位移和挠曲变形时会引起附加内力，即二阶效应。 在有侧移的框架中，二阶效应主要是指竖向荷载在产生了侧移的框架中引起的附加内力，即通常称为 $P\text{-}\Delta$ 效应；在无侧移框架中，二阶效应是指轴向力在产生了挠曲变形的柱段中引起的附加内力，通常称为 $P\text{-}\delta$ 效应。《设计规范》对于构件侧移二阶效应($P\text{-}\Delta$ 效应)的考虑可采用有限元分析方法，也可采用《设计规范》附录 B 的近似计算。对于侧向挠曲引起的二阶效应($P\text{-}\delta$ 效应)则采用偏心距调节系数 C_m 和弯矩增大系数 η_{ns} 来考虑柱端附加弯矩($C_m\text{-}\eta_{ns}$ 法)。$P\text{-}\Delta$ 效应在结构设计的有关章节再讲述，本节主要说明 $P\text{-}\delta$ 效应的考虑方法。

无侧移钢筋混凝土柱在承受偏心受压荷载后，还会产生纵向弯曲变形，其侧向挠度为 a_f(图 5-14)。侧向挠度将引起附加弯矩 Na_f(也称二阶弯矩)。

当长细比较小时，偏心受压构件的纵向弯曲变形很小，附加弯矩的影响可以忽略。《设计规范》规定，弯矩作用平面内截面对称的偏心受压构件，当同一主轴方向的杆端弯矩比 M_1/M_2 不大于 0.9 且设计轴压比不大于 0.9 时，若构件的长细比满足式(5-8)的要求，则可不考虑轴向压力在该方向挠曲杆件中产生的附加弯矩影响；当不满足式(5-8)时，附加弯矩的影响不可忽略，需按截面的两个主轴方向分别考虑轴向压力在挠曲杆件中产生的附加弯矩的影响。

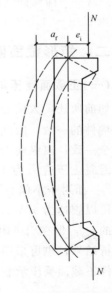

图 5-14　纵向弯曲变形

$$\frac{l_c}{i} \leqslant 34 - 12\frac{M_1}{M_2} \tag{5-8}$$

式中　　M_1，M_2——偏心受压构件两端截面按结构分析确定的对同一主轴的弯矩设计值，绝对值较大端为 M_2，绝对值较小端为 M_1，当构件按单曲率弯曲时，M_1/M_2 为正，否则为负；

l_c——构件的计算长度，可近似取偏心受压构件相应主轴方向两支撑点之间的距离；

i——偏心方向的截面回转半径。

实际工程中大多是长柱，即不满足式(5-8)的条件，在确定偏心受压构件的内力设计值时，需考虑构件的侧向挠曲引起的附加弯矩(二阶弯矩)的影响，《设计规范》将柱端的附加弯矩计算用偏心距调节系数和弯矩增大系数来表示，即偏心受压构件考虑轴向压力在挠曲杆件中产生二阶效应后控制截面的弯矩设计值，应按式(5-9)计算：

$$M = C_m \eta_{ns} M_2 \tag{5-9}$$

$$C_m = 0.7 + 0.3 \frac{M_1}{M_2} \tag{5-10}$$

$$\eta_{ns} = 1 + \frac{1}{1\,300(M_2/N + e_a)/h_0} \left(\frac{l_c}{h}\right)^2 \zeta_c \tag{5-11}$$

$$\zeta_c = \frac{0.5 f_c A}{N} \tag{5-12}$$

式中　C_m——构件端截面偏心距调节系数，当小于 0.7 时，取 0.7；

　　　η_{ns}——弯矩增大系数；

　　　N——与弯矩设计值 M_2 相应的轴向压力设计值；

　　　ζ_c——截面曲率修正系数，当计算值大于 1.0 时，取 1.0；

　　　h，h_0——截面高度和有效高度；

　　　A——构件截面面积。

当 $C_m \eta_{ns} < 1.0$ 时，取 $C_m \eta_{ns} = 1.0$；对剪力墙及核心筒墙，可取 $C_m \eta_{ns} = 1.0$。

二、矩形截面偏心受压构件正截面受压承载力计算

(一)正截面受压承载力计算的基本公式

如前所述，大偏心受压和适筋梁的受弯破坏特征相同，且受压边缘极限压应变 ε_{cu} 也与受弯构件的一致，因此，矩形截面大偏压正截面受压承载力公式中的截面应力状态与适筋梁完全一致；离纵向力较远一侧的钢筋受拉屈服，受拉钢筋合力为 $f_y A_s$；采用矩形压应力图的混凝土压应力为 $\alpha_1 f_c$，压应力合力为 $\alpha_1 f_c bx$，受压钢筋一般能受压屈服，其合力为 $f_y' A_s'$。而对于小偏心受压构件，其截面应力状态比较复杂，但离纵向力较远一侧的钢筋合力总可以表达为 $\sigma_s A_s$；而离纵向力较远一侧混凝土压碎，边缘压应变可能达不到大偏心受压时的 ε_{cu}，但在引进附加偏心距及截面曲率修正系数 ζ_c 和偏心距调整系数 C_m 后，根据试验分析结果，也可采用与大偏心受压相同的受压混凝土应力计算图形，故矩形截面偏心受压构件正截面受压承载力可由图 5-15 的计算图形及静力平衡条件得出：

$$N \leqslant \alpha_1 f_c bx + f_y' A_s' - \sigma_s A_s - (\sigma_{p0}' - f_{py}') A_p' - \sigma_p A_p \tag{5-13}$$

$$Ne \leqslant \alpha_1 f_c bx \left(h_0 - \frac{x}{2}\right) + f_y' A_s'(h_0 - a_s') - (\sigma_{p0}' - f_{py}') A_p'(h_0 - a_p') \tag{5-14}$$

式中　e——轴向力作用点至受拉钢筋之间的距离，按下式计算：

$$e = e_i + \frac{h}{2} - a \tag{5-15}$$

式中　e_i——初始偏心距，$e_i = e_0 + e_a$；

　　　a_s'——受压钢筋的合力点至截面受压边缘的距离；

　　　a——纵向受拉普通钢筋和受拉预应力筋的合力点至截面折边缘的距离；

α_1——系数，当混凝土强度等级≤C50时取1.0，当为C80时取0.94，其间按线性内插法确定。

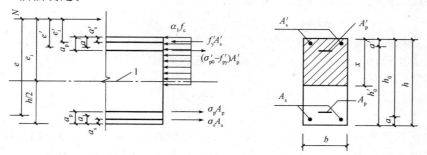

图 5-15　矩形截面偏心受压构件正截面受压承载力计算图形

将混凝土相对受压区高度 ξ（$\xi = x/h_0$）取代式(5-13)和式(5-14)中的 x，可得：

$$N \leqslant \xi\alpha_1 f_c b h_0 + f'_y A'_s - \sigma_s A_s \tag{5-16}$$

$$Ne \leqslant \xi(1 - 0.5\xi)\alpha_1 f_c b h_0^2 + f'_y A'_s(h_0 - a'_s) \tag{5-17}$$

受拉边或受压较小边钢筋 A_s 的应力 σ_s 按下列情况计算：当 $\xi \leqslant \xi_b$ 时，取 $\sigma_s = f_y$；当 $\xi > \xi_b$ 时，σ_s 按式(5-4)计算。

当大偏心受压计算中考虑受压钢筋时，则受压区高度应符合 $x \geqslant 2a'_s$ 的条件（或 $\xi \geqslant 2a'_s/h_0$），以保证构件破坏时受压钢筋达到屈服强度。当 $x < 2a'_s$ 时（或 $\xi < 2a'_s/h_0$），受压钢筋 A'_s 不屈服，其应力达不到 f_y。

（二）垂直于弯矩作用平面的受压承载力验算

当轴向压力设计值 N 较大且弯矩作用平面内的偏心距 e_i 较小时，若垂直于弯矩作用平面的长细比 l_0/b 较大或边长 b 较小，则有可能由垂直于弯矩作用平面的轴心受压承载力起控制作用。因此，《设计规范》规定，**偏心受压构件除应计算弯矩作用平面的受压承载力外，尚应按轴心受压构件验算垂直于弯矩作用平面的受压承载力；此时可不考虑弯矩的作用，但应考虑纵向弯曲影响（取稳定系数 φ）。**这种验算，无论在进行截面设计和承载力校核时都应进行。在一般情况下，小偏心受压构件需要进行此项验算；对于对称配筋的大偏心受压构件，当 $l_0/b \leqslant 24$ 时，可不进行此项验算。

（三）矩形截面对称配筋计算

对称配筋是实际结构工程中偏心受压柱的最常用配筋形式。例如，单层厂房排架柱、多层框架柱等偏心受压柱，由于其控制截面在不同的荷载组合下可能承受变号弯矩的作用，为便于设计和施工，这些构件常采用对称配筋。又如，为保证吊装时不出现差错，装配式柱一般也采用对称配筋。

所谓对称配筋，是指 $A_s = A'_s$，$a_s = a'_s$，并且采用同一种规格的钢筋。对于常用的HPB300 级、HRB400 级钢筋，由于 $f_y = f'_y$，因此在大偏心受压时，一般有 $f_y A_s = f'_y A'_s$（当 $2a'_s/h_0 \leqslant \xi \leqslant \xi_b$ 时）；对于小偏心受压，由于 A_s 不屈服，情况稍为复杂一些。

由于对称配筋是非对称配筋的特殊情形，因此偏心受压构件的基本公式(5-16)和式(5-17)仍可应用。而由于对称配筋的特点，这些公式均可以简化。

对称配筋计算包括截面选择和承载力校核两个方面的内容。

1. 截面选择

在对称配筋情况下，由界限破坏荷载的计算公式(5-6)可得：

$$N_b = \xi_b \alpha_1 f_c b h_0 \tag{5-18}$$

因此，当轴向压力设计值 $N > N_b$ 时，截面为小偏心受压；当 $N \leqslant N_b$ 时，截面为大偏心受压。这也表示在大偏心受压时的对称配筋矩形截面在式(5-16)中取用 $\sigma_s A_s = f'_y A'_s$ 后，可得：

$$\xi = \frac{N}{\alpha_1 f_c b h_0} \leqslant \xi_b \tag{5-19}$$

故对称配筋下的偏心受压构件，可用式(5-18)中的 N_b 或式(5-19)中的 ξ 直接判断大、小偏心受压的类型，而不必用经验判别式 $e_i > 0.3 h_0$ 或 $e_i \leqslant 0.3 h_0$ 进行判断。

在实际设计中，构件截面尺寸的选择往往取决于构件的刚度，因此，有可能出现截面尺寸很大而荷载相对较小及偏心距也小的情形。这时按式(5-18)得出大偏心受压的结论，但又会有 $e_i \leqslant 0.3 h_0$ 的情况存在。实际上，这种情况虽因偏心距较小而在概念上属于小偏心受压，但是无论按大偏心受压计算还是按小偏心受压计算，这种情况都接近按构造配筋。因此，只要是对称配筋，就可以用 $N \leqslant N_b$ 或 $\xi \leqslant \xi_b$ 作为判断偏心受压类型的唯一依据，这样，也可使上述情况的计算得到简化。

(1)大偏心受压。由式(5-19)和式(5-17)并考虑 $\xi < 2 a'_s / h_0$ 的情况，可得出如图 5-16 所示的计算流程。

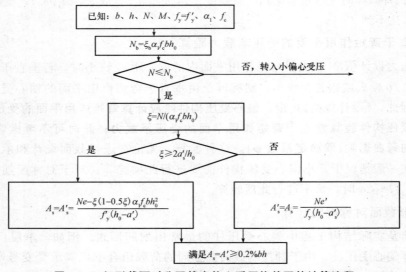

图5-16 矩形截面对称配筋大偏心受压构件配筋计算流程

(2)小偏心受压。当 $\xi > \xi_b$ 时，应按小偏心受压情形进行计算。

由基本公式(5-16)和式(5-17)，取 $A_s = A'_s$，$f_y = f'_y$，$a_s = a'_s$，可得到 ξ 的三次方程，解此方程算出 ξ 后，即可求得配筋。但解三次方程对一般设计而言过于烦琐，可采用如下方法计算。

将式(5-4a)代入式(5-16)并考虑对称配筋的条件，经整理，得

$$\xi=\frac{(\beta_1-\xi_b)N+\xi_b f'_y A'_s}{(\beta_1-\xi_b)\alpha_1 f_c bh_0+f'_y A'_s} \tag{5-20}$$

将式(5-17)写成

$$f'_y A'_s=\frac{Ne-\alpha_1 f_c bh_0^2 \xi(1-0.5\xi)}{h_0-a'_s} \tag{5-21}$$

从式(5-20)和式(5-21)可以发现，ξ 和 $f'_y A'_s$ 是相互依存的，在数学上称为迭代公式。如先假定初值 $[\xi]_0$，即可由式(5-21)求得 $[f'_y A'_s]_0$；将此值代入式(5-20)，又可求得 $[\xi]_1$，再将 $[\xi]_1$ 代入式(5-21)又能求得 $[f'_y A'_s]_1$……随着次数增加，ξ 和 $f'_y A'_s$ 将越来越接近真实值。

合理地选择初值 $[\xi]_0$，可以减少迭代次数。在小偏心受压情形下，ξ 在 ξ_b 和 h/h_0 之间。当 ξ 在此范围内变化时，计算表明，对于 HRB400 级钢筋，$\xi(1-0.5\xi)$ 大致在 0.39~0.5 变化。因此，迭代法的第一步，可先在 0.4~0.5 假定 $\xi(1-0.5\xi)$ 的一个初值，如取 $\xi(1-0.5\xi)=0.43$ 开始进行迭代计算。

对于一般设计计算，在按上述步骤求得 $[\xi]_1$ 后，将其代入式(5-21)算出 A'_s 后就可用于配筋，其计算 A'_s 的流程（即一次迭代）如图 5-17 所示。

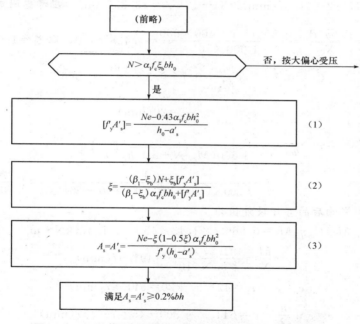

图 5-17　矩形截面对称配筋小偏心受压构件配筋计算流程

上述计算流程，对于小偏心受压的对称配筋计算，简单而明确。如需要提高精度，可在式(2)和式(3)之间再迭代一次。

《设计规范》给出的求 ξ 的近似公式实际上就是图 5-17 中式(1)代入式(2)后的结果，即

$$\xi=\frac{N-\xi_b \alpha_1 f_c bh_0}{\dfrac{Ne-0.43\alpha_1 f_c bh_0^2}{(\beta_1-\xi_b)(h_0-a'_s)}+\alpha_1 f_c bh_0}+\xi_b \tag{5-22}$$

【例 5-2】　某矩形截面钢筋混凝土柱，设计使用年限为 50 年，环境类别为一类。$b=400$ mm，$h=600$ mm，柱的计算长度 $l_0=7.2$ m。承受轴向压力设计值 $N=1\,000$ kN，柱

两端弯矩设计值分别为 $M_1=400$ kN·m，$M_2=450$ kN·m，单曲率弯曲。该柱采用 HRB400 级钢筋（$f_y=f'_y=360$ N/mm²），混凝土强度等级为 C25（$f_c=11.9$ N/mm²，$f_t=1.27$ N/mm²）。采用对称配筋，试求纵向钢筋截面面积并绘截面配筋图。

【解】 （1）材料强度和几何参数。

根据题目的已知条件，HRB400 级钢筋，C25 混凝土，$\xi_b=0.518$，$\alpha_1=1.0$，$\beta_1=0.8$。

由构件的环境类别为一类，柱类构件及设计使用年限为 50 年考虑，构件最外层钢筋的保护层厚度为 20 mm，对混凝土强度等级不超过 C25 的构件要多加 5 mm，初步确定受压柱箍筋直径采用 8 mm，柱受力纵筋为 20～25 mm，则取 $a_s=a'_s=20+5+8+12=45$（mm）。

$$h_0=h-a_s=600-45=555\text{（mm）}$$

（2）求弯矩设计值（考虑二阶效应后）。

由于 $M_1/M_2=400/450=0.889$（弯矩同号为单曲率弯曲，否则为非单曲率弯曲）

$$i=\sqrt{\frac{I}{A}}=\sqrt{\frac{1}{12}}h=\sqrt{\frac{1}{12}}\times600=173.2\text{（mm）}$$

$l_0/i=7\,200/173.2=41.57\text{（mm）}>34-12\dfrac{M_1}{M_2}=23.33\text{（mm）}$，应考虑附加弯矩的影响。

$$\zeta_c=\frac{0.5f_cA}{N}=\frac{0.5\times11.9\times400\times600}{1\,000\times10^3}=1.428>1.0，\text{取}\ \zeta_c=1.0$$

$$C_m=0.7+0.3\frac{M_1}{M_2}=0.7+0.3\times\frac{400}{450}=0.966\,7$$

$$e_a=\frac{h}{30}=\frac{600}{30}=20\text{（mm）}$$

$$\eta_{ns}=1+\frac{1}{1\,300(M_2/N+e_a)/h_0}\left(\frac{l_0}{h}\right)^2\zeta_c$$

$$=1+\frac{1}{1\,300\times(450\times10^6/1\,000\times10^3+20)/555}\times\left(\frac{7\,200}{600}\right)^2\times1.0=1.13$$

考虑纵向挠曲影响后的弯矩设计值为

$$M=C_m\eta_{ns}M_2=0.966\,7\times1.13\times450=491.57\text{（kN·m）}$$

$$e_0=\frac{M}{N}=\frac{491.57\times10^6}{1\,000\times10^3}=491.57\text{（mm）}$$

$$e_i=e_0+e_a=491.57+20=511.57\text{（mm）}$$

$$e=e_i+\frac{h}{2}-a_s=511.57+300-45=766.57\text{（mm）}$$

（3）判别偏心受压类型。

$N_b=\alpha_1f_cbh_0\xi_b=1.0\times11.9\times400\times555\times0.518=1\,368.5\text{（kN）}>N$，为大偏心受压。

（4）计算 ξ 和配筋。

$$\xi=\frac{N}{\alpha_1f_cbh_0}=\frac{1\,000\times10^3}{1.0\times11.9\times400\times555}=0.379>\frac{2a'_sh_s}{h_0}=\frac{2\times45}{555}=0.162$$

$$A_s=A'_s=\frac{Ne-\alpha_1f_cbh_0^2\xi(1-0.5\xi)}{f'_y(h_0-a'_s)}$$

$$=\frac{1\,000\times10^3\times766.57-1.0\times11.9\times400\times555^2\times0.379\times(1-0.5\times0.379)}{360\times(555-45)}$$

$$=1\,722.1\text{（mm}^2）>0.002bh=480\text{（mm}^2）$$

每边选用纵筋 3Φ22+2Φ20 对称配置($A_s=A'_s=1\ 769\ mm^2$),按构造要求箍筋选用 Φ8@250。

【例 5-3】 一截面尺寸 $b \times h = 400\ mm \times 500\ mm$ 的钢筋混凝土柱,设计使用年限为 50 年,环境类别为一类,承受轴向压力设计值 $N = 2\ 500\ kN$,两端弯矩设计值分别为 $M_1 = 120\ kN \cdot m$,$M_2 = 167.5\ kN \cdot m$,单曲率弯曲。该柱计算长度 $l_0 = 7.5\ m$,该柱采用 HRB 400 级钢筋($f_y = f'_y = 360\ N/mm^2$,$\xi_b = 0.518$),混凝土强度等级为 C30($f_c = 14.3\ N/mm^2$,$f_t = 1.43\ N/mm^2$,$\alpha_1 = 1.0$,$\beta_1 = 0.8$)。采用对称配筋,试求该柱纵向钢筋截面面积并绘截面配筋图。

【解】 (1)材料强度和几何参数。

假定箍筋直径为 8 mm,纵筋直径为 20 mm,则

$a_s = 20 + 8 + 10 = 38(mm)$,取 $a_s = a'_s = 40\ mm$,$h_0 = h - a_s = 500 - 40 = 460(mm)$

(2)求弯矩设计值 M(考虑二阶效应后)。

由于 $M_1/M_2 = 120/167.5 = 0.716$(弯矩同号为单曲率弯曲,否则为非单曲率弯曲)

$$i = \sqrt{\frac{I}{A}} = \sqrt{\frac{1}{12}}h = \sqrt{\frac{1}{12}} \times 500 = 144.34(mm)$$

$l_0/i = 7\ 500/144.34 = 51.96(mm) > 34 - 12\dfrac{M_1}{M_2} = 25.4(mm)$,应考虑附加弯矩的影响。

$$\zeta_c = \frac{0.5 f_c A}{N} = \frac{0.5 \times 14.3 \times 400 \times 500}{2\ 500 \times 10^3} = 0.572$$

$$C_m = 0.7 + 0.3 \frac{M_1}{M_2} = 0.7 + 0.3 \times \frac{120}{167.5} = 0.915$$

$$e_a = \frac{h}{30} = \frac{500}{30} = 16.67(mm),\ 取\ e_a = 20\ mm$$

$$\eta_{ns} = 1 + \frac{1}{1\ 300 \times (M_2/N + e_a)/h_0}\left(\frac{l_0}{h}\right)^2 \zeta_c$$

$$= 1 + \frac{1}{1\ 300 \times [167.5 \times 10^6 \div (2\ 500 \times 10^3) + 20] \div 400} \times \left(\frac{7\ 500}{500}\right)^2 \times 0.572$$

$$= 1.46$$

考虑纵向挠曲影响后的弯矩设计值为

$$M = C_m \eta_{ns} M_2 = 0.915 \times 1.46 \times 167.5 = 223.76(kN \cdot m)$$

$$e_0 = \frac{M}{N} = \frac{223.76 \times 10^6}{2\ 500 \times 10^3} = 89.51(mm)$$

$$e_i = e_0 + e_a = 89.51 + 20 = 109.51(mm)$$

$e_i < 0.3 h_0 = 0.3 \times 460 = 138(mm)$,可先按小偏心受压计算。

$$e = e_i + \frac{h}{2} - a_s = 109.51 + 250 - 40 = 319.51(mm)$$

(3)判别偏心受压类型。

$N_b = \alpha_1 f_c b h_0 \xi_b = 1.0 \times 14.3 \times 400 \times 460 \times 0.518 = 1\ 362.96(kN) < N$,故为小偏心受压。

(4)计算 ξ。

$$[f'_y A'_s] = \frac{Ne - 0.43\alpha_1 f_c bh_0^2}{h_0 - a'_s}$$

$$= \frac{2\,500 \times 10^3 \times 319.51 - 0.43 \times 1.0 \times 14.3 \times 400 \times 460^2}{460 - 40}$$

$$= 662\,675.3$$

$$\xi = \frac{(\beta_1 - \xi_b)N + \xi_b[f'_y A'_s]}{(\beta_1 - \xi_b)\alpha_1 f_c bh_0 + [f'_y A'_s]}$$

$$= \frac{(0.8 - 0.518) \times 2\,500 \times 10^3 + 0.518 \times 662\,675.3}{(0.8 - 0.518) \times 1.0 \times 14.3 \times 400 \times 460 + 662\,675.3} = 0.746$$

(5)计算 A_s 及 A'_s。

$$A_s = A'_s = \frac{Ne - \alpha_1 f_c bh_0^2 \xi(1 - 0.5\xi)}{f'_y(h_0 - a'_s)}$$

$$= \frac{2\,500 \times 10^3 \times 319.51 - 1.0 \times 14.3 \times 400 \times 460^2 \times 0.746(1 - 0.5 \times 0.746)}{360 \times (460 - 40)}$$

$$= 1\,538.64(\text{mm}^2) > 0.002bh = 400(\text{mm}^2)$$

每边选用纵筋 2Φ25＋2Φ22 对称配置（$A_s = A'_s = 1\,742\text{ mm}^2$），按构造要求箍筋选用 Φ8@250。

2. 承载力校核

首先应按偏心距的大小 e_i 初步确定偏心受压的类型，再利用基本公式（注意在偏心受压时，取 $f_y A_s = f'_y A'_s$）求出 ξ，以确定究竟是哪一类偏心受压，然后计算承载力。

三、偏心受压构件斜截面承载力计算

在偏心受压构件中一般都有剪力的作用，在剪压复合应力状态下，当压应力不超过一定范围时，混凝土的抗剪强度随压应力的增加而提高（当 $N/f_c bh = 0.3 \sim 0.5$ 时，其有利影响达到峰值）。

（一）截面应符合的条件

为避免斜压破坏，限制正常使用时的斜裂缝宽度，以及防止过多的配箍不能充分发挥作用，《设计规范》规定，矩形截面的钢筋混凝土偏心受压构件的受剪截面应符合下列条件：

当 $h_w/b \leqslant 4$ 时

$$V \leqslant 0.25\beta_c f_c bh_0 \tag{5-23a}$$

当 $h_w/b \geqslant 6$ 时

$$V \leqslant 0.2\beta_c f_c bh_0 \tag{5-23b}$$

式中　V——构件斜截面上的最大剪力设计值；

　　　β_c——混凝土强度影响系数，当混凝土强度等级不超过 C50 时，β_c 取 1.0；当混凝土强度等级为 C80 时，β_c 取 0.8；其间按线性内插法确定。

（二）斜截面受剪承载力计算公式

对矩形、T 形和 I 形截面的钢筋混凝土偏心受压构件，斜截面受剪承载力计算公式为

$$V \leqslant \frac{1.75}{\lambda + 1} f_t bh_0 + f_{yv} \frac{A_{sv}}{s} h_0 + 0.07N \tag{5-24}$$

式中 λ——偏心受压构件计算截面的剪跨比，取 $M/(Vh_0)$（M 为计算截面上与剪力设计值 V 相应的弯矩设计值）；

N——与剪力设计值 V 相应的轴向压力设计值，当大于 $0.3f_cA$ 时，取 $0.3f_cA$（A 为构件的截面积）。

计算截面的剪跨比 λ 应按下列规定取用：

(1)对框架结构中的框架柱，当其反弯点在层高范围内时，可取为 $H_n/(2h_0)$（H_n 为柱净高）。当 $\lambda<1$ 时，取 $\lambda=1$；当 $\lambda>3$ 时，取 $\lambda=3$。

(2)其他偏心受压构件，当承受均布荷载时，取 $\lambda=1.5$；当承受集中荷载时（包括作用有多种荷载且集中荷载对支座截面或节点边缘所产生的剪力值占总剪力值的 75% 以上的情况），取 $\lambda=a/h_0$（a 为集中荷载至支座或节点边缘的距离），当 $\lambda<1.5$ 时取 $\lambda=1.5$，当 $\lambda>3$ 时取 $\lambda=3$。

当剪力设计值较小且符合下式的要求时：

$$V\leqslant\frac{1.75}{\lambda+1}f_tbh_0+f_{yv}\frac{A_{sv}}{s}h_0-0.2N \tag{5-25}$$

可不进行斜截面受剪承载力的计算，而仅需根据受压构件配箍的构造要求配置箍筋。

【例 5-4】 已知一钢筋混凝土框架结构中的框架柱，设计使用年限为 50 年，环境类别为一类。截面尺寸及柱高度如图 5-18 所示。混凝土强度等级为 C30（$f_c=14.3$ N/mm²，$f_t=1.43$ N/mm²），箍筋采用 HPB300 级钢筋（$f_{yv}=270$ N/mm²），柱端作用轴向压力设计值 $N=715$ kN，剪力设计值 $V=175$ kN，试求所需箍筋数量（$h_0=360$ mm）。

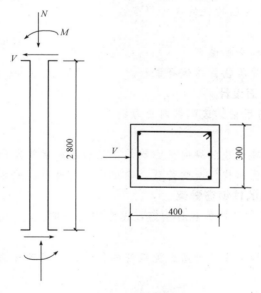

图 5-18　例 5-4 附图

【解】 (1)截面验算。

$$\beta_c=1.0,\ h_w/b=360/300=1.2<4$$

$0.25\beta_cf_cbh_0=0.25\times1.0\times14.3\times300\times360=386.1(\text{kN})>V=175$ kN，截面尺寸满足要求。

(2)判别是否可按构造配箍。

$$\lambda = H_n / 2h_0 = \frac{2\,800}{2 \times 360} = 3.89 > 3,\ \text{取}\ \lambda = 3$$

$0.3 f_c A = 0.3 \times 14.3 \times 300 \times 400 = 514.8 (\text{kN}) < N = 715 (\text{kN}),\ \text{取}\ N = 514.8\ \text{kN}$

由式(5-24)可得

$$\frac{1.75}{\lambda + 1} f_t b h_0 + 0.07 N = \frac{1.75}{3 + 1} \times 1.43 \times 300 \times 360 + 0.07 \times 514\,800 = 103\,603.5 (\text{N}) < V$$

故箍筋由计算确定。

(3)箍筋计算。

由式(5-24)可得

$$\frac{A_{sv}}{s} = \frac{V - \left(\frac{1.75}{\lambda + 1} f_t b h_0 + 0.07 N\right)}{f_{yv} h_0} = \frac{175\,000 - 103\,603.5}{270 \times 360} = 0.735$$

选 Φ8 双肢箍,则 $s = \frac{2 \times 50.3}{0.735} = 136.9 (\text{mm})$,取 $s = 130\ \text{mm}$。

 任务实训

任务1 了解轴心受压构件的破坏过程

实训目的:认知轴心受压构件的破坏形态。

实训内容与要求:

(1)能区分材料破坏和失稳破坏。

(2)实施过程:轴心受压构件的破坏试验。

任务2 受压构件截面设计

实训目的:确定钢筋用量、选配纵向受力钢筋、箍筋。

实训内容与要求:

(1)能力目标:能正确地选配纵向受力钢筋,正确地配置箍筋。

(2)任务实施内容:已知构件所受荷载,确定构件的材料、截面尺寸、钢筋用量。

任务3 观看已成形的柱钢筋骨架

实训目的:认知受压构件内的各种钢筋,熟悉构造要求。

实训内容与要求:

(1)能正确确定受压构件设计时所选配钢筋的位置,正确布置钢筋。

(2)地点:实训基地。

(3)实物:已绑扎好的轴心受压柱钢筋骨架。

任务4 观看偏心受压构件的破坏试验

实训目的:认知大、小偏心受压破坏特征。

实训内容与要求:能正确区分大、小偏心受压破坏。

任务5 大偏心受压构件截面设计

实训目的:确定大偏心受压构件钢筋用量、选配纵向受力钢筋、选配箍筋。

实训内容与要求：

(1)能力目标：能正确进行大偏心受压构件的计算，选配纵向受力钢筋和箍筋。

(2)已知构件所受荷载，能确定构件所用材料强度等级、截面尺寸、钢筋用量及选配钢筋。

 能力提升

一、填空题

1. 为充分发挥混凝土材料的抗压性能，减小构件的截面尺寸，节约钢筋，宜采用强度等级为_____、_____、_____的混凝土。

2. 柱中纵向钢筋的净间距不应小于_____，且不宜大于_____。

3. 偏心受压构件的一侧纵向钢筋和全部纵向钢筋的配筋率均应按构件的_____计算。

4. 偏心受压柱中的箍筋应采用_____箍筋。

5. 偏心受压构件的混凝土保护层厚度与_____和_____有关。

6. 偏心受压构件的破坏分为_____和_____两类。

7. 钢筋混凝土偏心受压构件中的轴向力在结构发生层间位移和挠曲变形时会引起附加内力，即_____。

二、简答题

1. 什么是受压构件？可受压构件分为哪几种类型？

2. 试述配有普通箍筋的轴心受压构件的构造要求。

3. 配有螺旋箍筋的轴心受压构件，其构造要求应符合哪些规定？

4. 大偏心受压与小偏心受压之间的根本区别是什么？

三、计算题

1. 某多层房屋(两跨)采用装配式钢筋混凝土楼盖和预制柱，其中间层层高 $H=4$ m，上下端均按铰支考虑，柱的截面尺寸为 250 mm$\times250$ mm，配有 HRB400 级钢筋 4Φ14，混凝土强度等级为 C25，该柱承受轴向力设计值 $N=600$ kN，试检验此柱是否安全。

2. 已知一偏心受压柱 $b\times h=450$ mm$\times500$ mm，柱计算高度 $l_0=4$ m，混凝土强度等级为 C35，钢筋采用 HRB400 级，$a_s=a'_s=40$ mm。作用在柱上的荷载设计值所产生的内力 $N=2\,200$ kN，两端弯矩 $M_1=M_2=200$ kN·m，试求钢筋截面面积 A_s 和 A'_s 值(设计成对称配筋)。

3. 某钢筋混凝土柱，承受轴心压力设计值 $N=2\,600$ kN，若柱的计算长度为 5.0 m，选用 C25 混凝土($f_c=11.9$ N/mm²)，热轧钢筋 HRB400($f'_{yv}=360$ N/mm²)，截面尺寸 $b\times h=400$ mm$\times400$ mm，试求该柱所需钢筋截面面积。

4. 某多层房屋(两跨)采用装配式钢筋混凝土楼盖和预制柱，其中间层层高 $H=4$ m，上下端均按铰支考虑，柱的截面尺寸为 250 mm$\times250$ mm，配有 HRB400 级钢筋 4Φ14，混凝土强度等级为 C25，该柱承受轴向力设计值 $N=600$ kN，试检验此柱是否安全。

项目六　受拉构件承载力计算

◎ **知识目标**

1. 了解受拉构件的种类。
2. 熟悉轴心受拉构件的计算适用范围；掌握受拉构件承载力的计算方法。
3. 熟悉偏心受压构件的构造要求及计算适用范围；掌握偏心受拉构件承载力的计算方法。

◎ **素养目标**

1. 要善于应变、善于预测、处事果断，能对实施过程进行决策。
2. 要勇于负责，敢于创新，敢于承担风险。

我国在土木工程建设方面取得了巨大突破，如世界最长的跨海大桥——港珠澳大桥。作为世界瞩目的"桥梁新星"，这座大桥是建造规模最大、综合施工难度最高的跨海大桥，也是中国继三峡大坝、青藏铁路等工程后的又一重大基建项目。港珠澳大桥是祖国基建工程的杰作，是中华民族的骄傲。教师应引导学生增加作为未来祖国建设者的主人翁精神，弘扬民族精神，加强学生民族自豪感的建立。

◎ **项目导入**

1. 工程与事故概况

某教学楼为三层混合结构，纵墙承重，外墙厚为 300 mm，内墙厚为 240 mm，灰土基础，楼盖为现浇钢筋混凝土肋形楼盖，平面示意如图 6-1 所示。

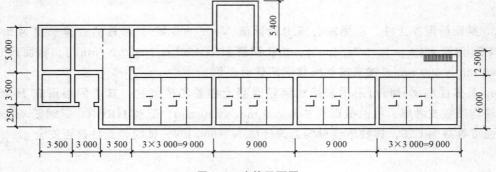

图 6-1　建筑平面图

该工程在 10 月浇筑第二层楼盖混凝土，11 月初浇筑第三层楼盖，主体结构于次年 1 月完成。4 月做装饰工程时，发现大梁两侧的混凝土楼板上部普遍开裂，裂缝方向与大梁平行。凿开部分混凝土检查，发现板内负钢筋被踩下。施工人员决定加固楼板，7 月施工，板厚由 70 mm 增加到 90 mm。

该教学楼使用后，各层大梁普遍开裂，裂缝特征如下：

（1）裂缝分布与数量：梁的两端裂缝多而密，跨中较少，每根梁裂缝数量一般为 10～15 条，少的 4 条，最多的 22 条，梁主筋截断处附近都产生裂缝。

（2）裂缝方向：多数为斜裂缝，一般倾角为 50°～60°，个别为 40°，跨中为竖向裂缝，如图 6-2 所示。

（3）裂缝位置：一般裂缝均在梁的中和轴以下，至受拉纵筋边缘，个别贯通梁的全高。

（4）裂缝宽度：梁两端的裂缝较宽，为 0.5～1.2 mm，跨中附近裂缝较窄，为 0.1～0.5 mm。

（5）裂缝深度：一般小于梁宽的 1/3，个别的两面贯穿。

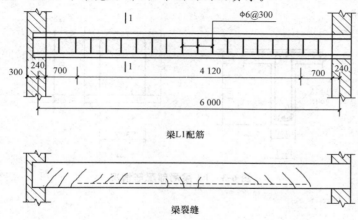

梁 L1 配筋

梁裂缝

图 6-2　梁 L1 配筋与裂缝示意

2. 事故原因分析

该事故原因与设计、施工均有关，但主要是施工方面的问题。具体原因如下：

（1）施工方面存在的问题。

1）浇筑混凝土时，把板中的负弯矩钢筋踩下，造成板与梁连接处附近出现通长裂缝。

2）出现裂缝后，采用增加板厚 20 mm 的方法加固，使梁的荷载加大而开裂明显。

3）混凝土水泥用量过少，每立方米混凝土仅用水泥 210 kg，现行规范规定不少于 250 kg。

4）第二层楼盖浇筑完成后 2 h，就在新浇楼板上铺脚手板，大量堆放砖和砂浆，并进行上层砖墙的砌筑。

施工荷载超载和早龄期混凝土受震动是事故的重要原因之一。

5）混凝土强度低：第三层楼盖浇筑混凝土时，室内温度已降至 0 ℃～1 ℃，没有采取任何冬期施工措施。试块强度 21 d 才达到设计值的 42.5%，一个月的试块强度才达到 52% 的设计强度。因此，混凝土早期受冻导致强度低下，是混凝土产生裂缝的重要原因之一。此外，混凝土振实差、养护不良及浇筑前模板内杂物未清理干净等因素，也是造成混凝土强度低下的原因。

（2）设计方面存在的问题。

1）对楼板加厚产生的不利因素考虑不周。例如，L1 梁的设计荷载因加厚板而提高，自 15 kN/m 提高到 17.105 kN/m，经验算，梁内主筋少了 9.4%，是跨中产生竖向裂缝的原因之一；又如，楼板加厚导致梁内剪力显著增加，剪力设计值约为无腹筋截面的抗剪强度的 1.8 倍，因此梁较易产生斜裂缝。设计存在的问题，加上施工的混凝土强度低下，使这些裂缝更加严重。

2）梁箍筋间距太大。设计规范规定：梁高为 500 mm 时，箍筋最大间距为 200 mm，而该工程的梁箍筋为中 6@300 mm。因此，虽然考虑箍筋后的截面抗剪强度略大于设计剪力值，但是因为箍筋间距太大，因而，在箍筋之间的混凝土出现斜裂缝，这也是斜裂缝都呈 50°～60°倾角的原因，如图 6-3 所示。

3）纵向钢筋截断处均有斜裂缝，其原因是违反设计规范"纵向钢筋不宜在受拉区截断"的构造规定而造成。

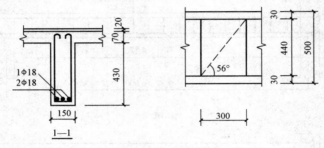

图 6-3　L1 梁局部配筋情况

任务一 　 轴心受拉构件承载力计算

◎ 任务目标

能进行轴心受拉构件承载力的计算。

一、轴心受拉构件的受力特点

承受节点荷载的桁架或屋架的受拉弦杆和腹杆、刚架和拱的拉杆、受内压力作用的圆形储液池的环向池壁、承受内压力作用的环形截面管道的管壁等通常按轴心受拉构件计算。

钢筋混凝土轴心受拉构件，开裂前，混凝土与钢筋共同负担拉力；开裂后，开裂截面混凝土退出工作，全部拉力由钢筋承受。当钢筋应力达到其抗拉强度，截面到达受拉承载力极限状态。

二、轴心受拉构件承载力计算

根据承载力极限状态设计法的基本原则及力的平衡条件，轴心受拉构件正截面承载力计算公式为

$$N \leqslant N_u = f_y A_s + f_{py} A_p \tag{6-1}$$

式中　N——轴向拉力设计值；

　　　N_u——轴心受拉构件正截面承载力设计值；

　　　f_y——钢筋抗拉强度设计值，当 $f_y > 300$ N/mm² 时，按 300 N/mm² 取值；

　　　f_{py}——预应力钢筋的抗拉强度设计值；

　　　A_s——截面上全部纵向受拉钢筋的截面面积；

　　　A_p——截面上预应力钢筋的全部截面面积。

由式(6-1)可知，轴心受拉构件正截面承载力只与纵向受拉钢筋有关，与构件的截面尺寸及混凝土的强度等级无关。

三、轴心受拉构件构造要求

1. 纵向受力钢筋

(1)轴心受拉构件的受力钢筋不得采用绑扎搭接；搭接而不加焊的受拉钢筋接头仅仅允许在圆形池壁或管中，其接头位置应错开，搭接长度应满足相关规范要求。

(2)为避免配筋过少引起的脆性破坏，按构件截面面积计算的全部受力钢筋的直径不宜小于 12 mm，构件一侧受拉钢筋的最小配筋率不应小于 0.2% 和 $0.45 f_t / f_y$ 的较大值，也不宜大于 5%。

(3)受力钢筋沿截面周边均匀对称布置，净间距不应小于 50 mm，且不宜大于 300 mm。

2. 箍筋

在轴心受拉构件中，与纵向钢筋垂直放置的箍筋主要是与纵向钢筋形成骨架，固定纵向钢筋在截面中的位置，从受力角度而言并无要求。

箍筋直径不应小于纵筋直径的 $1/4$，且不应小于 6 mm，间距一般不应大于 400 mm 及构件截面短边尺寸。

【例 6-1】 已知某钢筋混凝土屋架下弦，截面尺寸 $b \times h = 200 \text{ mm} \times 150 \text{ mm}$，其所受的轴向拉力设计值为 300 kN，钢筋为 HRB400 级，混凝土强度等级为 C30，求纵向受拉钢筋截面面积 A_s 并选配钢筋。

【解】 由题意知，此屋架下弦为轴心受拉构件，钢筋为 HRB400 级，$f_y = 360 \text{ N/mm}^2$，C30 混凝土，$f_t = 1.43 \text{ N/mm}^2$，令 $N = N_u$，代入式 (6-1)，得

$$A_s = \frac{N}{f_y} = \frac{300\ 000}{360} = 833.33 (\text{mm}^2)$$

纵向受拉钢筋的配筋率为

$$\rho = \frac{A_s}{A} = \frac{833.33}{200 \times 150} = 2.8\% > \rho_{min} = 0.9 \times \frac{f_t}{f_y} = 0.9 \times \frac{1.43}{360} = 0.357\%$$

由于 $\rho_{min} = 0.357\% > 0.3\%$，最小配筋率取 0.357%。

所以配筋率满足要求，纵向受拉钢筋选用 4Φ18 钢筋，$A_s = 1\ 017 \text{ mm}^2$。

任务二　偏心受拉构件承载力计算

◎ 任务目标

能进行偏心受拉构件承载力的计算。

矩形水池的池壁、工业厂房双肢柱的受拉肢杆、矩形剖面料仓的仓壁或煤斗的壁板、受地震作用的框架边柱、承受节间竖向荷载的悬臂式桁架拉杆及一般屋架承担节间荷载的下弦拉杆等均可按偏心受拉计算。

一、偏心受拉构件的构造要求

(1)偏心受拉构件常用矩形截面形式，且矩形截面的长边宜和弯矩作用平面平行，也可采用 T 形或 I 形截面。小偏心受拉构件破坏时拉力全部由钢筋承受，在满足构造要求的前提下，以采用较小的截面尺寸为宜，大偏心受拉构件的受力特点类似于受弯构件，宜采用较大的截面尺寸，有利于抗弯和抗剪。

(2)矩形截面偏心受拉构件的纵向钢筋应沿短边布置。

(3)小偏心受拉构件的受力钢筋不得采用绑扎搭接接头。

(4)矩形截面偏心受拉构件纵向钢筋配筋率应满足其最小配筋率的要求：

受拉一侧纵向钢筋的配筋率应满足 $\rho = \dfrac{A_s}{bh} \geqslant \rho_{min} = \max\left(0.45\dfrac{f_t}{f_y},\ 0.2\%\right)$；

受压一侧纵向钢筋的配筋率应满足 $\rho' = \dfrac{A_s'}{bh} \geqslant \rho'_{\min} = 0.2\%$。

◇**特别提醒**　受拉构件的受力钢筋接头必须采用焊接，在构件端部，受力钢筋必须有可靠的锚固。偏心受拉构件要进行抗剪承载力计算，根据抗剪承载力计算确定配置的箍筋，箍筋一般宜满足有关受弯构件箍筋的各项构造要求。

二、偏心受拉构件的分类

当构件承受拉力和弯矩的共同时，则可以用偏心距 $e_0 = M/N$ 和轴向拉力 N 来表示其受力状态。受拉构件根据其偏心距 e_0 的大小，并以轴向拉力 N 的作用点在截面两侧纵向钢筋之间或在纵向钢筋之外作为区分界限，可分为以下两类：

（1）第一类：当轴向拉力 N 作用在纵向钢筋 A_s 合力点及 A_s' 合力点范围以外时，称为大偏心受拉构件，即当 $e_0 = \dfrac{M}{N} > \dfrac{h}{2} - a_s$ 时，为大偏心受拉。

（2）第二类：当轴向拉力 N 作用在纵向钢筋 A_s 合力点及 A_s' 合力点范围以内时，称为小偏心受拉构件，即当 $e_0 = \dfrac{M}{N} \leqslant \dfrac{h}{2} - a_s$ 时，为小偏心受拉。当偏心距 $e_0 = 0$ 时为轴心受拉构件，这是小偏心受拉构件的一个特例。

三、矩形截面偏心受拉构件正截面承载力计算

1. 大偏心受拉构件正截面承载力计算

（1）基本公式。矩形截面大偏心受拉构件按下式计算，如图 6-4 所示。

$$N \leqslant N_u = f_y A_s - f_y' A_s' - \alpha_1 f_c bx \tag{6-2}$$

$$Ne \leqslant N_u e = \alpha_1 f_c bx\left(h_0 - \frac{x}{2}\right) + f_y' A_s'(h_0 - a_s') \tag{6-3}$$

$$e = e_0 - \frac{h}{2} + a_s \tag{6-4}$$

将 $x = \xi h_0$ 代入式（6-2）、式（6-3），可写成如下形式：

$$N \leqslant N_u = f_y A_s - f_y' A_s' - \alpha_1 f_c b h_0 \xi \tag{6-5}$$

$$Ne \leqslant N_u e = \alpha_1 f_c b h_0^2 \xi(1 - 0.5\xi) + f_y' A_s'(h_0 - a_s') \tag{6-6}$$

（2）适用条件。

1）为了防止发生超筋破坏，应满足下式要求：

$$x \leqslant \xi_b h_0 \tag{6-7}$$

或

$$\xi \leqslant \xi_b \tag{6-8}$$

2）为了保证受压钢筋能够达到抗压强度（屈服），应满足下式要求：

$$x \geqslant 2a_s' \tag{6-9}$$

或

$$\xi \geqslant \frac{2a_s'}{h_0} \tag{6-10}$$

如果 $x < 2a_s'$，仍按 $x = 2a_s'$ 计算，即

$$Ne' \leqslant N_u e' = f_y A_s(h_0 - a_s') \tag{6-11}$$

$$e' = e_0 + \frac{h}{2} - a_s' \tag{6-12}$$

2. 小偏心受拉构件正截面承载力计算

矩形截面小偏心受拉构件正截面受拉承载力按下式计算，如图6-5所示。

$$Ne \leqslant N_u e = f_y' A_s' (h_0 - a_s') \tag{6-13}$$

$$Ne' = N_u e' = f_y A_s (h_0' - a_s) \tag{6-14}$$

$$e = \frac{h}{2} - a_s - e_0 \tag{6-15}$$

$$e' = \frac{h}{2} - a_s' + e_0 \tag{6-16}$$

当钢筋抗拉强度值 $f_y > 300 \text{ N/mm}^2$ 时，仍按 300 N/mm^2 取用。

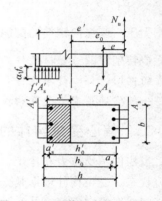

图 6-4　矩形截面大偏心受拉构件正截面受拉承载力示意

【例 6-2】　偏心受拉构件的截面尺寸 $b \times h = 300 \text{ mm} \times 450 \text{ mm}$，$a_s = a_s' = 40 \text{ mm}$，承受轴向拉力设计值 $N = 700 \text{ kN}$，弯矩设计值 $M = 73.45 \text{ kN} \cdot \text{m}$，混凝土强度等级为C30，用 HRB400 级钢筋配筋，试求钢筋截面面积 A_s 和 A_s'。

【解】　(1)判别破坏类型。

$$h_0 = 450 - 40 = 410 \text{(mm)}$$

$$e_0 = \frac{M}{N} = \frac{73.45 \times 10^6}{700 \times 10^3} = 105 \text{(mm)} < \frac{h}{2} - a_s' = \frac{450}{2} - 40 =$$

185(mm)，为小偏心受拉破坏。

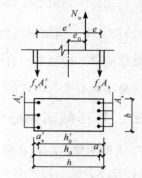

图 6-5　矩形截面小偏心受拉构件正截面受拉承载力示意

(2)求 A_s 和 A_s'。

$$e = \frac{h}{2} - e_0 - a_s = \frac{450}{2} - 105 - 40 = 80 \text{(mm)}$$

$$e' = \frac{h}{2} + e_0 - a_s' = \frac{450}{2} + 105 - 40 = 290 \text{(mm)}$$

$$A_s' = \frac{Ne}{f_y(h_0 - a_s')} = \frac{700 \times 10^3 \times 80}{360 \times (410 - 40)} = 420 \text{(mm}^2)$$

$$A_s = \frac{Ne'}{f_y(h_0 - a_s)} = \frac{700 \times 10^3 \times 290}{360 \times (410 - 40)} = 1\,524 \text{(mm}^2)$$

A_s' 选用 2⨁20，$A_s' = 628 \text{ mm}^2$；A_s 选用 4⨁25，$A_s = 1\,963 \text{ mm}^2$。

【例 6-3】　偏心受拉板的截面厚度 $h = 200 \text{ mm}$，$a_s = a_s' = 25 \text{ mm}$，每米宽板承受拉力设计值 $N = 300 \text{ kN}$，弯矩设计值 $M = 80 \text{ kN} \cdot \text{m}$，混凝土强度等级为 C30($f_c = 14.3 \text{ N/mm}^2$)，采用 HRB400 级钢筋配筋。试求钢筋截面面积 A_s 和 A_s'。

【解】　(1)判断破坏类型。

取 $b = 1\,000 \text{ mm}$ 宽的板进行计算。

$$h_0 = h - a_s = 200 - 25 = 175 \text{(mm)}$$

$$e_0 = \frac{M}{N} = \frac{80 \times 10^6}{300 \times 10^3} = 267 \text{(mm)} > \frac{h}{2} - a_s = \frac{200}{2} - 25 = 75 \text{(mm)}$$，属于大偏心受拉破坏。

(2)计算 A_s'。

$$e = e_0 - \frac{h}{2} + a_s = 267 - \frac{200}{2} + 25 = 192 \text{(mm)}$$

由式(6-6)可得

$$A'_s = \frac{Ne - \xi_b(1 - 0.5\xi_b)\alpha_1 f_c b h_0^2}{f'_y(h_0 - A'_s)}$$

$$= \frac{300 \times 10^3 \times 192 - 0.55 \times (1 - 0.5 \times 0.55) \times 1.0 \times 14.3 \times 1\,000 \times 175^2}{360 \times (175 - 25)} < 0$$

按构造要求配置 $\underline{\Phi}$10@200，$A'_s = 393\ \text{mm}^2$。这时，本题转化为已知 A'_s 求 A_s 的问题。计算方法与大偏心受压构件相似。

（3）求 A_s。

$$M_{u1} = f'_y A'_s(h_0 - a'_s) = 300 \times 393 \times (175 - 25) = 17.685 \times 10^6 (\text{N} \cdot \text{mm})$$

$$M_{u2} = Ne - M_{u1} = 300 \times 10^3 \times 192 - 17.685 \times 10^6 = 39.92 \times 10^6 (\text{N} \cdot \text{mm})$$

$$\alpha_s = \frac{M_{u2}}{\alpha_1 f_c b h_0^2} = \frac{39.92 \times 10^6}{1.0 \times 14.3 \times 1\,000 \times 175^2} = 0.091\,2$$

由附表 5 查得 $\gamma_s = 0.953 > 1 - \dfrac{A'_s}{h_0} = 1 - \dfrac{25}{175} = 0.857$，表明 $x < 2a'_s$，则 A_s 按式（6-11）计算：

$$e' = e_0 + \frac{h}{2} - a'_s = 267 + \frac{200}{2} - 25 = 342(\text{mm})$$

$$A_s = \frac{Ne'}{f_y(h_0 - a'_s)} = \frac{300 \times 10^3 \times 342}{360 \times (175 - 25)} = 1\,900(\text{mm}^2)$$

若不考虑 A'_s 的作用，即取 $A'_s = 0$，则 $a_{s1} = 0$，于是

$$\alpha_s = \frac{Ne}{\alpha_1 f_c b h_0^2} = \frac{300 \times 10^3 \times 192}{1.0 \times 14.3 \times 1\,000 \times 175^2} = 0.131\,5$$

由附表 5 查得 $\gamma_s = 0.930$，则

$$A_{s2} = \frac{Ne}{f_y \gamma_s h_0} = \frac{300 \times 10^3 \times 192}{360 \times 0.930 \times 175} = 983.10(\text{mm}^2)$$

$$A_s = A_{s1} + A_{s2} + \frac{N}{f_y} = 0 + 983.10 + \frac{300 \times 10^3}{360} = 1\,816.43(\text{mm}^2)$$

计算表明应按不考虑受压钢筋作用的情况来配筋，选用 $\underline{\Phi}$16@80，$A_s = 2\,513.6\ \text{mm}^2$。

 任务实训

任务 钢筋混凝土梁截面钢筋的选用

实训目的：掌握钢筋混凝土受拉钢筋选择及布置方法。

实训内容与要求：能正确选用钢筋混凝土梁钢筋，为后续钢筋施工打下基础。

 能力提升

一、简答题

1. 钢筋混凝土受拉构件按纵向拉力作用位置的不同分为哪两种类型？

2. 轴心受拉构件纵向受力钢筋构造要求有哪些?

3. 如何区分大、小偏心受拉构件?

二、计算题

1. 某偏心受拉构件，截面尺寸 $b \times h = 400$ mm $\times 600$ mm。截面上作用的弯矩设计值为 $M = 75$ kN·m，轴向拉力设计值为 $N = 600$ kN，混凝土采用 C30 ($f_t = 1.43$ N/mm²)，纵筋为 HRB400 级 ($f_y = f'_y = 360$ N/mm²)，试确定 A_s 及 A'_s。

2. 已知某钢筋混凝土屋架下弦，截面尺寸 $b \times h = 200$ mm $\times 150$ mm，其所受的轴心拉力设计值为 240 kN，混凝土强度等级为 C30，钢筋为 HRB400 级，求截面配筋。

3. 某偏心受拉构件，截面尺寸 $b \times h = 400$ mm $\times 600$ mm。截面上作用的弯矩设计值为 $M = 75$ kN·m，轴向拉力设计值为 $N = 600$ kN，混凝土强度等级采用 C30 ($f_t = 1.43$ N/mm²)，纵筋为 HRB400 级 ($f_y = f'_y = 360$ N/mm²)，试确定 A_s 及 A'_s。

4. 某矩形水池，池壁厚为 250 mm，混凝土强度等级为 C30 ($f_c = 14.3$ N/mm²，$\alpha_1 = 1.0$)，纵筋为 HRB400 级 ($f_y = f'_y = 300$ N/mm²，$\xi_b = 0.55$)，由内力计算池壁某垂直截面中的弯矩设计值为 $M = 25$ kN·m(使池壁内侧受拉)，轴向拉力设计值 $N = 22.4$ kN，试确定垂直截面中沿池壁内侧和外侧所需钢筋 A_s 及 A'_s 的数量。

项目七　预应力混凝土构件

◎ 知识目标

　　1. 了解预应力混凝土的基本概念；熟悉预应力混凝土的种类及其材料要求。

　　2. 熟悉施加预应力的方法、锚具和夹具；掌握张拉控制应力和预应力损失的确定方法；熟悉预应力混凝土构件的构造要求。

◎ 素养目标

　　1. 应具有做事的干劲，对于本职工作要能用心去投入。

　　2. 要拥有充沛的体力和一个健康良好的身体，工作时才能充满活力。

　　预应力混凝土构件大大推迟了裂缝的出现，在适用荷载作用下，构件可不出现裂缝，或使裂缝推迟出现，所以提高了构件的刚度，增加了结构的耐久性。不论在学习时，还是在工作中，均应坚持"知之为知之，不知为不知"的原则。在专业领域内，要讲究专业性；在行为举止上，要遵循相应标准；在言谈举止间，要显现谦和气质。这是大学生该有的职业品德，也是未来步入社会所需的职业操守。

◎ 项目导入

　　1. 工程概况

　　某工地制作 24 m 屋架的预应力混凝土下弦杆，由于没有将预留孔洞固定住，浇筑下弦混凝土时，波纹管上浮了 3～4 cm，从而使预压应力本来很高的下弦（因下弦尺寸仅为22 cm×24 cm）杆，因偏心而使压应力大大超过混凝土的抗压强度而压碎，同时导致整个屋架损坏。

　　2. 事故分析

　　事故发生后，一方面将尚未张拉的屋架的总预应力降低；另一方面将上面一束预应力值多降低一些，使两束筋的预应力合力点位置有所下移，减少偏心的影响。在对预应力构件进行设计和施工时，必须掌握预应力构件的基本知识、预应力的施加方法及预应力构架的构造。

任务一　预应力混凝土概述

任务目标

根据实际情况能进行预应力混凝土、预应力筋的选择。

一、预应力混凝土构件

混凝土作为一种建筑材料，主要缺点之一就是抗拉的能力很低，在工作阶段就有裂缝存在。提高混凝土强度等级和采用高强度钢筋，都不能从根本上解决钢筋混凝土结构裂缝的开展和延伸问题，只能靠加大截面尺寸的方法来保证构件的抗裂能力和刚度，因而，普通钢筋混凝土构件存在下列缺点：

（1）在正常使用条件下，因为构件裂缝的存在，所以钢筋在某些环境中容易腐蚀，降低了结构耐久性。

（2）通过增加截面尺寸来控制构件的裂缝和变形，既浪费了材料又增加了结构自重。

（3）为了限制裂缝宽度，需控制裂缝处钢筋的拉应力，但是当钢筋应力达到 $20\sim40$ MPa 时，混凝土已经开裂，导致钢筋强度得不到充分发挥，所以，一般都采用低强度钢筋。

正是这些缺点限制了钢筋混凝土结构的应用范围。解决混凝土抗拉能力低所带来的这一系列问题，目前最有效的方法是采用预应力混凝土：在结构构件受外荷载作用之前，通过张拉钢筋，利用钢筋的回弹，人为地对受拉区的混凝土施加压力，由此产生的预压应力用以减少或抵消由外荷载作用下所产生的混凝土拉应力，使结构构件的拉应力减小，甚至处于受压状态，从而延缓混凝土开裂或使构件不开裂。现以简支梁为例，进一步说明预应力混凝土结构的基本原理，如图 7-1 所示。

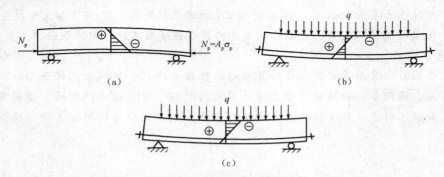

图 7-1　预应力混凝土简支梁结构的基本原理

（a）预应力作用；（b）使用荷载作用；（c）预应力和荷载共同作用

◆**特别提醒**　需要指出，预应力混凝土不能提高构件的承载能力。也就是说，当截面和材料相同时，预应力混凝土与普通钢筋受弯构件的承载能力相同，与受拉区钢筋是否施加预应力无关。

知识拓展：预应力
混凝土结构的特点

二、预应力混凝土的种类

（1）按制作方法划分，预应力混凝土可分为先张法和后张法。先张法为制作预应力混凝土构件时先张拉预应力钢筋后浇筑混凝土；后张法为先浇筑混凝土，待混凝土达到规定强度后再张拉预应力钢筋。

（2）按构件中预加应力的大小程度，预应力混凝土可分为全预应力法和部分预应力法。全预应力法为在预应力及使用荷载作用下，构件截面混凝土不出现拉应力，即全截面受压；部分预应力法为构件截面混凝土允许出现拉应力或开裂，即只有部分截面受压。预应力混凝土可分为 A 类和 B 类。A 类为在使用荷载作用下，构件预压区混凝土正截面的拉应力不超过规定的限值；B 类为在使用荷载作用下，构件预压区混凝土正截面的拉应力允许超过规定的限值，但当裂缝出现时，其宽度不超过容许值。

（3）按施工方式的不同，预应力混凝土可分为有黏结预应力和无黏结预应力。有黏结预应力混凝土为沿预应力筋全长其周围均与混凝土黏结、握裹在一起的预应力混凝土结构，先张预应力结构及预留孔道穿筋压浆的后张预应力结构均属有黏结预应力构造；无黏结预应力混凝土为预应力筋伸缩、滑动自由，不与周围混凝土黏结的预应力混凝土结构。无黏结预应力结构的预应力筋表面涂有防锈材料，外套防老化的塑料管，防止与混凝土黏结。无黏结预应力混凝土结构通常与后张预应力工艺相结合。

三、预应力混凝土材料

（一）预应力筋

在预应力混凝土构件从制作到破坏整个过程中，预应力筋始终处于高应力状态，故对钢筋有较高的质量要求，具体有以下几个方面的要求。

1. 高强度

预应力筋中有效预应力的大小取决于预应力筋张拉控制应力的大小。考虑到预应力结构在施工及使用的过程中将出现各种预应力损失，只有采用高强度材料，才有可能建立较高的有效预应力。

提高钢材的强度通常有以下三种不同的方法：

（1）在钢材成分中增加某些合金元素，如碳、锰、硅、铬；

（2）采用冷拔、冷拉等方法来提高钢材屈服强度；

（3）通过调质热处理、高频感应热处理、余热处理等方法提高钢材强度。

预应力结构的发展历史也表明，预应力筋必须采用高强度材料。早在 19 世纪中后期，就进行了在混凝土梁中建立预应力的试验研究。由于采用了低强度的普通钢筋，加之预应力锚固损失及混凝土的收缩徐变等原因，预应力随着时间的延长而丧失殆尽。直到约半个世纪后的 1928 年，法国工程师弗莱西奈特在采用高强度钢丝后才获得成功，从此，预应力结构真正开始了工程实践应用。

2. 与混凝土之间有足够的粘结强度

在先张法预应力构件中，预应力筋和混凝土之间具有可靠的粘结力，以确保预应力筋的预加力可靠地传递至混凝土中。在后张法预应力构件中，预应力筋与孔道后灌的水泥浆之间应有较高的粘结强度，以使预应力筋与周围的混凝土形成一个整体来共同承受外荷载。

3. 良好的加工性能

预应力钢筋具有良好的可焊性、冷镦性及热镦性等，因为结构中的钢筋常常需要接长使用，也常需要经过镦粗加以锚固。

4. 较好的塑性

为实现预应力结构的延性破坏，保证预应力筋的弯曲和转折要求，预应力筋必须具有足够的塑性，即预应力筋必须满足一定的拉断延伸率和弯折次数的要求。特别是当构件处于低温或冲击环境以及在抗震结构中，此点更为重要。《设计规范》规定，预应力筋最大力下总伸长率 $\delta_{gt} \geqslant 3.5\%$。

目前，国内常用的预应力钢材有中强度预应力钢丝（光圆或螺旋筋）、消除应力钢丝（光圆或螺旋筋）、钢绞线（图 7-2）和预应力螺纹钢筋等。对于中小构件中的预应力钢筋，也可采用冷拔中强度钢丝、冷拔低碳钢丝和冷轧带肋钢筋等。钢绞线是用冷拔钢丝绞扭而成，其方法是在绞线机上以一种稍粗的直钢丝为中心，其余钢丝则围绕其进行螺旋状绞合（图 7-2），再经低温回火处理即可。

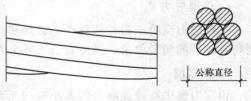

图 7-2　7 股钢绞线形式

钢绞线根据深加工的要求不同，又可分为普通松弛钢绞线（消除应力钢绞线）、低松弛钢绞线、镀锌钢绞线、环氧涂层钢绞线和模拔钢绞线等几种。

◆**应用提示**　钢绞线规格有 2 股、3 股、7 股和 19 股等。7 股钢绞线由于面积较大、柔软、施工定位方便，适用于先张法和后张法预应力结构与构件，是目前国内外应用最广的一种预应力筋。

（二）混凝土

混凝土的种类很多，在预应力混凝土中一般采用以水泥为胶结料的混凝土。对混凝土的基本要求有以下几个方面。

1. 高强度

预应力混凝土要求采用高强度混凝土的原因如下：

（1）采用与高强度预应力筋相匹配的高强度混凝土，可以充分发挥材料强度，从而有效减小构件截面尺寸和自重，以利于适应大跨径的要求；

（2）高强度混凝土具有较高的弹性模量，从而具有更小的弹性变形和与强度有关的塑性变形，预应力损失也可以相应减小；

（3）高强度混凝土具有更高的抗拉强度、局部承压强度以及较强的黏结性能，从而可推迟构件正截面和斜截面裂缝的出现，有利于后张和先张预应力筋的锚固。

预应力混凝土不仅应高强而且也要早期高强，以便早日施加预应力，提高构件的生产效率和设备的利用率。

◈**应用提示**　目前，我国预应力混凝土的强度（28 天立方体抗压强度）一般为 30～50 MPa（如采用钢绞线、钢丝和热处理钢筋作预应力筋，混凝土强度等级不宜低于 C40），强度在 60～80 MPa 的混凝土则用得很少。在一些发达国家，工厂预制的预应力混凝土强度一般为 50～80 MPa，最高可达到 100 MPa。

2. 低收缩、低徐变

在预应力混凝土结构中采用低收缩、低徐变的混凝土，一方面可以减小由于混凝土收缩、徐变产生的预应力损失；另一方面也可以有效控制预应力混凝土结构的徐变变形。

3. 快硬、早强

预应力结构中的混凝土具有快硬、早强的性质，可尽早施加预应力，加快施工进度，提高设备以及模板的利用率。

◇**特别提醒**　混凝土的强度主要取决于集料和水泥浆的强度以及集料与浆体之间的界面过渡区的强度。由于混凝土是微孔脆性材料，所以各部分的孔隙率以及孔隙的大小与分布情况直接与混凝土的强度有关。水胶比越小，拌合料硬化后的孔隙率越低，混凝土的强度就越高。高效减水剂能够有效改善水泥的水化程度，缩短水化时间，因此，掺加高效减水剂有助于混凝土的快硬、早强。

任务二　施加预应力的方法、锚具和夹具

◎ **任务目标**

根据工程实际情况能进行锚具和夹具的选用。

一、施加预应力的方法

混凝土的预应力是通过张拉构件内钢筋实现的。根据钢筋张拉与混凝土浇筑的先后次序不同，预应力筋施加预应力的方法可分为先张法和后张法。

1. 先张法

第一步：在台座（或钢模）上用张拉机具张拉预应力钢筋至控制应力，并用夹具临时固定。其示意如图 7-3 所示。

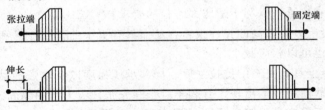

图 7-3　先张法示意（一）

第二步：支模并浇筑混凝土，养护（一般为蒸汽养护）至其强度不低于设计值的 75% 时，切断预应力钢筋。其示意如图 7-4 所示。

图 7-4　先张法示意（二）

知识拓展：先张法
与后张法的区别

> 💡 **知识窗**
>
> 　　首先张拉预应力钢筋，然后浇筑混凝土的施工方法，称为先张法。先张法的优点主要是生产工艺简单，工序少，效率高，质量易于保证，同时，由于省去了锚具和减少了预埋件，构件成本较低。先张法主要适用于工程化大量生产，尤其适宜用于长线法生产中、小型构件。

2. 后张法

第一步：浇筑混凝土制作构件，并预留孔道，如图 7-5 所示。

第二步：在孔道中穿筋，并在构件上用张拉机具张拉预应力钢筋至控制应力，在张拉端用锚具锚住预应力钢筋，并在孔道内压力灌浆，如图 7-6 所示。

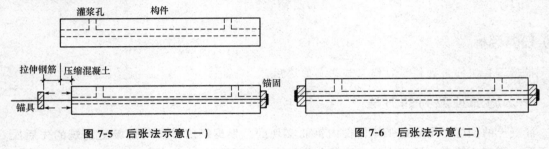

图 7-5　后张法示意（一）　　　　　　图 7-6　后张法示意（二）

知识窗

首先浇筑混凝土，待混凝土硬化后，在构件上直接张拉预应力钢筋，这种施工方法称为后张法。后张法的优点是预应力钢筋直接在构件上张拉，不需要张拉台座，所以后张法构件既可以在预制厂生产，也可在施工现场生产。大型构件在现场生产可以避免长途搬运，故我国大型预应力混凝土构件主要采用后张法。后张法的主要缺点是生产周期较长；需要利用工作锚锚固钢筋，钢筋消耗较多，成本较高；工序多，操作较复杂，造价一般高于先张法。

二、锚具和夹具

为了阻止被张拉的钢筋发生回缩，必须将钢筋端部进行锚固。锚固预应力钢筋和钢丝的工具有锚具和夹具两种类型。永久锚固在构件端部，与构件一起承受荷载，不能重复使用的，称为锚具；在构件制作完成后能重复使用的，称为夹具。

锚、夹具的种类很多，图 7-7 所示为几种常用的锚、夹具。其中，图 7-7(a) 所示为锚固钢丝用的套筒式夹具；图 7-7(b) 所示为锚固粗钢筋用的螺栓端杆锚具；图 7-7(c) 所示为锚固直径为 12 mm 的钢筋或钢绞线束的 JM12 夹片式锚具。

图 7-7　几种常用的锚、夹具

(a)套筒式夹具；(b)螺栓端杆锚具；(c)JM12 夹片式锚具

任务三　张拉控制应力和预应力损失

任务目标

能进行张拉控制应力和预应力损失的计算。

一、张拉控制应力

张拉钢筋时，张拉设备(如千斤顶)上的测力计所指示的总拉力除以预应力钢筋面积所得的应力值称为张拉控制应力，用 σ_{con} 表示。张拉控制应力的大小与预应力钢筋的强度标准

值 f_{pyk}（软钢）或 f_{ptk}（硬钢）有关。

张拉控制应力的确定应遵循以下原则：

（1）张拉控制应力应尽量定得高一些。σ_{con} 定得越高，在预应力混凝土构件配筋相同的情况下产生的预应力就越大，构件的抗裂性就越好。

（2）张拉控制应力又不能定得过高。σ_{con} 过高时，张拉过程中可能发生将钢筋拉断的现象；同时，构件抗裂能力过高时，开裂荷载将接近破坏荷载，使构件破坏前缺乏预兆。

（3）根据钢筋种类及张拉方法确定适当的张拉控制应力。软钢可定得高一些，硬钢可定得低一些；先张法构件的张拉控制应力可定得高一些，后张法构件可定得低一些。

张拉控制应力允许值见表 7-1。

表 7-1　张拉控制应力允许值

钢种	张拉方法	
	先张法	后张法
消除应力钢丝、钢绞线	$0.75f_{ptk}$	$0.70f_{ptk}$
热处理钢筋	$0.70f_{ptk}$	$0.65f_{ptk}$
冷拉钢筋	$0.90f_{ptk}$	$0.85f_{ptk}$

二、预应力损失

按照某一控制应力值张拉的预应力钢筋，其初始的张拉应力会由于各种原因而降低，这种预应力降低的现象称为预应力损失，用 σ_l 表示。 预应力损失值包括以下几种：

（1）σ_{l1}。锚具变形和预应力筋内缩引起的预应力损失。主要由张拉端锚具变形和预应力筋内缩引起。

1）先张法构件。直线预应力筋由锚具变形和预应力筋内缩引起的预应力损失 σ_{l1} 应按下式计算：

$$\sigma_{l1} = \frac{a}{l}E_s \tag{7-1}$$

式中　a——张拉端锚具变形和预应力筋内缩值（mm），可按表 7-2 采用；

　　　l——张拉端至锚固端之间的距离（mm）；

　　　E_s——预应力钢筋的弹性模量。

表 7-2　锚具变形和预应力筋内缩值 a　　　　　　　　　　mm

锚具类别		a
支承式锚具（钢丝束镦头锚具等）	螺母缝隙	1
	每块后加垫板的缝隙	1
夹片式锚具	有顶压时	5
	无顶压时	6～8

注：1. 表中的锚具变形和预应力筋内缩值也可根据实测数据确定；
　　2. 其他类型的锚具变形和预应力筋内缩值应根据实测数据确定。

块体拼成的结构，其预应力损失还应考虑块体间填缝的预压变形。当采用混凝土或砂浆为填缝材料时，每条填缝的预压变形值可取为 1 mm。

2)后张法构件。后张法构件预应力筋或折线形预应力筋由于锚具变形和预应力筋内缩引起的预应力损失值 σ_{l1}，应根据曲线预应力筋或折线预应力筋与孔道之间反向摩擦影响长度 l_f 范围内的预应力筋变形值等于锚具变形和预应力筋内缩值的条件确定，反向摩擦系数可按表 7-3 采用。

表 7-3　预应力钢筋与孔道壁之间的摩擦系数

孔道成型方式	κ	μ	
		钢绞线、钢丝束	预应力螺纹钢筋
预埋金属波纹管	0.001 5	0.25	0.50
预埋塑料波纹管	0.001 5	0.15	—
预埋钢管	0.001 0	0.30	—
抽芯成型	0.001 4	0.55	0.60
无黏结预应力筋	0.004 0	0.09	—
注：表中系数也可根据实测数据确定。			

减少该项损失的措施：由于 a 越小或 l 越大则 σ_{l1} 越小，所以尽量少用垫板。先张法采用长线台座张拉时，σ_{l1} 较小；而后张法中构件长度越大则 σ_{l1} 越小。

(2)σ_{l2}。其由预应力钢筋与孔道壁之间的摩擦引起。

后张法构件预应力筋与孔道壁之间的摩擦引起的预应力损失值 σ_{l2}，宜按下式计算：

$$\sigma_{l2}=\sigma_{con}\left(1-\frac{1}{e^{\kappa x+\mu\theta}}\right) \tag{7-2}$$

式中　x——从张拉端至计算截面的孔道长度，可近似取该段孔道在纵轴上的投影长度(m)；

　　　θ——从张拉端至计算截面曲线孔道各部分切线的夹角之和(rad)；

　　　κ——考虑孔道每米长度局部偏差的摩擦系数，按表 7-3 采用；

　　　μ——预应力钢筋与孔道壁之间的摩擦系数，按表 7-3 采用。

当 $\kappa x+\mu\theta\leqslant0.3$ 时，$\sigma_{l2}\approx(\kappa x+\mu\theta)\sigma_{con}$。

在式(7-2)中，对按抛物线、圆弧曲线变化的空间曲线及可分段后叠加的广义空间曲线，夹角之和 θ 可按下列近似公式计算：

抛物线、圆弧曲线　　　　　　　　$\theta=\sqrt{\alpha_v^2+\alpha_h^2}$ 　　　　　　　(7-3)

广义空间曲线　　　　　　　$\theta=\sum\sqrt{\Delta\alpha_v^2+\Delta\alpha_h^2}$ 　　　　　(7-4)

式中　α_v，α_h——按抛物线、圆弧曲线变化的空间曲线预应力筋在竖直向、水平向投影所形成抛物线、圆弧曲线的弯转角；

　　　$\Delta\alpha_v$，$\Delta\alpha_h$——广义空间曲线预应力筋在竖直向、水平向投影所形成分段曲线的弯转角增量。

对于先张法和后张法构件在张拉端锚口摩擦及在转向装置处的摩擦引起的预应力损失值 σ_{l2}，均按实测值或厂家提供的数据确定。

对于较长的构件可采用一端张拉另一端补拉，或两端同时张拉的方式，也可采用超张拉方式。超张拉程序为 $0\rightarrow1.1\sigma_{con}\xrightarrow{2\ min}0.85\sigma_{con}\rightarrow\sigma_{con}$。

(3)σ_{l3}。混凝土加热养护时，由受张拉的钢筋与承受拉力的设备之间的温差引起，主要在先张法中，$\sigma_{l3}=2\Delta t[\Delta t$ 为混凝土加热养护时，受张拉的预应力钢筋与承受拉力的设备之间的温差(℃)]。

通常采用两阶段升温养护来减小温差损失：先升温 $20\sim 25$ ℃，待混凝土强度达到 $7.5\sim 10$ N/mm² 后，混凝土与预应力钢筋之间已具有足够的粘结力而结成整体；当再次升温时，二者可共同变形，不再引起预应力损失。因此，计算时取 $\Delta t=20\sim 25$ ℃。当在钢模上生产预应力构件时，钢模和预应力钢筋同时被加热，无温差，则该项损失为零。

(4)σ_{l4}。它由预应力钢筋的应力松弛引起，计算公式如下：

1)消除应力钢丝、钢绞线。

普通松弛：

$$\sigma_{l4}=0.4\left(\frac{\sigma_{con}}{f_{ptk}}-0.5\right)\sigma_{con} \tag{7-5}$$

低松弛：

当 $\sigma_{con}\leqslant 0.7f_{ptk}$ 时

$$\sigma_{l4}=0.125\left(\frac{\sigma_{con}}{f_{ptk}}-0.5\right)\sigma_{con} \tag{7-6}$$

当 $0.7f_{ptk}<\sigma_{con}\leqslant 0.8f_{ptk}$ 时

$$\sigma_{l4}=0.2\left(\frac{\sigma_{con}}{f_{ptk}}-0.575\right)\sigma_{con} \tag{7-7}$$

2)中强度预应力钢丝：$\sigma_{l4}=0.08\sigma_{con}$。

3)预应力螺纹钢筋：$\sigma_{l4}=0.03\sigma_{con}$。

当 $\dfrac{\sigma_{con}}{f_{ptk}}\leqslant 0.5$ 时，预应力筋的应力松弛损失值 σ_{l4} 可取为零。

采用超张拉的方法减小松弛损失。超张拉时可采取以下两种张拉程序：第一种为 $0\rightarrow 1.03\sigma_{con}$；第二种为 $0\rightarrow 1.05\sigma_{con}\xrightarrow{2\ min}\sigma_{con}$。

💡 知识窗

应力松弛损失实际上是钢筋的应力松弛和徐变引起的预应力损失的统称。应力松弛，是指钢筋在高应力作用下，当长度保持不变时，应力随时间延长而逐渐减小的现象。而徐变则是指钢筋在长期不变应力作用下，应变随时间延长而逐渐增大的现象。一般来说，预应力混凝土构件最初几天松弛是主要的。在最初的 1 h 内大约完成总松弛值的 50%，24 h 内可以完成 80%，以后逐渐减小。到最后一阶段，当大部分预应力损失出现后，则以钢筋的徐变为主。σ_{l4} 既发生在先张法构件中，也发生在后张法构件中。

---

(5)σ_{l5}。它由混凝土的收缩和徐变引起，混凝土的收缩、徐变引起受拉区和受压区纵向预应力筋的预应力损失值 σ_{l5}、σ'_{l5}，可按下列方法计算：

先张法构件
$$\sigma_{l5}=\frac{60+340\dfrac{\sigma_{pc}}{f'_{cu}}}{1+15\rho} \tag{7-8}$$

$$\sigma'_{l5} = \frac{60 + 340\dfrac{\sigma'_{pc}}{f'_{cu}}}{1 + 15\rho'} \tag{7-9}$$

后张法构件
$$\sigma_{l5} = \frac{55 + 300\dfrac{\sigma_{pc}}{f'_{cu}}}{1 + 15\rho} \tag{7-10}$$

$$\sigma'_{l5} = \frac{55 + 300\dfrac{\sigma'_{pc}}{f'_{cu}}}{1 + 15\rho'} \tag{7-11}$$

式中　σ_{pc}，σ'_{pc}——受拉区、受压区预应力筋合力点处的混凝土法向压应力；

f'_{cu}——施加预应力时的混凝土立方体抗压强度；

ρ，ρ'——受拉区、受压区预应力筋和普通钢筋的配筋率，对于先张法构件，$\rho = \dfrac{A_p + A_s}{A_0}$，$\rho' = \dfrac{A'_p + A'_s}{A_0}$；对后张法构件，$\rho = \dfrac{A_p + A_s}{A_n}$，$\rho' = \dfrac{A'_p + A'_s}{A_n}$（$A_0$ 为构件的换算截面面积，A_n 为构件的净截面面积）；对于对称配置预应力筋和普通钢筋的构件，配筋率 ρ、ρ' 应按钢筋总截面面积的一半进行计算。

计算受拉区、受压区预应力钢筋在各自合力点处的混凝土法向预应力 σ_{pc}、σ'_{pc} 时，预应力损失值仅考虑混凝土预压前（第一批）的损失（即这里取 $\sigma_{pc} = \sigma_{pc,I}$，$\sigma'_{pc} = \sigma'_{pc,I}$），其普通钢筋中的应力 σ_{l5}、σ'_{l5} 值应取为零；σ_{pc}、σ'_{pc} 值不得大于 $0.5f'_{cu}$；当 σ'_{pc} 为拉应力时，则式（7-9）和式（7-11）中的 σ'_{pc} 应取为零。计算混凝土法向应力 σ_{pc}、σ'_{pc} 时，可根据构件制作情况考虑自重的影响。

当结构处于年平均相对湿度低于 40% 的环境下，σ_{l5} 及 σ'_{l5} 值应增加 30%。

当采用泵送混凝土时，宜根据实际情况考虑混凝土收缩、徐变引起预应力损失值增大的影响。所有能减少混凝土收缩、徐变的措施，相应地都将减少 σ_{l5}。

（6）σ_{l6}。用螺旋式预应力钢丝（或钢筋）作配筋的环形结构构件，由于螺旋式预应力钢丝（或钢筋）挤压混凝土引起的预应力损失。σ_{l6} 的大小与构件直径有关，构件直径越小，预应力损失越大。当结构直径大于 3 m 时，σ_{l6} 可不计；当结构直径小于或等于 3 m 时，σ_{l6} 可取为 30 N/mm²。

后张法构件的预应力筋采用分批张拉时，应考虑后批张拉预应力筋所产生的混凝土弹性压缩或伸长对于先批张拉预应力筋的影响，可将先批张拉预应力筋的张拉控制应力值 σ_{con} 增加或减小 $\alpha_E \sigma_{pci}$（σ_{pci} 为后批张拉预应力筋在先批张拉预应力筋重心处产生的混凝土法向应力）。

预应力混凝土构件在各阶段的预应力损失值宜按表 7-4 的规定进行组合。

表 7-4　各阶段预应力损失值的组合

预应力损失值的组合	先张法构件	后张法构件
混凝土预压前（第一批）的损失	$\sigma_{l1} + \sigma_{l2} + \sigma_{l3} + \sigma_{l4}$	$\sigma_{l1} + \sigma_{l2}$
混凝土预压后（第二批）的损失	σ_{l5}	$\sigma_{l4} + \sigma_{l5} + \sigma_{l6}$

注：先张法构件由于预应力筋应力松弛引起的损失值 σ_{l4} 在第一批和第二批损失中所占的比例，如需区分，可根据实际情况确定。

当计算求得的预应力总损失值小于下列数值时，应按下列数值取用：

(1)先张法构件，100 N/mm²；

(2)后张法构件，80 N/mm²。

任务四　预应力混凝土构件的构造要求

◎ **任务目标**

根据工程实际情况能进行预应力混凝土构件的构造设计。

一、先张法预应力混凝土构件的构造要求

1. 先张法预应力钢筋尺寸及预留孔道尺寸

(1)先张法预应力钢筋最小净间距见表 7-5。

表 7-5　先张法预应力钢筋最小净间距

项目	内容			
钢筋类型	热处理钢筋	预应力钢丝	三股钢绞线	七股钢绞线
绝对值	15	15	20	25
相对值	2.5d 或 1.25d_e			

注：1. 当混凝土振捣密实性具有可靠保证时，净间距可放宽为最大粗集料粒径的 1.0 倍。

2. 表中 d 为预应力钢筋的公称直径。对热处理钢筋及预应力钢丝而言，即为其直径；而对钢绞线来说，是其公称直径 d(截面的外接圆直径，轮廓直径)。因此，直径与截面之间并不存在 $A_p = \dfrac{\pi d^2}{4}$ 的对应关系，其真正的承载截面面积 A，应按钢筋表查找相应的公称截面面积。

3. 表中 d_e 为混凝土粗集料的最大粒径。

(2)预留孔道的内径应比预应力钢丝束或钢绞线束外径及需穿过孔道的连接器外径大 10～15 mm。这是施工时穿筋布置预应力钢丝束或钢绞线束及锚具的起码条件。

(3)端面孔道的相对位置应综合考虑锚夹具的尺寸、张拉设备压头的尺寸、端面混凝土的局部承压能力等因素而妥善布置，必要时应适当加大端面尺寸，以避免施工误差等意外因素造成张拉施工的困难。

(4)对预制构件，孔道之间的水平净间距不宜小于 50 mm；孔道至构件边缘的净间距不宜小于 30 mm，且不宜小于孔道直径的一半。

(5)框架梁在支座处承受负弯矩而在跨中承受正弯矩，因此，预应力钢筋往往做曲线配置。在框架梁中，曲线的预留孔道在竖直方向的净间距不应小于孔道外径，水平方向的净间距不应小于 1.5 倍孔道外径；从孔壁算起的混凝土保护层厚度，在梁侧不宜小于 40 mm，而在梁底不宜小于 50 mm。

（6）大跨度受弯构件往往在制作时需要预先起拱，以抵消正常使用时产生的过大挠度，此时预留孔道宜随构件同时起拱，以免引起计算以外的次应力。

2. 先张法预应力混凝土构件端部加固措施

（1）对于单根预应力钢筋或钢筋束，可以在构件端部设置螺旋钢筋圈。其端部宜设置长度不小于 150 mm 且不少于 4 圈的螺旋筋，如图 7-8 所示；当有可靠经验时，也可利用支座垫板上的插筋代替螺旋筋，但插筋数量不应少于 4 根，其长度不宜小于 120 mm。

（2）如果在支座处布置螺旋钢筋有困难，为满足预制构件与搁置支座连接的需要，有时在构件端部预埋支座垫板，并相应配有埋件的锚筋。可以利用支座垫板上的锚筋（插筋）代替螺旋筋约束预应力钢筋。预应力钢筋必须从两排插筋中穿过，并且插筋数量不少于 4 根，长度不少于 120 mm，如图 7-9 所示。在我国预制的屋面板端部多采用这种措施。

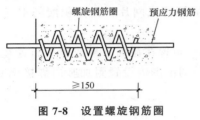

图 7-8　设置螺旋钢筋圈

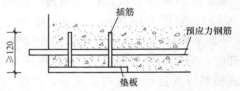

图 7-9　预应力钢筋从两排插筋中穿过

（3）对分散布置的多根预应力钢筋，每根钢筋都加螺旋钢筋圈有困难，则可以在构件端部 $10d$（d 为预应力钢筋的公称直径）且不小于 100 mm 长度范围内设置 3～5 片与预应力钢筋垂直的钢筋网；钢筋网一般用细直径钢筋焊接或绑扎，如图 7-10 所示。

（4）对采用预应力钢丝配筋的薄板，由于端面尺寸有限，前述局部加强配筋的措施均难以执行。可以在板端 100 mm 范围内适当加密横向钢筋，其数量不少于 2 根，如图 7-11 所示。

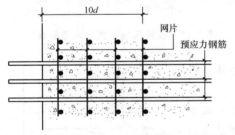

图 7-10　设置与预应力钢筋垂直的钢筋网

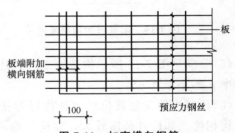

图 7-11　加密横向钢筋

（5）槽形板类构件，应在构件端部 100 mm 长度范围内沿构件板面设置附加横向钢筋，其数量不应少于 2 根。

二、后张法预应力混凝土构件的构造要求

（1）对预应力屋面梁、起重机梁等构件，宜将一部分预应力钢筋在靠近支座处弯起，弯起的预应力钢筋宜沿构件端部均匀布置，如图 7-12 所示。

（2）出于对构件安装的需要，预制构件端部预应力筋锚固处往往有局部凹进。此时应增设折线形的构造钢筋，连同支座垫板上的竖向构造钢筋（插筋或埋件的锚筋）共同构成对锚固区域的约束，如图 7-13 所示。

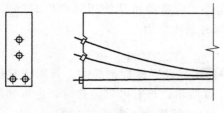

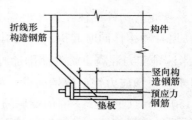

图 7-12 弯起预应力钢筋　　　　　　　图 7-13 增设折线形构造钢筋

（3）由于构件端部尺寸有限，集中的应力来不及扩散，端部局部承压区以外的孔道仍可能劈裂。因此，在局部受压间接钢筋配置区以外，在构件端部长度不小于 $3e$（e 为截面重心线上部或下部预应力钢筋的合力点至邻近边缘的距离）但不大于 $1.2h$（h 为构件端部截面高度）、高度为 $2e$ 的附加配筋区范围内，应均匀配置附加箍筋或网片，其体积配筋率 ρ_v 应不小于 0.5%，如图 7-14 所示。

（4）如果构件端部预应力钢筋无法均匀布置而需集中布置在截面下部或集中布置在上部和下部时，应在构件端部 $0.2h$（h 为构件端部截面高度）的范围内设置附加竖向焊接钢筋网、封闭式箍筋或其他形式的构造钢筋，如图 7-15 所示。

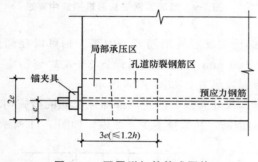

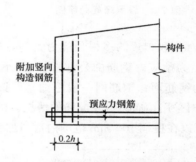

图 7-14 配置附加箍筋或网片　　　　　图 7-15 设置其他形式的构造钢筋

（5）除满足图 7-16 所示构造要求外，还应满足其体积配筋率 ρ_v 不小于 0.5%。

（6）预制构件安装就位后，往往以焊接形式与下部支撑结构相连。如构件长度较大，在构件端部应配置足够的非预应力纵向构造钢筋防裂。

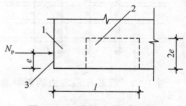

图 7-16 混凝土构造要求

1—间接钢筋配置区；2—端部锚固区；
3—构件边缘

（7）后张法预应力构件在张拉锚固后应在孔道内灌浆以保护预应力钢筋免受锈蚀并具备一定的黏结锚固作用。为此在构件两端及跨中应设置灌浆孔或排气孔，其间距不宜大于 12 m。

（8）在预应力钢筋的锚夹具下及张拉设备压头的支撑处，应有事先预放的钢垫板以避免巨大的预压应力直接作用在混凝土上。其尺寸由构造布置确定。

（9）后张法预应力钢筋的锚固应选用可靠的锚具，其形式和质量要求应符合现行标准《预应力筋用锚具、夹具和连接器》（GB/T 14370—2015）的规定。另外，对外露金属锚具，应采取可靠的防锈措施，或者浇筑混凝土加以封闭。

(10)后张法预应力筋及预留孔道布置应符合下列构造规定：

1)预制构件中预留孔道之间的水平净间距不宜小于 50 mm，且不宜小于粗集料粒径的 1.25 倍；孔道至构件边缘的净间距不宜小于 30 mm，且不宜小于孔道直径的 50%。

2)现浇混凝土梁中预留孔道在竖直方向的净间距不应小于孔道外径，水平方向的净间距不宜小于 1.5 倍孔道外径，且不应小于粗集料粒径的 1.25 倍；从孔道外壁至构件边缘的净间距，梁底不宜小于 50 mm，梁侧不宜小于 40 mm，裂缝控制等级为三级的梁，梁底、梁侧分别不宜小于 60 mm 和 50 mm。

3)预留孔道的内径宜比预应力束外径及需穿过孔道的连接器外径大 6~15 mm，且孔道的截面面积宜为穿入预应力束截面面积的 3.0~4.0 倍。

4)当有可靠经验并能保证混凝土浇筑质量时，预留孔道可水平并列贴紧布置，但并排的数量不应超过 2 束。

5)在现浇楼板中采用扁形锚固体系时，穿过每个预留孔道的预应力筋数量宜为 3~5 根；在常用荷载情况下，孔道在水平方向的净间距不应超过 8 倍板厚及 1.5 m 中的较大值。

6)板中单根无黏结预应力筋的间距不宜大于板厚的 6 倍，且不宜大于 1 m；带状束的无黏结预应力筋根数不宜多于 5 根，带状束间距不宜大于板厚的 12 倍，且不宜大于 2.4 m。

7)梁中集束布置的无黏结预应力筋，集束的水平净间距不宜小于 50 mm，束至构件边缘的净间距不宜小于 40 mm。

 任务实训

任务 1　认知预应力钢筋种类、规格，张拉机械及设备，锚具
实训目的：通过参观实训基地，认知预应力钢筋种类、规格，张拉机械及设备，锚具。
实训内容与要求：能认知预应力钢筋种类、规格，张拉机械及设备，锚具。
任务 2　观看预加应力的施工过程
实训目的：通过参观施工现场，掌握先张法及后张法的主要施工工序。
实训内容与要求：能区分先张法及后张法的主要工艺要点。
任务 3　观看预加应力的张拉过程
实训目的：通过观看预加应力的张拉过程，掌握控制应力及预应力损失产生的原因。
实训内容与要求：认知控制应力，学会分析预应力损失产生的原因及减少各损失的措施。
任务 4　认知预应力钢筋的布置、构件端部处理
实训目的：通过参观，掌握预应力钢筋的布置、构件端部处理方法。
实训内容与要求：能认知预应力钢筋的布置、构件端部处理方法。

 能力提升

一、填空题
1. 按制作方法划分，预应力混凝土可分为_____和_____。
2. 按构件中预加应力的大小程度，预应力混凝土可分为_____和_____。

3. 在预应力混凝土中一般采用以_____为胶结料的混凝土。

4. 锚固预应力钢筋和钢丝的工具有_____和_____两种类型。

5. 对预制构件，孔道之间的水平净间距不宜小于_____；孔道至构件边缘的净间距不宜小于_____，且不宜小于孔道直径的一半。

二、简答题

1. 什么是预应力混凝土构件？

2. 按施工方式的不同，预应力混凝土可分为哪两种？

3. 提高钢材的强度的方法有哪几种？

4. 张拉控制应力的确定应遵循哪些原则？

5. 后张法预应力筋及预留孔道布置应符合哪些构造规定？

三、计算题

1. 某预应力混凝土轴心受拉构件，采用先张法，截面尺寸为 200 mm×200 mm，构件长度为 15 m，在 50 m 台座上张拉。混凝土强度等级为 C40，预应力钢筋为 10 根直径为 9 mm 的螺旋肋消除预应力钢丝，对称配置。普通松弛，张拉控制应力为 $\sigma_{con}=0.75f_{ptk}$，$f_{ptk}=1570 \text{ N/mm}^2$，放张时混凝土强度为 $0.75f_{cu}$。已知锚具变形和钢筋内缩值 $a=5$ mm，构件蒸汽养护时，预应力钢筋和张拉设备间的温差 $\Delta t=20 ℃$，受拉区预应力筋合力点处的混凝土法向压应力 $\sigma_{pc}=10 \text{ N/mm}^2$。求各阶段预应力损失值。

2. 一预应力混凝土轴心受拉构件，长度为 24 m，截面尺寸为 250 mm×160 mm，混凝土强度等级为 C60，螺旋肋钢丝为 $10\Phi^H9$，先张法施工，在 100 m 台座上张拉，端头采用镦头锚具固定预应力钢筋，超张拉，并考虑蒸养时台座与预应力筋之间的温差 $\Delta t=20 ℃$，混凝土达到强度设计值的 80% 时放松预应力筋(图 7-17)。试计算各项预应力损失值。

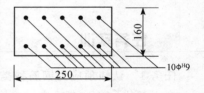

图 7-17　预应力筋尺寸及配筋图

3. 已知后张法预应力工字截面梁，截面尺寸及配筋如图 7-18 所示。混凝土强度等级为 C55，预应力钢筋为 $\phi5$ 的光圆消除应力钢丝(普通松弛)，上部配 2 束 12ϕ5 的钢筋束[$A_p'=2\times12\times19.6=470.4(\text{mm}^2)$]，下部配 9 束 18$\phi$5 的钢筋束[$A_p=9\times18\times19.6=3175(\text{mm}^2)$]，采用钢质锥形锚具。钢丝束孔道直径 $D=50$ mm，采用预埋金属波纹管。混凝土达到设计强度等级后张拉钢筋，直线筋一端张拉，曲线筋两端张拉。试求跨中截面的预应力损失值。

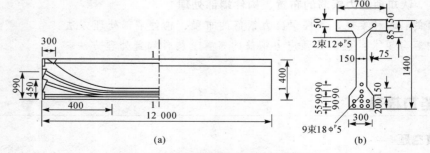

图 7-18　工字截面梁结构尺寸及配筋图

项目八　钢筋混凝土梁、板结构

知识目标

1. 了解钢筋混凝土平面楼盖的组成及结构类型；熟悉楼盖上作用的荷载、单向板和双向板的作用。

2. 掌握单向板肋梁楼盖结构内力的计算方法；熟悉双向板肋梁楼盖的结构平面布置；掌握双向板肋梁楼盖结构内力的计算方法。

3. 熟悉装配式楼盖、楼梯的结构形式及计算方法。

素养目标

1. 具有积极的工作态度、饱满的工作热情、良好的人际关系，善于与同事合作。

2. 热爱本职工作，不断地提高自己的技能。

> 单向板肋梁钩盖设计的每个计算简图、荷载分析、内力计算，每个环节、每个步骤都是环环相扣，追求卓越的科学精神、科学态度的体现。教师应引导学生要有足够强的塑性和韧性，要有能经受挫折、百折不挠的精神。强调科学研究追求卓越、止于至善的精神。

项目导入

1. 工程概况

某教学楼屋顶为井字梁楼盖，平面尺寸为 10.8 m×14.4 m，梁断面尺寸为 25 m×70 m，受力钢筋为 3Φ22。浇灌完混凝土拆模后，发现离支座 2.5 m 的部位出现了大量的裂缝，如图 8-1 所示。

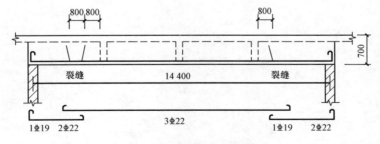

图 8-1　井字梁楼盖裂缝

2. 原因分析

事故发生后，经过调查分析得知，事故是因为钢筋绑扎不当造成的。从设计图上看，受力钢筋为 3⏀22 的钢筋。施工中，由于 ⏀22 钢筋没有长于 10 m 的料，在离支座两端 2.5 m 处，将受力钢筋在同一截面切断，并搭接焊上 1⏀19、2⏀22，致使该焊接截面同时有 6⏀19～22 的钢筋，钢筋间基本没有空隙。浇灌混凝土时无法保证钢筋周围的混凝土保护层，钢筋与混凝土间失去粘结力，钢筋的搭接失去作用，致使拆模后该梁在搭接部位严重开裂。

任务一 钢筋混凝土梁、板结构概述

任务目标

在荷载作用下能正确判断混凝土板单向板、双向板。

一、钢筋混凝土平面楼盖的组成及结构类型

钢筋混凝土平面楼盖是由梁、板、柱(有时无梁)组成的梁板结构体系，它是土木与建筑工程中应用最广泛的一种结构形式。

图8-2所示为现浇钢筋混凝土肋梁楼盖。其由板、次梁及主梁组成，主要用于承受楼面竖向荷载。

楼盖的结构类型可以按照以下方法进行分类：

(1)按结构形式的不同，楼盖可分为单向板肋梁楼盖、双向板肋梁楼盖、井式楼盖、密肋楼盖和无梁楼盖(又称板柱结构)，如图8-3所示。其中，单向板肋梁楼盖和双向板肋梁楼盖的使用最为普遍。

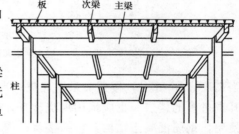

图8-2 现浇钢筋混凝土肋梁楼盖

1)肋梁楼盖：由相交的梁和板组成。其主要传力途径为板→次梁→主梁→柱或墙→基础→地基。肋梁楼盖的特点是用钢量较低，楼板上留洞方便，但支模较复杂。其可分为单向板肋梁楼盖和双向板肋梁楼盖，应用最为广泛。

2)无梁楼盖：在楼盖中不设梁，而将板直接支撑在带有柱帽(或无柱帽)的柱上，其传力途径是荷载由板传至柱或墙。无梁楼盖结构的高度小，净空大，结构顶棚平整，支模简单，但用钢量较大，通常用在冷库、各种仓库、商店等柱网布置接近方形的建筑工程中。当柱网较小(3~4 m)时，柱顶可不设柱帽，柱网较大(6~8 m)且荷载较大时，柱顶设柱帽以提高板的抗冲切能力。

3)密肋楼盖：密铺小梁(肋)，间距为0.5~2.0 m，一般采用实心平板搁置在梁肋上，或放在倒T形梁下翼缘上，上铺木地板；或在梁肋间填以空心砖或轻质砌块，后两种构造楼面隔声性能较好，目前也有采用现浇的形式。由于小梁较密，板厚很小，梁高也较肋形楼盖小，结构自重较轻。

4)井式楼盖：两个方向的柱网及梁的截面相同，由于是两个方向受力，梁高度比肋形楼盖小，一般用于跨度较大且柱网呈方形的结构。

(2)按施工方法的不同，楼盖可分为现浇楼盖、装配式楼盖和装配整体式楼盖三种。现浇楼盖具有刚度大、整体性好、抗震抗冲击性能好、防水性好、对不规则平面的适应性强、开洞容易等优点。其缺点是费工、费模板、工期长、施工受季节限制。我国《高层建筑混凝土结构技术规程》(JGJ 3—2010)规定，在高层建筑中，楼盖宜现浇；对抗震设防的建筑，

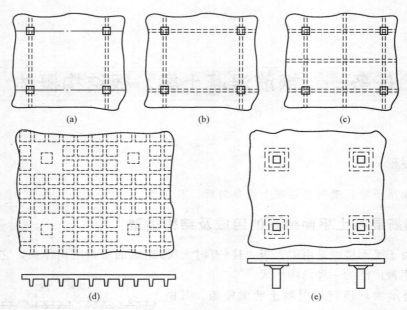

图 8-3　楼盖的结构类型

(a)单向板肋梁楼盖；(b)双向板肋梁楼盖；(c)井式楼盖；(d)密肋楼盖；(e)无梁楼盖

当高度≥50 m 时，楼盖应采用现浇；当高度≤50 m 时，在顶层、刚性过渡层和平面复杂或开洞过多的楼层，也应采用现浇楼盖。随着商品混凝土、泵送混凝土及工具式模板的广泛使用，钢筋混凝土结构，包括楼盖在内，大多采用现浇的方式。

◆**应用提示**　目前，我国装配式楼盖主要用在多层砌体房屋，特别是多层住宅中。在抗震设防区，有限制使用装配式楼盖的趋势。装配整体式楼盖是提高装配式楼盖刚度、整体性和抗震性能的一种改进措施，最常见的方法是在板面做 40 mm 厚的配筋现浇层。

(3)按是否预加应力情况，楼盖可分为钢筋混凝土楼盖和预应力混凝土楼盖两种。预应力混凝土楼盖用得最普遍的是无黏结预应力混凝土平板楼盖；当柱网尺寸较大时，预应力楼盖可有效减小板厚，降低建筑层高。

二、楼盖上作用的荷载

楼盖上作用的荷载可分为恒载与活载。恒载是指结构在使用期间作用在结构上的恒定不变的荷载，如结构自重，一般以均布荷载的形式作用于结构上；活载是指结构在使用期间大小和作用位置均可变动的荷载。活荷载的分布常常是不规则的，并有一定的变动性，经调查统一，一般折合成每平方米楼盖面积上的均布荷载计算。不同用途的楼面、屋面活荷载，不同地区的风荷载、屋面雪载，以及属于恒载的各种材料的单位质量均可查阅《建筑结构荷载规范》(GB 50009—2012)。对于有特殊用途的楼盖，其活荷载在《建筑结构荷载规范》(GB 50009—2012)中无具体规定时，应根据实际情况确定。

楼盖上作用的恒载，除楼盖结构本身自重外，一般还有一些建筑做法的重量，如面层、隔声保温层及吊顶抹灰等重量均应计算在内，这应根据具体设计情况加以计算。

对楼盖进行承载能力极限状态设计时，其基本组合的分项系数如下：

永久荷载，当其效应对结构不利时，对于由可变荷载效应控制的组合，取1.2；对于由永久荷载效应控制的组合，取1.35。当其效应对结构有利时，不应大于1.0；当进行倾覆、滑移或漂浮验算时，取0.9。

可变荷载，一般情况下取1.4；对于标准值大于4 kN/m² 的工业房屋结构取1.3。

对于民用建筑的楼面活荷载，由《建筑结构荷载规范》(GB 50009—2012)给出的楼面活荷载标准值并不一定是满布于楼面上的，当楼面梁的从属面积较大时，则活荷载的满布程度将减小。因此，《建筑结构荷载规范》(GB 50009—2012)规定在设计楼面梁、墙、柱及基础时，楼面活荷载标准值应乘以规定的折减系数，其折减系数依据房屋类别和楼面梁的负荷范围大小，取0.55～1.0不等。

三、单向板和双向板

肋梁楼盖中每一区格的板一般在四边都由梁或墙支承，形成四边支承板，由于梁的刚度比板的刚度大得多，所以在分析板的受力时，可以近似地忽略梁的竖向变形，假设梁为板的不动铰支座。

荷载将通过板的双向受弯作用传到四边支承的构件(梁或墙)上，但是，随着板的长边 L 与短边 B 的比值 $n=L/B$ 的变化，荷载在两个方向的传递比例也不相同。一般来说，当 $n>1$ 时，沿短跨传递的荷载大，而沿长跨传递的荷载小。

根据板的支承形式及在长、短两个长度上的比值，板可分为单向板和双向板两个类型，如图8-4所示。其受力性能及配筋构造都各有其特点。

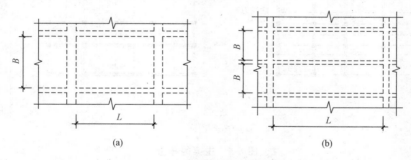

(a)   (b)

图8-4　单向板与双向板

(a)四边支承双向板($L/B\leq2$)；(b)四边支承单向板($L/B\geq3$)

在荷载作用下，可近似地认为全部荷载通过短向受弯作用传到长边支座上，设计中仅需考虑板在短向受弯，对于长向受弯只做局部构造处理，这就是单向板。如在设计中必须考虑长向和短向受弯的板叫作双向板。单向板与双向板之间没有一个截然的界限，为方便设计，混凝土板应按下列原则进行计算：

(1)两对边支承的板应按单向板计算；

(2)四边支承的板，应按下列规定计算：

1)当长边与短边长度之比大于或等于3时，宜按沿短边方向受力的单向板计算，并应沿长边方向布置构造钢筋；

2)当长边与短边长度之比小于或等于2时，应按双向板计算；

3)当长边与短边长度之比介于2和3之间时，宜按双向板计算。

任务二 单向板肋梁楼盖的设计

◎ **任务目标**

能进行楼盖结构布置及单向板肋梁楼盖的设计。

一、楼盖结构布置及设计步骤

(一)楼盖结构布置

钢筋混凝土单向板肋梁楼盖的结构布置主要是主梁、次梁的布置,一般在建筑设计阶段已确定了建筑物的跨度,主梁的间距决定了次梁的跨度,次梁的间距决定了板的跨度。

在进行板、次梁和主梁布置时,在满足建筑使用要求的前提下主梁的布置方案有两种:一种是沿房屋横向布置[图 8-5(a)];另一种是沿房屋纵向布置[图 8-5(b)]。

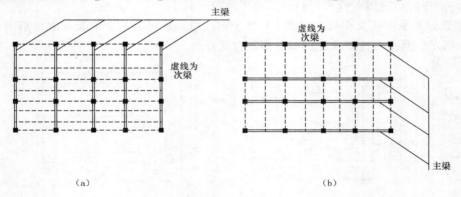

图 8-5 主梁的布置

(a)主梁沿房屋横向布置;(b)主梁沿房屋纵向布置

为了增强房屋横向刚度,主梁一般沿房屋横向布置,而次梁则沿房屋纵向布置,主梁必须避开门窗洞口。当建筑上要求横向柱距大于纵向柱距较多时,主梁也可沿纵向布置,以减小主梁跨度。

梁格布置应力求规整,以使板厚和梁截面尺寸尽量统一。柱网宜为正方形或矩形,梁系应尽可能连续贯通,以加强楼盖整体性,并便于设计和施工。

板的混凝土用量占整个楼盖的一半以上,因此,板厚宜取较小值,在梁格布置时应考虑这一因素。另外,当主梁跨间布置的次梁多于一根时,主梁弯矩变化平缓,受力较有利。

根据设计经验,主梁的跨度一般为 5~8 m;次梁的跨度一般为 4~6 m;板的跨度(也即次梁的间距)一般为 1.7~2.7 m。在一个主梁跨度内,次梁不宜少于 2 根,故板的跨度通常为 2 m 左右。

(二)设计步骤

单向板肋形楼盖的设计步骤如下:

(1)布置结构平面,并对梁板进行分类编号,初步确定板厚和主、次梁的截面尺寸。

(2)确定板和主梁、次梁的计算简图。

(3)梁、板的内力计算及内力组合。

(4)截面配筋计算及构造措施。

(5)绘制施工图。

二、单向板肋梁楼盖结构内力的计算

(一)内力计算一般规定

现浇肋形楼盖中板、次梁、主梁一般为多跨连续梁。设计连续梁时,内力计算是主要内容,而截面配筋计算与简支梁、伸臂梁基本相同。钢筋混凝土连续梁内力计算有按弹性理论方法计算和按塑性内力重分布计算两种。

(1)在现浇单向板肋梁楼盖中,板、次梁、主梁的计算模型为连续板或连续梁,其中,次梁是板的支座,主梁是次梁的支座,柱或墙是主梁的支座。为了简化计算,通常做如下简化假定:

1)支座可以自由转动,但没有竖向位移;

2)不考虑薄膜效应对板内力的影响;

3)在确定板传给次梁的荷载以及次梁传给主梁的荷载时,分别忽略板、次梁的连续性,按简支构件计算支座竖向反力;

4)跨数超过五跨的连续梁、板,当各跨荷载相同,且跨度相差不超过10%时,可按五跨的等跨连续梁、板计算。

(2)为减少计算工作量,进行结构内力分析时,常常不是对整个结构进行分析,而是从实际结构中选取有代表性的某一部分作为计算的对象,称为计算单元。

楼盖中对于单向板,可取1 m宽度的板带作为其计算单元,在此范围内,即图8-6中用阴影线表示的楼面均布荷载便是该板带承受的荷载,这一负荷范围称为从属面积,即计算构件负荷的楼面面积。

楼盖中部主梁、次梁截面形状都是两侧带翼缘(板)的T形截面,每侧翼缘板的计算宽度取与相邻梁中心距的一半。次梁承受板传来的均布荷载,主梁承受次梁传来的集中荷载,由上述假定3)可知,一根次梁的负荷范围及次梁传递给主梁的集中荷载范围,如图8-7所示。

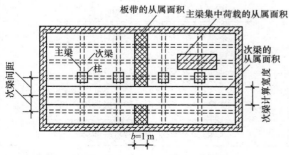

图8-6 板、梁的荷载计算范围

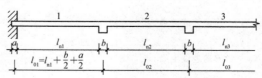

图8-7 按弹性理论计算时的计算跨度

（3）由图 8-6 可知，次梁的间距就是板的跨长，主梁的间距就是次梁的跨长，但不一定就等于计算跨度。梁、板的计算跨度 l_0 是指内力计算时所采用的跨间长度。从理论上讲，某一跨的计算跨度应取为该跨两端支座处转动点之间的距离。所以，当按弹性理论计算时，中间各跨取支撑中心线之间的距离；边跨由于端支座情况有差别，与中间跨的取值方法不同。如果端部搁置在支撑构件上，支承长度为 a，则对于梁，伸进边支座的计算长度可在 $0.025l_{n1}$ 和 $a/2$ 两者中取小值，即边跨计算长度在 $(1.025l_{n1}+b/2)$ 与 $\left(l_{n1}+\dfrac{h+b}{2}\right)$ 两者中取小

值，如图 8-7 所示；对于板，边跨计算长度在 $(1.025l_{n1}+b/2)$ 与 $\left(l_{n1}+\dfrac{h+b}{2}\right)$ 两者中取小值。梁、板在边支座与支撑构件整浇时，边跨也取支撑中心线之间的距离。这里，l_{n1} 为梁、板边跨的净跨长，b 为第一内支座的支撑宽度，h 为板厚。

（4）作用在板和梁上的荷载一般有永久荷载（恒荷载）和可变荷载（活荷载）两种。恒荷载的标准值可按其几何尺寸和材料的重力密度计算。《建筑结构荷载规范》（GB 50009—2012）规定了民用建筑楼面上的均布活荷载标准值及其组合值、频遇值和准永久值系数。在《建筑结构荷载规范》（GB 50009—2012）的附录 D 中也给出了某些工业建筑的楼面活荷载值。

楼面结构上的局部荷载可按《建筑结构荷载规范》（GB 50009—2012）中附录 C 的规定，换算为等效均布活荷载。

确定荷载效应组合的设计值时，恒荷载的分项系数取值：当其效应对结构不利时，对由活荷载效应控制的组合，取 1.2，对由恒荷载效应控制的组合，取 1.35；当其效应对结构有利时，一般取 1.0，对倾覆和滑移验算取 0.9。活荷载的分项系数，一般情况下取 1.4，对楼面活荷载标准值大于 4 kN/m² 的工业厂房楼面结构的活荷载，取 1.3。活荷载分布通常是不规则的，一般均折合成等效均布荷载计算。其标准值可由《建筑结构荷载规范》（GB 50009—2012）查得。

◇**特别提醒**　在设计民用房屋楼盖梁时，应注意楼面活荷载折减问题，因为当梁的负荷面积较大时，全部满载的可能性较小，所以适当降低其荷载值更符合实际，具体计算按《建筑结构荷载规范》（GB 50009—2012）的规定；板、梁等构件，计算时其截面尺寸可参考有关资料预先估算确定。当计算结果所得的截面尺寸与原估算的尺寸相差很大时，需重新估算确定其截面尺寸。

当楼面荷载标准值 $q \leqslant 4$ kN/m² 时，板、次梁和主梁的截面参考尺寸见表 8-1。

表 8-1　板、次梁和主梁截面参考尺寸（$q \leqslant 4$ kN/m²）

构件种类		高跨比（h/l）	备注
单向板	简支	$\dfrac{1}{35}$	最小板厚（h）： 屋面板：$h \geqslant 60$ mm 民用建筑楼板：$h \geqslant 60$ mm 工业建筑楼板：$h \geqslant 70$ mm
	两端连续	$\dfrac{1}{40}$	
双向板	四边简支	$\dfrac{1}{45}$	最小板厚（h）：$h = 80$ mm （l 为短向计算跨度）
	四边连续	$\dfrac{1}{50}$	
多跨连续次梁		$\dfrac{1}{18} \sim \dfrac{1}{12}$	最小梁高（h）： 次梁：$h = \dfrac{l}{25}$（l 为梁的计算跨度）
多跨连续主梁		$\dfrac{1}{14} \sim \dfrac{1}{8}$	主梁：$h = \dfrac{l}{15}$（l 为梁的计算跨度）
单跨简支梁		$\dfrac{1}{14} \sim \dfrac{1}{8}$	宽高比（b/h）：$\dfrac{1}{3} \sim \dfrac{1}{2}$，且 50 mm 为模数

板荷载设计计算通常取宽为 1 m 的板带作为计算单元，它可以代表板中间大部分区域的受力状态，此时板上单位面积荷载值也就是计算板带上的线荷载值。

折算荷载的取值如下：

连续板
$$g' = g + \frac{q}{2}; \quad q' = \frac{q}{2} \tag{8-1}$$

连续梁
$$g' = g + \frac{q}{4}; \quad q' = \frac{3q}{4} \tag{8-2}$$

式中　g，q——单位长度上恒荷载、活荷载设计值；

　　　g'，q'——单位长度上折算恒荷载、折算活荷载设计值。

◇**特别提醒**　当板或梁搁置在砌体或钢结构上时，荷载不做调整。

（二）内力的计算方法

1. 按弹性理论方法计算

钢筋混凝土连续梁、板的内力按弹性理论方法计算时，是假定梁板为理想弹性体系，内力计算按结构力学的力矩分配法进行。

（1）弯矩图和剪力图。连续梁（板）所受荷载包括恒荷载和活荷载。其中恒荷载是保持不变的且布满各跨，活荷载在各跨的分布则是随机的。为了保证结构在各种荷载下作用安全可靠，就需要研究活荷载如何布置将使梁截面产生最大内力的问题，即活荷载的最不利组合问题。

图 8-8 所示为五跨连续梁当活荷载布置在不同跨间时梁的弯矩图和剪力图。如图 8-8 所示，当求一、三、五跨跨中最大正弯矩时，活荷载应布置在一、三、五跨；当求二、四跨跨中最大正弯矩或一、三、五跨跨中最小弯矩时，活荷载应布置在二、四跨；当求 B 支座最大负弯矩及支座最大剪力时，活荷载应布置在一、二、四跨；当求 C 支座最大负弯矩及支座最大剪力时，活荷载应布置在二、三、五跨。

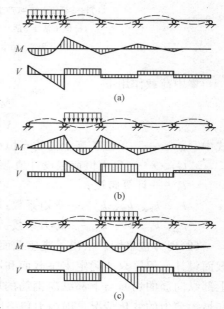

图 8-8　五跨连续梁在不同跨间荷载作用下的内力（对四、五跨从略）

研究图 8-8 和图 8-9 所示五跨连续梁的弯矩和剪力分布规律以及不同组合后的效果，不难发现活荷载最不利布置的规律：

1）求某跨跨内最大正弯矩时，应在本跨布置活荷载，然后隔跨布置；

2）求某跨跨内最大负弯矩时，本跨不布置活荷载，而在其左、右邻跨布置，然后隔跨布置；

3）求某支座绝对值最大的负弯矩时，或支座左、右截面最大剪力时，应在该支座左、右两跨布置活荷载，然后隔跨布置。

图 8-9 所示为五跨连续梁最不利荷载的组合。

均布及三角形荷载作用下

$$\left. \begin{array}{l} M = k_1 g l_0^2 + k_2 q l_0^2 \\ V = k_3 g l_0 + k_4 q l_0 \end{array} \right\} \tag{8-3}$$

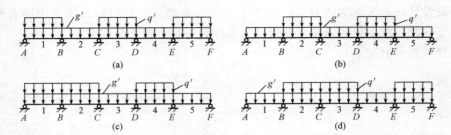

图 8-9　五跨连续梁最不利荷载组合(其中支座 D、支座 E 最不利组合布置从略)

(a)恒＋活 1＋活 3＋活 5(产生 $M_{1,max}$、$M_{3,max}$、$M_{5,max}$、$M_{2,min}$、$M_{4,min}$、$V_{A右,max}$、$V_{F左,max}$)；

(b)恒＋活 2＋活 4(产生 $M_{2,max}$、$M_{4,max}$、$M_{1,min}$、$M_{3,min}$、$M_{5,min}$)；

(c)恒＋活 1＋活 2＋活 4(产生 $M_{B,max}$、$V_{B左,max}$、$V_{B右,max}$)；

(d)恒＋活 2＋活 3＋活 5(产生 $M_{C,max}$、$V_{C左,max}$、$V_{C右,max}$)

集中荷载作用下

$$\left.\begin{array}{l} M=k_5 G l_0＋k_6 Q l_0 \\ V=k_7 G＋k_8 Q \end{array}\right\} \tag{8-4}$$

式中　g，q——单位长度上的均布恒荷载设计值、均布活荷载设计值；

　　　G，Q——集中恒荷载设计值、集中活荷载设计值；

　　　l_0——计算跨度；

　　　k_1、k_2、k_5、k_6——弯矩系数；

　　　k_3、k_4、k_7、k_8——剪力系数。

(2)内力包络图。求出了支座截面和跨内截面的最大弯矩值、最大剪力值后，就可进行截面设计。但这只能确定支座截面和跨内的配筋，而不能确定钢筋在跨内的变化情况，如上部纵向筋的切断与下部纵向钢筋的弯起。为此，就需要知道每一跨内其他截面最大弯矩和最大剪力的变化情况，即内力包络图。

内力包络图由内力叠合图形的外包线构成。现以承受均布线荷载的五跨连续梁的弯矩包络图来说明。根据活荷载的不同布置情况，每跨都可以画出 4 个弯矩图形，分别对应于跨内最大正弯矩、跨内最小正弯矩(或负弯矩)和左、右支座截面的最大负弯矩。当端支座是简支时，边跨只能画出 3 个弯矩图形。把这些弯矩图形全部叠画在一起，就是弯矩叠合图形。弯矩叠合图形的外包线所对应的弯矩值代表了各截面可能出现的弯矩上、下限，如图 8-10(a)所示。由弯矩叠合图形外包线所构成的弯矩图称为弯矩包络图，即图 8-10(a)中右半部分所示。

同理，可画出剪力包络图，如图 8-10(b)所示。剪力叠合图形可只画两个，即左支座最大剪力和右支座最大剪力。

(3)支座弯矩和剪力设计值。按弹性理论计算连续梁内力时，中间跨的计算跨度取为支座中心线间的距离，故所求得的支座弯矩和支座剪力都是指支座中心线。实际上，正截面受弯承载力和斜截面承载力的控制截面应在支座边缘，内力设计值应以支座边缘截面为准，故取：

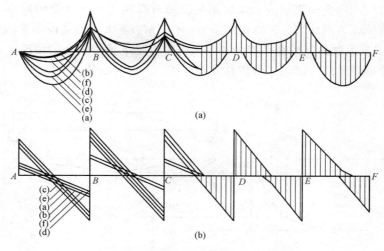

图 8-10　五跨连续梁均布荷载内力包络图

(a)弯矩包络图；(b)剪力包络图

弯矩设计值：

$$M = M_c - V_0 \cdot \frac{b}{2} \qquad (8\text{-}5)$$

剪力设计值：

均布荷载

$$V = V_c - (g+q) \cdot \frac{b}{2} \qquad (8\text{-}6)$$

集中荷载

$$V = V_c \qquad (8\text{-}7)$$

式中　M_c，V_c——支撑中心处的弯矩、剪力设计值；

　　　V_0——按简支梁计算的支座剪力设计值(取绝对值)；

　　　b——支座宽度。

(4)弹性理论的适用范围。通常在下列情况下，应按弹性理论方法进行设计：

1)直接承受动力荷载作用的构件；

2)要求不出现裂缝或处于侵蚀环境等情况下的构件；

3)处于重要部位而又要求有较大承载力储备的构件，如肋梁楼盖中的主梁一般按弹性理论设计；

4)采用无明显屈服台阶钢材配筋的构件。

2. 按塑性内力重分布计算

根据钢筋混凝土弹塑性材料的性质，必须考虑其塑性变形内力重分布。

(1)混凝土受弯构件的塑性铰。为了简便，先以简支梁来说明。图 8-11(a)为跨中有集中荷载作用的简支梁。图 8-11(b)为混凝土受弯构件截面的 M-ϕ 曲线，图 8-11(c)为简支梁跨中作用集中荷载在不同荷载值下的弯矩图。图中，M_y 是受拉钢筋刚屈服时的截面弯矩，M_u 是极限弯矩，即截面受弯承载力；ϕ_y、ϕ_u 是对应的截面曲率。在破坏阶段，由于受拉钢筋已屈服，塑性应变增大而钢筋应力维持不变。随着截面受压区高度的减小，内力臂略有增大，截面的弯矩也有所增加，但弯矩的增量（$M_u - M_y$）不大，而截面曲率的增值（ϕ_u、ϕ_y）很大，在 M-ϕ 图上大致是一条水平线。这样，在弯矩基本维持不变的情况下，截面曲率激增，形成了一个能转动的"铰"，这种铰称为塑性铰。

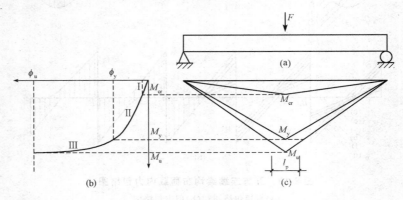

图 8-11 塑性铰的形成
（a）跨中有集中荷载作用的简支梁；（b）跨中正截面的 M-ϕ 曲线；（c）弯矩图

在跨中截面弯矩从 M_y 发展到 M_u 的过程中，与它相邻的一些截面也进入"屈服"产生塑性转动。在图 8-11（c）中，$M \geqslant M_y$ 的部分是塑性铰的区域（由于钢筋与混凝土间粘结力的局部破坏，实际的塑性铰区域更大）。通常，把这一塑性变形集中产生的区域理想化为集中于一个截面上的塑性铰，该范围称为塑性铰长度 l_p，所产生的转角称为塑性铰的转角 θ_p。

由此可见，塑性铰在破坏阶段开始时形成，它是有一定长度的，能承受一定的弯矩，并在弯矩作用方向转动，直至截面破坏。

💡 **知识窗**

塑性铰有钢筋铰和混凝土铰两种。对于配置具有明显屈服点钢筋的适筋梁，塑性铰形成的起因是受拉钢筋先屈服，故称为钢筋铰。当截面配筋率大于界限配筋率，此时钢筋不会屈服，转动主要由受压区混凝土的非弹性变形引起，故称为混凝土铰，它的转动量很小，截面破坏突然。混凝土铰大都出现在受弯构件的超筋截面或小偏心受压构件中，钢筋铰则出现在受弯构件的适筋截面或大偏心受压构件中。

显然，在混凝土静定结构中，塑性铰的出现就意味着承载能力的丧失，是不允许的，但在超静定混凝土结构中，不会把结构变成几何可变体系的塑性铰是允许的。为了保证结构具有足够的变形能力，塑性铰应设计成转动能力大、延性好的钢筋铰。

（2）内力重分布的过程。图 8-12（a）所示为跨中受集中荷载的两跨连续梁，假定支座截面和跨内截面的截面尺寸和配筋相同。梁的受力全过程大致可分为以下三个阶段：

1）当集中力 F_1 很小时，混凝土尚未开裂，梁各部分的截面弯曲刚度的比值未改变，结构接近弹性体系，弯矩分布由弹性理论确定，如图 8-12（b）所示。

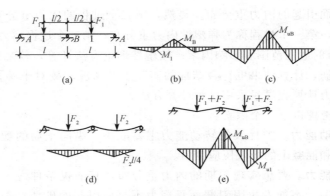

图 8-12　梁上弯矩分布及破坏机构形成

(a)在跨中截面 1 处作用 F_1 的两跨连续梁；(b)按弹性理论计算得的弯矩图；

(c)支座截面 B 达到 M_{uB} 时的弯矩图；

(d)B 支座出现塑性铰后在新增加的 F_2 作用下的弯矩图；

(e)截面 1 出现塑性铰时梁的变形及其弯矩图

2）由于支座截面的弯矩最大，随着荷载增大，中间支座（截面 B）受拉区混凝土先开裂，截面弯曲刚度降低，但跨内截面 1 尚未开裂。由于支座与跨内截面弯曲刚度的比值降低，致使支座截面弯矩 M_b 的增长率低于跨内弯矩 M_1 的增长率。继续加载，当截面 1 也出现裂缝时，截面抗弯刚度的比值有所回升，M_b 的增长率也有所加快。两者的弯矩比值不断发生变化。支座和跨内截面在混凝土开裂前后弯矩 M_b 和 M_1 的变化情况，如图 8-13 所示。

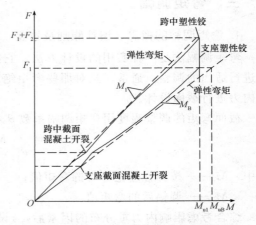

图 8-13　支座与跨中截面的弯矩变化过程

3）当荷载增加到支座截面 B 的受拉钢筋屈服，支座塑性铰形成，塑性铰能承受的弯矩为 M_{uB}（此处忽略 M_u 与 M_y 的差别），相应的荷载值为 F_1。再继续增加荷载，梁从一次超静定的连续梁转变成了两根简支梁。由于跨内截面承载力尚未耗尽，因此还可以继续增加荷载，直至跨内截面 1 也出现塑性铰，梁成为几何可变体系而破坏。设后加的那部分荷载为 F_2，则梁承受的总荷载 $F = F_1 + F_2$。

在 F_2 作用下，应按简支梁来计算跨内弯矩，此时支座弯矩不增加，维持在 M_{uB}，故在图 8-13 中 M_{uB} 出现了竖直段。若按弹性理论计算，M_b 和 M_1 的大小始终与外荷载呈线性关系，在 $M-F$ 图上应为两条虚直线，但梁的实际弯矩分布却如图 8-13 中实线所示，即出现了内力重分布。

由上述分析可知，超静定钢筋混凝土结构的内力重分布可概括为两个过程：第一个过程发生在受拉混凝土开裂到第一个塑性铰形成之前，主要是由结构各部分弯曲刚度比值的改变而引起的内力重分布；第二个过程发生于第一个塑性铰形成以后直到结构破坏，由结构计算简图的改变而引起的内力重分布。显然，第二个过程的内力重分布比第一个过程显著得多。严格地说，第一个过程称为弹塑性内力重分布；第二个过程称为塑性内力重分布。

（3）内力重分布的适用范围和影响因素。按塑性理论方法计算，较之按弹性理论计算能节省材料，改善配筋，计算结果更符合结构的实际工作情况，故对于结构体系布置规则的连续梁、板的承载力计算宜尽量采用这种计算方法。

内力重分布需考虑以下三个因素：

1）**塑性铰的转动能力**。塑性铰的转动能力主要取决于纵向钢筋的配筋率、钢材的品种和混凝土的极限压应变值。

2）**斜截面承载能力**。要想实现预期的内力重分布，其前提条件之一是在破坏机构形成前，不能发生因斜截面承载力不足而引起的破坏，否则将阻碍内力重分布继续进行。

知识拓展：塑性铰
与理想铰的区别

3）**正常使用条件**。在考虑内力重分布时，应对塑性铰的允许转动量予以控制，也就是要控制内力重分布的幅度。一般要求在正常使用阶段不应出现塑性铰。

三、弯矩调幅

1. 弯矩调幅的概念、设计原则及步骤

弯矩调幅法是一种实用的设计方法，它把连续梁、板按弹性理论算得的弯矩值和剪力值进行适当的调整。通常，是对那些弯矩绝对值较大的截面弯矩进行调整，然后按调整后的内力进行截面设计。

截面弯矩的调整幅度用弯矩调幅系数 β 来表示，即

$$\beta = \frac{M_e - M_a}{M_e} \tag{8-8}$$

式中　M_e——按弹性理论算得的弯矩值；

　　　M_a——调幅后的弯矩值。

综合考虑影响内力重分布的因素后，《设计规范》提出了下列设计原则：弯矩调幅后引起结构内力图形和正常使用状态的变化，应进行验算，或有构造措施加以保证；受力钢筋宜采用 HRB400 级热轧钢筋，混凝土强度等级宜在 C20～C45 范围内；截面的相对受压区高度 ξ 应满足 $0.10 \leqslant \xi \leqslant 0.35$。

调幅法按下列步骤进行：

（1）用线弹性方法计算，并确定荷载最不利布置下的结构控制截面的弯矩最大值 M_e。

（2）采用调幅系数 β 降低各支座截面弯矩，即设计值按下式计算：

$$M = (1 - \beta) M_e \tag{8-9}$$

式中，β 值不宜超过 0.2。

（3）结构的跨中截面弯矩值应取弹性分析所得的最不利弯矩值和按下式计算值中的较大值：

$$M = 1.02 M_0 - \frac{1}{2}(M^l + M^r) \tag{8-10}$$

式中　M_0——按简支梁计算的跨中弯矩设计值；

M^l，M^r——连续梁或连续单向板的左、右支座截面弯矩调幅后的设计值。

(4)调幅后，支座和跨中截面的弯矩值均应不小于 M_0 的 1/3。

(5)各控制截面的剪力设计值按荷载最不利布置和调幅后的支座弯矩由静力平衡条件计算确定。

2. 用调幅法计算等跨连续梁、板

(1)计算等跨连续梁。在相等均布荷载和间距相同、大小相等的集中荷载作用下，等跨连续梁各跨跨中和支座截面的弯矩设计值 M，可分别按下列公式计算：

承受均布荷载

$$M = \alpha_m (g+q) l_0^2 \tag{8-11}$$

承受集中荷载

$$M = \eta \alpha_m (G+Q) l_0 \tag{8-12}$$

式中　g——沿梁单位长度上的恒荷载设计值；

　　　q——沿梁单位长度上的活荷载设计值；

　　　G——一个集中恒荷载设计值；

　　　Q——一个集中活荷载设计值；

　　　α_m——连续梁考虑塑性内力重分布的弯矩计算系数，按表 8-2 采用；

　　　η——集中荷载修正系数，按表 8-3 采用；

　　　l_0——梁的计算跨度，按表 8-4 采用。

表 8-2　连续梁和连续单向板考虑塑性内力重分布的弯矩计算系数 α_m

支承情况		截面位置					
		端支座	边跨跨中	离端第二支座	离端第二跨跨中	中间支座	中间跨跨中
		A	Ⅰ	B	Ⅱ	C	Ⅲ
梁、板搁置在墙上		0	1/11	两跨连续：−1/10 三跨以上连续：−1/11	1/16	−1/14	1/16
板	与梁整浇连接	−1/16	1/14				
梁		−1/24					
梁与柱整浇连接		−1/16	1/14				

注：1. 表中系数适用于荷载比 $q/g > 0.3$ 的等跨连续梁和连续单向板；

　　2. 连续梁或连续单向板的各跨长度不等，但相邻两跨的长跨与短跨的比值小于 1.10 时，仍可采用表中弯矩系数值。计算支座弯矩时应取相邻两跨中的较长跨度值，计算跨中弯矩时应取本跨长度。

表 8-3　集中荷载修正系数 η

荷载情况	截面					
	A	Ⅰ	B	Ⅱ	C	Ⅲ
当在跨中中点处作用一个集中荷载时	1.5	2.2	1.5	2.7	1.6	2.7
当在跨中三分点处作用两个集中荷载时	2.7	3.0	2.7	3.0	2.9	3.0
当在跨中四分点处作用三个集中荷载时	3.8	4.1	3.8	4.5	4.0	4.8

表 8-4　梁、板的计算跨度 l_0

支承情况	计算跨度	
	梁	板
两端与梁(柱)整体连接	净跨 l_n	净跨 l_n
两端支撑在砖墙上	$1.05l_n$ 且 $\leqslant l_n+b$	l_n+h 且 $\leqslant l_n+a$
一端与梁(柱)整体连接，另一端支撑在砖墙上	$1.025l_n$ 且 $\leqslant l_n+b/2$	$l_n+h/2$ 且 $\leqslant l_n+a/2$

注：b 为梁的支撑宽度，a 为板的搁置长度，h 为板厚。

在均布荷载和间距相同、大小相等的集中荷载作用下，等跨连续梁支座边缘的剪力设计值 V 可分别按下列公式计算：

均布荷载

$$V=\alpha_v(g+q)l_n \tag{8-13}$$

集中荷载

$$V=\alpha_v n(G+Q) \tag{8-14}$$

式中　α_v——考虑塑性内力重分布的剪力计算系数，按表 8-5 采用；

　　　l_n——净跨度；

　　　n——跨内集中荷载的个数。

表 8-5　连续梁考虑塑性内力重分布的剪力计算系数 α_v

支承情况	截面位置				
	A 支座内侧 A_{in}	离端第二支座		中间支座	
		外侧 B_{ex}	内侧 B_{in}	外侧 C_{ex}	内侧 C_{in}
搁置在墙上	0.45	0.60	0.55	0.55	0.55
与梁或柱整体连接	0.50	0.55			

(2)计算等跨连续板。承受均布荷载的等跨连续单向板，各跨跨中及支座截面的弯矩设计值 M 可按下式计算：

$$M=\alpha_m(g+q)l_0^2 \tag{8-15}$$

式中　g，q——沿板跨单位长度上的恒荷载设计值、活荷载设计值；

　　　l_0——板的计算跨度，按表 8-4 采用。

3. 用调幅法计算不等跨连续梁、板

相邻两跨的长跨与短跨之比小于 1.10 的不等跨连续梁、板，在均布荷载或间距相同、大小相等的集中荷载作用下，各跨跨中及支座截面的弯矩设计值和剪力设计值仍可按上述等跨连续梁、板的规定确定。对于不满足上述条件的不等跨连续梁、板或各跨荷载值相差较大的等跨连续梁、板，现行相关规范也提出了简化方法，可分别按下列步骤进行计算：

(1)计算不等跨连续梁。

1)按荷载的最不利布置，用弹性理论分别求出连续梁各控制截面的弯矩最大值 M_e。

2)在弹性弯矩的基础上，降低各支座截面的弯矩，其调幅系数 β 不宜超过 0.2；在进行正截面受弯承载力计算时，连续梁各支座截面的弯矩设计值可按下列公式计算：

当连续梁搁置在墙上时

$$M=(1-\beta)M_e \tag{8-16}$$

当连续梁两端与梁或柱整体连接时

$$M=(1-\beta)M_e-\frac{V_0 b}{3} \tag{8-17}$$

式中　V_0——按简支梁计算的支座剪力设计值；

　　　b——支座宽度。

3）连续梁各跨中截面的弯矩不宜调整，其弯矩设计值取考虑荷载最不利布置并按弹性理论求得的最不利弯矩值和按式（8-10）算得的弯矩之间的较大值。

4）连续梁各控制截面的剪力设计值，可按荷载最不利布置，根据调整后的支座弯矩用静力平衡条件计算，也可近似取考虑活荷载最不利布置按弹性理论算得的剪力值。

（2）计算不等跨连续板。

1）从较大跨度板开始，在下列范围内选定跨中的弯矩设计值：

边跨

$$\frac{(g+q)l_0^2}{14}\leqslant M\leqslant\frac{(g+q)l_0^2}{11} \tag{8-18}$$

中间跨

$$\frac{(g+q)l_0^2}{20}\leqslant M\leqslant\frac{(g+q)l_0^2}{16} \tag{8-19}$$

2）按照所选定的跨中弯矩设计值，由静力平衡条件来确定较大跨度的两端支座弯矩设计值，再以此支座弯矩设计值为已知值，重复上述条件和步骤，确定邻跨的跨中弯矩和相邻支座的弯矩设计值。

四、梁和板的截面设计与配筋计算

1. 单向板的截面设计与配筋

（1）截面设计。

1）板的计算单元通常取为 1 m，按单筋矩形截面设计；

2）板一般能满足斜截面受剪承载力要求，设计时可不进行受剪承载力验算；

3）板的内拱作用：连续板受荷进入极限状态时，支座截面在负弯矩作用下上部开裂，而跨内截面则由于正弯矩的作用在下部开裂，这就使板中未开裂部分形如拱状，如图 8-14 所示，从支座到跨中各截面受压区合力作用点形成具有一定拱度的压力线。当板的周边具有足够的刚度（如板四周有限制水平位移的边梁）时，在竖向荷载作用下，周边将对它产生水平推力，该推力可减小板中各计算截面的弯矩，其减小程度则视板的边长比及边界条件而异。

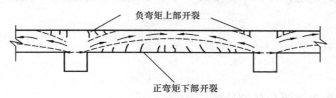

图 8-14　连续板的内拱作用

对四周与梁整体连接的单向板（现浇连续板的内区格就属于这种情况），其中间跨的跨中截面及中间支座截面的计算弯矩可减小 20%，其他截面则不予降低（如板的角区格、边跨的跨中截面及第一支座截面的计算弯矩则不折减）。

(2)板中受力钢筋。

1)钢筋的直径：受力钢筋一般采用 HPB300 级和 HRB400 级钢筋，直径通常采用 6～12 mm。当板厚较大时，钢筋直径可用 14～18 mm。对于支座负钢筋，为便于施工架立，宜采用较大直径。

2)钢筋的间距：为了便于浇筑混凝土，保证钢筋周围混凝土的密实性，板内钢筋间距不宜太小。为了使板能正常承受外荷载，间距也不宜过大。钢筋的间距一般为 70～200 mm；当板厚 $h \leqslant 150$ mm 时，不宜大于 200 mm；当板厚 $h > 150$ mm 时，不宜大于 $1.5h$，且不宜大于 250 mm。

3)配筋方式：由于板在跨中一般承受正弯矩而在支座处承受负弯矩，因此，板在跨中须配底部钢筋，而在支座处往往配板面钢筋，从而有两种配筋方式。

①弯起式配筋：将一部分跨中正弯矩钢筋在适当的位置(反弯点附近)弯起，并伸过支座后作负弯矩钢筋使用；延伸长度应满足覆盖负弯矩图和锚固的要求，如图 8-15(a)、(b)所示。由于施工比较麻烦，目前弯起式配筋应用较少。

②分离式配筋：跨中正弯矩钢筋宜全部伸入支座锚固；而在支座处另配负弯矩钢筋，其范围应能覆盖负弯矩区域并满足锚固要求，如图 8-15(c)所示。由于施工方便，分离式配筋已成为工程中主要采用的配筋方式。

弯起式配筋可先按跨内正弯矩的需要确定所需钢筋的直径和间距，然后在支座附近弯起 1/2(隔一弯一)以承受负弯矩，但最多不超过 2/3(隔一弯二)。如果弯起钢筋的截面面积还不满足所要求的支座负钢筋的需要，可另加直钢筋。弯起角度一般为 30°，当板厚 >120 mm 时，可采用 45°。

◈ **应用提示**　为了保证锚固可靠，板内伸入支座的下部正弯矩钢筋采用半圆弯钩。对于上部负钢筋，为了保证施工时钢筋的设计位置，宜做成直抵模板的直钩。因此，直钩部分的钢筋长度为板厚减净保护层厚。

4)钢筋的弯起和截断：对承受均布荷载的等跨连续单向板或双向板，受力钢筋的弯起和截断的位置一般可按图 8-15 直接确定。

采用弯起式配筋时，跨中正弯矩钢筋可在距支座边 $l_n/6$ 处弯起 1/2～2/3，以承受支座上的负弯矩。

支座处的负弯矩钢筋，可在距支座边不小于 a 的距离处截断。其取值如下：

当 $q/g \leqslant 3$ 时

$$a = l_n/4$$

当 $q/g > 3$ 时

$$a = l_n/3$$

式中　$g，q$——恒荷载及活荷载设计值；

　　　　l_n——板的净跨度。

图 8-15 所示的配筋要求，适用于承受均布荷载的等跨或相邻跨度相差不大于 20% 的多跨连续板，可不必绘制弯矩包络图进行钢筋布置。如果板相邻跨度差超过 20%，或各跨荷载相差较大时，受力钢筋的弯起和截断的位置则应按弯矩包络图确定。

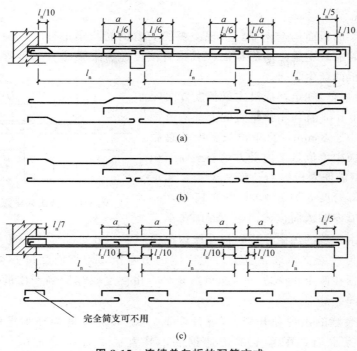

图 8-15　连续单向板的配筋方式
（a）一端弯起式；（b）两端弯起式；（c）分离式

（3）板中构造钢筋。

1）分布钢筋：当按单向板设计时，除沿受力方向布置受力钢筋外，还应在垂直受力方向布置分布钢筋，分布钢筋应布置在受力钢筋的内侧，如图 8-16 所示。它的作用是与受力钢筋组成钢筋网，便于施工中固定受力钢筋的位置；承受由于温度变化和混凝土收缩所产生的内力；承受并分布板上局部荷载产生的内力。

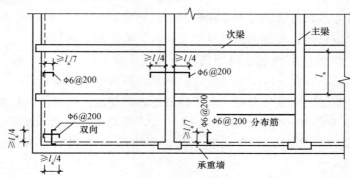

图 8-16　板的构造钢筋

分布钢筋宜采用 HPB300 级和 HRB400 级钢筋，常用直径是 6 mm 和 8 mm。《设计规范》规定，单位长度上分布钢筋的截面面积不宜小于单位宽度上受力钢筋截面面积的 15%，且不宜小于该方向板截面面积的 0.15%；分布钢筋的间距不宜大于 250 mm，直径不宜小于 6 mm；对集中荷载较大或温度变化较大的情况，分布钢筋的截面面积应适当增加，其间距不宜大于 200 mm。

2) 垂直于主梁的板面构造钢筋：当现浇板的受力钢筋与梁平行时，例如，单向板肋梁楼盖的主梁，此时靠近主梁梁肋的板面荷载将直接传递给主梁而引起负弯矩，这样将引起板与主梁相接的板面产生裂缝。

因此，《设计规范》规定，应沿主梁长度方向配置间距不大于 200 mm 且与主梁垂直的上部构造钢筋，其直径不宜小于 8 mm，且单位长度内的总截面面积不宜小于板中单位宽度内受力钢筋截面面积的 1/3。该构造钢筋伸入板内的长度从梁边算起每边不宜小于板计算跨度 l_0 的 1/4，如图 8-17 所示。

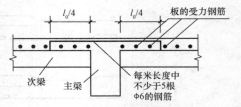

图 8-17 与主梁垂直的构造钢筋

3) 嵌入承重墙内的板面构造钢筋：嵌固在承重墙内的单向板，由于墙的约束作用，板在墙边也会产生一定的负弯矩；垂直于板跨度方向，部分荷载将就近传递给支承墙，也会产生一定的负弯矩，使板面受拉开裂。在板角部分，除因传递荷载使板在两个正交方向引起负弯矩外，由温度收缩影响产生的角部拉应力，也促使板角发生斜向裂缝。

为避免这种裂缝的出现和开展，《设计规范》规定，对于嵌固在承重砌体墙内的现浇混凝土板，应沿支承周边配置上部构造钢筋，其直径不宜小于 8 mm，间距不宜大于 200 mm，其伸入板内的长度，从墙边算起不宜小于板短边跨度的 1/7；在两边嵌固于墙内的板角部分，应配置双向上部构造钢筋，该钢筋伸入板内的长度从墙边算起不宜小于板短边跨度的 1/4；沿板的受力方向配置的上部构造钢筋，其截面面积不宜小于该方向跨中受力钢筋截面面积的 1/3；沿非受力方向配置的上部构造钢筋，可根据经验适当减少，如图 8-15 所示。

2. 次梁的截面设计与配筋方式

（1）截面设计。

1) 按正截面受弯承载力确定纵向受拉钢筋时，通常跨中按 T 形截面计算，其翼缘计算宽度 b_f' 可按有关规定确定；支座因翼缘位于受拉区，按矩形截面计算；

2) 按斜截面受剪承载力确定横向钢筋，当荷载、跨度较小时，一般只利用箍筋抗剪；当荷载、跨度较大时，宜在支座附近设置弯起钢筋，以减少箍筋用量；

3) 当次梁考虑塑性内力重分布时，调幅截面的相对受压区高度应满足 $0.1 \leqslant \xi \leqslant 0.35$。

（2）配筋方式。对于相邻跨度相差不超过 20%，且均布活荷载和恒荷载的比值 $q/g \leqslant 3$ 的连续次梁，其纵向受力钢筋的弯起和截断，可按图 8-18 进行，否则应按弯矩包络图确定。

按图 8-18(a)，中间支座负钢筋的弯起，第一排的上弯点距支座边缘为 50 mm；第二排、第三排上弯点距支座边缘分别为 h 和 $2h$。

支座处上部受力钢筋总面积为 A_s，则第一批截断的钢筋面积不得超过 $A_s/2$，延伸长度从支座边缘起不小于 $l_n/5 + 20d$（d 为截断钢筋的直径）；第二批截断的钢筋面积不得超过 $A_s/4$，延伸长度不小于 $l_n/3$。所余下的纵筋面积不小于 $A_s/4$，且不少于两根，可用来承担部分负弯矩并兼作架立钢筋，其伸入边支座的锚固长度不得小于 l_a。

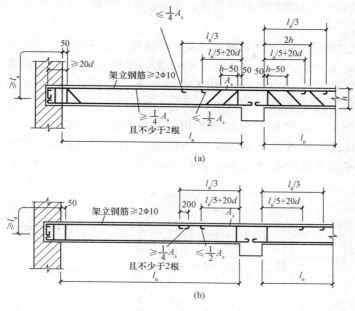

图 8-18　次梁配筋示意

（a）设弯起钢筋；（b）不设弯起钢筋

3. 主梁的截面设计与配筋方式

（1）截面设计。

1）按正截面受弯承载力确定纵向受拉钢筋时，通常跨中按 T 形截面计算，其翼缘计算宽度 b_f' 可按有关规定确定；支座因翼缘位于受拉区，按矩形截面计算。

2）按斜截面受剪承载力确定横向钢筋，当荷载、跨度较小时，一般只利用箍筋抗剪；当荷载跨度较大时，宜在支座附近设置弯起钢筋，以减少箍筋用量。

3）在主梁支座处，由于板、次梁和主梁截面的上部纵向钢筋相互交叉重叠（图 8-19），且主梁负筋位于板和次梁的负筋之下，因此，主梁支座截面的有效高度减小。在计算主梁支座截面纵筋时，截面有效高度 h_0 可取为：单排钢筋时，$h_0 = h - (50 \sim 60)$ mm；双排钢筋时，$h_0 = h - (70 \sim 80)$ mm。

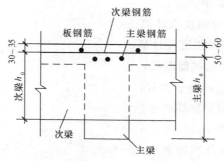

图 8-19　主梁支座处截面的有效高度

4）主梁的内力计算通常按弹性理论方法进行，不考虑塑性内力重分布。这是因为主梁是比较重要的构件，需要有较大的承载力储备，并希望在使用荷载下的挠度及裂缝控制较严。

（2）配筋方式。

1）主梁纵向受力钢筋的弯起和截断，原则上应按弯矩包络图确定，并满足有关构造要求；

2）主梁和次梁相交处，在主梁高度范围内受到次梁传来的集中荷载的作用，其腹部可能出现斜裂缝，如图 8-20（a）所示。因此，应在集中荷载影响区域范围内加设附加横向钢筋（箍筋、吊筋），以防止斜裂缝出现而引起局部破坏。位于梁下部或梁截面高度范围内的集中荷载，应全部由附加横向钢筋承担，并应布置在长度为 $s=2h_1+3b$ 的范围内。附加横向钢筋宜优先采用箍筋，如图 8-20（b）所示。当采用吊筋时，其弯起段应伸至梁上边缘，且末端水平段长度在受拉区不应小于 $20d$，在受压区不应小于 $10d$，此处 d 为吊筋的直径。

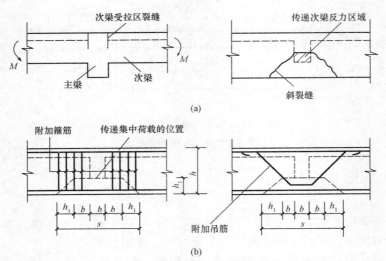

图 8-20　附加横向钢筋的布置

（a）次梁和主梁相交处的裂缝情况；（b）承受集中荷载处附加横向钢筋的布置

附加箍筋和吊筋的总截面面积按下式计算：

$$F \leqslant 2f_y A_{sb} \sin\alpha + m \times n \times f_{yv} A_{sv1} \tag{8-20}$$

式中　F——由次梁传递的集中力设计值；

f_y——附加吊筋的抗拉强度设计值；

f_{yv}——附加箍筋的抗拉强度设计值；

A_{sb}——一根附加吊筋的截面面积；

A_{sv1}——附加单肢箍筋的截面面积；

n——在同一截面内附加箍筋的肢数；

m——附加箍筋的排数；

α——附加吊筋与梁轴线间的夹角，一般为 45°，当梁高 $h > 800$ mm 时，采用 60°。

【例 8-1】 单向板肋形楼盖设计示例。

（1）设计资料。某多层仓库为内框架砖房，建筑平面如图 8-21 所示。层高为 4.5 m，楼面可变荷载标准值为 5 kN·m²，其分项系数为 1.3。楼面面层为 20 mm 水泥砂浆抹灰，梁板下面用 15 mm 厚水泥石灰抹底。梁板混凝土强度等级为 C20，梁内受力钢筋采用 HRB400 级，其他钢筋采用 HPB300 级。楼梯活荷载为 3 kN/m²，其分项系数为 1.4。

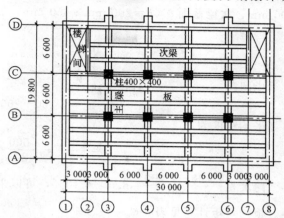

图 8-21　肋形梁楼盖结构布置图

（2）结构布置及构件尺寸选择。建筑物的楼盖平面为矩形，轴线尺寸为 30 m×19.8 m，主梁跨度为 6.6 m，次梁跨度为 6 m，板的跨度为 2.2 m，楼梯间上设一小梁，跨度为 2.2 m；板厚 $h=100$ mm，次梁梁高 $h=450$ mm，梁宽 $b=200$ mm；主梁梁高取 $h=700$ mm；梁宽取 $b=300$ mm。

（3）板的计算。板按塑性内力重分布方法计算内力，取 1 m 宽板带为计算单元，尺寸和计算简图如图 8-22 所示。

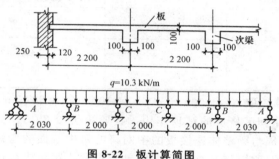

图 8-22　板计算简图

1）荷载计算。

20 mm 厚水泥砂浆面层

$$20\times0.02=0.400(\text{kN/m}^2)$$

100 mm 厚现浇钢筋混凝土板

$$25\times0.10=2.500(\text{kN/m}^2)$$

15 mm 厚石灰砂浆抹底

$$17\times0.015=0.255(\text{kN/m}^2)$$

恒荷载标准值

$$g_k=3.155\ \text{kN/m}^2$$

活荷载标准值

$$p_{k1}=5.000\ \text{kN/m}^2$$

荷载设计值

$$p_{k2}=1.2\times3.155+1.3\times5.000\approx10.3(\text{kN/m}^2)$$

每米板宽

$$p_k=10.3\times1=10.3(\text{kN/m})$$

2）内力计算。取 1 m 板宽作为计算单元，将九跨连续板视为五跨连续板计算，板厚 $h=100$ mm，次梁截面 $b\times h=200$ mm$\times 450$ mm，板的计算跨度为

边跨

$$l_1=l_0+\frac{h}{2}=2\ 200-120+\frac{100}{2}=2\ 130(\text{mm})$$

中间跨

$$l_2=l_0=2\ 200-200=2\ 000(\text{mm})$$

平均跨度为

$$l=\frac{2\ 130}{2}+\frac{2\ 000}{2}=2\ 065(\text{mm})$$

跨度差 $\dfrac{2\ 130-2\ 000}{2\ 000}=6.5\%<10\%$，可以采用等跨连续板推出的弯矩系数计算板的弯矩。板的弯矩计算见表 8-6。

表 8-6　板弯矩计算表

截面	边跨中	B 支座	中间跨中	中间支座
弯矩系数 α	$\dfrac{1}{11}$	$-\dfrac{1}{11}$	$\dfrac{1}{16}$	$-\dfrac{1}{14}$
$M=\alpha ql^2$ /(kN·m)	$\dfrac{1}{11}\times 10.3\times 2.13^2$ $=4.248$	$-\dfrac{1}{11}\times 10.3\times 2.13^2$ $=-4.248$	$-\dfrac{1}{16}\times 10.3\times 2.0^2$ $=2.575$	$-\dfrac{1}{14}\times 10.3\times 2.0^2$ $=-2.943$

3）正截面强度计算。取 $b=1\ 000$ mm，$h_0=100-20=80(\text{mm})$，$f_c=9.6$ N/mm^2，$f_y=270$ N/mm^2。考虑中间区格板的穹顶作用，其弯矩折减 20%。为计算简便，在内力计算时，对中间支座及四周与梁整体连接板的中间跨的跨中截面的弯矩值乘以 0.8 的折减系数以考虑此有利影响。对四周与梁整体连接的单向板的边跨跨中截面及支座截面，角区格和边区格的跨中及支座截面弯矩不予折减。正截面强度计算见表 8-7。

表 8-7　板正截面强度计算表

截面	边跨中	B 支座	中间跨中 ①～② ⑤～⑥	中间跨中 ⑤～⑥	中间支座 ①～② ⑤～⑥	中间支座 ⑤～⑥
M/(kN·m)	4.248	-4.248	2.575	2.575×0.8	-2.943	-2.943×0.8
$\alpha_s=\dfrac{M}{\alpha_1 f_c bh_0^2}$	0.073	0.073	0.041	0.033	0.047	0.038
$\gamma_s=\dfrac{1+\sqrt{1-2\alpha_s}}{2}$	0.968	0.968	0.979	0.983	0.976	0.981
$A_s=\dfrac{M}{f_y\gamma_s h_0}$/mm^2	203.17	203.17	127.78	102.22	139.60	116.68
选用钢筋	φ8@150	φ8@150	φ6/8@150	φ6@150	φ6/8@150	φ6@150
实际配筋面积/mm^2	335.3	335.3	262	188.6	262	188.6

4）板的构造配筋。板的构造筋按构造要求配。板的配筋图如图 8-23 所示。

（4）次梁计算。$b\times h=200$ mm$\times 450$ mm，次梁按塑性内力重分布方法计算内力。截面尺寸和计算简图如图 8-24 所示。

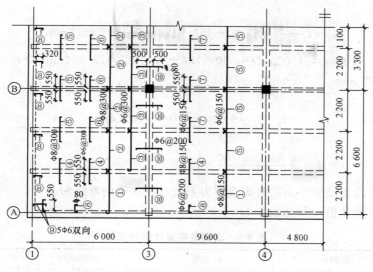

图 8-23 板配筋图

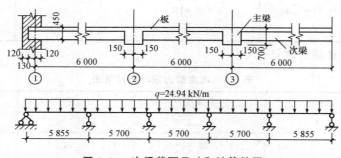

图 8-24 次梁截面尺寸和计算简图

1）荷载计算。

由板传来的恒载

$$3.155 \times 2.2 = 6.941(\text{kN/m})$$

次梁自重

$$25 \times 0.2 \times (0.45 - 0.1) = 1.75(\text{kN/m})$$

次梁粉刷抹灰（两侧）

$$17 \times 0.015 \times (0.45 - 0.1) \times 2 = 0.178\ 5(\text{kN/m})$$

恒载标准值

$$g_k = 8.869\ 5\ \text{kN/m}$$

活载标准值

$$p_{k1} = 5 \times 2.2 = 11(\text{kN/m})$$

荷载设计值

$$p_{k2} = 1.2 \times 8.869\ 5 + 1.3 \times 11 = 24.94(\text{kN/m})$$

2）内力。

计算跨度：

边跨

$$l_1 = l_0 + \frac{a}{2} = 6\,000 - 150 - 120 + \frac{250}{2} = 5\,855 \text{(mm)}$$

$$1.025 l_0 = 1.025 \times (6\,000 - 150 - 120) = 5\,873.25 \text{(mm)} > l_1$$

取 $l_1 = 5\,855$ mm。

中间跨

$$l_2 = l_0 = 6\,000 - 300 = 5\,700 \text{(mm)}$$

跨度差

$$\frac{5\,855 - 5\,700}{5\,700} \times 100\% = 2.7\% < 10\%$$

可以采用等跨连续梁推出的弯矩及剪力系数计算次梁的弯矩和剪力。

次梁的弯矩设计值计算见表 8-8。

表 8-8　次梁弯矩设计值计算表

截面	边跨中	B 支座	中间跨中	中间支座
弯矩系数 α	$\dfrac{1}{11}$	$-\dfrac{1}{11}$	$\dfrac{1}{16}$	$-\dfrac{1}{14}$
$M = \alpha q l^2$ /(kN·m)	$\dfrac{1}{11} \times 24.94 \times 5.855^2$ $= 77.72$	$-\dfrac{1}{11} \times 24.94 \times 5.855^2$ $= -77.72$	$\dfrac{1}{16} \times 24.94 \times 5.7^2$ $= 50.64$	$-\dfrac{1}{14} \times 24.94 \times 5.7^2$ $= -57.88$

次梁的剪力设计值计算见表 8-9。

表 8-9　次梁剪力设计值计算表

截面	边跨中	B 支座	中间跨中	中间支座
剪力系数 β	0.4	-0.6	0.5	-0.5
$V = \beta q l_0$ /kN	$0.4 \times 24.94 \times 5.73$ $= 57.16$	$-0.6 \times 24.94 \times 5.73$ $= -85.74$	$0.5 \times 24.94 \times 5.7$ $= 71.08$	$-0.5 \times 24.94 \times 5.7$ $= -71.08$

3）正截面强度计算。

①确定翼缘宽度。次梁工作时，板可以作为翼缘参与工作，在跨中截面翼缘受压，可按 T 形梁计算，翼缘的计算宽度取下列值中最小值：

因 $h'_f/h = 100/415 = 0.24 > 0.1$，所以仅按计算跨度 l 和梁（肋）净跨 s_n 考虑。

边跨：按计算跨度考虑

$$b'_f = \frac{1}{3}l = \frac{1}{3} \times 5.855 = 1.95 \text{(m)}$$

按梁（肋）净跨考虑

$$b'_f = b + s_n = 200 + (2\,200 - 120 - 100) = 2.18 \text{(m)}$$

取 $b'_f = 1\,950$ mm。

中间跨：按计算跨度考虑

$$b'_f = \frac{1}{3}l = \frac{1}{3} \times 5.7 = 1.9 \text{(m)}$$

按梁（肋）净跨考虑

$$b'_f = b + s_n = 200 + 2\,000 = 2.2 \text{(m)}$$

取 $b'_f = 19\,00$ mm。

支座截面翼缘受拉，仍按矩形梁计算。

②判断次梁截面类型

$$\alpha_1 f_c b_f' h_f'\left(h_0 - \frac{h_f'}{2}\right) = 9.6 \times 1\,950 \times 100 \times \left(415 - \frac{100}{2}\right) = 683.3\,(\text{kN} \cdot \text{m})$$

>77.72 kN·m（边跨中）

>50.64 kN·m（中间边跨）

属于第一类 T 形截面，按梁宽为 b_f' 的矩形截面计算。

③次梁正截面强度计算。次梁正截面强度计算见表 8-10。

表 8-10　次梁正截面强度计算表

截面	边跨中	B 支座	中间跨中	中间支座
$M/(\text{kN} \cdot \text{m})$	77.72	-77.72	50.64	-57.88
b_f' 或 b/mm	1 950	200	1 900	200
$\alpha_s = \dfrac{M}{\alpha_1 f_c b h_0^2}$	0.024	0.235	0.016	0.175
$\gamma_s = \dfrac{1 + \sqrt{1 - 2\alpha_s}}{2}$	0.988	0.864	0.984	0.903
$A_s = \dfrac{M}{f_y \gamma_s h_0}/\text{mm}^2$	631.8	722.5	413.4	514.8
选用钢筋	2Φ18（直） 1Φ18（弯）	2Φ18（直） 1Φ18（弯）	2Φ12（直） 1Φ18（弯）	2Φ18（直） 1Φ18（弯）
实际配筋面积/mm²	763.4	763.4	427.1	763.4

④斜截面受剪承载力计算。次梁斜截面强度计算见表 8-11。

表 8-11　次梁斜截面强度计算表

截面	A 支座	B 支座左	B 支座右	C 支座
V/kN	57.16	-85.74	71.08	-71.08
$0.25\beta_c f_c b h_0/\text{kN}$		$0.25 \times 9.6 \times 200 \times 415 = 199.2\,(\text{kN}) > V$ 满足截面要求		
$0.7 f_t b h_0/\text{kN}$		$0.7 \times 1.1 \times 200 \times 415 = 63.91\,(\text{kN}) < V$ 按计算配箍		
箍筋直径和肢数		2φ6		
$s \leqslant \dfrac{f_y \cdot A_{sv} \cdot h_0}{V - 0.7 f_t b h_0}/\text{mm}$	按构造配箍	164.72	322.8	322.8
实际间距/mm	150	150	150	150

次梁配筋图如图 8-25 所示。

（5）主梁计算。采用弹性方法分析内力。

1）荷载计算。主梁自重为均布荷载，但此荷载值与次梁传来的集中荷载值相比很小。为计算方便，采取就近集中的方法，把集中荷载作用点两边的主梁自重集中到集中荷载作

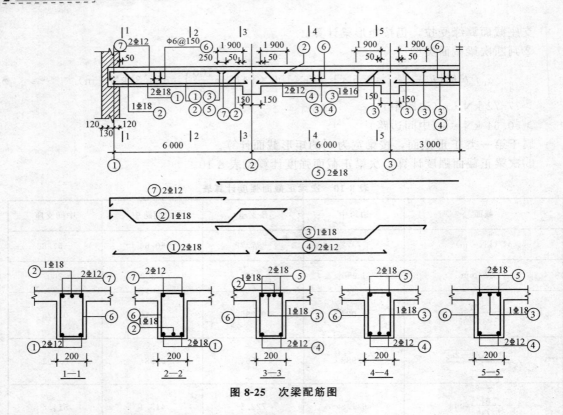

图 8-25 次梁配筋图

用点，将主梁视为仅承受集中荷载的梁来计算。

由次梁传来的恒载

$$8.869\,5\times6=53.217(\text{kN})$$

主梁自重

$$25\times0.3\times(0.7-0.1)\times2.2=9.9(\text{kN})$$

主梁粉刷抹灰

$$17\times0.015\times(0.7-0.1)\times2\times2.2=0.673\,2(\text{kN})$$

恒载标准值

$$G_k=63.790\,2(\text{kN})$$

活载标准值

$$P_k=11\times6=66(\text{kN})$$

恒荷载设计值

$$G=1.2\times63.790\,2=76.548(\text{kN})$$

活荷载设计值

$$P=1.3\times63=81.9(\text{kN})$$

2) 内力。主梁为三跨连续梁，柱截面尺寸为 $b\times h=300\text{ mm}\times300\text{ mm}$。

计算跨度：

边跨

$$l_1=l_0+\frac{a}{2}+\frac{b}{2}=6\,600-150-120+\frac{250}{2}+\frac{300}{2}=6\,605(\text{mm})$$

$$l_1 = 1.025 l_0 + \frac{b}{2} = 1.025 \times (6\,600 - 150 - 120) + \frac{300}{2} = 6\,638 \text{(mm)}$$

取 $l_1 = 6\,605$ mm。

中间跨

$$l_2 = l_0 + b = 6\,600 + 300 = 6\,900 \text{(mm)}$$

平均跨度

$$\frac{6\,605 + 6\,900}{2} \approx 6\,753 \text{(mm)}$$

跨度差

$$\frac{6\,753 - 6\,600}{6\,600} \times 100\% \approx 2.3\% < 10\%$$

可按等跨连续梁计算，计算简图如图 8-26 所示。

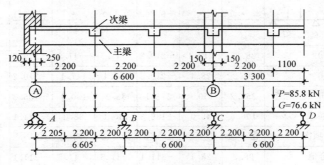

图 8-26　主梁计算简图

3)弯矩计算。由弯矩及剪力系数计算主梁弯矩及剪力，等截面等跨连续梁在常用荷载作用下的内力系数可以查相关规定。

$$M = k_1 Gl + k_2 pl$$

边跨

$$Gl = 76.548 \times 6.605 = 505.6 \text{(kN · m)}$$
$$pl = 85.8 \times 6.605 = 566.7 \text{(kN · m)}$$

中跨

$$Gl = 76.548 \times 6.6 = 505.22 \text{(kN · m)}$$
$$pl = 85.8 \times 6.6 = 566.28 \text{(kN · m)}$$

平均跨

$$Gl = 76.548 \times 6.603 = 505.4 \text{(kN · m)}$$
$$pl = 85.8 \times 6.603 = 566.5 \text{(kN · m)}$$

主梁弯矩计算见表 8-12。

表 8-12　主梁弯矩计算表　　　　　　　　　　　　kN · m

项次	荷载简图	$\dfrac{k}{M_1}$	$\dfrac{k}{M_a}$	$\dfrac{k''}{M_b}$	$\dfrac{k}{M_2}$	$\dfrac{k}{M_b}$	$\dfrac{k''}{M_c}$	弯矩图
①恒载		0.224 123.4	· 78.6	−0.267 −134.9	0.667 33.8	0.667 33.8	−0.267 −134.9	

续表

项次	荷载简图	$\frac{k}{M_1}$	$\frac{k}{M_a}$	$\frac{k''}{M_b}$	$\frac{k}{M_2}$	$\frac{k}{M_b}$	$\frac{k''}{M_c}$	弯矩图
②活载	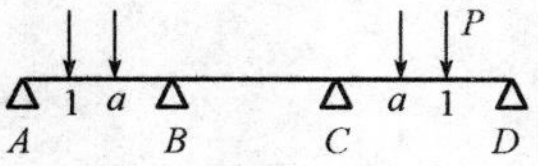	0.289 / 163.8	• / 138.5	−0.133 / −75.3	• / −75.3	• / −75.3	−0.133 / −75.3	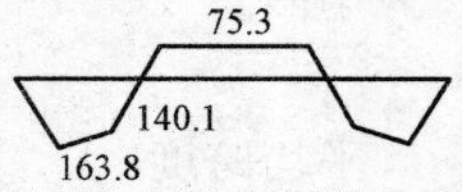
③活载	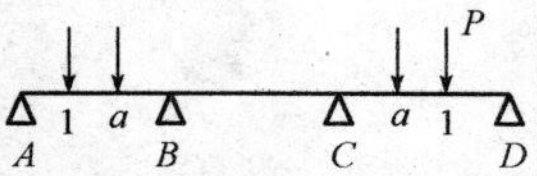	• / −25.1	• / −50.2	−0.133 / −75.3	0.200 / 113.3	0.200 / 113.3	−0.133 / −75.3	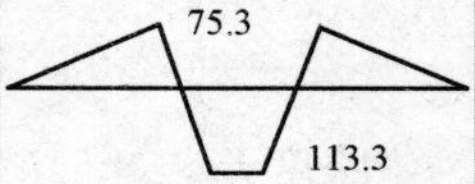
④活载	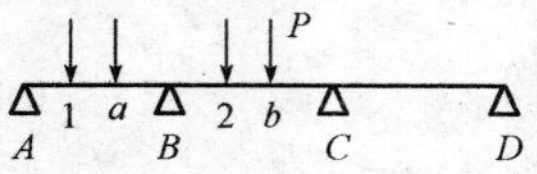	0.229 / 129.8	• / 71.4	−0.311 / −176.2	• / 54.4	0.170 / 96.3	−0.080 / −50.4	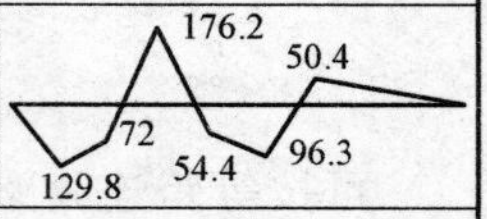
⑤活载	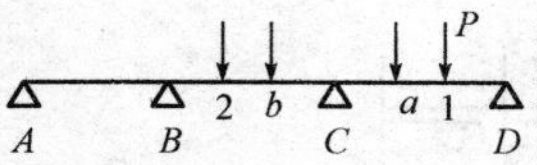	• / −16.8	• / −33.6	−0.809 / −50.4	0.170 / 96.3	• / −54.4	−0.311 / −176.2	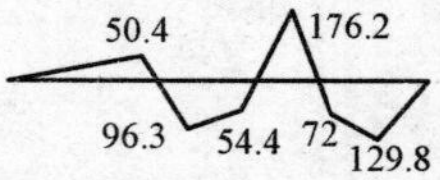
内力组合	①+②	287.2	217.1	−210.2	−41.5	−41.5	−210.2	备注：
	①+③	98.2	28.4	−210.2	147.1	147.1	−210.2	1.·者表示该点弯矩按比例求出。
	②+④	253.2	150.0	311.1	88.2	130.1	−185.3	2.″者按梁跨平均值计算
	①+⑤	106.6	45.0	−185.3	130.1	88.3	−311.1	
最不利组合	M_{min}组合项次	①+③	①+③	①+④	①+②	①+②	①+⑤	
	M_{min}组合值	98.2	28.4	−311.1	−41.5	−41.5	−311.1	
	M_{max}组合项次	①+②	①+②	①+⑤	①+③	①+③	①+④	
	M_{max}组合值	287.2	217.1	−185.3	147.1	147.1	−185.3	

4)剪力计算。

$$V = k_3 G + K_4 p$$

主梁剪力计算见表 8-13。

表 8-13　主梁剪力计算表　　kN

项次	荷载简图	$\frac{k}{V_A}$	$\frac{k}{V_{B,左}}$	$\frac{k}{V_{B,右}}$	剪力图
①恒载	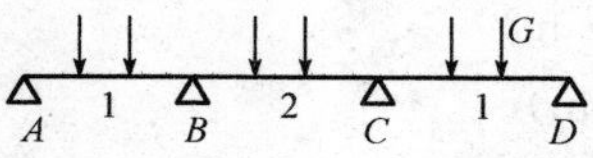	0.773 / 59.2	−1.267 / −97.0	1.000 / 76.5	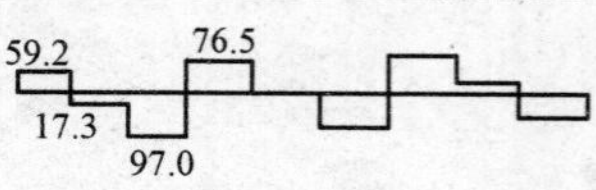
②活载	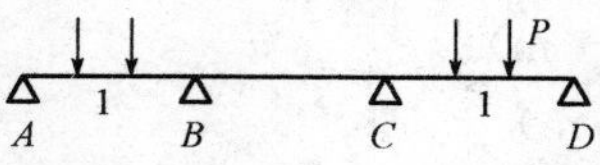	0.866 / 74.3	−1.134 / −97.3	0 / 0	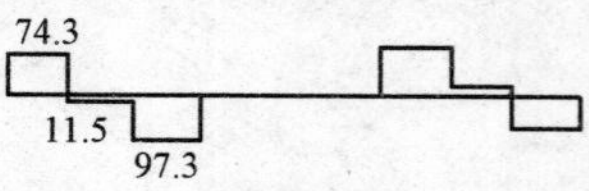
③活载	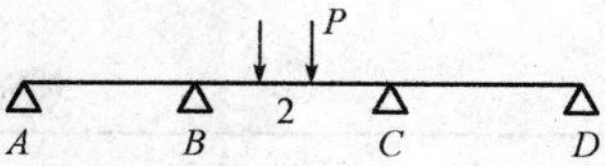	−0.133 / −11.4	−0.133 / −11.4	1.000 / 85.8	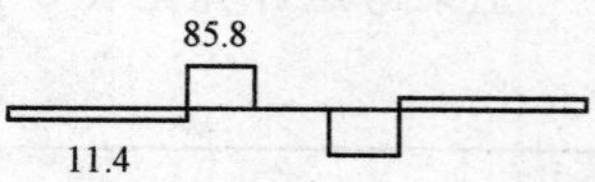
④活载	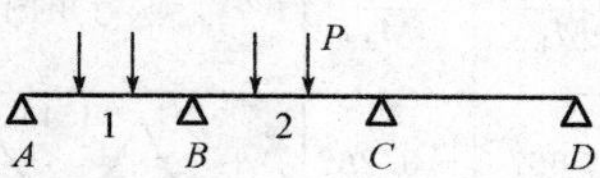	0.689 / 59.1	−1.311 / −112.5	1.222 / 104.8	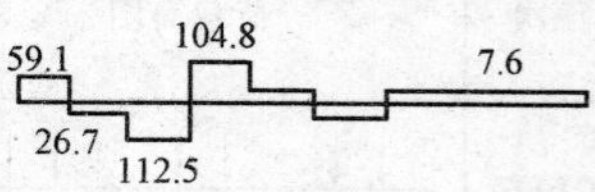

项次	荷载简图	$\dfrac{k}{V_A}$	$\dfrac{k}{V_{B,左}}$	$\dfrac{k}{V_{B,右}}$	剪力图
⑤活载	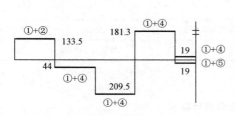	$\dfrac{-0.089}{-7.6}$	$\dfrac{-0.089}{-7.6}$	$\dfrac{0.778}{66.8}$	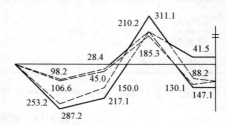

最不利组合					
	V_{min}组合项次	①+③	①+④	①+⑤	备注： 跨中剪力由静力平衡条件求得
	V_{min}组合值	47.8	−209.5	143.3	
	V_{max}组合项次	①+②	①+⑤	①+④	
	V_{max}组合值	133.5	−104.6	181.3	

5）内力包络图。主梁剪力包络图如图 8-27 所示，主梁弯矩包络图如图 8-28 所示。

图 8-27　主梁剪力包络图（单位：kN）　　　**图 8-28　主梁弯矩包络图（单位：kN）**

6）正截面强度计算。

①确定翼缘宽度。主梁跨中按 T 形梁截面计算，翼缘宽度取下列值中的小者。

因 $h'_f/h_0 = 100/640 = 0.156 > 0.1$，所以仅按计算跨度 l 和梁（肋）净跨 s_n 考虑。

边跨：按计算跨度计算

$$b'_f = \frac{1}{3}l = \frac{1}{3} \times 6\,605 = 2\,201.7 \text{(mm)}$$

按梁（肋）净跨考虑

$$b'_f = b + s_n = 300 + 5\,730 = 6\,030 \text{(mm)}$$

取 $b'_f = 2\,201.7$ mm。

中间跨：按计算跨度计算

$$b'_f = \frac{1}{3}l = \frac{1}{3} \times 6\,600 = 2\,200 \text{(mm)}$$

按梁（肋）净跨考虑

$$b'_f = b + s_n = 6\,000 \text{(mm)}$$

取 $b'_f = 2\,200$ mm。

支座截面翼缘受拉，仍按矩形梁计算。

②判断主梁的截面类型

$$\alpha_1 f_c b'_f h'_f \left(h_0 - \frac{h'_f}{2}\right) = 11 \times 2\,200 \times 100 \times \left(640 - \frac{100}{2}\right) = 1\,427.8 \text{(kN·m)}$$

> 289.8 kN·m 边跨中最大弯矩；

> 147.1 kN·m 中间跨中最大弯矩；

属第一类 T 形截面，按梁宽为 b'_f 的矩形截面计算。

③正截面强度计算。主梁正截面强度计算见表 8-14。

表 8-14　主梁正截面强度计算表

截面	边跨中	中间支座	中间跨中	
$M/(\text{kN} \cdot \text{m})$	287.2	−311.1	147.1	−41.5
$V \cdot \dfrac{b_z}{2}/(\text{kN} \cdot \text{m})$	—	$181.3 \times \dfrac{0.3}{2}=27.2$	—	—
$M - V \cdot \dfrac{b_z}{2}/(\text{kN} \cdot \text{m})$	287.2	−283.9	147.1	−41.5
$\alpha_s = \dfrac{M}{\alpha_1 f_c b h_0^2}$	0.024	0.0264	0.012	0.004
$\gamma_s = \dfrac{1 + \sqrt{1 - 2\alpha_s}}{2}$	0.988	0.987	0.936	0.998
$A_s = \dfrac{M}{f_y \gamma_s h_0}/\text{mm}^2$	1 514.0	1 571.8	818.5	216.6
选用钢筋	4⊈22	2⊈22+4⊈18	1⊈22+2⊈18	2⊈18
实际配筋面积$/\text{mm}^2$	1 520	1 787	889	509

7）斜截面强度计算。斜截面强度计算见表 8-15。

表 8-15　主梁斜截面强度计算表

截面	边支座	B 支座左	B 支座右
V/kN	133.5	209.5	181.3
$0.25 f_c b h_0/\text{kN}$	$0.25 \times 9.6 \times 300 \times 610 = 439.2(\text{kN})$　满足截面要求		
$0.7 f_t b h_0/\text{kN}$	$0.7 \times 1.1 \times 300 \times 610 = 140.91(\text{kN}) < V$　按计算配箍		
箍筋直径、间距、肢数	$\phi 8@200,\ n=2$		
$V_{cs} = 0.7 f_t b h_0 + f_{yv} \dfrac{A_{sv}}{s} h_0$	$0.7 \times 1.1 \times 300 \times 610 + \dfrac{270 \times 2 \times 50.3 \times 610}{200 \times 10^3} = 223.754(\text{kN})$		
$A_{sb} = \dfrac{V - V_{cs}}{0.8 f_y \sin\alpha_s}/\text{mm}^2$	<0	<0	<0
弯起钢筋	0	0	0
实际配筋面积$/\text{mm}^2$	0	0	0

8）主梁吊筋计算。由次梁传给主梁的集中荷载为

$$F = 53.27 \times 1.2 + 66 \times 1.3 = 149.7(\text{kN})$$

$$A_s \geq \frac{F}{2 f_y \sin 45°} = \frac{149\ 700}{2 \times 310 \times 0.707} = 341.5(\text{mm}^2)$$

选 2⊈16，$A_s = 402\ \text{mm}^2$。

9）主梁抵抗弯矩图及配筋图。根据计算结果和构造要求绘制出主梁的抵抗弯矩图及配筋图，如图 8-29 所示。

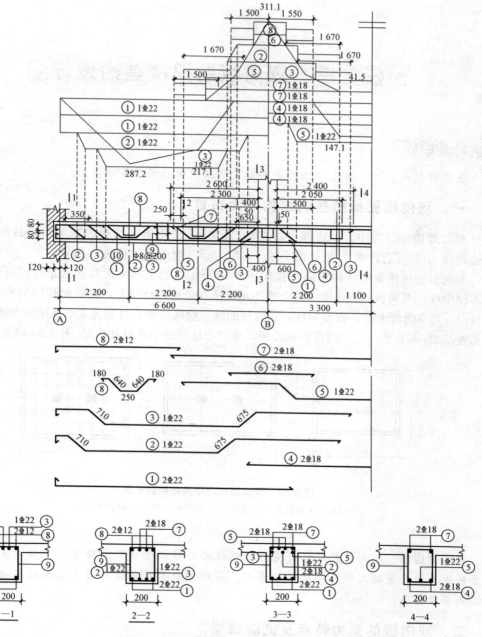

图 8-29 主梁抵抗弯矩图及配筋图

任务三　双向板肋梁楼盖的设计

◎ 任务目标

能进行双向板肋梁楼盖的结构平面布置及双向板肋梁楼盖的设计。

一、双向板肋梁楼盖的结构平面布置

在肋梁楼（屋）盖中，四边都支撑在墙（或梁）上的矩形区格板，在均布荷载作用下，其长边跨度 l_2 与短边跨度 l_1 的比值小于 3，但大于 2 时的板，称为双向板。

双向板肋梁楼盖的结构平面布置如图 8-30 所示。当空间不大且接近正方形时（如门厅），可不设中柱，双向板的支承梁为两个方向均支承在边墙（或柱）上，且截面相同的井式梁[图 8-30(a)]；当空间较大时，宜设中柱，双向板的纵、横向支承梁分别为支承在中柱和边墙（或柱）上的连续梁[图 8-30(b)]；当柱距较大时，还可在柱网格中再设井式梁[图 8-30(c)]。

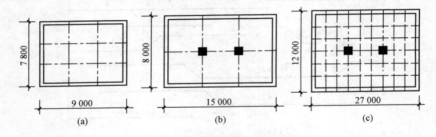

图 8-30　双向板肋梁楼盖结构的布置
(a)空间不大且接近正方形时；(b)空间较大时；(c)柱距较大时

◆**应用提示**　双向板肋梁楼盖受力性能较好，可以跨越较大跨度，梁格布置美观，常用于民用房屋跨度较大的房间及门厅等处。另外，由于双向板肋梁楼盖的经济性，也常用于工业房屋楼盖。

二、双向板的受力特点及试验结果

四边支承板应按以下原则计算：当长边与短边长度比值不小于 3 时，可按沿短边方向的单向板计算；当长边与短边长度比值小于 3 时，宜按双向板计算；其中，当长边与短边比值为 2～3 时，也可按沿短边方向的单向板计算，但应沿长边方向布置足够数量的构造钢筋；当长边与短边长度比值不大于 2 时，应按双向板计算。当按双向板设计时，应沿两个相互垂直的方向布置受力钢筋。

用弹性力学理论来分析，双向板的受力特征不同于单向板，它在两个方向的横截面上都作用有弯矩和剪力，且还有扭矩；而单向板则只是认为一个方向作用有弯矩和剪力，另一方向不传递荷载，双向板的受力钢筋应沿两个方向配置。双向板中因有扭矩的存在，板的四角有翘起的趋势，受到墙的约束后，板的跨中弯矩减小，刚度较大。因此，双向板的受力性能比单向板优越，其跨度可达 5 m 左右（单向板常用跨度仅为 1.7～2.7 m）。

钢筋混凝土双向板的受力情况较为复杂。试验研究表明，在承受均布荷载的四边简支正方形板中[图 8-31(a)]，当荷载逐渐增加时，首先在板底中央出现裂缝，然后沿着对角线方向向四角扩展。在接近破坏时，板的顶面四角附近出现了圆弧形裂缝，它促使板底对角线方向裂缝进一步扩展，最终由于跨中钢筋屈服导致板的破坏。在承受均布荷载的四边简支矩形板中[图 8-31(b)]，第一批裂缝出现在板底中央且平行于长边方向；当荷载继续增加时，这些裂缝逐渐延伸，并沿 45°方向向四角扩展。然后，板顶四角也出现圆弧形裂缝（顶部混凝土受压破坏时），板达到其极限承载能力，最后导致板的破坏。

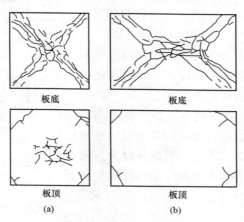

图 8-31 钢筋混凝土板的破坏裂缝

（a）在承受均布荷载的四边简支正方形板中；（b）在承受均布荷载的四边简支矩形板中

◇**特别提醒** 双向板板中钢筋一般都布置成与板的四边平行，以便于施工。在同样配筋率时，采用较细钢筋较为有利；使用同样数量的钢筋时，在板中间部分排列较密些，要比均匀放置适宜。以上试验结果，对双向板的计算和构造都是非常重要的。

三、双向板肋梁楼盖结构内力的计算

1. 单跨与连续双向板的计算

（1）单跨双向板。当板厚远小于板短边边长的 1/30，且板的挠度远小于板的厚度时，双向板可按弹性薄板理论计算，但比较复杂。为了工程应用，对于矩形板已制成表格，见附表 7，可供查用。表中列出在均布荷载作用下六种支承情况板的弯矩系数和挠度系数。计算时，只需根据实际支承情况和短跨与长跨的比值，直接查出弯矩系数，即可算得有关弯矩。

$$m＝表中系数×ql_{01}^2 \tag{8-21}$$

式中　m——跨中或支座单位板宽内的弯矩设计值（kN·m/m）；

　　　q——均布荷载设计值（kN/m²）；

　　　l_{01}——短跨方向的计算跨度（m），计算方法与单向板相同。

需要说明的是，附表 7 中的系数是根据材料的泊松比 $\nu=0$ 制定的。当 $\nu\neq0$ 时，可按下式计算：

$$m_1^{\nu}=m_1+\nu m_2 \tag{8-22}$$

$$m_2^{\nu}=m_2+\nu m_1 \tag{8-23}$$

对于混凝土，可取 $\nu=0.2$。m_1、m_2 为 $\nu=0$ 时的跨内弯矩。

（2）连续双向板。连续双向板内力的精确计算更为复杂，在设计中一般采用实用计算方法，通过对双向板上活荷载的最不利布置以及支承情况等进行合理简化，将多区格连续板转化为单区格板进行计算。该法假定其支承梁抗弯刚度很大，梁的竖向变形忽略不计，抗扭刚度很小，可以转动；当在同一方向的相邻最大与最小跨度之差小于 20% 时，可按下述方法计算：

1）各区格板跨中最大弯矩的计算。多区格连续双向板荷载采用棋盘式布置[图 8-32(a)]，此时在活荷载作用的区格内，将产生跨中最大弯矩。

在图 8-32(b) 所示的荷载作用下，为了能利用单区格双向板的内力计算系数表计算连续双向板，可以采用下列近似方法：将棋盘式布置的荷载分解为各跨满布的对称荷载和各跨向上向下相间作用的反对称荷载[图 8-32(c)、(d)]。

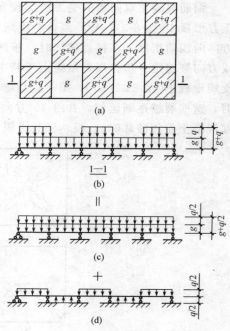

图 8-32　双向板活荷载的最不利布置

对称荷载

$$g'=g+\frac{q}{2} \tag{8-24}$$

反对称荷载

$$g'=\pm\frac{q}{2} \tag{8-25}$$

在对称荷载 $g'=g+\dfrac{q}{2}$ 作用下，可将所有中间区格板均视为四边固定双向板；边、角区格板的外边界条件如楼盖周边视为简支，则其边区格可视为三边固定、一边简支双向板；角区格板可视为两邻边固定、两邻边简支双向板。这样，根据各区格板的四边支承情况，即可分别求出在 $g'=g+\dfrac{q}{2}$ 作用下的跨中弯矩。

在反对称荷载 $g'=\pm\dfrac{q}{2}$ 作用下，忽略梁的扭转作用，将所有中间支座视为简支支座，如楼盖周边视为简支，则所有各区格板均可视为四边简支板。于是，可以求出在 $g'=\pm\dfrac{q}{2}$ 作用下的跨中弯矩。

最后将各区格板在上述两种荷载作用下的跨中弯矩相叠加，即得到各区格板的跨中最大弯矩。

2）支座最大弯矩的计算。求支座最大弯矩，应考虑活荷载的最不利布置。为简化计算，可近似认为恒荷载和活荷载皆满布在连续双向板所有区格时支座产生最大弯矩。此时，可视各中间支座均为固定，各周边支座为简支，求得各区格板中各固定边的支座弯矩。但对某些中间支座，由相邻两个区格板求出的支座弯矩常常并不相等，则可近似地取其平均值作为该支座弯矩值。

2. 双向板支承梁的设计

如果假定塑性铰线上没有剪力，则由塑性铰线划分的板块范围就是双向板支承梁的负荷范围，如图 8-33 所示。近似认为，斜向塑性铰线是 45°倾角。沿短跨方向的支承梁承受板面传来的三角形分布荷载；沿长跨方向的支承梁承受板面传来的梯形分布荷载。

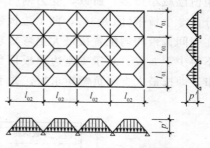

图 8-33　双向板支承梁承受的荷载

按弹性理论设计计算梁的支座弯矩时，可按支座弯矩等效的原则，按下式将三角形荷载和梯形荷载等效为均布荷载 p_e：

三角形荷载作用时

$$p_e = \frac{5}{8} p' \tag{8-26}$$

梯形荷载作用时

$$p_e = (1 - 2\alpha_1^2 + \alpha_1^3) p' \tag{8-27}$$

$$p' = (g + q) \frac{l_{01}}{2} \tag{8-28}$$

四、双向板的截面设计

1. 双向板的厚度

双向板的厚度一般应不小于 80 mm，也不宜大于 160 mm。双向板一般可不做变形和裂缝验算，因此，要求双向板具有足够的刚度。对于简支情况的板，其板厚 $h \geqslant l_0/40$；对于连续板，$h \geqslant l_0/50$（l_0 为板短跨方向上的计算跨度）。

2. 板的截面有效高度

由于双向板的跨中弯矩短跨方向比长跨方向大，因此短跨方向的受力钢筋应放在长跨方向受力钢筋的外侧，以充分利用板的有效高度。对一类环境，短跨方向板的截面有效高度 $h_0 = h - 20$ mm；长跨方向 $h_0 = h - 30$ mm。在截面配筋计算时，可取截面内力臂系数 $\gamma_s = 0.90 \sim 0.95$。

3. 弯矩折减

对于周边与梁整体连接的双向板，由于在两个方向受到支承构件的变形约束，整块板内存在内拱作用，所以板内弯矩大为减小。鉴于这一有利因素，对四边与梁整体连接的双向板，其计算弯矩可根据下列情况予以折减：连续双向板中间区格板的跨中截面和中间支座截面折减系数取 0.8；边区格板的跨中截面及自楼板边缘算起的第二支座截面，当 $l_b/l \leqslant 1.5$ 时，折减系数取 0.8；当 $1.5 < l_b/l < 2.0$ 时，折减系数取 0.9（l_b 是沿板楼板边缘方向区格板的跨度，l 是沿垂直于 l_b 方向的跨度）；角区格板不予折减。

4. 配筋设计

求得跨中和支座截面的弯矩后，即可利用下式计算单位宽度板的配筋：

$$A_s = \frac{M}{\gamma_s h_0 f_y} \tag{8-29}$$

按弹性理论设计计算，板底钢筋数量根据跨中弯矩值计算。在靠近支座的范围内，弯矩值已减小很多，所以，受力钢筋的数量可以减少。布置时，可把整块板在 l_1 及 l_2 方向各分为 3 个板带(图 8-34)，两个边板带的宽度均为板短跨方向 l_1 的 1/4，其余则为中间板带。在中间板带均匀配置按最大正弯矩求得的板底钢筋，边板带内则减少一半，但每米宽度内不得少于 3 根。对于支座边界板顶负钢筋，为了承受四角扭矩，钢筋沿全支座宽度均匀分布，即按最大支座负弯矩求得，并不在边带内减少。

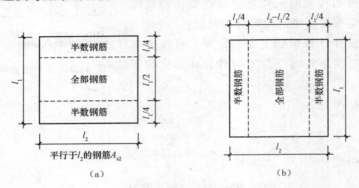

图 8-34 按弹性理论设计的跨中正弯矩配筋带

连续支座上的受力钢筋，应沿板跨方向均匀布置。在固定支座的双向板及连续的双向板中，板底钢筋可弯起 1/3～1/2 作为支座负钢筋，不足时则另外加置板顶负直筋。因为在边板带内钢筋数量减少，故角上还应放置两个方向的附加钢筋。

双向板的配筋方式可分为分离式和弯起式两种，如图 8-35 所示。板中受力钢筋的直径、间距、锚固长度及延伸长度和支座分布钢筋等构造要求与单向板相同。

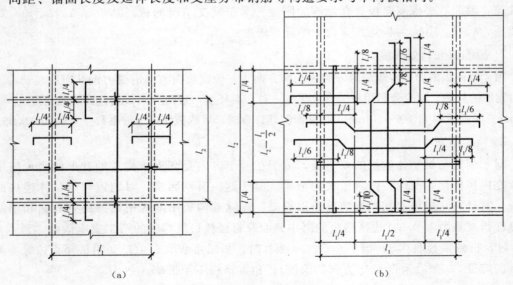

图 8-35 多跨连续双向板的配筋
(a)分离式；(b)弯起式

五、双向板楼盖支承梁设计

双向板中长跨、短跨方向的弯矩都不能忽略，板上荷载沿四边传递给支承梁。确定双向板传递给支承梁的荷载时，可根据荷载传递路线最短的原则按如下方法近似确定，即从每一区格的四角作45°线与平行于长边的中线相交，把整块板分为四块，每块小板上的荷载就近传至其支承梁上。

因此，除梁自重（均布荷载）和直接作用在梁上的荷载（均布荷载或集中荷载）外，短跨支承梁上的荷载为三角形分布，长跨支承梁上的荷载为梯形分布，如图 8-36 所示。先将梯形和三角形荷载折算成等效均布荷载 q_E，如图 8-37 所示。

三角形荷载作用时：

$$q_E = \frac{5}{8}q \tag{8-30}$$

梯形荷载作用时：

$$q_E = (1-2\alpha^2+\alpha^3)q \quad (\text{其中 } \alpha = a/l) \tag{8-31}$$

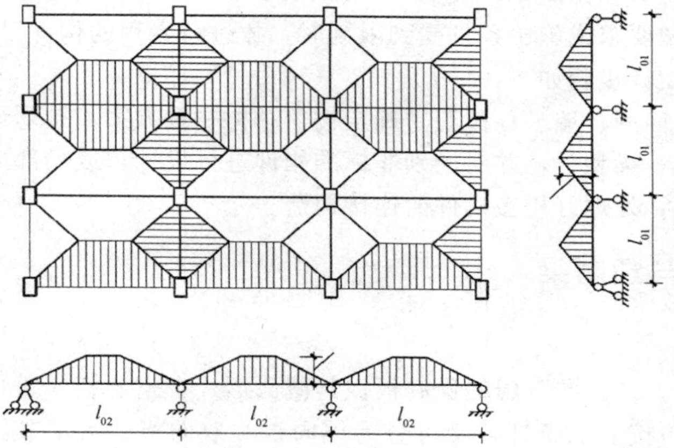

图 8-36　双向连续板支承梁的荷载

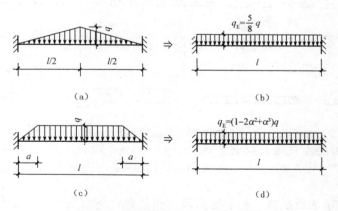

图 8-37　分布荷载化为均布等效荷载

利用前述的方法求出最不利情况下的各支座弯矩，再根据所得的支座弯矩和梁上实际荷载，利用静力平衡关系，分别求出跨中弯矩和支座剪力。梁的截面设计和构造均需满足规范要求。

任务四　装配式楼盖的设计

◎ 任务目标

能进行装配式楼盖的设计。

装配式楼盖主要有铺板式、密肋式和无梁式等。其中，铺板式应用最广泛。铺板式楼盖的主要构件是预制板和预制梁。各地大量采用的是本地的通用定型构件，由各地预制构件厂供应，当有特殊要求或施工条件受到限制时，才进行专用的构件设计。

铺板式楼盖的设计步骤如下：

(1)根据建筑平面图、墙、柱位置，确定楼盖结构布置方案，排列预制梁、板；

(2)选择预制板、梁型号，并对个别非标准构件进行设计，或局部采用现浇处理；

(3)绘制施工图，处理好楼盖构件的连接构造。

一、预制板与预制梁

1. 预制板

(1)预制板的形式。我国常用的预制板，其截面形式有空心板、正(倒)槽形板、平板和夹芯板等(图 8-38)；按支承条件，又可分为单向板和双向板。为了节约材料、提高构件刚度，预制板应尽可能做成预应力的。

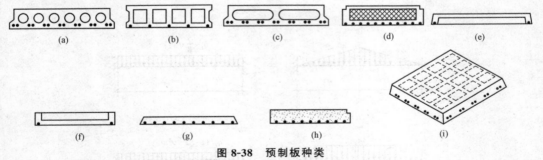

图 8-38　预制板种类

(a)预应力圆孔板；(b)有矩形孔的空心板；(c)预应力椭圆形空心板；(d)夹芯板；(e)正槽形板
(f)倒槽形板；(g)实心单向板；(h)大尺寸双向板；(i)大尺寸空心双向板

实心平板上、下表面平整，利于地面及顶棚处理，一般用于小跨度的走道板、管沟盖板等(跨度在 1.5 m 以内)。

当板的跨度加大时，为减轻构件重量，可将截面受拉区和中部的部分混凝土去掉，形成空心板和槽形板。空心板和正(倒)槽形板在受弯工作时，可分别按折算的 I 形截面和 T 形(倒 T 形)截面计算。板的截面高度往往是由挠度要求控制的。

空心板板面平整，用于地面及顶棚容易处理，而且隔声、隔热效果好，已大量用于楼盖、屋盖中。其缺点是板面不能任意开洞且混凝土用量仍较高。

槽形板的混凝土用量较省，当板肋向下搁置时，可以较好地利用板面混凝土受压，但不能提供平整的顶棚表面，使用时常常需要另做顶棚。槽形板除可用于普通楼盖外，由于板上开洞较自由，在工业建筑中应用较多，也适用于厕所、厨房楼板。

夹芯板往往做成自防水保温屋面板，它在两层混凝土中间填充泡沫混凝土等保温材料，将承重、保温、防水三者结合在一起。

预制大楼板可以做成一个房间一块，为双向板。沿短跨方向施加预应力的实心平板，平面尺寸根据建筑模数，开间从 2.7～3.9 m，按 0.3 m 累进；进深为 4.8 m 和 5.1 m。实心大楼板板厚仅为 110 mm(包括面层)，用钢量较少，室内无板缝，建筑效果好，但因构件尺寸大，运输、吊装较困难。

(2)预制板的尺寸。板的厚度应满足承载力要求和刚度要求，并应和砌体的皮数匹配。通常根据刚度要求，由高跨比来确定最小截面高度，必要时再进行变形验算。

实心板：一般取板厚 $h=l/30$(l 为板跨)，常用板厚为 60～80 mm。

预应力空心板：$h=l/35～l/30$，常用截面高度有 120 mm 和 180 mm 两种。

钢筋混凝土空心板：$h=l/25～l/20$。

板的宽度应根据板的制作、运输、起吊的具体条件而定，并且应照顾本地区常用房间的尺寸，以便于板的排列。当施工条件许可时，宜采用宽度较大的板。板的实际宽度 b 应比板的标志宽度略小，板间留有 10～20 mm 缝隙。这是考虑到预制板制作时允许误差，且铺板后用细石混凝土灌缝，可以加强楼盖的整体性。

◆**应用提示**　预制板的标志长度一般是房间的开间或进深尺寸。板的实际长度应根据板的具体搁置情况，由设计者在施工图中注明。

2. 预制梁

混合结构房屋中的楼盖梁往往是简支梁或带伸臂的简支梁，有时也采用连续梁。梁的截面形式如图 8-39 所示。图 8-39(b)、(c)均称为花篮梁，预制板搁置在梁侧挑出的小牛腿上，可以增加室内净高。花篮梁可以是全部预制的，也可以做成叠合梁，如图 8-39(g)所示，后者不仅增加了房屋净空，还加强了楼盖的整体性。

两端简支楼盖梁的截面高度一般为 $l/18～l/14$。

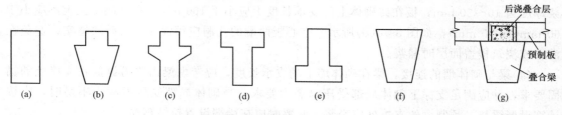

图 8-39　梁的截面形式

(a)矩形；(b)花篮形；(c)有挑耳的花篮形；(d)T 形；(e)倒 T 形；(f)梯形；(g)叠合梁

💡 **知识窗**

装配式楼盖计算注意事项

预制构件和现浇构件一样，应按规定进行承载能力极限状态的计算和正常使用条件下的变形和裂缝宽度验算。除此以外，预制构件还应按制作、运输及安装时的荷载设计值进行施工阶段的验算。进行吊装验算时，首先要确定吊装方案，根据构件上的吊点位置计算内力，并在施工图上绘制出吊装简图。

对构件在运输、堆放时的工作状态，以及预应力混凝土构件在放张时的受力状况也应重视，必要时应采取某些构造措施，以防止构件开裂。

进行施工吊装验算时应注意以下问题：

(1)动力系数。对预制构件自身进行吊装验算时，应将构件自重乘以动力系数。动力系数可取 1.5，但根据构件吊装时的受力情况，可适当增减。

(2)吊环计算。吊环应采用 HPB300 级钢筋，严禁使用冷加工钢筋。吊环埋入构件深度不应小于 $30d$(d 为吊环钢筋直径)，并应焊接或绑扎在构件的钢筋骨架上。每个吊环可按两个截面计算；在构件的自重标准值作用下，吊环应力不应大于 50 N/mm^2。当一个构件上设有 4 个吊环时，计算中仅考虑 3 个同时发挥作用。

(3)预制构件在施工阶段的安全等级，可较其使用阶段的安全等级降低一级，但不得低于三级。

二、位于非抗震设防区的连接构造

装配式楼盖的连接包括板与板、板与墙(梁)及梁与墙的连接。

(1)板与板的连接。预制板间下部缝宽约为 20 mm，上部缝宽稍大，一般应采用不低于 C15 的细石混凝土或不低于 M15 的水泥砂浆灌缝[图 8-40(a)]。

(2)板与非支承墙的连接。一般，采用细石混凝土灌缝[图 8-40(b)]。当沿墙有现浇带时，更有利于加强板与墙的连接。板与非支承墙的连接不仅起着将水平荷载传给横墙的作用，还起着保证横墙稳定的作用。因此，当预制板的跨度大于 4.8 m 时，往往在板的跨中附近加设锚拉筋以加强其与横墙的连接。当横墙上有圈梁时，可将灌缝部分与圈梁连接成整体[图 8-40(c)]。

(3)板与支承墙或支承梁的连接：一般依靠支承处坐浆和一定的支承长度来保证。其坐浆厚度为 10~20 mm，板在砖砌体上的支承长度不应小于 100 mm，在混凝土梁上不应小于 60 mm(或 80 mm)，如图 8-40(d)所示。空心板两端的孔洞应用混凝土或砖块堵实，避免在灌缝或浇筑楼盖面层时漏浆。

(4)梁与砌体墙的连接。梁在砌体墙上的支承长度，应考虑梁内受力纵筋在支承处的锚固要求，并应满足支撑下砌体局部受压承载力要求。当砌体局部受压承载力不足时，应按计算设置梁垫。预制梁的支撑处应坐浆，必要时应在梁端设置拉结钢筋。

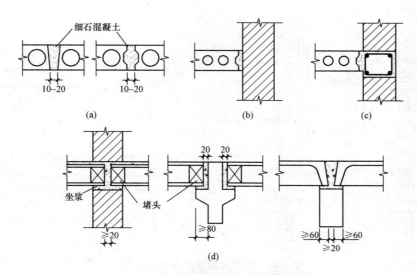

图 8-40 板与板、板与墙、板与梁的连接

(a)板与板的连接；(b)板与非支承墙的连接；

(c)非支承墙有圈梁时与板的连接；(d)板与支承墙、梁的连接

三、抗震设防区的连接构造

对位于抗震设防区的多层砌体房屋，当采用装配式楼盖时，在结构布置上应尽量采用横墙承重方案或纵、横墙承重方案。

多层砖房楼盖的连接应符合下列要求：

(1)当圈梁未设在预制板的同一标高时，板端伸进外墙的长度不应小于 120 mm，伸进内墙的长度不宜小于 100 mm，且不小于 80 mm；在梁上不应小于 80 mm。

(2)当板距大于 4.8 m，并与外墙平行时，靠外墙的预制板侧边应与墙或圈梁拉结(图 8-41)，板缝采用细石混凝土填实。

(3)房屋端部大房间的楼盖，8 度区的屋盖和 9 度区的楼、屋盖，当圈梁设置在板底时，预制板应相互拉结，并与梁、墙或圈梁拉结(图 8-42)。

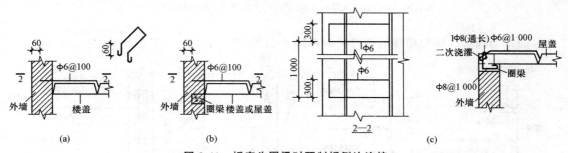

图 8-41 板底为圈梁时预制板侧边连接

(a)无圈梁时；(b)有圈梁时；(c)墙顶有圈梁时，板与圈梁的锚拉

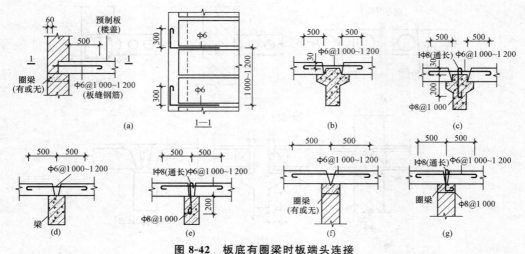

图 8-42　板底有圈梁时板端头连接

注：图中(b)、(d)、(f)用于7、8 度区；(c)、(e)、(g)用于 9 度区

（4）如遇圈梁位于预制板边的情况，此时应先搁置预制板，然后再浇筑圈梁。当预制板的端部没有外伸的钢筋时，板端头的连接应符合图 8-41、图 8-42 所示的要求，与砌体的连接如图 8-43 所示。当圈梁位于预制板边，但预制板的端头有钢筋伸出时，可直接将伸出主筋弯成直钩埋入后浇的混凝土中。

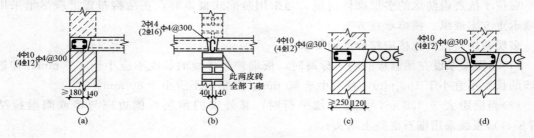

图 8-43　板边有圈梁时的连接

（a）在外墙处，板端与圈梁的连接；（b）在中间墙处，板端与圈梁的连接；

（c）在外墙处，板侧边与圈梁的连接；（d）在中间墙处，板侧边与圈梁的连接

（5）梁与圈梁、梁与砌体的锚拉可参考图 8-44 处理。

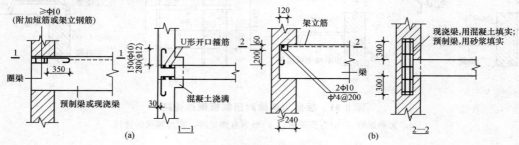

图 8-44　梁的锚拉

（a）梁与圈梁锚拉；（b）梁与砌体锚拉

注：图中有括号的钢筋用于 9 度区

任务五　楼梯设计

任务目标

能进行楼梯设计。

楼梯是多层及高层房屋的竖向通道，是房屋的重要组成部分。钢筋混凝土楼梯由于经济耐用、耐火性能好而被广泛采用。

楼梯的外形和几何尺寸由建筑设计确定。目前，楼梯的类型较多，按施工方法的不同，可分为整体式楼梯和装配式楼梯；按梯段结构形式的不同，可分为板式、梁式、螺旋式和对折式。常见的类型有板式和梁式两种，如图 8-45 和图 8-46 所示。

板式楼梯由梯段板、平台板和平台梁组成（图 8-45）。梯段板是一块带有踏步的斜板，两端支承在上、下平台梁上。其优点是下表面平整，支模施工方便，外观也较轻巧；其缺点是梯段跨度较大时，斜板较厚，材料用量较多。因此，一般用于跨度较小的情况。

梁式楼梯由踏步板、梯段梁、平台板和平台梁组成（图 8-46）。踏步板支撑在两边斜梁（双梁式）或中间一根斜梁（单梁式）上；斜梁再支撑在平台梁和楼盖上；平台板一端支撑在平台梁上，另一端支撑在过梁或墙上，在砌体结构房屋中，平台梁可支撑在楼梯间两侧的墙上。

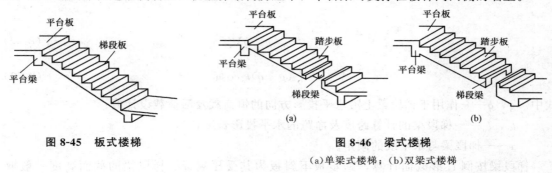

图 8-45　板式楼梯　　　　　图 8-46　梁式楼梯
（a）单梁式楼梯；（b）双梁式楼梯

一、现浇梁式楼梯

1. 踏步板

梁式楼梯的踏步板为两端支撑在梯段梁上的单向板[图 8-47（a）]，为了方便，可在竖向切出一个踏步作为计算单元[图 8-47（b）]，其截面为梯形，可按截面面积相等的原则简化为同宽度的矩形截面的简支梁计算，计算简图如图 8-47（c）所示。

斜板部分厚度一般取 30～50 mm。踏步板配筋除按计算确定外，要求每个踏步一般不宜少于 2Φ6 受力钢筋，布置在踏步下面斜板中，并沿梯段布置间距不大于 300 mm 的分布钢筋，如图 8-48 所示。

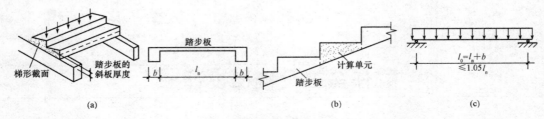

图 8-47　梁式楼梯的踏步板

（a）、（b）构造简图；（c）计算简图

2. 梯段梁

梯段梁两端支撑在平台梁上，承受踏步板传来的荷载和自重。图 8-49（a）所示为其纵剖面。计算内力，与板式楼梯中梯段板的计算原理相同，可简化为简支斜梁，再将其化作水平梁计算，计算简图如图 8-49（b）所示。其最大弯矩和最大剪力按下式计算（轴向力通常可不予考虑）：

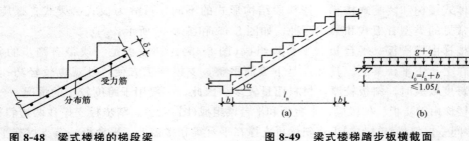

图 8-48　梁式楼梯的梯段梁　　　**图 8-49　梁式楼梯踏步板横截面**

（a）构造简图；（b）计算简图

$$M_{\max} = \frac{1}{8}(g+q)l_0^2 \tag{8-32}$$

$$V_{\max} = \frac{1}{2}(g+q)l_n\cos\alpha \tag{8-33}$$

式中　g，q——作用于梯段梁上沿水平投影方向的恒荷载及活荷载设计值；

　　　l_0，l_n——梯段梁的计算跨度及净跨的水平投影长度；

　　　α——梯段梁与水平线的倾角。

梯段梁按倒 L 形截面计算，踏步板下斜板为其受压翼缘。梯段梁的截面高度一般取 $h \geqslant l_0/20$。梯段梁的配筋与一般梁相同。配筋示意图如图 8-50 所示。

3. 平台梁与平台板

梁式楼梯的平台梁、平台板按简支梁计算，承受平台板传来的均布荷载和其自重梯段梁传来的集中荷载。平台梁的计算简图如图 8-51 所示。

二、现浇板式楼梯

1. 梯段板

计算梯段板时，可取出 1 m 宽板带或以整个梯段板作为计算单元。

梯段板为两端支撑在平台梁上的斜板，图 8-52（a）所示为其纵剖面。内力计算时，可以

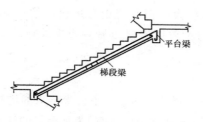

图 8-50　梯段梁配筋

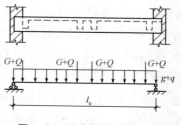

图 8-51　平台梁的计算简图

简化为简支斜板,计算简图如图 8-52(b)所示。斜坡又可分作水平板计算[图 8-52(c)],计算跨度按斜板的水平投影长度取值,但荷载也同时化作沿斜板水平投影长度上的均布荷载。

由结构力学可知,简支斜板在竖向均布荷载作用下的最大弯矩为

$$M_{max}=\frac{1}{8}(g+q)l_0^2 \qquad (8\text{-}34)$$

简支斜板在竖向均布荷载作用下的最大剪力为

$$V_{max}=\frac{1}{2}(g+q)l_n\cos\alpha \qquad (8\text{-}35)$$

式中　g,q——作用于梯段板上,沿水平投影方向的恒荷载及活荷载设计值;

l_0,l_n——梯段板的计算跨度及净跨的水平投影长度;

α——梯段板的倾角(°)。

考虑到梯段板与平台梁为整体连接,平台梁对梯段板有弹性约束作用这一有利因素,故可以减小梯段板的跨中弯矩,计算时最大弯矩取

$$M_{max}=\frac{1}{10}(g+q)l_0^2 \qquad (8\text{-}36)$$

梯段板中受力钢筋按跨中弯矩计算求得,配筋可采用弯起式或分离式。采用弯起式时,一半钢筋伸入支座,一半靠近支座处弯起。如考虑到平台梁对梯段板的弹性约束作用,在板的支座应配置一定数量的构造负筋,以承受实际存在的负弯矩和防止产生过宽的裂缝,一般可取 Φ8@200,长度为 $l_0/4$。受力钢筋的弯起点位置如图 8-53 所示。在垂直受力钢筋方向仍应按构造配置分布钢筋,并要求每个踏步板内至少放置一根分布钢筋。梯段板和一般板的计算相同,可不必进行斜截面受剪承载力验算。梯段板厚度不应小于$(1/30\sim1/25)l_0$。

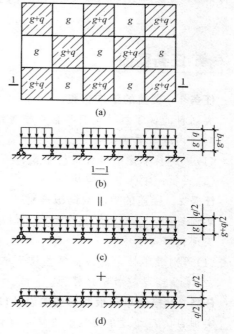

图 8-52　板式楼梯的梯段板

(a)构造简图;(b)、(c)、(d)计算简图

2. 平台板

平台板一般均属单向板(有时也可能是双向板),

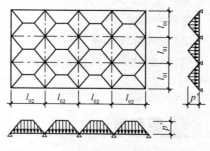

图 8-53　板式楼梯梯段板的配筋示意

当板的两边均与梁整体连接时，考虑梁对板的弹性约束，板的跨中弯矩也可按 $M=(g+q)l_0^2/10$（l_0 为平台板的计算跨度）计算。当板的一边与梁整体连接而另一边支撑在墙上时，板的跨中弯矩则应按 $M=(g+q)l_0^2/8$ 计算。

3. 平台梁

平台梁两端一般支撑在楼梯间构造柱或承重墙上，承受梯段板、平台板传来的均布荷载和自重，可按简支的倒 L 形梁计算。平台梁截面高度，一般取 $h\geqslant l_0/20$（l_0 为平台梁的计算跨度）。其他构造要求与一般梁相同。

◈ **应用提示**　平台梁的构造要求同一般简支受弯构件，但如果平台梁两侧荷载（梯段斜板传来）不一致而引起扭矩，应酌情增加其配筋量。

 任务实训

任务 1　楼盖的结构布置

实训目的：了解学院教学楼中楼盖结构的布置形式。

实训内容与要求：

(1)辨别教学楼中楼盖结构布置、传力途径。

(2)实物：学院教学楼楼面。

任务 2　楼盖的单、双向板辨别

实训目的：认知教学楼中教室、门厅等位置的板。

实训内容与要求：

(1)辨别教学楼中的楼板哪些属于单向板，哪些属于双向板。

(2)实物：学院教学楼楼面。

任务 3　描述单向板肋形楼盖设计(次梁)的设计步骤

实训目的：通过单向板肋形楼盖设计(次梁)的设计步骤描述，掌握其设计要点。

实训内容与要求：能进行单向板肋形楼盖设计(次梁)设计。

任务 4　描述板式楼梯荷载传递路线

实训目的：通过描述板式楼梯荷载传递路线，掌握板式楼梯中钢筋分布要领。

实训内容与要求：

(1)会看板式楼梯结构图。

(2)学会分析板式楼梯荷载传递。

 能力提升

一、填空题

1. 按施工方法的不同，楼盖可分为_____、_____和_____三种。

2. 为了增强房屋横向刚度，主梁一般沿房屋_____布置，而次梁则沿房屋_____布置。

3. 钢筋混凝土连续梁内力计算有_____和_____两种。

4. 为减少计算工作量,结构内力分析时,常常不是对整个结构进行分析,而是从实际结构中选取有代表性的某一部分作为计算的对象,称为_____。

5. 对于配置具有明显屈服点钢筋的适筋梁,塑性铰形成的起因是_____先屈服,故称为钢筋铰。

6. 双向板的厚度一般应不小于_____,也不宜大于_____。

7. 板式楼梯由_____、_____和_____组成。

二、简答题

1. 楼盖按结构形式不同可分为哪几类?

2. 楼盖上作用的荷载有哪些?

3. 进行板、次梁和主梁布置时,主梁的布置方案有哪两种?

4. 简述单向板肋形楼盖的设计步骤。

5. 确定荷载效应组合的设计值时,恒荷载的分项系数取值有哪些要求?

6. 简述按弹性理论计算单向板肋梁楼盖的内力时,活荷载最不利布置的规律。

7. 什么是内力包络图?内力包络图由什么构成?

8. 简述内力重分布的适用范围和影响因素。

9. 单向板板中构造钢筋构造要求有哪些?

10. 简述铺板式楼盖的设计步骤。

三、计算题

1. 某多层工业建筑楼盖平面如图 8-54 所示(楼梯间在此平面之外,暂不考虑),采用钢筋混凝土现浇整体式楼盖,外墙厚长为 370 mm,柱截面尺寸为 350 mm×350 mm。楼面面层为水磨石,梁、板底面及侧面为 15 mm 厚混合砂浆抹灰,楼面均布活荷载标准值 $q_k =$ 5.0 kN/m²,活荷载组合值系数为 0.7,环境类别为一类。试设计该楼盖。

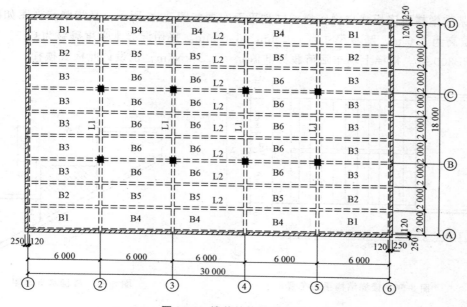

图 8-54　楼盖结构平面布置

2. 某单块四边固定混凝土板的平面尺寸 $l_x = 3.9$ m，$l_y = 6.3$ m。已知板上作用的恒荷载设计值 $g = 4$ kN/m²，活荷载设计值 $q = 6$ kN/m²，混凝土的泊松比 $\nu = 0.2$。计算该板的跨中最大弯矩和支座最大弯矩设计值。

3. 某厂房双向板肋梁楼盖结构平面布置如图 8-55 所示，板四周均与梁整体连接，板厚为 120 mm，梁截面尺寸为 250 mm×500 mm。楼面均布活荷载的标准值 $q_k = 5$ kN/m²，楼面面层为水磨石，板底和梁底采用 15 mm 厚石灰砂浆抹灰。采用强度等级为 C25 的混凝土（$f_c = 11.9$ N/mm²）、HPB300 级钢筋（$f_y = 270$ N/mm²）。试按弹性理论法设计此楼盖，并绘制出配筋图。

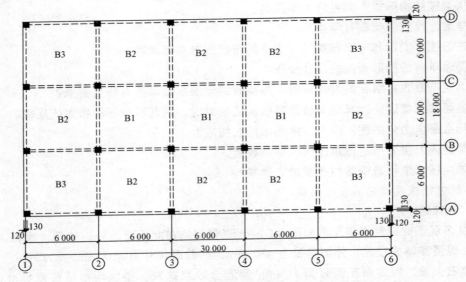

图 8-55　某厂房双向板肋梁楼盖结构平面布置图

4. 某教学楼现浇板式楼梯，楼梯结构平面布置如图 8-56 所示，楼梯踏步详图如图 8-57 所示。层高为 3.6 m，踏步尺寸为 150 mm×300 mm。采用混凝土强度等级为 C25，钢筋等级为 HPB300 级。楼梯上均布活荷载标准值 $q_k = 3.5$ kN/m，试设计此板式楼梯。

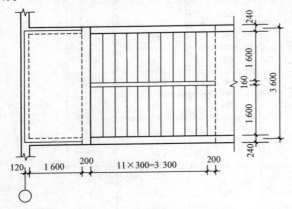

图 8-56　楼梯结构平面布置

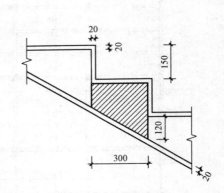

图 8-57　楼梯踏步详图

项目九　单层厂房排架结构

知识目标

1. 了解单层厂房的组成和布置；掌握排架荷载的计算方法。
2. 熟悉排架的计算简图、控制截面和内力组合；掌握柱下独立基础和牛腿的设计。

素养目标

1. 有很强的上进心，勇于批评与自我批评，树立正确的人生观和价值观。
2. 在学习上，严格要求自己，刻苦钻研，勤奋好学，态度端正，目标明确。

单层厂房排架结构的设计过程需要规范严谨的工作作风和精益求精的精神。工程师的专业精神、职业态度和人文素养的有机融合，体现了从业者的工作态度和生活追求。作为一名学生，学习是学生的天职，大学生要专注地对待学业，认真地学习专业知识，以积极健康的态度克服学习中的困难。在学习中养成不敷衍了事、永远多做十分的学习态度，在工作才能恪尽职守，形成正确的职场价值观，为以后步入社会铺路。

项目导入

1. 要工程概况

某锻工厂车间屋面梁为 12 m 跨度的 T 型薄腹梁，在车间建成后使用不久，梁端头突然断裂，造成厂房部分倒塌，倒塌构件包括屋面大梁及大型面板，如图 9-1 所示。

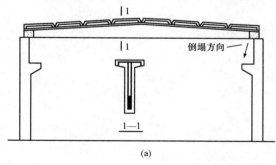
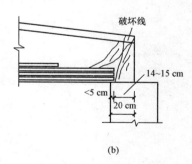

图 9-1　某锻工车间屋面梁

2. 事故分析

事故发生后到现场进行调查分析，发现混凝土强度能满足设计要求。从梁端断裂处看，问题出在端部钢筋深入支座的锚固长度至少应为 150 mm，实际上却不足 50 mm；梁端部至柱端外边缘的距离应为 400 mm，实际上却只有 140～150 mm。因此，梁端支于柱顶上的部分接近于素混凝土梁，这是非常不可靠的。加之本车间为锻工车间，投产后锻锤的动力作用对厂房振动力的影响大，这在一定程度上增加了大梁的负荷，在这种情况下，才引起了大梁的断裂。

任务一　单层厂房的组成和布置

任务目标

根据单层厂房的传力途径进行单层厂房的结构布置。

钢筋混凝土单层厂房的承重结构主要由屋架（或屋面梁）、柱和基础组成，按主要承重结构形式可分为排架结构和刚架结构两种。排架结构是柱与屋架（或屋面梁）为铰接，而与基础为刚接所组成的结构（图9-2），具有传力明确、构造简单、施工方便的特点，适用于预制装配，是目前常用的单层厂房的结构形式；刚架结构的特点是柱与屋架（或屋面梁）刚接成一个构件，而与基础通常为铰接。刚架结构有三铰门式刚架（顶节点为铰接）和两铰门式刚架（顶节点为刚接）两种形式，如图9-3所示。

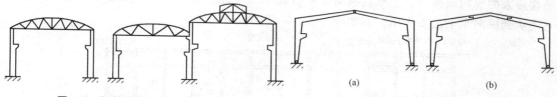

图9-2　钢筋混凝土排架结构厂房	图9-3　钢筋混凝土门式刚架结构厂房
	(a) 三铰门式刚架；(b) 两铰门式刚架

一、单层厂房的结构组成与传力途径

1. 结构组成

单层厂房排架结构通常由下列结构构件组成并相互连接成整体，如图9-4所示。

（1）屋盖结构。混凝土屋盖结构由屋面板（包括天沟板）、屋架或屋面梁（包括屋盖支撑）组成，有时还设有天窗架和托架等。混凝土屋盖结构可分为无檩和有檩两种屋盖体系，将大型屋面板直接支撑在屋架或屋面梁上的称为无檩屋盖体系；将小型屋面板或瓦材支撑在檩条上，并将檩条支撑在屋架上的称为有檩屋盖体系。在屋盖结构中，屋面板起围护作用并承受作用在板上的荷载，再将这些荷载传至屋架或屋面梁；屋架或屋面梁是屋面承重构件，承受屋盖结构自重和屋面板传来的活荷载，并将这些荷载传至排架柱。天窗架支撑在屋架或屋面梁上，也是一种屋面承重构件。

（2）横向平面排架。横向平面排架由横梁（屋架或屋面梁）、横向柱列和基础组成，是厂房的基本承重结构。厂房结构承受的竖向荷载、横向水平荷载及横向水平地震作用都是由横向平面排架承担并传至地基的。

（3）纵向平面排架。纵向平面排架由纵向柱列、连系梁、起重机梁、柱间支撑和基础等组成。其作用是保证厂房的纵向稳定性和刚性，并承受作用在山墙、天窗端壁及通过屋盖

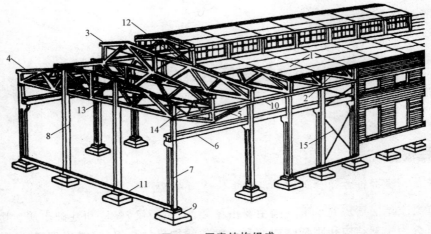

图 9-4　厂房结构组成

1—屋面板；2—天沟板；3—天窗架；4—屋架；5—托架；6—起重机梁；

7—排架柱；8—抗风柱；9—基础；10—连系梁；11—基础梁；12—天窗架垂直支撑；

13—屋架下弦横向水平支撑；14—屋架端部垂直支撑；15—柱间支撑

结构传来的纵向风荷载、起重机纵向水平荷载等，并将其传至地基，如图 9-5 所示。另外，它还承受纵向水平地震作用、温度应力等。

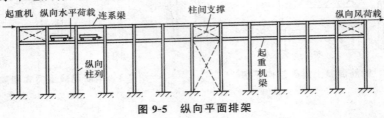

图 9-5　纵向平面排架

（4）起重机梁。起重机梁一般为装配式的，简支在柱的牛腿上，主要承受起重机竖向荷载、横向或纵向水平荷载，并将它们分别传至横向或纵向平面排架。起重机梁是直接承受起重机动力荷载的构件。

（5）支撑。单层厂房的支撑包括屋盖支撑和柱间支撑两种。其作用是加强厂房结构的空间刚度，保证结构构件在安装和使用阶段的稳定和安全，同时起着把风荷载、起重机水平荷载或水平地震作用等传递到相应承重构件的作用。

（6）基础。基础承受柱和基础梁传来的荷载并将它们传至地基。

（7）围护结构。围护结构包括纵墙、横墙（山墙）及由连系梁、抗风柱（有时还有抗风梁或抗风桁架）和基础梁等组成的墙架。这些构件所承受的荷载主要是墙体和构件的自重及作用在墙面上的风荷载等。

2. 传力途径

单层厂房结构所承受的荷载可分为竖向荷载和水平荷载两大类。竖向荷载包括屋面上的恒荷载、活荷载、各承重结构构件及围护结构等非承重构件自重、起重机自重及起重机竖向活荷载等；水平荷载包括横向及纵向风荷载、起重机横向水平荷载和纵向水平荷载及水平地震作用等。

单层厂房结构的传力路线如图 9-6 所示。

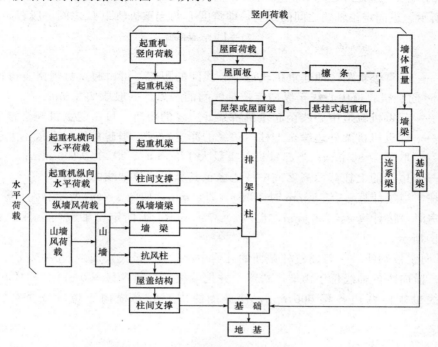

图 9-6　单层厂房结构的传力路线示意

由图 9-6 可以看出，单层厂房结构所承受的各种荷载，大部分都传递给排架柱，再由排架柱传至基础及地基。因此，排架柱是受力最复杂、最重要的受力构件。在有起重机的厂房中，起重机梁也是非常重要的承重构件，设计时应予以重视。

二、单层厂房的结构布置

1. 柱网布置

单层厂房承重柱的纵向和横向定位轴线在平面上形成的网格称为柱网。柱网布置就是确定柱子纵向定位轴线之间的尺寸（跨度）和横向定位轴线之间的尺寸（柱距）。柱网布置既是确定柱的位置，也是确定屋面板、屋架和起重机梁等构件尺寸（跨度）的依据，柱网布置恰当与否，将直接影响厂房结构的经济合理性和先进性。

◆**应用提示**　*柱网布置的一般原则：符合生产工艺和正常使用的要求；建筑和结构方案经济合理；在施工方法上具有先进性和合理性；符合厂房建筑统一化、标准化的基本原则；适应生产发展和技术进步的要求。*

厂房跨度在 18 m 及以下时，应采用 3 m 的倍数；在 18 m 以上时，应采用 6 m 的倍数。厂房柱距一般采用 6 m 或 6 m 的倍数。当工艺布置和技术经济有明显的优越性时，也可扩大柱距，采用 21 m、27 m 和 33 m 跨度和 9 m 柱距或其他柱距。

2. 定位轴线

（1）纵向定位轴线。一般用编号Ⓐ、Ⓑ、Ⓒ、…表示。对于无起重机或起重机起重量不大于30 t的厂房，边柱外边缘、纵墙内缘、纵向定位轴线三者相重合，形成封闭结合，如图 9-6(a)所示。纵向定位轴线之间的距离，即跨度 L 与起重机轨距 L_k 之间一般有如下关系：

$$L = L_k + 2e \tag{9-1}$$
$$e = B_1 + B_2 + B_3 \tag{9-2}$$

式中　L_k——起重机轨距，即起重机轨道中心线间的距离，可由起重机规格查得；

　　　　e——起重机轨道中心线至纵向定位轴线间的距离，一般取 750 mm；

　　　　B_1——起重机轨道中心线至起重机桥架外边缘的距离，可由起重机规格查得；

　　　　B_2——起重机桥架外边缘至上柱内边缘的净空宽度，当起重机起重量不大于 50 t 时，取 $B_2 \geqslant 80$ mm；当起重机起重量大于 50 t 时，取 $B_2 \geqslant 100$ mm；

　　　　B_3——边柱的上柱截面高度或中柱边缘至其纵向定位轴线的距离。

对边柱，当按计算 $e \leqslant 750$ mm 时，取 $e = 750$ mm，如图 9-7(a)所示；对中柱，当为多跨等高厂房时，按计算 $e \leqslant 750$ mm，也取 $e = 750$ mm，纵向定位轴线与上柱中心线重合，如图 9-7(b)所示。

(2)横向定位轴线。一般通过柱截面的几何中心，用编号①、②、③…表示。在厂房纵向尽端处，横向定位轴线位于山墙内边缘，并把端柱中心线内移 600 mm，同样在伸缩两侧的柱中心线也须向两边各移 600 mm，使伸缩缝中心线与横向定位轴线重合，如图 9-8所示。

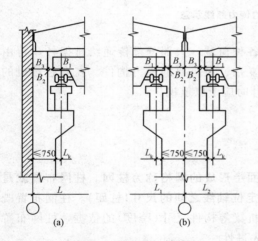

图 9-7　纵向定位轴线

(a)边柱时；(b)中柱时

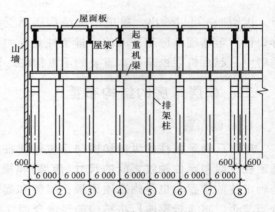

图 9-8　横向定位轴线

3. 变形缝

变形缝包括伸缩缝、沉降缝和防震缝三种。

(1)伸缩缝。随着气温的变化，房屋结构会出现热胀冷缩现象，这种温度变化将在结构中产生温度应力，引起结构变形，严重时会使墙面、屋面和构件等拉裂。因此，当房屋的长度或宽度过大时，为减小房屋结构中的温度应力，应设置伸缩缝。当建筑物的长度超过规定限值，又未采取可靠的构造措施或施工措施时，其伸缩缝间距不宜超过规范规定的限值。钢筋混凝土结构伸缩缝的最大间距可按表 9-1 确定。

表 9-1　钢筋混凝土结构伸缩缝最大间距

表 9-1　钢筋混凝土结构伸缩缝最大间距　　　　　　　　　　　　　　　m

结构类别		室内或土中	露天
排架结构	装配式	100	70
框架结构	装配式	75	50
	现浇式	55	35
剪力墙结构	装配式	65	40
	现浇式	45	30
挡土墙、地下室墙壁等类结构	装配式	40	30
	现浇式	30	20

注：1. 装配整体式结构的伸缩缝间距，可根据结构的具体情况取表中装配式结构与现浇式结构之间的数值；

　　2. 框架-剪力墙结构或框架-核心筒结构房屋的伸缩缝间距，可根据结构的具体情况取表中框架结构与剪力墙结构之间的数值；

　　3. 当屋面无保温或隔热措施时，框架结构、剪力墙结构的伸缩缝间距宜按表中露天栏的数值取用；

　　4. 现浇挑檐、雨罩等外露结构的局部伸缩缝间距不宜大于 12 m。

对下列情况，表 9-1 中的伸缩缝最大间距宜适当减小：柱高（从基础顶面算起）低于 8 m 的排架结构；屋面无保温、隔热措施的排架结构；位于气候干燥地区、夏季炎热且暴雨频繁地区的结构或经常处于高温作用下的结构；采用滑模类工艺施工的各类墙体结构；混凝土材料收缩较大，施工期外露时间较长的结构。

如有充分依据，对下列情况，表 9-1 中的伸缩缝最大间距可适当增大：采取减小混凝土收缩或温度变化的措施；采用专门的预加应力或增配构造钢筋的措施；采用低收缩混凝土材料，采取跳仓浇筑、后浇带、控制缝等施工方法，并加强施工养护。

◈ 应用提示

当伸缩缝间距增大较多时，尚应考虑温度变化和混凝土收缩对结构的影响。当设置伸缩缝时，框架、排架结构的双柱基础可不断开。

沿厂房的横向伸缩缝应从基础顶面开始，将相邻两个温度区段的上部结构构件完全分开，并留出一定宽度的缝隙，使上部结构在温度变化时，沿纵向可自由变形。伸缩缝处应采用双排柱、双屋架（屋面梁），伸缩缝处双柱基础可不分开，做成连接在一起的双杯口基础。

（2）沉降缝。**在建筑物的荷载和高度存在较大差异处，地基土的压缩性有显著差异处，结构类型和结构体系有明显不同处，基础类型或基础处理不一致处，厂房各部分的施工时间先后相差较长时，应设置沉降缝。**

沉降缝应从屋顶至基础完全分开，以使缝两侧结构发生不同沉降时互不影响，从而保证房屋的安全和使用功能。沉降缝的最小宽度不得小于 50 mm，沉降缝可兼作伸缩缝。

（3）防震缝。防震缝是为了减轻地震灾害而采取的措施之一。当相邻跨厂房高度相差悬殊、厂房结构类型和刚度有明显不同时，应设置防震缝。防震缝将房屋划分为简单规则的形状，使每一部分成为独立的抗震单元，使其在地震作用下互不影响。

防震缝两侧的上部结构应完全分开，且防震缝的最小宽度应满足规范的要求，以防止地震时缝两侧的独立单元发生碰撞。防震缝的具体设置应符合《建筑抗震设计规范（2016 年版）》（GB 50011—2010）的要求。地震区中的伸缩缝和沉降缝的宽度均应符合防震缝的要求。

4. 支撑

支撑的主要作用是加强厂房结构的空间刚度，保证结构构件在安装和使用阶段的稳定与安全，有效传递纵向水平荷载（风荷载、起重机纵向水平荷载及地震作用等）；同时，还起把风荷载、起重机水平荷载和水平地震作用等传递到相应承重构件的作用。

单层厂房的支撑体系包括屋盖支撑和柱间支撑。

（1）屋盖支撑。屋盖支撑系统包括上、下弦横向水平支撑，下弦纵向水平支撑，垂直支撑，天窗架支撑及纵向水平系杆。

1）上弦横向水平支撑。屋盖上弦横向水平支撑是指布置在屋架上弦（或屋面梁上翼缘）平面内的水平支撑，是由交叉角钢和屋架上弦杆组成的水平桁架，布置在厂房端部及温度区段两端的第一或第二柱间，如图 9-9 所示。其作用是增强屋盖的整体刚度，保证屋架上弦或屋面梁上翼缘的侧向稳定，将山墙抗风柱传来的风荷载传至两侧柱列上。

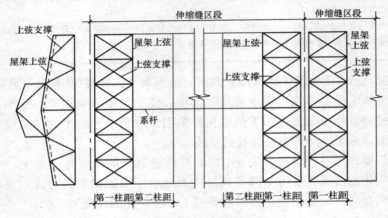

图 9-9　屋盖上弦横向水平支撑

对跨度较大且无天窗的无檩体系屋盖，若采用大型屋面板且与屋架有可靠连接（有三点焊牢且屋面板纵肋间的空隙用 C15 或 C20 细石混凝土灌实），则可认为屋面板能起到上弦横向水平支撑的作用，而不需设置上弦横向水平支撑。

2）下弦水平支撑。屋盖下弦水平支撑是指布置在屋架下弦平面内的水平支撑，包括下弦横向水平支撑和下弦纵向水平支撑。

设置下弦横向水平支撑的目的是作为屋盖垂直支撑的支点，将屋架下弦受到的纵向水平荷载传至纵向排架柱列，防止下弦杆产生振动。当厂房跨度 $L \geq 18$ m 时，宜设于厂房端部及伸缩缝处第一柱间，如图 9-10 所示。

屋盖下弦纵向水平支撑是由交叉角钢等钢杆件和屋架下弦第一节间组成的水平桁架。其作用是加强屋盖结构在横向水平面内的刚度，保证横向水平荷载的纵向分布，增强各排架间的空间作用。当屋盖设有托架时，还可以保证托架上翼缘的侧向稳定，并将托架区域内的横向水平荷载有效地传至相邻柱上。

当设置下弦纵向水平支撑时，为保证厂房空间刚度，必须同时设置相应的下弦横向水平支撑，形成封闭的水平支撑系统，如图 9-10 所示。

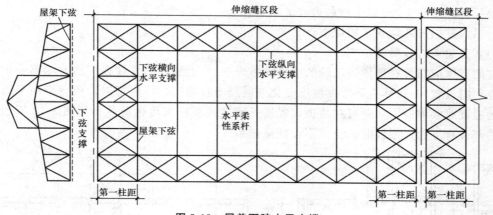

图 9-10　屋盖下弦水平支撑

3)垂直支撑及水平系杆。垂直支撑是指在相邻两榀屋架之间由角钢与屋架的直腹杆组成的垂直桁架，如图 9-11 所示。垂直支撑和水平系杆的作用是保证屋架在安装和使用阶段的侧向稳定；防止在起重机工作时屋架下弦的侧向颤动，上弦水平系杆则可保证屋架上弦或屋面梁受压翼缘的侧向稳定。

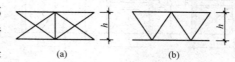

图 9-11　屋盖垂直支撑

(a)$h=2\,500\sim4\,000$ 十字交叉形；

(b)$h=1\,000\sim3\,000$ W 形

当厂房跨度 $L\leqslant18$ m 且无天窗时，可不设垂直支撑和水平系杆；当厂房跨度 $L=18\sim30$ m 时，在屋架跨中设置一道垂直支撑；当厂房跨度 $L>30$ m 时，在屋架 $1/3$ 跨度左右布置两道对称垂直支撑；当屋架端部高度大于 1.2 m 时，还应在屋架两端各布置一道垂直支撑。当屋盖设置垂直支撑时，应在未设置垂直支撑的屋架间，在相应于垂直支撑平面内的屋架上弦和下弦节点处，设置通长的水平系杆。

◇**特别提醒**　屋盖垂直支撑应与下弦横向水平支撑布置在同一柱距内。

4)天窗架支撑。天窗架支撑包括设置在天窗两端第一柱间的上弦横向水平支撑和沿天窗架两侧边设置的垂直支撑。其作用是保证天窗架上弦的侧向稳定；将天窗端壁上的风荷载传递给屋架。

◇**特别提醒**　天窗架支撑应设置在天窗架两端的第一柱距内，尽可能与屋架上弦横向水平支撑布置在同一柱间。

(2)柱间支撑。柱间支撑一般包括上部、中部及下部柱间支撑，如图 9-12 所示。柱间支撑通常宜采用十字交叉形支撑；其具有构造简单、传力直接和刚度较大等特点。交叉杆件的倾角一般为 $35°\sim50°$。在特殊情况下，因生产工艺的要求及结构空间的限制，可以采用其他形式的支撑。当 $l/h\geqslant2$ 时可采用人字形支撑；$l/h\geqslant2.5$ 时可采用八字形支撑；当柱距为 15 m 且 h_2 较小时，采用斜柱式支撑比较合理。

柱间支撑的作用是保证厂房结构的纵向刚度和稳定，并将水平荷载(包括天窗端壁部和厂房山墙上的风荷载、起重机纵向水平制动力及作用于厂房纵向的其他荷载)传至基础。

凡属下列情况之一者，应设置柱间支撑：

1)厂房内设有悬臂起重机或 3 t 及以上悬挂起重机；

2)厂房内设有重级工作制起重机，或设有中级、轻级工作制起重机，起重量在 10 t 及以上；

3)厂房跨度在18 m以上或柱高在8 m以上；

4)纵向柱列的总数在7根以下；

5)露天起重机栈桥的柱列。

柱间支撑应布置在伸缩缝区段的中央或临近中央(上部柱间支撑在厂房两端第一个柱距内也应同时设置)，这样有利于在温度变化或混凝土收缩时，厂房可以自由变形而不致产生较大的温度或收缩应力，还可在柱顶设置通长刚性连系杆来传递荷载，如图9-13所示。当屋架端部设有下弦连系杆时，也可不设柱顶连系杆。

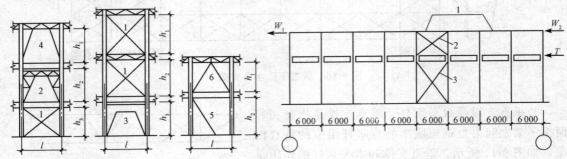

图9-12　柱间支撑形式

1—十字交叉形支撑；2—空腹门形支撑；

3—大八字形支撑；4—小八字形支撑；

5—单斜撑；6—人字形支撑

图9-13　柱间支撑

1—柱顶系杆；2—上部柱间支撑；3—下部柱间支撑

◆**特别提醒**　柱间支撑一般采用钢结构，当厂房设有中级或轻级工作制起重机时，柱间支撑也可采用钢筋混凝土结构。

5. 围护结构的布置

(1)抗风柱。单层厂房的山墙受风面积较大，一般需在山墙内侧设置抗风柱将山墙分成几个区格，使山墙面受到的风荷载的一部分(靠近纵向柱列的区格)直接传至纵向柱列；另一部分则经抗风柱下端直接传至基础和经上端通过屋盖系统传至纵向柱列。

抗风柱一般与基础刚接，与屋架上弦铰接(也可只与下弦铰接或同时与上、下弦铰接)。抗风柱上端与屋架的连接必须满足两个要求：一是在水平方向必须与屋架有可靠的连接，以保证有效地传递风荷载；二是在竖向应允许两者之间有一定的竖向相对位移，以防止厂房与抗风柱沉降不均匀时产生不利影响。因此，抗风柱和屋架一般采用竖向可以移动、水平向又有较大刚度的弹簧板连接；若厂房沉降较大时，则宜采用螺栓连接。

(2)圈梁、连系梁、过梁、基础梁。用砌体作为厂房的围护结构时，一般要设置圈梁、连系梁、过梁及基础梁。

1)圈梁。圈梁的作用是增强房屋的整体刚度，防止地基的不均匀沉降或较大振动荷载等对厂房的不利影响。圈梁置于墙体内，和柱连接，柱对它仅起到拉结作用。通常，柱上不需设置支撑圈梁的牛腿。

圈梁的布置与墙体高度、对厂房刚度的要求以及地基情况有关。一般单层厂房圈梁布置的原则是：对无桥式起重机的厂房，当墙厚≤240 mm、檐口标高为5~8 m时，应在檐口附近布置一道，当檐高大于8 m时，宜增设一道；对有桥式起重机或较大振动设备的厂房，除在檐口或窗顶布置圈梁外，还宜在起重机梁标高处或其他适当位置增设一道；外墙高度大于 15 m 时还应适当增设。

圈梁宜连续地设在同一水平面上，并形成封闭圈。当圈梁被门窗洞口截断时，应在洞口上部增设相同截面的附加圈梁，附加圈梁与圈梁的搭接长度不应小于其垂直距离的 2 倍，且不得小于 1.0 m，如图 9-14 所示。

圈梁的截面宽度宜与墙厚相同，当墙厚 $h \geqslant 240$ mm 时，其宽度不宜小于墙厚的 2/3。

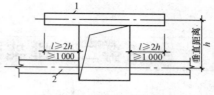

图 9-14　圈梁的搭接长度
1—附加圈梁；2—圈梁

圈梁高度应为砌体每层厚度的倍数，且不小于 120 mm。圈梁的纵向钢筋数量不应小于 4Φ10，绑扎接头的搭接长度按受拉钢筋考虑，箍筋间距不应大于 300 mm。当圈梁兼作过梁时，过梁部分配筋应按计算确定。

圈梁可采用现浇或预制装配现浇接头方式。混凝土强度等级，现浇的不宜低于 C15，预制的不宜低于 C20。

2）连系梁。连系梁的作用是连系纵向柱列，以增强厂房的纵向刚度并传递风荷载到纵向柱列；另外，还承受其上部墙体的自重。

连系梁通常为预制的简支梁，两端搁置在柱外侧牛腿上，可采用螺栓连接或焊接连接。

3）过梁。过梁的作用是承受门窗洞口上的墙体自重。在进行厂房结构布置时，应尽可能将圈梁、连系梁和过梁结合起来，以节约材料，简化施工。

4）基础梁。在一般厂房中，基础梁的作用是承受围护墙体的自重，并将其传递给柱下单独基础，而不另设墙基础。

基础梁底部离地基土表面应预留 100 mm 的空隙，使梁可随柱基础一起沉降而不受地基土的约束，同时，还可防止地基土冻胀时将梁顶裂。基础梁与柱一般不连接（一级抗震等级的基础梁顶面应增设预埋件与柱焊接），将基础梁直接搁置在柱基础杯口上，当基础埋置较深时，则放置在基础上面的混凝土垫块上，如图 9-15 所示。当厂房高度不大且地基较好、柱基础又埋得较浅时，也可不设基础梁而做砖石或混凝土的墙基础。

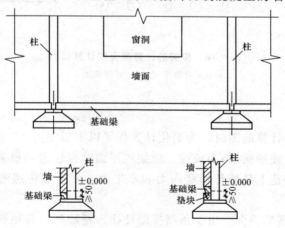

图 9-15　基础梁的布置

任务二　排架结构荷载及内力计算

任务目标

能进行排架结构的荷载计算、内力计算。

一、排架结构的计算单元与计算简图

单层厂房排架结构实际上是一个空间结构体系，为简化计算，一般可分为横向和竖向平面排架。由于横向平面排架承担着厂房的大部分主要荷载，因此，单层厂房的结构设计中，排架的计算分析主要以横向平面排架为主。纵向柱列只有在考虑地震时才进行计算。

1. 计算单元

由于横向排架沿厂房纵向一般为等间距均匀排列，作用于厂房上的各种荷载（起重机荷载除外）基本上沿厂房纵向均匀分布，计算时可以通过任意相邻纵向柱距的中心线截取有代表性的一段作为整个结构的横向平面排架的计算单元，如图 9-16(a)中的阴影部分所示。除起重机等移动荷载外，阴影部分就是排架的负荷范围，或称从属面积。

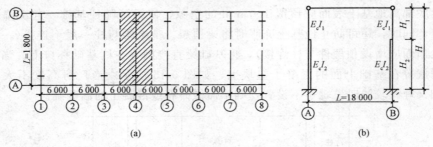

图 9-16　排架的计算单元和计算简图

(a)计算单元；(b)计算简图

2. 计算简图

在确定排架结构的计算简图时，为简化计算作了以下假定：

(1)柱上端与屋架（或屋面梁）为铰接。屋架或屋面梁在柱顶一般采用预埋钢板焊接或预埋螺栓与柱连接，在构造上只能传递竖向力和水平力，而不能传递弯矩，故计算时按铰接节点考虑。

(2)柱下端固接于基础顶面。由于预制排架柱插入基础杯口有足够的深度，并用高强度等级的细石混凝土浇筑密实，因此排架柱与基础连接处可按固定端考虑。

(3)排架横梁为无轴向变形刚性杆，横梁两侧柱顶的水平位移相等。一般单层厂房结构中常用的钢筋混凝土屋架或预应力混凝土屋架，下弦刚度较大，均符合这一假定。

（4）排架柱的高度由固定端算至柱顶铰接节点处，排架柱的轴线为柱的几何中心线。当柱为变截面柱时，取上柱和下柱截面重心的连线，排架柱的轴线为一折线。

根据以上假定，横向排架的计算简图如图 9-16(b)所示。在计算简图中，横线代表屋架（横梁）下缘，连接于柱顶。柱总高 H 取基础顶面至柱顶的距离，上柱高 H_1 为牛腿顶面至柱顶的距离，下柱高 H_2 为基础顶面至牛腿顶面的距离。上、下柱的截面惯性矩分别为 I_1 和 I_2，截面抗弯刚度分别取 $E_c I_1$ 和 $E_c I_2$（E_c 为混凝土弹性模量）。排架的跨度 L 应为下柱重心线间的距离，一般取排架柱的轴线间距。

柱总高 H＝柱顶标高＋基础底面标高的绝对值－初步拟定的基础高度

上部柱高 H_u＝柱顶标高－轨顶标高＋轨道构造高度＋起重机梁支撑处的起重机梁高

上、下部柱的截面弯曲刚度 $E_c I_1$、$E_c I_2$（I_1、I_2 分别为上、下部柱的截面惯性矩），由混凝土强度等级及预先假定的柱截面形状和尺寸确定。

二、排架的荷载计算

作用在排架上的荷载分为恒荷载和活荷载两类。恒荷载一般包括屋盖自重 F_1、上柱自重 F_2、下柱自重 F_3、起重机梁和轨道零件自重 F_4，以及有时支撑在牛腿上的围护结构等重力 F_5 等。活荷载一般包括屋面活荷载 F_6，起重机荷载 T_{max} 和 D_{max} 或 D_{min}，均布风载 q_1、q_2 及作用在屋盖支撑处的集中风荷载 W 等。图 9-17 所示为上述作用在排架上的荷载。

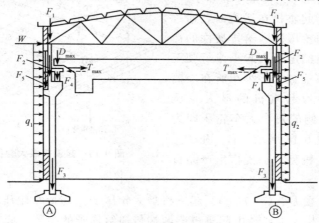

图 9-17　排架荷载示意

1. 恒荷载的计算

各种恒荷载的数值可按材料重力密度和结构的有关尺寸由计算得到，标准构件可从标准图上直接查得。在排架计算中，取恒荷载的荷载分项系数 $\gamma_G = 1.2$。

2. 屋面均布活荷载的计算

房屋建筑的屋面，其水平投影面上的屋面均布活荷载，应按《建筑结构荷载规范》（GB 50009—2012）中表 5.3.1 采用。对不上人屋面，其屋面均布活荷载标准值为 0.5 kN/m²。

3. 雪荷载的计算

作用在建筑物或构筑物顶面上计算用的雪压，称为雪荷载。屋面水平投影面上的雪荷载标准值按下式计算：

$$s_k = \mu_r s_0 \tag{9-3}$$

式中　s_k——雪荷载标准值(kN/m^2)；

　　　μ_r——屋面积雪分布系数，应根据不同类型的屋顶形式，按《建筑结构荷载规范》(GB 50009—2012)中表7.2.1采用；排架计算时，可近似按积雪全跨均匀分布考虑，取$\mu_r=1$；

　　　s_0——基本雪压(kN/m^2)，基本雪压应采用按《建筑结构荷载规范》(GB 50009—2012)规定的方法确定的50年重现期的雪压；对雪荷载敏感的结构，应采用100年重现期的雪压。

◇**特别提醒**　山区的雪荷载应通过实测调查后确定。如无实测资料时，可按当地邻近空旷平坦地面的基本雪荷载乘以系数1.2采用。

4. 起重机荷载的计算

单层厂房中常用的起重机有悬挂起重机、手动起重机、桥式起重机等，一般采用桥式起重机。起重机有A1～A8共8个工作级别。

桥式起重机在排架上产生的荷载有竖向荷载D_{max}(或D_{min})、横向水平荷载T_{max}及起重机纵向水平荷载T_e。

(1)起重机竖向荷载D_{max}(或D_{min})。

1)起重机最大轮压P_{max}与最小轮压P_{min}。起重机竖向荷载是指起重机在运行时，通过作用于起重机梁上的轮压传递给排架柱的荷载。当起重机小车在额定最大起重量行驶至大车某一侧端头极限位置时，小车所在一侧的每个大车轮压即为起重机的最大轮压P_{max}；同时，另外一侧的每个大车轮压即为最小轮压P_{min}，如图9-18所示。P_{max}和P_{min}可根据所选用的起重机型号、规格由产品目录或手册查得。

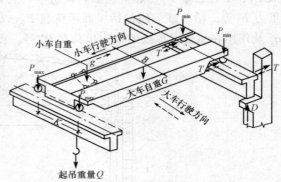

图9-18　起重机最大轮压与最小轮压

2)起重机竖向荷载D_{max}(或D_{min})。起重机最大轮压P_{max}与最小轮压P_{min}同时产生，分别作用在两侧的起重机梁上，经由起重机梁两端传递给柱子的牛腿。起重机是一组移动荷载，起重机在纵向的运行位置，直接影响其轮压对柱子所产生的竖向荷载，因此必须用起重机梁的支座反力影响线求得由P_{max}对排架柱所产生的最大竖向荷载值D_{max}。

由起重机轮压作用于排架柱上的起重机竖向荷载D_{max}和D_{min}，除与小车行驶的位置有关外，还与厂房内的起重机台数及大车沿厂房纵向运行的位置有关。

当计算同一跨内可能有多台起重机作用在排架上所产生的竖向荷载时，《建筑结构荷载规范》(GB 50009—2012)规定，对单跨厂房一般按不宜多于2台起重机考虑；对于多跨厂房一般按不宜多于4台起重机考虑。

当两台起重机满载靠紧并行，其中较大一台起重机的内轮正好运行至计算排架柱的位置时，作用于最大轮压P_{max}一侧排架柱上的起重机荷载为最大值D_{max}，如图9-18所示；与此同时，在另一侧的排架柱上，则由最小轮压P_{min}产生的竖向荷载为最小值D_{min}。D_{max}或D_{min}可根据图9-18所示的起重机最不利位置和起重机梁支座反力影响线求得。

$$D_{max} = P_{max} \sum y_i \tag{9-4}$$

$$D_{min} = P_{min} \sum y_i \tag{9-5}$$

式中 $\sum y_i$——起重机最不利布置时，各轮子下影响线竖向坐标值之和，可根据起重机的宽度 B 和轮距 K 确定。

起重机竖向荷载 D_{max} 与 D_{min} 沿起重机梁的中心线作用于牛腿顶面。

由于 D_{max} 既可发生在左柱，也可发生在右柱，因此在计算排架时两种情况均应考虑。

（2）起重机横向水平荷载 T_{max}。起重机的横向水平荷载 T_{max} 是当小车沿厂房横向运动时由启动或突然制动产生的惯性力，它通过小车制动轮与桥架上导轨之间的摩擦力传递给大车，再通过大车轮均匀传递给大车轨道和起重机梁，然后由起重机梁与上柱的连接钢板传递给两侧排架柱。起重机横向水平荷载作用位置在起重机梁顶面，且同时作用于起重机两侧的排架柱上，方向相同。

当四轮起重机满载运行时，每个大车轮引起的横向水平荷载标准值为

$$T = \alpha(g + Q)/4 \tag{9-6}$$

式中 α——横向制动力系数，取值规定如下：

软钩起重机：

当 $Q \leqslant 10$ t 时，$\alpha = 0.12$；

当 $Q = 16 \sim 50$ t 时，$\alpha = 0.10$；

当 $Q \geqslant 75$ t 时，$\alpha = 0.08$。

硬钩起重机：$\alpha = 0.20$。

起重机的横向水平制动力也是移动荷载，其最不利作用位置与图 9-19 所示起重机的竖向轮压相同，因此，起重机对排架柱产生的最大横向水平荷载标准值 T_{max}，也需根据起重机的最不利位置和起重机梁支座反力影响线确定，即

$$T_{max} = T \sum y_i \tag{9-7}$$

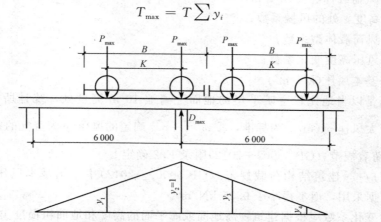

图 9-19 起重机纵向运行最不利位置及起重机梁支座反力影响线

由于小车是沿桥架向左、右运行，有左、右两种制动情况，因此计算排架时，起重机的横向水平荷载应考虑向左和向右两种情况，如图 9-20 所示。

（3）起重机纵向水平荷载 T_e。起重机纵向水平荷载 T_e 是由起重机的大车突然启动或制

动引起的纵向水平惯性力，它由大车的制动轮与轨道的摩擦，经起重机梁传到纵向柱列或柱间支撑。

当厂房有柱间支撑时，全部起重机纵向水平荷载由柱间支撑承受；当厂房无柱间支撑时，全部起重机纵向水平荷载由同一伸缩区段内的所有各柱共同承受。在横向排架结构计算分析中，一般不考虑起重机纵向水平荷载。

5. 屋面积灰荷载的计算

设计生产中有大量排灰的厂房及其邻近建筑物时，应考虑积灰荷载。 对于具有一定除尘设施和保证清灰制度的

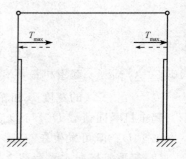

图 9-20　起重机横向水平
作用下的计算简图

机械、冶金、水泥厂的厂房屋面，其水平投影面上的屋面积灰荷载应分别按《建筑结构荷载规范》(GB 50009—2012)中表 5.4.1-1 和表 5.4.1-2 采用；对于屋面上易形成灰堆处，在设计屋面板、檩条时，积灰荷载标准值可乘以下列增大系数：在高低跨处两倍于屋面高差但不大于 6 m 的分布宽度内取 2.0，在天沟处不大于 3 m 的分布宽度内取 1.4。

◇**特别提醒**　排架计算时，屋面均布活荷载不与雪荷载同时组合，仅取两者中的较大值。屋面积灰荷载应与雪荷载和屋面均布活荷载两者中的较大值同时考虑。

屋面均布活荷载、雪荷载、屋面积灰荷载都属于可变荷载，都按屋面水平投影面积计，其荷载分项系数都取 $\gamma_Q = 1.4$。

6. 风荷载的计算

作用在建筑物或构筑物表面上计算用的风压，称为风荷载。

(1)垂直于建筑物表面上的风荷载。当计算主要承重结构时，垂直于建筑物表面上的风荷载标准值应按下式计算：

$$\omega_k = \beta_z \mu_s \mu_z \omega_0 \tag{9-8}$$

式中　ω_k——风荷载标准值(kN/m²)；

β_z——高度 z 处的风振系数；

μ_s——风荷载体型系数；

μ_z——风压高度变化系数；

ω_0——基本风压(kN/m²)。

基本风压是以当地比较空旷平坦的地面上离地 10 m 高度处，统计所得的 50 年一遇 10 min 平均最大风速 v_0(m/s)为标准，按 $\omega_0 = \frac{1}{2}\rho v_0^2$ 确定的风压[ρ 为空气的密度(t/m³)，可按《建筑结构荷载规范》(GB 50009—2012)附录 E.2 确定]。

基本风压应按《建筑结构荷载规范》(GB 50009—2012)中全国基本风压分布图和附表 E.5 给出的数据采用，但不得小于 0.25 kN/m²。

风压高度变化系数应根据建筑物离地面或海平面的高度和地面粗糙度类别按《建筑结构荷载规范》(GB 50009—2012)表 8.2.1 的规定取值，地面粗糙度可分为 A、B、C、D 四类：A 类是指近海海面和海岛、海岸、湖岸及沙漠地区；B 类是指田野、乡村、丛林、丘陵及房屋比较稀疏的乡镇；C 类是指有密集建筑群的城市市区；D 类是指有密集建筑群且房屋较高的城市市区。

风荷载体型系数是指风作用在建筑物表面所引起的实际压力(或吸力)与基本风压的比

值。它表示建筑物表面在稳定风压作用下的静态压力分布规律，主要与建筑物的体型和尺寸有关，按《建筑结构荷载规范》(GB 50009—2012)表 8.3.1 的规定采用。图 9-21(a)、(b)中分别给出了封闭式双坡屋面和封闭式双跨双坡屋面的风荷载体型系数。

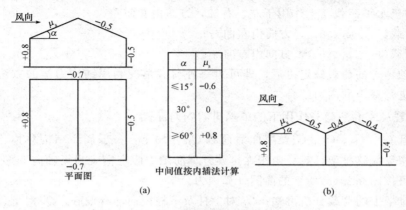

图 9-21 风荷载体型系数 μ_s
(a)封闭式双坡屋面；(b)封闭式双跨双坡屋面

(2)屋面传来的集中风荷载。作用于柱顶以上的风荷载，通过屋架以集中力 F_w 形式施加于排架柱顶，其值为屋架高度范围内的外墙迎风面、背风面的风荷载及坡屋面上风荷载的水平分力的总和，如图 9-22 所示，计算时也取为均布荷载，此时的风压高度变化系数 μ_z 按下述情况确定：有矩形天窗时，取天窗檐口标高；无矩形天窗时，按厂房檐口标高取值。进行排架计算时，将柱顶以上的风荷载以集中力 F_w 的形式作用于排架柱顶。其计算简图如图 9-22 所示。

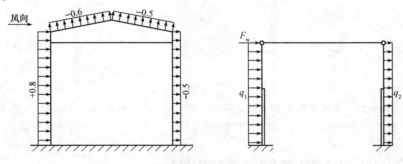

图 9-22 排架在风荷载作用下的计算简图

◆**特别提醒** 由于风荷载是可以变向的，因此在排架计算时，要考虑左风和右风两种情况。

三、排架的内力计算

在进行排架内力分析之前，首先要确定排架上有哪几种可能单独考虑的荷载情况，以单跨排架为例，若不考虑地震作用，可能有以下 8 种单独作用的荷载情况：

(1)恒荷载(G_1、G_2、G_3、G_4 等)；

(2)屋面活荷载(Q_1)；

（3）起重机竖向荷载 $D_{\max}$ 作用于左柱（$D_{\min}$ 作用于右柱）；

（4）起重机竖向荷载 $D_{\max}$ 作用于右柱（$D_{\min}$ 作用于左柱）；

（5）起重机水平荷载 $T_{\max}$ 作用于左、右柱，方向由左向右；

（6）起重机水平荷载 $T_{\max}$ 作用于左、右柱，方向由右向左；

（7）风荷载（F_w、q_1、q_2），方向由左向右；

（8）风荷载（F_w、q_1、q_2），方向由右向左。

需要单独考虑的荷载确定之后，即可对每种荷载情况利用结构力学的方法进行排架内力计算，再进行最不利内力组合。

1. 恒荷载及屋面活荷载作用下的单跨排架内力计算

在恒荷载 G_1、G_2、G_3、G_4 及屋面活荷载 Q_1 作用下，一般属于结构对称、荷载也对称的情况，可按无侧移排架计算。由于在排架计算简图中假定横梁为无轴向变形的刚性连杆，所以排架柱可按图 9-23（a）所示的简图计算内力。

根据对排架上的荷载分析可知，G_1 对上柱及下柱截面均有偏心，Q_1 对上、下柱也有偏心且偏心距与 G_1 相同，G_2、G_4 对下柱截面也有偏心，在计算中可将 G_1、G_2、G_4 及 Q_1 简化为作用在柱截面形心的轴力和作用在相应柱顶（上柱）及牛腿顶面（下柱）处的力矩 M_1 和 M_2。由于 G_1、G_2、G_3、G_4 及 Q_1 作用于柱截面形心时只引起柱的轴向力，不引起弯矩和剪力，所以可按图 9-24 计算柱截面的弯矩和剪力。

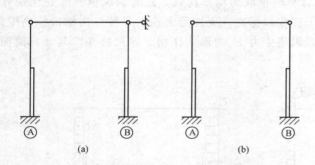

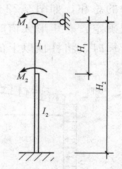

图 9-23　单跨等高排架计算简图

（a）无轴向变形的刚性连杆；（b）柱顶有侧移的排架

图 9-24　力矩 M_1、M_2 作用下的计算简图

2. 风荷载及起重机荷载作用下的排架内力计算

在风荷载及起重机荷载的作用下，为荷载不对称的情况，可视柱顶为有侧移的排架进行内力计算，如图 9-23（b）所示。

（1）起重机竖向荷载 $D_{\max}$（或 $D_{\min}$）作用下的内力计算。起重机竖向荷载 $D_{\max}$（或 $D_{\min}$）作用于牛腿顶面并对下柱截面有偏心，可将其简化为作用于柱截面中心的轴向力 $D_{\max}$（或 $D_{\min}$）和附加力矩 $M_{D,\max}$（或 $M_{D,\min}$），按图 9-25 所示的简图分别计算，然后叠加而得。

当 $M_{D,\max}$ 作用在柱时，排架柱的内力计算如图 9-26 所示，其排架柱内力可由图 9-26（b）和图 9-26（c）的内力叠加得到。

（2）起重机水平荷载作用下的排架内力计算。在起重机水平荷载 $T_{\max}$ 作用下，其排架柱的内力可由图 9-27（b）和图 9-27（c）的内力叠加得到。

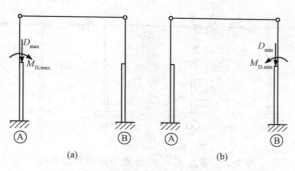

图 9-25　D_{max} 和 D_{min} 分别作用下的计算简图

(a)D_{max} 作用在Ⓐ柱；(b)D_{min} 作用在Ⓑ柱

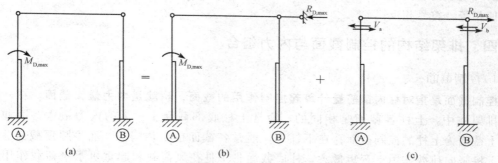

图 9-26　$M_{D,max}$ 作用在Ⓐ柱的内力计算

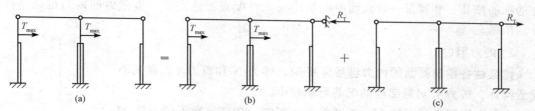

图 9-27　两跨等高排架在 T_{max} 作用下的内力计算

（3）风荷载作用下的排架内力计算。排架在风荷载 F_w、q_1、q_2 作用下的计算简图可由图 9-28(a)与图 9-28(b)叠加而得。其中，图 9-28(a)可分解为 F_w、q_1、q_2 分别单独作用的受力情况，如图 9-29 所示。

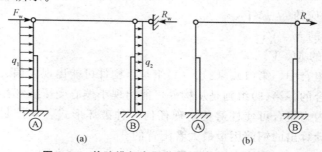

图 9-28　单跨排架在风荷载作用下的内力计算

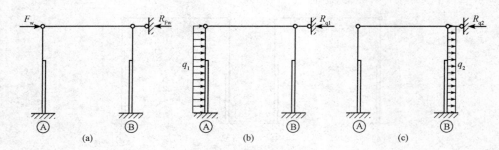

图 9-29 F_w、q_1、q_2 分别作用的受力情况

(a)F_w 单独作用的受力情况；(b)q_1 单独作用的受力情况；(c)q_2 单独作用的受力情况

当风荷载由右向左作用时，Ⓐ柱、Ⓑ柱的内力分别与从左向右作用时Ⓑ柱、Ⓐ柱的内力数值相等，符号相反。

四、排架结构的控制截面与内力组合

1. 控制截面

控制截面是指对柱内钢筋量计算起控制作用的截面，也就是内力最大截面。在一般的单阶排架柱中，上柱各截面是相同的，通常上柱底部截面Ⅰ—Ⅰ的内力最大，因此，取Ⅰ—Ⅰ截面为上柱的控制截面；在下柱中，通常各截面也是相同的，而牛腿顶截面Ⅱ—Ⅱ在起重机竖向荷载作用下弯矩最大，柱底截面Ⅲ—Ⅲ在风荷载和起重机水平荷载作用下弯矩最大，且轴力也最大，故取Ⅱ—Ⅱ和Ⅲ—Ⅲ截面为下柱的控制截面，如图 9-30 所示。下柱的纵筋按Ⅱ—Ⅱ和Ⅲ—Ⅲ截面中钢筋用量大者配置。柱底Ⅲ—Ⅲ截面的内力也是基础设计的依据。

2. 内力组合

排架柱各控制截面的内力包括弯矩 M、轴力 N 和剪力 V，属偏心受压构件，剪力 V 对排架柱的配筋影响较小。

由偏心受压正截面的 $M-N$ 相关曲线可知，构件可在不同弯矩 M 和轴力 N 的组合下达到其极限承载力。M 和 N 内力对截面最不利的具体搭配，需要进行内力组合才能进行判断。对排架柱各控制截面，一般应考虑以下四种内力组合：

(1)$+M_{max}$ 及相应的 N、V；

(2)$-M_{max}$ 及相应的 N、V；

(3)N_{max} 及相应的 M、V；

(4)N_{min} 及相应的 M、V。

在这四种内力组合中，第(1)、(2)、(4)组是以构件可能出现大偏心受压破坏进行组合的；第(3)组则是从构件可能出现小偏心受压破坏进行组合的。全部内力组合可使柱避免出现任何一种破坏形式。各控制截面的钢筋就是按这四种内力组合所计算出的钢筋用量最大者配置的。

在进行内力组合时，还须注意以下问题：

(1)恒荷载必须参与每一种组合；

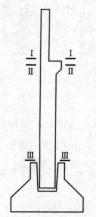

**图 9-30 单阶柱的
控制截面**

（2）起重机竖向荷载 D_{max} 可分别作用于左柱和右柱，只能选择其中一种参与组合；

（3）起重机水平荷载 T_{max} 向右与向左只能选择其中一种参与组合；

（4）风荷载向右、向左方向只能选择其中一种参与组合；

（5）组合 N_{max} 或 N_{min} 时，应使弯矩 M 最大，对于轴力为零，而弯矩不为零的荷载（如风荷载）也应考虑组合；

（6）在考虑起重机横向水平荷载 T_{max} 时，必然有 D_{max}（或 D_{min}）参与组合，即"有 T 必有 D"；但在考虑起重机荷载 D_{max}（或 D_{min}）时，该跨不一定作用有该起重机的横向水平荷载，即"有 D 不一定有 T"。

任务三　单层厂房柱的设计

任务目标

能进行柱截面的设计，牛腿的设计。

一、柱下独立基础

柱的基础是单层厂房中的重要受力构件，上部结构传来的荷载都是通过基础传至地基的。**按受力形式，柱下独立基础有轴心受压和偏心受压两种，在单层厂房中，柱下独立基础一般是偏心受压**。按施工方法，柱下独立基础可分为预制柱下基础和现浇柱下基础两种。

单层厂房柱下独立基础的常用形式是扩展基础，有阶梯形和锥形两类，如图 9-31 所示。预制柱下基础因与预制柱连接的部分做成杯口，故又称为杯形基础。

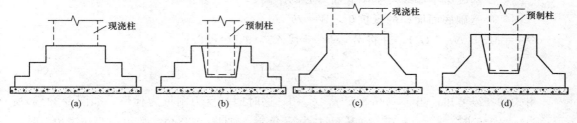

图 9-31　柱下扩展基础的形式

（a）现浇柱下阶梯形基础；（b）阶梯形杯形基础；（c）现浇柱下锥形基础；（d）锥形杯形基础

1. 确定基础底面尺寸

基础底面尺寸是根据地基承载力条件和地基变形条件确定的。由于柱下扩展基础的底面积不太大，故假定基础是绝对刚性且地基土反力为线性分布。

（1）轴心受压柱下基础。轴心受压时，假定基础底面的压力为均匀分布，如图 9-32 所示，设计时应满足下式要求：

$$p_k = \frac{N_k + G_k}{A} \leqslant f_a \qquad (9-9)$$

式中　N_k——相应于荷载效应标准组合时，上部结构传
至基础顶面的竖向力值；

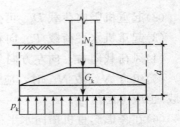

G_k——基础及基础上方土的重力标准值；

A——基础底面面积；

f_a——经过深度和宽度修正后的地基承载力特
征值。

图 9-32　轴心受压基础计算简图

设 d 为基础埋置深度，并设基础及其上土的重力密度的平均值为 γ_m（可近似取 $\gamma_m = 20\ \text{kN/m}^3$），则 $G_k \approx \gamma_m d A$，代入式(9-9)可得

$$A \geqslant \frac{N_k}{f_a - \gamma_m d} \qquad (9-10)$$

设计时先按式(9-10)算得 A，再选定基础底面积的一个边长 b，即可求得另一边长 $l = A/b$，当采用正方形时，$b = l = \sqrt{A}$。

(2)偏心受压柱下基础。当偏心荷载作用下基础底面全截面受压时，假定基础底面的压力按线性非均匀分布，如图 9-33(a)所示，这时基础底面边缘的最大和最小压力可按下式计算：

$$\genfrac{}{}{0pt}{}{p_{k,\max}}{p_{k,\min}} = \frac{N_{bk} + G_k}{A} \pm \frac{M_{bk}}{W} \qquad (9-11)$$

式中　M_{bk}——作用于基础底面的力矩标准组合值，$M_{bk} = M_k + N_{wk} e_w$；

M_k——相应于荷载效应标准组合时，作用于基础底面的力矩值；

N_{bk}——由柱和基础梁传至基础底面的轴向力标准组合值，$N_{bk} = N_b + N_{wk}$；

N_b——由柱传至基础底面的轴向力标准值；

N_{wk}——基础梁传来的竖向力标准值；

e_w——基础梁中心线至基础底面形心的距离；

W——基础底面面积的抵抗矩，$W = l b^2 / 6$。

令 $e = M_{bk}/(N_{bk} + G_k)$，并将 $W = l b^2 / 6$ 代入式(9-11)可得：

$$\genfrac{}{}{0pt}{}{p_{k,\max}}{p_{k,\min}} = \frac{N_{bk} + G_k}{bl}\left(1 \pm \frac{6e}{b}\right) \qquad (9-12)$$

由式(9-12)可知，当 $e < b/6$ 时，$p_{k,\min} > 0$，这时地基反力图形为梯形，如图 9-33(a)所示；当 $e = b/6$ 时，$p_{k,\min} = 0$，地基反力为三角形，如图 9-33(b)所示；当 $e > b/6$ 时，$p_{k,\min} < 0$，如图 9-33(c)所示。这说明基础底面积的一部分将产生拉应力，但由于基础与地基的接触面是不可能受拉的，因此这部分基础底面与地基之间是脱离的，也即这时承受地基反力的基础底面积不是 bl 而是 $3al$，此时 $p_{k,\max}$ 不能按式(9-12)计算，而应按下式计算：

$$p_{k,\max} = \frac{2(N_{bk} + G_k)}{3al} \qquad (9-13)$$

$$a = \frac{b}{2} - e \qquad (9-14)$$

式中　a——合力（$N_{bk} + G_k$）作用点至基础底面最大受压边缘的距离；

l——垂直于力矩作用方向的基础底面边长。

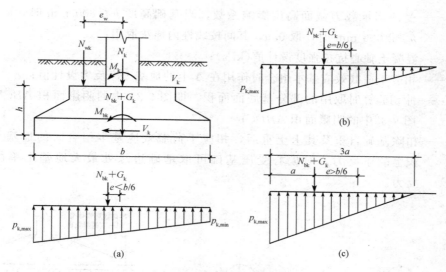

图 9-33　偏心受压基础计算简图

在确定偏心受压柱下基础底面尺寸时，应符合下列要求：

$$p_k = \frac{p_{k,max} + p_{k,min}}{2} \leqslant f_a \qquad (9\text{-}15)$$

$$p_{k,max} \leqslant 1.2 f_a \qquad (9\text{-}16)$$

式（9-16）中，将地基承载力特征值提高 20% 的原因是，$p_{k,max}$ 只在基础边缘的局部范围内出现，而且 $p_{k,max}$ 中的大部分是由活荷载而不是由恒荷载产生的。

确定偏心受压基础底面尺寸一般采用试算法。先按轴心受压基础所需的底面积增大 20%～40%，初步选定长、短边尺寸，然后验算是否符合式（9-15）和式（9-16）的要求。如不符合，则需另行假定尺寸重算，直至满足要求。

（3）《建筑地基基础设计规范》（GB 50007—2011）规定，对矩形截面柱的矩形基础，在柱与基础交接处及基础变阶处的受冲切承载力可按下列公式计算，如图 9-34 所示：

$$F_l \leqslant 0.7 \beta_{hp} f_t a_m h_0 \qquad (9\text{-}17)$$

$$F_l = p_j A_l \qquad (9\text{-}18)$$

$$a_m = (a_t + a_b)/2 \qquad (9\text{-}19)$$

式中　a_t——冲切破坏锥体最不利一侧斜截面在基础底面范围内的上边长（m）；当计算柱与基础交接处的受冲切承载力时，取柱宽；当计算基础变阶处的受冲切承载力时，取上阶宽；

a_b——冲切破坏锥体最不利一侧斜截面在基础底面范围内的下边长（m），当冲切破坏锥体的底面落在基础底面以内，如图 9-34 所示，计算柱与基础交接处的受冲切承载力时，取柱宽加两倍基础有效高度；当计算变阶处的受冲切承载力时，取上阶宽加两倍该处的基础有效高度；当冲切破坏锥体的底面在 l 方向落在基础底面以外，即 $a + 2h_0 \geqslant l$ 时，如图 9-34 所示，取 $a_b = l$；

a_m——冲切破坏锥体最不利一侧计算长度（m）；

h_0——基础冲切破坏锥体的有效高度（m）；

β_{hp}——受冲切承载力截面高度影响系数，当基础高度 $h \leqslant 800$ mm 时，取 1.0；当 $h \geqslant 2\,000$ mm 时，取 0.9，其间按线性内插法取用；

f_t——混凝土轴心抗拉强度设计值(kPa)；

F_l——相应于荷载效应基本组合时作用在 A_l 上的地基土净反力设计值；

A_l——冲切验算时取用的部分基底面面积，即图 9-34 中的阴影面积 $ABCDEF$，或图 9-35 中的阴影面积 $ABDC$；

p_j——扣除基础自重及其上土重后，相应于荷载效应基本组合时的地基土单位面积上的净反力，对偏心受压基础可取基础边缘处最大地基土单位面积净反力。

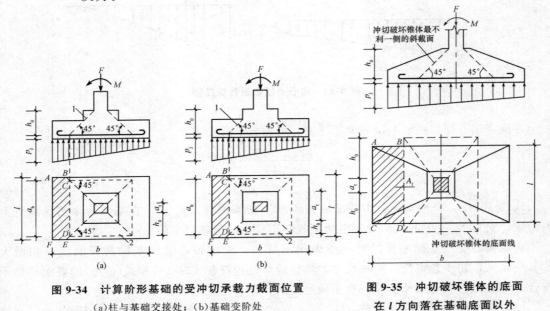

图 9-34　计算阶形基础的受冲切承载力截面位置

(a)柱与基础交接处；(b)基础变阶处

1—冲切破坏锥体最不利一侧的斜截面；2—冲切破坏锥体的底面线

图 9-35　冲切破坏锥体的底面在 l 方向落在基础底面以外

设计时，一般根据构造要求先假定基础高度，然后按式(9-17)验算。如不满足，则应将高度增大重新验算，直至满足。当基础底面落在 45°线(即冲切破坏锥体)以内时，可不进行受冲切验算。

2. 计算底板受力钢筋

在前面计算基础底面地基土的反力时，应计入基础自身重力及基础上方土的重力，但是在计算基础底板受力钢筋时，由于这部分地基土反力的合力与基础及其上方土的重力相抵消，因此，这时地基土的反力中不应计入基础及其上方土的重力，即以地基净反力 p_j 来计算钢筋。

基础底板在地基净反力作用下，在两个方向都将产生向上的弯曲，因此，需在底板两个方向都配置受力钢筋。配筋计算的控制截面一般取在柱与基础交接处或变阶处(对阶形基础)。计算(两个方向)弯矩时，把基础视作固定在柱周边或变阶处(对阶形基础)的四面挑出的倒置的悬臂板，如图 9-36 所示。

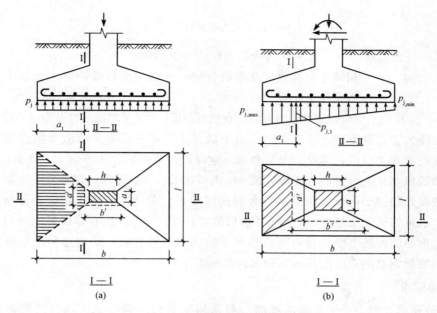

图 9-36 矩形基础底板计算简图

(a)轴心荷载作用下的基础；(b)偏心荷载作用下的基础

(1)轴心荷载作用下的基础。为简化计算，把基础底板划分为四块独立的悬臂板。对轴心受压基础，沿基础长边 b 方向的截面 $\mathrm{I}—\mathrm{I}$ 处的弯矩 M_1 等于作用在梯形面积 $ABCD$ 形心处的地基净反力 p_j 的合力与形心到柱边截面的距离相乘之积。由图 9-36(a)不难写出：

$$M_{\mathrm{I}} = \frac{1}{6} a_1^2 (2b + b') p_j \tag{9-20}$$

沿长边 b 方向的受拉钢筋截面面积 $A_{s\mathrm{I}}$ 可近似按下式计算：

$$A_{s\mathrm{I}} = \frac{M_1}{0.9 f_y h_{01}} \tag{9-21}$$

式中 h_{01}——截面 $\mathrm{I}—\mathrm{I}$ 的有效高度，$h_{01} = h - a_{s1}$，当基础下有混凝土垫层时，取 $a_{s1} = 40$ mm；无混凝土垫层时，取 $a_{s1} = 70$ mm。

同理，沿短边 l 方向，对柱边截面 $\mathrm{II}—\mathrm{II}$ 的弯矩为

$$M_{\mathrm{II}} = \frac{1}{24} (b - b')^2 (2a + a') p_j \tag{9-22}$$

沿短边方向的钢筋一般置于沿长边钢筋的上面，如果两个方向的钢筋直径均为 d，则截面 $\mathrm{II}—\mathrm{II}$ 的有效高度 $h_{02} = h_{01} - d$，于是，沿短边方向的钢筋截面面积为

$$A_{s\mathrm{II}} = \frac{M_2}{0.9 f_y (h_{01} - d)} \tag{9-23}$$

(2)偏心荷载作用下的基础。当偏心距小于或等于基础宽度 b 的 1/6 时，如图 9-35(b)所示，沿弯矩作用方向在任意截面 $\mathrm{I}—\mathrm{I}$ 处及垂直于弯矩作用方向在任意截面 $\mathrm{II}—\mathrm{II}$ 处相应于荷载效应基本组合时的弯矩设计值 M_{I}、M_{II}，可分别按下列公式计算：

$$M_{\mathrm{I}} = \frac{1}{12} a_1^2 \left[(2l + a')(p_{j,\max} + p_{j,\mathrm{I}}) + (p_{j,\max} - p_{j,\mathrm{I}}) l \right] \tag{9-24}$$

$$M_{\text{II}} = \frac{1}{48}(l-a')^2(2b+b')(p_{j,\max}+p_{j,\min}) \tag{9-25}$$

式中 a_1——任意截面Ⅰ—Ⅰ至基底边缘最大反力处的距离；

        $p_{j,\max}$，$p_{j,\min}$——相应于荷载效应基本组合时，基础底面边缘的最大和最小地基净反力设计值；

        $p_{j,\text{I}}$——相应于荷载效应基本组合时，在任意截面Ⅰ—Ⅰ处基础底面地基净反力设计值。

当偏心距大于基础宽度 b 的 $1/6$ 时，由于地基土不承受拉力，故沿弯矩作用方向基础底面一部分将出现零应力，其反力呈三角形。这时，在沿弯矩作用方向上，任意截面Ⅰ—Ⅰ处相应于荷载效应基本组合时的弯矩设计值 M_{I} 仍可按式(9-24)计算；在垂直于弯矩作用方向上，任意截面处相应于荷载效应基本组合时的弯矩设计值 M_{II} 应按实际应力分布计算，为简化计算，也可偏于安全地取 $p_{j,\min}=0$，然后按式(9-25)计算。也有建议采用环向钢筋来代替双向受力钢筋的配筋方法，轴心荷载作用下的试验结果表明，采用这种配筋的基础承载力比有相同数量钢筋的双向配筋的基础大，但施工不便。

3. 构造要求

(1)一般要求。轴心受压基础的底面一般采用正方形。偏心受压基础的底面应采用矩形，长边与弯矩作用方向平行，长、短边长的比值为 1.5～2.0，不应超过 3.0。

锥形基础的边缘高度不宜小于 300 mm；阶形基础的每阶高度宜为 300～500 mm。

混凝土强度等级不宜低于 C20。基础下通常要做素混凝土(一般为 C10)垫层，厚度一般采用 100 mm，垫层面积比基础底面积大，通常每端伸出基础边 100 mm。

底板受力钢筋一般采用 HRB400 级或 HPB300 级钢筋，其最小直径不宜小于 8 mm，间距不宜大于 200 mm。当有垫层时，受力钢筋的保护层厚度不宜小于 35 mm，无垫层时不宜小于 70 mm。

基础底板的边长≥2 500 mm 时，沿此方向的钢筋长度可减短 10%，但宜交错布置，如图 9-37 所示。

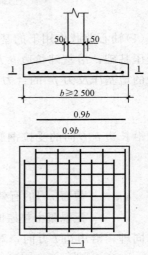

图 9-37　基础边长≥2 500 mm 时的底部配筋示意

对于现浇柱基础，如与柱不同时浇筑，其插筋的根数、直径及钢筋种类应与柱内纵向受力钢筋相同，如图 9-38 所示。插筋在基础内的锚固长度，无抗震设防要求时为 l_a，有抗震设防时为 l_{aE}：一、二级抗震等级 $l_{aE}=1.15l_a$，三级抗震等级 $l_{aE}=1.05l_a$，四级抗震等级 $l_{aE}=l_a$(l_a 为纵向受拉钢筋的锚固长度)。插筋下端宜做成直钩放在基础底板钢筋上，当柱为轴心受压或小偏心受压，基础高度≥1 200 mm 时，或者柱为大偏心受压，基础高度≥1 400 mm 时，可将四角的插筋伸至底板钢筋网上，其余插筋锚固在基础顶面下 l_a 或 l_{aE} 处，如图 9-38 所示。插筋与柱的纵向受力钢筋的连接方法，应符合《设计规范》的规定。

(2)预制基础的杯口形式和柱的插入深度。当预制柱的截面为矩形及工字形时，柱基础采用单杯口形式；当为双脚柱时，可采取双杯口，也可采用单杯口形式。杯口的构造如

图 9-39 所示。

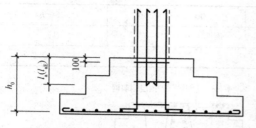

图 9-38 现浇柱的基础中插筋构造示意

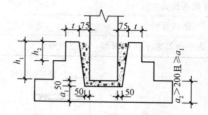

图 9-39 预制柱的杯口构造

预制柱插入基础杯口应有足够的深度,使柱可靠地嵌固在基础中,插入深度 h_1 应满足表 9-2 的要求,同时,h_1 还应满足柱纵向受力钢筋锚固长度的要求和柱吊装时稳定性的要求,即应使 $h_1 \geqslant 0.05$ 倍柱长(指吊装时的柱长)。

表 9-2 柱的插入深度 h_1

矩形或工字形柱				双肢柱
$h < 500$	$500 \leqslant h < 800$	$800 \leqslant h \leqslant 1\,000$	$h > 1\,000$	
$h \sim 1.2h$	h	$0.9h$ 且 $\geqslant 800$	$0.8h$ 且 $\geqslant 1\,000$	$(1/3 \sim 2/3)h_a$ $(1.5 \sim 1.8)h_b$

注:1. h 为柱截面长边尺寸,h_a 为双肢柱全截面长边尺寸,h_b 为双肢柱全截面短边尺寸;

  2. 柱轴心受压或小偏心受压时,h_1 可适当减小;偏心距大于 $2h$ 时,h_1 应适当加大。

基础的杯底厚度 a_1 和杯壁厚度 t 可按表 9-3 选用。

表 9-3 基础的杯底厚度和杯壁厚度   mm

柱截面长边尺寸 h	杯底厚度 a_1	杯壁厚度 t
$h < 500$	$\geqslant 150$	$150 \sim 200$
$500 \leqslant h < 800$	$\geqslant 200$	$\geqslant 200$
$800 \leqslant h < 1\,000$	$\geqslant 200$	$\geqslant 300$
$1\,000 \leqslant h < 1\,500$	$\geqslant 250$	$\geqslant 350$
$1\,500 \leqslant h < 2\,000$	$\geqslant 300$	$\geqslant 400$

注:1. 双肢柱的杯底厚度值,可适当加大;

  2. 当有基础梁时,基础梁下的杯壁厚度,应满足其支承宽度的要求;

  3. 柱子插入杯口部分的表面应凿毛,柱子与杯口之间的空隙,应用比基础混凝土强度等级高一级的细石混凝土充填密实,当达到材料强度设计值的 70% 以上时,方能进行上部结构的吊装。

(3)无短柱基础杯口的配筋构造。当柱为轴心或小偏心受压且 $t/h_2 \geqslant 0.65$ 时,或大偏心受压且 $t/h_2 \geqslant 0.75$ 时,杯壁可不配筋;当柱为轴心或小偏心受压且 $0.5 \leqslant t/h_2 < 0.65$ 时,杯壁可按表 9-4 的要求构造配筋,钢筋置于杯口顶部,每边两根,如图 9-40(a)所示;在其他情况下,应按计算配筋。

当双杯口基础的中间隔板宽度小于 400 mm 时,应在隔板内配置 Φ12@200 的纵向钢筋和 Φ8@300 的横向钢筋,如图 9-40(b)所示。

表 9-4　杯壁构造配筋   mm

柱截面长边尺寸 h	h<1 000	1 000≤h<1 500	1 500≤h<2 000
钢筋直径	8～10	10～12	12～16

注：表中钢筋置于杯口顶部，每边两根。

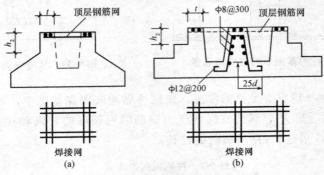

图 9-40　无短柱基础的杯口配筋构造

二、柱截面的设计

1. 柱计算长度的确定

在进行柱截面承载力计算时，需确定柱子的计算长度。柱子的计算长度与柱的支撑条件和高度有关，相关规范给出柱计算长度的规定，见表 9-5。

表 9-5　刚性屋盖单层房屋排架柱、露天起重机柱和栈桥柱的计算长度

柱的类别		l_0		
		排架方向	垂直排架方向	
			有柱间支撑	无柱间支撑
无起重机房屋柱	单跨	1.5H	H	1.2H
	两跨及多跨	1.25H	H	1.2H
有起重机房屋柱	上柱	$2.0H_u$	$1.25H_u$	$1.5H_u$
	下柱	H_l	$0.8H_l$	H_l
露天起重机柱和栈桥柱		$2.0H_l$	H_l	—

注：1. 表中 H 为从基础顶面算起的柱子全高，H_l 为从基础顶面至装配式起重机梁底面或现浇式起重机梁顶面的柱子下部高度，H_u 为从装配式起重机梁底面或从现浇式起重机梁顶面算起的柱子上部高度；

2. 表中有起重机房屋排架柱的计算长度，当计算中不考虑起重机荷载时，可按无起重机房屋柱的计算长度采用，但上柱的计算长度仍可按有起重机房屋采用；

3. 表中有起重机房屋排架柱的上柱在排架方向的计算长度，仅适用于 $H_u/H_l \geq 0.3$ 的情况；当 $H_u/H_l < 0.3$ 时，计算长度宜采用 $2.5H_u$。

2. 柱的构造要求

矩形和工字形柱的混凝土强度等级常采用 C20～C30，当轴向力大时宜用较高等级。纵向受力钢筋一般采用 HRB400 级钢筋，构造钢筋可用 HPB300 级或 HRB400 级钢筋，直径 $d \geq 6$ mm 的箍筋用 HPB300 级钢筋。

纵向受力钢筋直径不宜小于 12 mm，全部纵向受力钢筋的配筋率不宜超过 5%；当混凝土强度等级小于或等于 C50 时，全部纵向受力钢筋的配筋率不应小于 0.5%，当混凝土强度等级大于 C50 时，不应小于 0.6%；柱截面每边纵向钢筋的配筋率不应小于 0.2%。当柱的截面高度 $h \geqslant 600$ mm 时，在侧面应设置直径为 $10 \sim 16$ mm 的纵向构造钢筋，并相应地设置复合箍筋或拉结筋。

柱内纵向钢筋的净距不应小于 50 mm；对水平浇筑的预制柱，其最小净距不应小于 25 mm 和纵向钢筋的直径。垂直于弯矩作用平面的纵向受力钢筋的中距不应大于 350 mm。

柱中箍筋的构造应满足对偏心受压构件的要求。柱与屋架（屋面梁）、起重机梁等构件的连接构造可参阅有关标准图集或设计手册。

三、牛腿的设计

1. 牛腿的受力特点

在单层厂房中，常采用柱侧伸出的牛腿来支撑屋架（屋面梁）、托架和起重机梁等构件。由于这些构件大多是负荷较大或有动力作用的，所以牛腿虽小，却是一个重要部件。

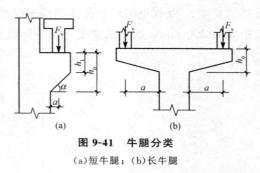

图 9-41　牛腿分类

(a) 短牛腿；(b) 长牛腿

根据牛腿竖向力 F_v 的作用点至下柱边缘的水平距离 a 的大小，一般将牛腿分成两类（图 9-41）：当 $a \leqslant h_0$ 时为短牛腿；当 $a > h_0$ 时为长牛腿（h_0 为牛腿与下柱交接处的牛腿竖直截面的有效高度）。

长牛腿的受力特点与悬臂梁相似，可按悬臂梁设计。一般支撑起重机梁等构件的牛腿均为短牛腿（以下简称牛腿），它实质上是一变截面深梁，其受力性能与普通悬臂梁不同。

试验表明，牛腿在荷载作用下，在牛腿上部产生与牛腿上表面基本平行且比较均匀的主拉应力，而在从加载点到牛腿下部与柱交接点的连线附近则呈主压应力状态（混凝土斜向压力带）。

在竖向力作用下，当荷载增加到破坏荷载的 20%～40% 时，首先在牛腿上表面与上柱交接处出现垂直裂缝①，但其始终开展不大，对牛腿受力性能影响不大；当荷载继续加大至破坏荷载的 40%～60% 时，在加载板内侧附近出现斜裂缝②，并不断发展，其方向大致与主压应力方向平行；最后当荷载加大至接近破坏荷载（约为破坏荷载的 80%）时，在斜裂缝②的外侧出现斜裂缝③，预示牛腿即将破坏，如图 9-42 所示。

在竖向荷载和水平拉力作用下，牛腿的受力特点可简化为三角形桁架，如图 9-43 所示。其水平拉杆由牛腿顶部的水平纵向受拉钢筋组成，斜压杆由竖向力作用点与牛腿根部之间的混凝土组成。竖向压力由水平拉杆拉力和斜压杆压力承担；作用在牛腿顶部向外的水平拉力，则由水平拉杆承担。

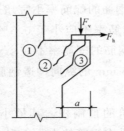

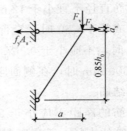

图 9-42　牛腿裂缝示意　　　　　　　　图 9-43　牛腿计算简图

2. 牛腿截面尺寸的确定

牛腿截面宽度一般与柱宽相同；牛腿的顶面长度与起重机梁中线的位置、起重机梁端部的宽度 b_c 及起重机梁至牛腿端部的距离 c_1 有关，一般起重机梁中线到上柱外边缘的水平距离为 750 mm，起重机梁至牛腿端部的水平距离 c_1 通常为 70～100 mm，如图 9-44 所示。

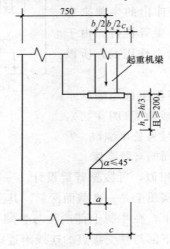

图 9-44　牛腿截面

牛腿的总高度 h 以使用阶段不出现斜裂缝②为控制条件来确定，《设计规范》给出了初定牛腿的裂缝控制要求：

$$F_{vk} \leqslant \beta \left(1 - 0.5 \frac{F_{hk}}{F_{vk}}\right) \frac{f_{tk} b h_0}{0.5 + \dfrac{a}{h_0}} \tag{9-26}$$

式中　F_{vk}——作用于牛腿顶部按荷载效应标准组合计算的竖向力值；

$\qquad F_{hk}$——作用于牛腿顶部按荷载效应标准组合计算的水平拉力值；

$\qquad f_{tk}$——混凝土抗拉强度标准值；

$\qquad \beta$——裂缝控制系数，对支撑起重机梁的牛腿取 0.65，对其他牛腿取 0.8；

$\qquad a$——竖向力作用点至下柱边缘的水平距离，此时应考虑安装偏差 20 mm，当竖向力作用点位于下柱截面以内时，取 $a=0$；

$\qquad b$——牛腿宽度；

$\qquad h_0$——牛腿与下柱交接处的垂直截面有效高度，$h_0 = h_1 - a_s + c \cdot \tan\alpha$（$c$ 为下柱边缘到牛腿外边缘的水平长度），当 $\alpha > 45°$时，取 $\alpha = 45°$。

牛腿的外边缘高度 h_1 不应小于 $h/3$（h 为牛腿总高度），且不应小于 200 mm。

3. 牛腿顶面纵向受力钢筋面积的确定

牛腿顶面纵向受力钢筋面积计算可归结为三角形桁架拉杆的计算，由承受竖向力所需的受拉钢筋和承受水平拉力所需的水平锚筋组成。其总面积 A_s 的计算公式为

$$A_s \geqslant \frac{F_v a}{0.85 f_y h_0} + 1.2 \frac{F_h}{f_y} \tag{9-27}$$

式中　F_v——作用在牛腿顶部的竖向力设计值；

　　　F_h——作用在牛腿顶部的水平拉力设计值；

　　　a——竖向力作用点至下柱边缘的水平距离，当 $a < 0.3h_0$ 时，取 $a = 0.3h_0$。

（1）纵向受力钢筋的构造。牛腿顶部的纵筋宜采用变形钢筋，全部纵筋及弯起钢筋应沿牛腿外边缘向下伸入下柱内 150 mm 后截断，如图 9-45（a）所示。纵筋及弯起钢筋伸入上柱的锚固长度，当采用直线锚固时应符合受拉钢筋锚固长度 l_a 的规定；当上柱尺寸不足以设置直线锚固长度时，上部纵筋应伸至节点对边并向下 90°弯折，其弯折前的水平投影长度不应小于 $0.4l_a$，弯折后的垂直投影长度不应小于 $15d$。承受竖向力所需的纵筋的配筋率不应小于 0.2% 及 $0.45f_t/f_y$，也不宜大于 0.6%，且根数不宜少于 4 根，直径不宜小于 12 mm。

当牛腿设于上柱柱顶时，宜将牛腿对边的柱外侧纵向受力钢筋沿柱顶水平弯入牛腿，作为牛腿纵向受拉钢筋使用。当牛腿顶面纵向受拉钢筋与牛腿对边的柱外侧纵向钢筋分开配置时，牛腿顶面纵向受拉钢筋应弯入柱外侧，并应符合《设计规范》第 8.4.4 条有关钢筋搭接的规定。

（2）箍筋和弯起钢筋的构造。牛腿中应设置水平箍筋，以便形成钢筋骨架和限制斜裂缝开展，如图 9-45（b）所示。水平箍筋的直径宜为 6~12 mm，间距宜为 100~150 mm，且在上部 $2h_0/3$ 范围内的水平箍筋总截面面积不宜小于承受竖向力的受拉钢筋截面面积的 1/2。

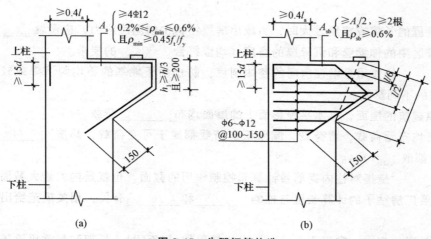

图 9-45　牛腿钢筋构造

(a)纵筋构造；(b)箍筋及弯起钢筋构造

当牛腿的剪跨比 $a/h_0 \geqslant 0.3$ 时，宜设置弯起钢筋。弯起钢筋宜采用变形钢筋，并应配置在牛腿上部 $l/6 \sim l/2$ 范围内（l 为该连线的长度），其截面面积不宜小于承受竖向力的受拉钢筋截面面积的 $1/2$，根数不宜少于 2 根，直径不宜小于 12 mm。纵向受拉钢筋不得兼作弯起钢筋。

知识拓展：单层钢筋
混凝土柱厂房的震害

 任务实训

任务 1　参观单层厂房

实训目的：通过参观单层厂房，了解单层厂房结构典型节点形式。

实训内容与要求：学会单层厂房柱截面的设计、牛腿的设计。

任务 2　牛腿的截面尺寸及构造钢筋的认知

实训目的：熟悉牛腿的截面尺寸及构造钢筋要求。

实训内容与要求：能正确确定牛腿的截面尺寸，正确配置牛腿的构造钢筋。

 能力提升

一、填空题

1. 钢筋混凝土单层厂房按主要承重结构形式可分为_____和_____两种。

2. 单层厂房结构所承受的荷载可分为_____和_____两大类。

3. 单层厂房承重柱的纵向和横向定位轴线在平面上形成的网格称为_____。

4. _____既是确定柱的位置，也是确定屋面板、屋架和起重机梁等构件尺寸（跨度）的依据。

5. 当房屋的长度或宽度过大时，为减小房屋结构中的温度应力，应设置_____。

6. 地震区中的伸缩缝和沉降缝的宽度，均应符合_____的要求。

7. _____的作用是增强房屋的整体刚度，防止由于地基的不均匀沉降或较大振动荷载等对厂房的不利影响。

8. 房屋建筑的屋面，其水平投影面上的屋面均布_____荷载。

9. 屋面均布活荷载、雪荷载、屋面积灰荷载都属于可变荷载，都按_____计，其荷载分项系数都取 $\gamma_Q = 1.4$。

10. _____是指对柱内钢筋量计算起控制作用的截面，也就是内力最大截面。

11. 单层厂房柱子的计算长度与柱的_____和_____有关，相关规范给出柱计算长度的规定。

12. 在单层厂房中，常采用_____来支撑屋架（屋面梁）、托架和起重机梁等构件。

13. 据牛腿竖向力 F_v 的作用点至下柱边缘的水平距离 a 的大小，一般把牛腿分成两类，即_____和_____。

二、简答题

1. 单层厂房排架结构通常由哪些结构构件组成？

2. 简述柱网布置的一般原则。

3. 变形缝包括哪三种？

4. 支撑的主要作用是什么？单层厂房的支撑体系包括哪些？

5. 一般单层厂房圈梁布置的原则是什么？

6. 什么是基本风压？基本风压如何确定？

7. 单层厂房柱下独立基础的常用形式有哪些？

三、计算题

1. 已知有一单跨厂房，跨度为 18 m，柱距为 6 m，设计时考虑两台 10 t 中级荷载状态的桥式起重机，起重机桥架跨度 $l_k = 165$ m。求：D_{max}、D_{min} 和 T_{max}。

2. 某柱下锥形基础的底面尺寸为 2 500 mm×3 500 mm，上部结构柱荷载 $N = 775$ kN，$M = 135$ kN·m，柱截面尺寸为 450 mm×450 mm，基础采用强度等级为 C20 的混凝土和 HPB300 级钢筋。试确定基础高度并进行基础配筋。

项目十　多高层框架结构

◎ 知识目标

1. 了解多高层建筑常用的结构体系，熟悉多高层框架结构的类型和布置原则。
2. 掌握多高层框架结构的计算简图及荷载的相关知识；掌握框架结构的构造要求。

◎ 素养目标

1. 认真聆听他人讲话，清晰并有逻辑地表达观点和陈述自己的意见。
2. 学习态度端正，爱岗敬业，学会自我学习成长。

> 　　随着建筑业的发展，目前多层和高层建筑逐渐增多，钢筋混凝土框架结构是其主要形式，虽说它的钢筋及水泥用量都比较大，造价也比混合结构高，但它具有梁柱承重，墙体只起分隔和围护的作用，房间布置比较灵活，门窗开置的大小、形状都较为自由的优点。学校应培养学生的创新意识和科研精神，学生科研与科技创新活动是我国许多高校为提高人才质量、培养学生的创新意识、提高创新能力而采取的一项行之有效的新举措。随着学生科研与科技创新活动的广泛开展，这些活动对于实现高校人才培养目标、学风建设及学生就业等各方面的重要性日渐明显。

◎ 项目导入

1. 工程概况

某信用综合楼为 7 层现浇框架结构工程，建筑面积为 2 400 m²。交工一年后发现底层一根中柱出现裂缝，位置在设计层高 0.2～0.5 m 处，柱钢筋外露，并向柱边弯曲。虽然采取了用杉圆木、槽钢等临时支撑加固。但是没能阻止裂缝的继续发展，最终整幢楼分两次倒塌，所幸人员及时撤离并无伤亡。

2. 原因分析

事后经过分析和调查，该综合楼倒塌的主要原因有以下几个方面：

(1)设计计算错误。主要有：没有考虑风荷载，有些荷载值取得偏小；底层框架柱的计算高度取值偏小；柱截面尺寸过小，如底层柱高为 8 m，柱截面仅为 350～600 mm；框架配筋不足，如轴线③上的 3 根柱，实际配筋比计算值少 24.1%～54.9%，轴线③的框架梁配筋少 52%～67%。

(2)钢筋大部分为不合格品。倒塌后取样检查钢筋实际直径比钢印直径小，差值较大，力学性能试验有 64% 不合格。钢筋既无出厂合格证，又无送检试验报告。

（3）混凝土质量低劣。水泥无合格证，混凝土不做配合比试验，施工现场不留试块，无法控制混凝土质量。从倒塌现场看，混凝土内石多砂少，砂细且含泥量高，个别处还发现混凝土内有大片石 260 mm×250 mm，混凝土中有的碎石与水泥没黏结。混凝土与钢筋无粘结力。为检查混凝土的实际强度，钻芯取样时，承台混凝土取不出芯样，在柱、梁取芯 17 个，龄期超过 45 d，实际强度 6.1～10.2 N/mm(设计为 C20)，底层为 6.6 N/mm²。

（4）桩基混凝土厚度严重不足，造成承台冲击破坏。该现场实测承台厚度 9 处，不足设计值一半的有 3 处。在轴线④与轴线②相交的基坑内已找不到承台混凝土。

（5）现浇楼板超厚。该现场实测板厚为 100～120 mm，比设计的 80 mm 厚的超厚 25%～50%，不仅加大了板的自重，而且梁、柱与基础的负荷也大幅度增加。

（6）钢筋保护层不均匀，大多超厚。倒塌后实测有 6 根柱一侧的混凝土保护层厚度为 40 mm。板的负弯矩区的主筋保护层厚度最大的达 70 mm。一般均大于 40 mm，承载能力大幅度下降。

（7）乱改设计。未经设计同意，施工时擅自取消了高程−0.3 m 处的一道圈梁，造成底层框架柱的计算高度加大，承载力下降。

（8）违反基本建设程序。不办理报建和质量监督手续，对施工质量听之任之，无人过问，质量完全失控。

任务一　多高层框架结构的组成和布置

任务目标

能正确理解多高层框架结构体系的布置方案。

我国《高层建筑混凝土结构技术规程》(JGJ 3—2010)将 2～9 层且高度不大于 28 m 的建筑物称为多层建筑，10 层及以上或房屋高度大于 28 m 的住宅建筑和房屋高度大于 24 m 的其他高层民用建筑称为高层建筑。**目前，多层建筑多采用混合结构和钢筋混凝土结构；而对于高层建筑，目前常采用钢筋混凝土结构、钢结构、钢-混凝土组合结构。**

一、多高层建筑常用的结构体系

目前，多高层建筑结构承重体系分为框架结构体系、剪力墙结构体系、框架-剪力墙结构体系和筒体结构体系等。高层建筑混凝土结构可采用框架、剪力墙、框架-剪力墙、板柱-剪力墙和筒体等结构体系。

框架结构是指由梁和柱为主要构件组成的承受竖向和水平作用的结构；剪力墙结构是指由剪力墙组成的承受竖向和水平作用的结构；框架-剪力墙结构是指由框架和剪力墙共同承受竖向和水平作用的结构；板柱-剪力墙结构是指由无梁楼板和柱组成的板柱框架与剪力墙共同承受竖向和水平作用的结构；筒体结构是指由竖向筒体为主组成的承受竖向和水平作用的建筑结构。筒体结构的筒体又可分为由剪力墙围成的薄壁筒和由密柱框架或壁式框架围成的框筒等。

1. 框架结构体系

框架结构是由竖向构件柱子与水平构件梁通过节点连接而成的，一般由框架梁、柱与基础形成多个平面框架作为主要的承重结构，各平面框架再通过连系梁加以连接而形成一个空间结构体系，可同时抵抗竖向及水平荷载，如图 10-1 所示。

框架结构具有建筑平面布置灵活，结构构件类型少，设计、计算、施工都比较简单的特点，但由于框架在水平荷载作用下其侧向刚度小、水平位移较大，因此建筑高度受到限制。

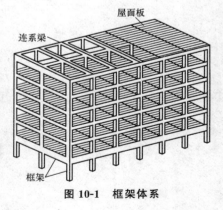

图 10-1　框架体系

◆**应用提示**　框架结构是多层及高层办公楼、住宅、商店、医院、旅馆、学校及多层工业厂房采用较多的结构体系。其适用于 10 层以下的建筑，最大适宜高度为 70 m。

2. 剪力墙结构体系

剪力墙结构是由纵向和横向钢筋混凝土墙体互相连接构成的承重结构体系，用以抵抗竖向荷载及水平荷载。

一般情况下，剪力墙结构楼盖内不设梁，采用现浇楼板直接支撑在钢筋混凝土墙上，剪力墙既承受水平荷载作用，又承受全部的竖向荷载作用，同时，也兼作建筑物的围护构件（外墙）和内部各房间的分隔构件（内墙），如图10-2所示。当高层剪力墙结构的底部需要较大空间时，可将底部一层或几层取消部分剪力墙代之以框架，即成为框支剪力墙结构体系。这种结构体系由于上、下层的刚度变化较大，水平荷载作用下框架与剪力墙连接部位易导致应力集中而产生过大的塑性变形，抗震性能较差。

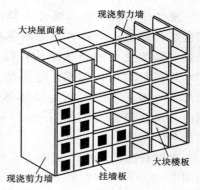

图 10-2　剪力墙结构体系

剪力墙结构体系集承重、抗风、抗震与分割为一体，具有空间整体性强、抗侧刚度大、抗震性能好、在水平荷载作用下侧移小等优点。但由于剪力墙的间距较小，平面布置不灵活、建筑空间受到限制，很难满足大空间建筑功能的要求。

◈**应用提示**　剪力墙结构通常适用于开间较小的高层住宅、公寓、写字楼等建筑。其适用于建筑层数为10～40层，适宜高度为120 m。

◇**特别提醒**　特殊情况下，为了在建筑底部做成较大空间，有时将剪力墙底部做成框架柱，形成框支剪力墙。但是这种墙体上、下刚度形成突变，对抗震极为不利。故在地震区不允许采用框支建立墙结构体系。

3. 框架-剪力墙结构体系

框架结构抗侧刚度差，但具有平面布置灵活、立面处理易于变化等优点；而剪力墙结构抗侧刚度大，对承受水平荷载有利，但剪力墙间距小，平面布置不灵活。

在框架结构中设置适当数量的剪力墙，就形成框架-剪力墙结构体系，其综合了框架结构和剪力墙结构的优点，是一种适用于建造高层建筑的结构体系，如图10-3所示。

在框架-剪力墙体系中，虽然剪力墙数量较少，但它却是主要的抗侧力构件，承担了绝大部分水平荷载，而竖向荷载主要由框架结构承受。剪力墙的适宜布置位置在电梯井、楼梯间，接近房屋的端部但又不在建筑物尽端，纵向与横向剪力墙宜互相交联成组布置成T形、L形、口形等形状。

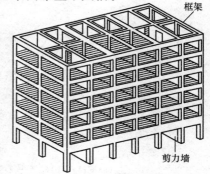

图 10-3　框架-剪力墙结构体系

框架-剪力墙体系集框架结构和剪力墙结构的优点于一体，具有较强的抗侧刚度和抗震性能，易于分割，使用方便。广泛应用于多高层写字楼和宾馆等公共建筑中，建筑层数以8～20层为宜，最大适宜高度为150 m。

4. 筒体结构体系

当建筑物的层数多、高度大、抗震设防烈度高时，需要采用抗侧刚度大、空间受力性能强的结构体系，筒体结构体系就是其中之一。

筒体体系是由剪力墙体系和框架-剪力墙体系演变发展而成的，是将剪力墙或密柱框架（框筒）围合成侧向刚度更大的筒状结构，以筒体承受竖向荷载和水平荷载的结构体系。 它将剪力墙集中到房屋的内部或外围，形成空间封闭筒体，既有较大的抗侧刚度，又获得较大的使用空间，使建筑平面设计更加灵活。

根据开孔的多少，筒体有实腹筒和空腹筒之分，如图 10-4 所示。实腹筒一般由电梯井、楼梯间、设备管道井的钢筋混凝土墙体形成，开孔少，常位于房屋中部，故又称核心筒。空腹筒由布置在房屋四周的密排立柱和高跨比很大的横梁（又称窗裙梁）组成，也称为框筒。

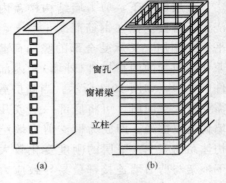

图 10-4　筒体体系
(a)实腹筒；(b)空腹筒

根据外围结构构成的不同，筒体结构可以分成由剪力墙构成的薄壁筒和由密排柱梁、裙梁组成的框筒。根据组成筒体结构体系的筒体个数及组合方式的不同，筒体结构体系可以布置成框架-核心筒结构、框筒（单筒）、筒中筒（二重筒）、多筒体、成束筒（组合筒）和多重筒（群筒）等结构，如图 10-5 所示。

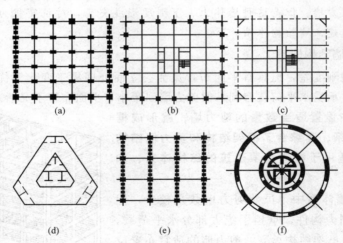

图 10-5　筒体体系的类型
(a)框筒；(b)框架-核心筒；(c)筒中筒；(d)多筒体；(e)成束筒；(f)多重筒

◈ **应用提示**　筒体体系由于具有很大的抗侧刚度，内部空间较大，平面布置灵活，因而一般常用于 30 层以上或高度超过 100 m 的写字楼、酒店等超高层公共建筑中。

知识拓展：新型
材料和结构体系

二、框架结构的类型和布置

1. 框架结构的类型

钢筋混凝土框架结构按照施工方法的不同，可分为现浇整体式框架、装配式框架和装配整体式框架三种。

（1）现浇整体式框架。现浇整体式框架的承重构件梁、板、柱均在现场浇筑而成。其优点是整体性好，建筑布置灵活，有利于抗震；缺点是工程量大，模板耗费多，工期长。其适用于使用要求较高，功能复杂，对抗震性能要求高的多高层框架结构房屋。

（2）装配式框架。装配式框架的构件全部或部分为预制，然后在施工现场进行安装就位，通过预埋件焊接连接形成整体。其优点是节约模板、缩短工期，有利于施工机械化；缺点是预埋件多，总用钢量大，框架整体性较差，不利于抗震，故不宜用于地震区。

（3）装配整体式框架。装配整体式框架是将预制梁、柱和板在现场安装就位后，再在构件连接处局部现浇混凝土，使之形成整体。其优点是省去了预埋件，减少了用钢量，整体性比装配式有所提高；缺点是节点施工复杂。

2. 多高层框架结构的布置

房屋结构布置直接影响结构的安全性和经济性。框架结构按照承重方式的不同可分为以下三类：

（1）横向框架承重（图10-6）。以框架的横梁作为楼盖的主梁，而在纵向设置连系梁。楼面荷载主要由横向框架承担。由于横向框架跨数往往较少，主梁沿横向布置有利于增强房屋的横向刚度。同时，纵向跨数较多，所以，在纵向只需按构造要求布置较小的连系梁，有利于建筑物的通风和采光。但由于主梁截面尺寸较大，当房屋需要大空间时，净空较小，且不利于纵向管道的布置。

（2）纵向框架承重（图10-7）。以框架纵梁作为楼盖的主梁，而在横向设置连系梁，楼面荷载由框架纵梁承担。由于横梁截面尺寸较小，有利于设备管线的穿行，可获得较高的室内净空。但房屋横向刚度较差，同时，进深尺度受到预制板长度的限制。

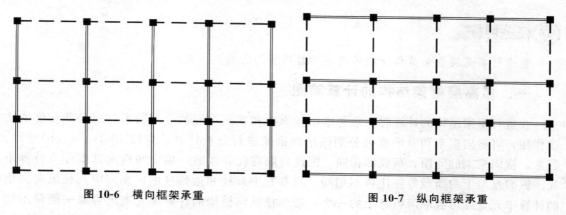

图 10-6　横向框架承重　　　　　　图 10-7　纵向框架承重

（3）纵横向框架混合承重（图10-8）。纵横向框架混合承重方案是沿纵横两个方向上均布置有框架梁作为主梁，楼面荷载由纵横向框架梁共同承担。它具有较好的整体工作性能。当楼面荷载较大，或者考虑地震作用，设置双向板时，常采用这种方案。

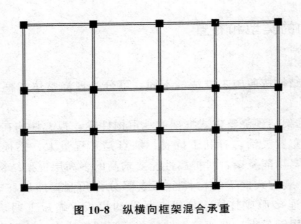

图 10-8　纵横向框架混合承重

任务二　框架结构的计算简图与荷载分类

◎ 任务目标

能进行多高层框架结构荷载作用下计算简图的绘制。

一、多高层框架结构的计算简图

在进行框架结构的计算时，常忽略结构纵向和横向之间的空间联系，忽略各构件的抗扭作用，将横向框架和纵向框架分别按平面框架进行分析计算，如图 10-9(a)、(b)所示。通常，横向框架的间距、荷载都相同，因此，取有代表性的一榀中间横向框架作为计算单元。纵向框架上的荷载等往往各不相同，故常有中列柱和边列柱的区别，中列柱纵向框架的计算单元宽度可各取两侧跨距的一半，边列柱纵向框架的计算单元宽度可取一侧跨距的一半。取出的平面框架所承受的竖向荷载与楼盖结构的布置情况有关，当采用现浇楼盖时，楼面分布荷载一般可按角平分线传至相应两侧的梁上，对图 10-9(c)所示的梯形竖向分布荷载往往可简化成均匀竖向荷载。水平荷载则简化成节点集中力，如图 10-9(c)、(d)所示。

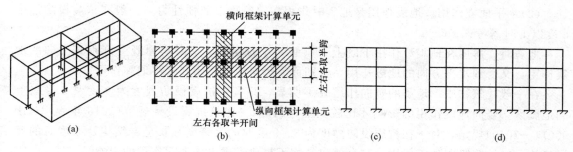

图 10-9　框架结构的计算简图

二、多高层建筑结构的荷载

多高层建筑结构的荷载可分为竖向荷载和水平荷载两类。**对低层民用建筑，结构设计中起控制作用的是竖向荷载；对多层建筑，由水平荷载和竖向荷载共同控制；对高层建筑中，水平荷载(风荷载和地震作用)起控制作用。**

1. 竖向荷载

竖向荷载包括结构构件和非结构构件的自重(恒荷载)、楼面活荷载、屋面均布活荷载、雪荷载、屋面积灰荷载和施工检修荷载等。

(1)恒荷载。竖向荷载中的恒荷载按相应材料和构件的自重，根据《建筑结构荷载规范》(GB 50009—2012)进行计算。

(2)楼面活荷载。活荷载按《建筑结构荷载规范》(GB 50009—2012)选用，当有特殊要求时，应按实际情况考虑。简化计算时，一般不考虑活荷载的不利布置，按活荷载满布考虑。

(3)屋面均布活荷载。

1)采用不上人屋面时，屋面活荷载标准值取 $0.5\ kN/m^2$；当施工或维修荷载较大时，应按实际情况采用。

2)采用上人屋面时，屋面活荷载标准值取 $2.0\ kN/m^2$；当兼作其他用途时，应按相应楼面活荷载采用。

◇**特别提醒**　屋面均布活荷载不应与雪荷载同时组合。

2. 水平荷载

水平荷载主要包括风荷载和水平地震作用。

(1)风荷载。对于高层建筑结构，风荷载是结构承受的主要水平荷载之一。

作用在建筑物表面上的风荷载，主要取决于风压(吸)力大小、建筑物体型、地面粗糙程度以及建筑物的动力特性等有关因素。垂直建筑物表面上的风荷载一般按静荷载考虑。层数较少的建筑物，风荷载产生的振动一般很小，设计时可不考虑。高层建筑对风的动力作用比较敏感，建筑物越高，自振周期就越长，风的动力作用也就越显著。高度大于 30 m 且高宽比大于 1.5 的高层建筑，要通过风振系数 β_z 来考虑风的动力作用。

为方便计算，可将沿建筑物高度分布作用的风荷载简化为节点集中荷载，分别作用于各层楼面和屋面处，并合并于迎风面一侧。对某一楼面，取相邻上、下各半层高度范围内分布荷载之和，并且该分布荷载按均布考虑。一般风荷载要考虑左风和右风两种可能。

(2)水平地震作用。地震作用是地震时作用在建筑物上的惯性力。一般在抗震设防烈度6度以上时需考虑。

地震时，房屋在地震波作用下既上下颠簸又左右摇晃，这时房屋既受到垂直方向的地震作用，又受到水平方向的地震作用，分别称为竖向地震作用和水平地震作用。

在一般建筑物中，地震的竖向作用并不明显，只有在抗震设防烈度为9度及9度以上的地震区，竖向地震作用的影响才比较明显。因此，《建筑抗震设计规范（2016年版）》（GB 50011—2010）规定，对于在抗震设防烈度为8、9度时的大跨度和长悬臂结构及9度时的高层建筑，应计算竖向地震作用，其余的建筑物不需要考虑竖向地震作用的影响。

任务三　框架结构的构造要求

◎ 任务目标

能正确理解框架结构构造要求。

一、框架梁、柱的截面形状及尺寸

（1）框架梁。在现浇整体式框架中，框架梁多做成矩形截面，框架梁的截面尺寸应满足框架结构的承载力和刚度要求。

框架梁截面高度可根据梁的跨度、约束条件及荷载大小进行选择，通常按下式估算：

现浇式框架

$$h_b = (1/12 \sim 1/10)l \tag{10-1}$$

装配式框架

$$h_b = (1/10 \sim 1/8)l \tag{10-2}$$

式中　l——框架梁的跨度。当框架梁为单跨或荷载较大时取大值，当框架梁为多跨或荷载较小时取小值。为防止梁发生剪切破坏，梁高 h_b 不宜大于 $l_n/4$（l_n 为梁净跨）。

框架梁的截面宽度可取 $b_b = (1/3 \sim 1/2)h_b$。

（2）框架柱。框架柱截面一般采用矩形或正方形。柱截面高度可取 $h_c = (1/15 \sim 1/10)H$（H 为层高），且不宜小于 400 mm；柱截面宽度可取 $b_c = (1/1.5 \sim 1)h_c$，且不宜小于 300 mm。为避免柱发生剪切破坏，柱净高与截面长边之比宜大于 4。

二、框架柱的配筋

（1）框架柱宜采用对称配筋，纵筋最小直径不应小于 12 mm，柱中全部纵筋的最大配筋率 $\rho_{max} \leqslant 5\%$，最小配筋率 $\rho_{min} \geqslant 0.6\%$（当采用 HRB400 级钢筋时，应减小 0.1%）。

（2）框架柱纵筋的接头可采用绑扎搭接、机械连接或焊接连接等方式，接头位置应设置在受力较小区域。柱相邻纵筋连接接头应相互错开，在同一截面内的钢筋接头面积百分率：对于绑扎搭接和机械连接不宜大于 50%，对于焊接连接不应大于 50%。

在机械连接或焊接连接中，相邻连接接头间隔应大于或等于 $35d$（d 为连接钢筋较大直径），在焊接连接中尚应大于或等于 $500\ \mathrm{mm}$。

在绑扎搭接接头中，纵筋搭接长度 $l_l \geqslant 1.2 l_a$，纵筋连接构造如图 10-10 所示。当上、下柱中纵筋直径或根数不同时，纵筋连接构造如图 10-11 所示。当纵筋直径＞28 mm 时，不宜采用绑扎搭接接头。

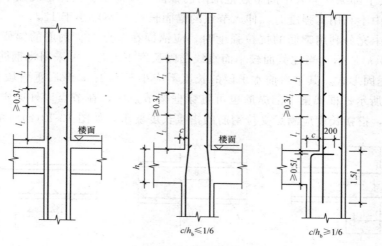

图 10-10 纵筋搭接连接

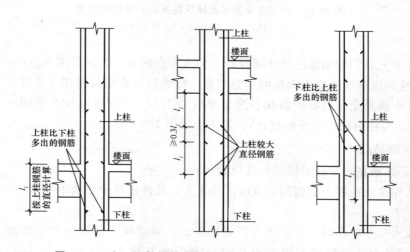

图 10-11 上、下柱纵筋直径或根数不同时的纵筋搭接连接

（3）框架柱箍筋应为封闭式，箍筋最小直径和最大间距要求与一般柱相同。当柱中全部纵筋的配筋率超过 3％时，箍筋直径不宜小于 8 mm，间距不应大于 $10d$（d 为纵筋的最大直径），且不应大于 200 mm，最好焊接成封闭式。当柱每侧纵筋多于 3 根时，应设置复合箍筋；但当柱的短边不大于 400 mm，且纵筋根数不多于 4 根时，可不设置复合箍筋。

（4）柱纵筋搭接长度范围内，当纵筋受压时，箍筋间距不应大于 $10d$，且不应大于 200 mm；当纵筋受拉时，箍筋间距不应大于 $5d$，且不应大于 100 mm。箍筋弯钩要适当加长，以绕过搭接的两根纵筋。

三、框架的节点构造

1. 中间层中间节点

(1)框架梁上部纵筋应贯穿中间节点(或中间支座),如图 10-12 所示。

(2)框架梁下部纵筋伸入中间节点范围内的锚固长度应根据具体情况按下列要求取用:

1)当计算中不利用其强度时,伸入节点的锚固长度 l_{as} 不应小于 $12d$。

2)当计算中充分利用钢筋的抗拉强度时,应锚固在节点内。钢筋的锚固长度不应小于 l_a,如图 10-12(a)所示;当柱截面较小而直线锚固长度不足时,可采用将钢筋伸至柱对边向上弯折 90°的锚固形式,其中弯前水平段的长度不应小于 $0.4l_a$,弯后垂直段长度取为 $15d$,如图 10-12(b)所示;框架梁下部纵筋也可贯穿框架节点区,在节点以外梁中弯矩较小区域设置搭接接头,搭接长度应满足受拉钢筋的搭接长度要求,如图 10-12(c)所示。

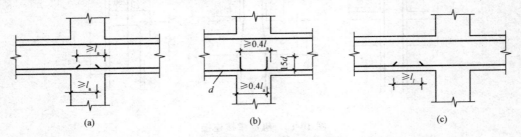

图 10-12　中间层中间节点梁纵向钢筋的锚固与搭接

(a)直线锚固;(b)弯折锚固;(c)节点外搭接

3)当计算中充分利用钢筋的抗压强度时,伸入节点的直线锚固长度不应小于 $0.7l_a$。

(3)框架柱的纵筋应贯穿中间层的中间节点,柱纵筋接头应设置在节点区以外、弯矩较小的区域,并应满足受拉钢筋的搭接长度要求($l_l \geqslant 1.2l_a$)。在搭接接头范围内,箍筋间距应不大于 $5d$(d 为柱中较小纵筋的直径),且不应大于 100 mm。

2. 中间层端节点

(1)梁上部纵筋在端节点的锚固长度应满足:

1)梁纵筋在节点范围内的锚固长度不应小于 l_a,且伸过柱中心线不小于 $5d$,如图 10-13(a)所示。

2)当柱截面尺寸较小时,可采用弯折锚固形式,即将梁上部纵筋伸至柱对边并向下弯折 90°,其弯前的水平段长度不应小于 $0.4l_a$,弯后垂直段长度不应小于 $15d$,如图 10-13(b)所示。

(2)梁下部纵筋至少应有两根伸入柱中,伸入端节点范围内的锚固要求与中间层中节点梁下部纵筋的锚固规定相同。

(3)框架柱的纵筋应贯穿中间层的端节点,其构造要求与中间层中节点相同。

3. 顶层中间节点

框架梁纵筋在节点内的构造要求与中间层中节点梁的纵筋相同,柱内纵筋应伸入顶层中节点并应在梁中锚固。

(1)柱纵筋在节点范围内的锚固长度不应小于 l_a,且必须伸至柱顶,如图 10-14(a)所示。

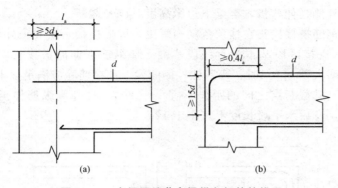

图 10-13　中间层端节点梁纵向钢筋的锚固
(a)直线锚固;(b)弯折锚固

(2)当顶层节点处梁截面高度较小时,可采用弯折锚固形式,即将柱筋伸至柱顶,然后水平弯折,弯折前的垂直投影长度不应小于 $0.5l_a$,弯折方向可分为以下两种形式:

1)向节点内弯折。弯折后的水平投影长度不应小于 $12d$,如图 10-14(b)所示。

2)向节点外(楼板内)弯折。当框架顶层有现浇板且板厚不小于 100 mm,混凝土强度等级不低于 C20 时,柱纵向钢筋也可向外弯入框架梁和现浇板内,弯折后的水平投影长度不应小于 $12d$,如图 10-14(c)所示。

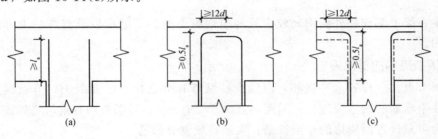

图 10-14　顶层中间节点柱纵向钢筋的锚固
(a)直线锚固;(b)向内弯折锚固;(c)向外弯折锚固

4. 顶层端节点

(1)柱内侧纵筋的锚固要求与顶层中节点的纵筋锚固规定相同。

(2)梁下部纵筋伸入端节点范围内的锚固要求与中间层端节点梁下部纵筋的锚固规定相同。

(3)柱外侧纵筋与梁上部纵筋在节点内为搭接连接。搭接方案有两种:一种是在梁内搭接;另一种是在柱顶搭接。

1)梁内搭接。钢筋搭接接头在梁的高度范围内解决,即搭接接头沿顶层端节点外侧及梁端顶部布置,如图 10-15(a)所示。此时,搭接长度不应小于 $1.5l_a$,其中伸入梁内的柱外侧钢筋截面面积不宜小于柱外侧全部面积的 65%;梁宽范围以外的柱外侧钢筋宜沿节点顶部伸至柱内边后向下弯折 $8d$ 后截断;当柱有两层配筋时,位于柱顶第二层的钢筋可不向下弯折而在柱边切断;当柱顶有现浇板且厚度不小于 100 mm,混凝土强度等级不低于 C20 时,梁宽范围以外的外侧柱筋可伸入现浇板内,其长度与伸入梁内的柱筋相同。梁上部纵筋应沿节点上边及外侧延伸弯折，至梁下边缘高度（梁底）截断。

2）柱顶搭接。钢筋搭接接头在柱顶范围内解决，即搭接接头沿柱顶外侧布置，如图10-15（b）所示。此时，搭接区段基本为直线段，梁上部纵筋下伸的搭接长度不应小于$1.7l_a$；当梁上部纵筋配筋率大于1.2%时，弯入柱外侧的梁上部纵筋除应满足以上规定的搭接长度外，宜分两批截断，其截断点之间的距离不宜小于$20d$。柱外侧纵筋伸至柱顶后宜向节点内水平弯折后截断，弯后水平段长度不宜小于$12d$。

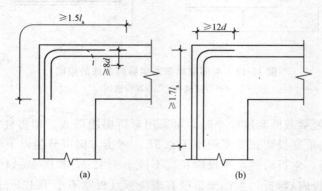

图 10-15　梁上部纵向钢筋与柱外侧纵向钢筋在顶层端节点的搭接
（a）位于节点外侧及梁端顶部的弯折搭接接头；（b）位于柱顶部外侧的直线搭接接头

该方案在梁上部和柱外侧钢筋较多且浇筑混凝土的施工缝可以设置在柱上部梁底截面以下时使用。

5. 框架节点内的箍筋设置

在框架节点内应设置水平箍筋，以约束柱纵筋和节点核心区混凝土。节点箍筋构造应符合相应柱中箍筋的构造规定，但间距不宜大于250 mm。对四边均有梁与之相连的中间节点，节点内可只设置沿周边的矩形箍筋，而不设置复合箍筋。

当顶层端节点内设有梁上部纵筋和柱外侧纵筋的搭接接头时，节点内的水平箍筋应符合相关规范对纵向受拉钢筋搭接长度范围内箍筋的构造要求，即其直径不小于$d/4$（d为搭接钢筋的较大直径），间距不大于$5d$（d为搭接钢筋的较小直径）且不大于100 mm。

任务实训

任务 1　认知框架结构、剪力墙结构、框架-剪力墙结构、筒体结构

实训目的：通过模型、图片或现场教学的实训学习，掌握多高层建筑中各种结构体系的特征。

实训内容与要求：参观校园及周边实际房屋，能准确描述多高层建筑中各种结构体系组成的构件，如梁、班、柱、剪力墙等。

任务 2　进行框架结构模拟设计

实训目的：在给定的总平面图后进行框架结构模拟过程设计，掌握框架设计程序。

实训内容与要求：

（1）结构平面布置；

(2)梁柱截面形状、尺寸选取；

(3)材料选用；

(4)计算单元选取；

(5)计算方法描述。

任务3　参观框架结点构造

实训目的：通过实训基地参观，掌握框架结构结点构造要求。

实训内容与要求：

(1)认真观看框架模型；

(2)能够准确识读框架结点构造图。

 能力提升

一、填空题

1. 高层建筑混凝土结构可采用_____、_____、_____、_____和_____等结构体系。

2. _____是由纵向和横向钢筋混凝土墙体互相连接构成的承重结构体系，用以抵抗竖向荷载及水平荷载。

3. _____是指由梁和柱为主要构件组成的承受竖向和水平作用的结构。

4. _____通常适用于开间较小的高层住宅、公寓、写字楼等建筑。

5. 根据开孔的多少，简体有_____和_____之分。

6. _____由于具有很大的抗侧刚度，内部空间较大，平面布置灵活，因而一般常用于30层以上或高度超过100 m的写字楼、酒店等超高层公共建筑中。

7. 框架柱柱外侧纵筋与梁上部纵筋在节点内为搭接连接，方案有两种：一是_____；二是_____。

二、简答题

1. 多层建筑和高层建筑是如何定义的？

2. 什么是框架结构？框架结构具有哪些特点？

3. 简述框架结构的类型和布置。

4. 多高层建筑结构的荷载有哪几种？

项目十一　砌体结构

知识目标

1. 了解砌体结构的概念及特点；熟悉砌体结构的分类、材料，熟悉砌体力学性能。
2. 掌握无筋砌体受压构件承载力计算和无筋砌体局部受压承载力计算。
3. 熟悉砌体结构的构造要求。

素养目标

1. 恰当有效地利用时间，能按时完成各项任务，遵守截止日期。
2. 通过学习笔记等多个途径，对学习过程中的不同阶段进行反思。

> 　　我国的砌体结构有着悠久的历史和辉煌的纪录。有举世闻名的万里长城，它是两千多年前用"秦砖汉瓦"建造的世界上最伟大的砌体工程之一；还有至今仍然起灌溉作用的秦代李冰父子修建的都江堰水利工程，所有这些都值得我们自豪和继承。作为一名学生，应继承祖先的优良传统，凡事以民族利益、国家利益为重，任何时候都要维护祖国、民族的荣誉，要树立为中华之崛起而读书的远大志向，更要有切实行动。

项目导入

1. 工程概况

某县城遭受洪灾，某住宅楼底部车库进水，12日上午倒塌，墙体破坏后部分呈粉末状，该楼为五层半砖砌体承重结构。在残存北纵墙基础上随机抽取20块砖进行试验。自然状态下实测抗压强度平均值为5.85 MPa，低于设计要求的MU10砖抗压强度。从砖厂成品堆中随机抽取了砖测试，结果发现其抗压强度十分离散，高的达21.8 MPa，低的仅5.1 MPa。

2. 原因分析

(1)砖的质量差。设计要求使用MU10砖，而在施工时使用的砖大部分为MU7.5，现场检测结果砖的强度低于MU7.5。该砖厂土质不好，砖匀质性差。

(2)砖的软化系数小，且被积水浸泡过，强度大幅度下降，故部分砖破坏后呈粉末状。

(3)砌筑砂浆强度较低也是原因之一。

任务一　砌体结构概述

任务目标

能进行砌体强度设计值查用。

一、砌体结构的概念及特点

1. 砌体结构的概念

由块体和砂浆砌筑而成的墙、柱作为建筑物的主要受力构件的结构，称为砌体结构。其是砖砌体、砌块砌体和石砌体结构的统称。

（1）砖砌体包括烧结普通砖、烧结多孔砖、蒸压灰砂普通砖、蒸压粉煤灰普通砖、混凝土普通砖、混凝土多孔砖的无筋和配筋砌体。

（2）砌块砌体包括混凝土砌块、轻集料混凝土砌块的无筋和配筋砌体。

（3）石砌体包括各种料石和毛石的砌体。

2. 砌体结构的特点

（1）砌体结构的优点。

1）取材方便。我国各种天然石材分布较广，易于开采和加工。石灰、水泥、砂子、黏土均可就近或就地取得，且块材的生产工艺简单，易于生产。这是砌体结构得以广泛分布的最重要原因。

2）耐久性和耐火性好。砌体结构具有良好的耐火性和抗腐蚀性，完全满足预期耐久年限的要求。

3）保温、隔热、隔声性能好。砌体结构往往兼有承重与围护的双重功能。

4）造价低。采用砌体结构可节约木材、钢材和水泥，而且与水泥、钢材和木材等建筑材料相比，价格相对便宜，工程造价较低。

（2）砌体结构的缺点。

1）强度低、自重大。通常砌体的强度较低，而墙、柱截面尺寸大，材料用量增多，自重加大，致使运输量加大，且在地震作用下引起的惯性力也增大，对抗震不利。由于砌体结构的抗拉、抗弯、抗剪等强度都较低，无筋砌体的抗震性能差，需要采用配筋砌体或构造柱改善结构的抗震性能。

2）劳动强度高。砌体结构基本上采用手工作业的方式砌筑，劳动量大。

3）采用烧结普通砖占地多。目前，烧结普通砖在砌体结构中应用的比例仍然很大。生产大量砖势必过多地耗用农田，影响农业生产，对生态环境平衡也很不利。

二、砌体结构的分类

砌体可分为无筋砌体和配筋砌体。

1. 无筋砌体

无筋砌体是指不配置钢筋的砌体。其按照工具块材种类的不同，可分为砖砌体、砌块砌体和石砌体。

(1)砖砌体由砖和砂浆砌筑而成。当采用标准尺寸砖时，根据强度和稳定性的要求，墙厚有 120 mm、240 mm、370 mm、490 mm、620 mm 等。

(2)砌块砌体由砌块和砂浆砌筑而成。砌块砌体便于工业化、机械化，有利于减轻劳动强度，加大生产率。目前用得比较多的是混凝土小型空心砌块。

(3)石砌体由天然石材和砂浆或混凝土砌筑而成。砌体包括料石砌体、毛石砌体和毛石混凝土砌体。

2. 配筋砌体

为了提高砌体的承载力，减小构件尺寸，可在砌体内配置适当的钢筋形成配筋砌体（图 11-1）。配筋砌体可分为网状配筋砌体、组合砖砌体、砖砌体和钢筋混凝土构造柱形成的组合墙及配筋砌块砌体。

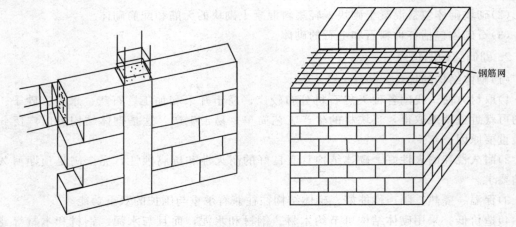

图 11-1 配筋砌体

◇**特别提醒** 同无筋砌体相比，配筋砌体不仅提高砌体的各种强度，而且抗震性能和抗不均匀沉降能力显著改善，高强度混凝土砌块通过配筋与浇筑灌孔混凝土，可作为 10～20 层的房屋的承重墙体。

任务二　砌体材料及砌体的力学性能

任务目标

能进行砌体材料的选择，并且能分析砌体力学性能。

一、砌体材料

1. 砌块

（1）砖。砖的规格如图 11-2 所示。砌体结构常用的砖有烧结普通砖、烧结多孔砖、蒸压灰砂砖、蒸压粉煤灰砖等。

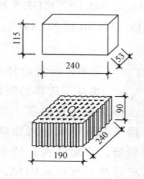
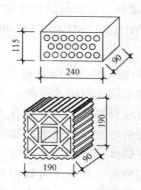

图 11-2　砖的规格

烧结普通砖及烧结多孔砖是由黏土和页岩等为主要材料焙烧而成的。

烧结普通砖和蒸压砖具有全国统一的规格，其尺寸为 240 mm×115 mm×53 mm。烧结多孔砖的主要规格有 190 mm×190 mm×90 mm、240 mm×115 mm×90 mm、240 mm×190 mm×90 mm 等。孔洞率一般不少于 25%。

（2）砌块。砌块是指用普通混凝土或轻混凝土及硅酸盐材料制作的实心和空心块材。砌块按尺寸大小和质量分为可手工砌筑的小型砌块和采用机械施工的中型和大型砌块。纳入砌体结构设计规范的砌块主要有普通混凝土和轻集料混凝土小型空心砌块。**轻集料混凝土小型砌块主要规格尺寸为 390 mm×190 mm×190 mm，空心率为 25%～50%。**其块型如图 11-3 所示。空心砌块的孔洞沿厚度方向只有一排孔的为单排孔小型砌块。有双排条形孔洞或多排条形孔洞的为双排孔小型砌块或多排孔小型砌块。

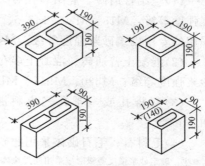

图 11-3　混凝土小型空心砌块块型

（3）石。在承重结构中，常用的天然石材为花岗石、石灰石等经过加工制成的块材。天然石材具有抗压强度高、抗冻性能好的优点。

天然石材按其加工后的外形规则程度，可分为料石和毛石两类。前者多用于墙体；后者主要用于地下结构及基础。料石因加工程度不同可分为细料石、半细料石、粗料石和毛料石四种，其截面的宽度、高度不宜小于 200 mm，且不宜小于长度的 1/4。毛石形状不规则，但其中部厚度不应小于 200 mm。

砌体结构材料的强度等级用符号"MU"表示，强度等级由标准试验方法得出的块体极限抗压强度的平均值确定，单位为 MPa。其中，因普通砖和空心砖的厚度较小，在砌体中易受弯剪作用而过早断裂，所以确定强度等级时还应符合抗折强度的指标。

《砌体结构设计规范》（GB 50003—2011）（以下简称《砌体规范》）中规定的块体强度等级分别如下：

（1）烧结普通砖、烧结多孔砖：MU30、MU25、MU20、MU15 和 MU10；

（2）蒸压灰砂普通砖、蒸压粉煤灰普通砖：MU25、MU20 和 MU15；

（3）混凝土普通砖、混凝土多孔砖：MU30、MU25、MU20 和 MU15；

（4）混凝土砌块、轻集料混凝土砌块：MU20、MU15、MU10、MU7.5 和 MU5；

（5）石材：MU100、MU80、MU60、MU50、MU40、MU30 和 MU20。

2. 砂浆

砂浆在砌体中的作用是将块材连成整体并使应力均匀分布，保证砌体结构的整体性。另外，由于砂浆填满块材间的缝隙，减少了砌体的透气性，提高了砌体的隔热性及抗冻性。

砂浆按其组成材料的不同，可分为水泥砂浆、混合砂浆和石灰砂浆。水泥砂浆具有强度高、耐久性好的特点，但保水性和流动性较差，适用于潮湿环境和对强度有较高要求的地上砌体及地下砌体；混合砂浆具有保水性和流动性较好、强度较高、便于施工而且质量容易得到保证的特点，是砌体结构中常用的砂浆；石灰砂浆具有保水性好、流动性好的特点，但强度低，耐久性差，只适用于临时建筑或受力不大的简易建筑。

砂浆的强度等级是用龄期为 28 d、边长为 70.7 mm 立方体试块所测得的极限抗压强度来确定的，用符号 M 表示，单位为 MPa（N/mm²）。当采用混凝土小型空心砌块时，应采用与其配套的砌块专用砂浆（用"Mb"表示）和砌块灌孔混凝土（用"Cb"表示）。

砂浆的强度等级应按下列规定采用：

（1）烧结普通砖、烧结多孔砖、蒸压灰砂普通砖和蒸压粉煤灰普通砖砌体采用的普通砂浆强度等级：M15、M10、M7.5、M5 和 M2.5；蒸压灰砂普通砖和蒸压粉煤灰普通砖砌体采用的专用砌筑砂浆强度等级：Ms15、Ms10、Ms7.5、Ms5.0。

（2）混凝土普通砖、混凝土多孔砖、单排孔混凝土砌块和煤矸石混凝土砌块砌体采用的砂浆强度等级：Mb20、Mb15、Mb10、Mb7.5 和 Mb5。

（3）双排孔或多排孔轻集料混凝土砌块砌体采用的砂浆强度等级：Mb10、Mb7.5和 Mb5。

（4）毛料石、毛石砌体采用的砂浆强度等级：M7.5、M5 和 M2.5。

注：确定砂浆强度等级时应采用同类块体为砂浆强度试块底模。

知识窗

砌体和砂浆的选择

在砌体结构设计中，块体及砂浆的选择既要保证结构的安全可靠，又要获得合理的技术经济指标。一般应按照以下原则和规定进行选择：

(1)选择的原则。

1)应根据"因地制宜，就地取材"的原则，尽量选择当地性能良好的块体和砂浆材料，以获得较好的技术经济指标。

2)为了保证砌体的承载力，要根据设计计算选择强度等级适宜的块体和砂浆。

3)不但要考虑受力需要，而且要考虑材料的耐久性问题。应保证砌体在长期使用过程中具有足够的强度和正常使用的性能。对于北方寒冷地区，块体必须满足抗冻性的要求，以保证在多次冻融循环之后块体不至于剥蚀和强度降低。

4)应考虑施工队伍的技术条件和设备情况，而且应方便施工。对于多层房屋，上面几层受力较小可以选用强度等级较低的材料，下面几层则应选用强度等级较高的材料。但也不宜变化过多，以免造成施工麻烦。特别是同一层的砌体，除十分必要外，不宜采用不同强度等级的材料。

5)应考虑建筑物的使用性质和所处的环境因素。

(2)对块体和砂浆的选择。设计使用年限为50年时，砌体材料的耐久性应符合下列规定：

1)地面以下或防潮层以下的砌体、潮湿房间的墙或环境类别为2的砌体，所用材料的最低强度等级应符合表11-1的要求。

表 11-1　地面以下或防潮层以下的砌体、潮湿房间的墙所用材料的最低强度等级

潮湿程度	烧结普通砖	混凝土普通砖、蒸压普通砖	混凝土砌块	石材	水泥砂浆
稍潮湿的	MU15	MU20	MU7.5	MU30	M5
很潮湿的	MU20	MU20	MU10	MU30	M7.5
含水饱和的	MU20	MU25	MU15	MU40	M10

注：1. 在冻胀地区，地面以下或防潮层以下的砌体，不宜采用多孔砖，如采用时，其孔洞应用强度等级不低于M10的水泥砂浆预先灌实。当采用混凝土砌块砌体时，其孔洞应采用强度等级不低于Cb20的混凝土预先灌实。

2. 对安全等级为一级或设计使用年限大于50年的房屋，表中材料强度等级应至少提高一级。

2)处于环境类别为3~5等有侵蚀性介质的砌体材料应符合下列规定：

①不应采用蒸压灰砂普通砖、蒸压粉煤灰普通砖；

②应采用实心砖，砖的强度等级不应低于MU20，水泥砂浆的强度等级不应低于M10；

③混凝土砌块的强度等级不应低于MU15，灌孔混凝土的强度等级不应低于Cb30，砂浆的强度等级不应低于Mb10；

④应根据环境条件对砌体材料的抗冻指标，耐酸、耐碱性能提出要求，或符合有关规范的规定。

二、砌体力学性能

1. 砌体的抗压强度

试验表明，砌体从开始受荷到破坏的过程可分为下列三个阶段(图 11-4)：

第一阶段：当砌体加载达极限荷载的 50%～70%时，单块砖内产生细小裂缝。此时若停止加载，裂缝也停止扩展[图 11-4(a)]。

第二阶段：当加载达极限荷载的 80%～90%时，砖内有些裂缝连通起来，沿竖向贯通若干皮砖[图 11-4(b)]。此时，即使不再加载，裂缝仍会继续扩展，砌体实际上已接近破坏。

第三阶段：当压力接近极限荷载时，砌体中裂缝迅速扩展和贯通，将砌体分成若干个小柱体，砌体最终因被压碎或丧失稳定而遭到破坏[图 11-4(c)]。

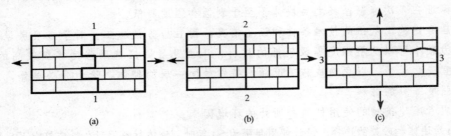

图 11-4 砖砌体的受压破坏

(a)加载至极限荷载的 50%～70%；(b)加载至极限荷载的 80%～90%；(c)加载至接近极限荷载

2. 影响砌体抗压强度的因素

通过对砖砌体在轴心受压时的受力分析及实践证明，影响砌体抗压强度的因素主要有以下几项：

(1)**块体与砂浆的强度等级**。块体与砂浆的强度等级是确定砌体强度最主要的因素。单个块体的抗弯强度、抗拉强度在某种程度上，决定了砌体的抗压强度。一般来说，强度等级高的块体，抗弯、抗拉强度也较高，因而相应砌体的抗压强度也高，但并不与块体强度等级的提高成正比；而砂浆的强度等级越高，砂浆的横向变形越小，砌体的抗压强度也有所提高。

(2)**块体的尺寸与形状**。块体的尺寸、几何形状及表面的平整程度对砌体的抗压强度也有较大的影响。高度大的块体，其抗弯、抗剪及抗拉能力增大，因而砌体的抗压强度高；砌体的形状越规则，表面越平整，则受力越均匀，相应砌体的抗压强度越高。

(3)**砂浆的流动性、保水性及弹性模量的影响**。砂浆的流动性大与保水性好时，容易铺成厚度和密实性较均匀的灰缝，因而可减少单块砖内的弯剪应力而提高砌体强度。纯水泥砂浆的流动性较差，所以，同一强度等级的混合砂浆砌筑的砌体强度要比相应纯水泥砂浆砌体高；砂浆弹性模量的大小对砌体强度也具有决定性的作用，砂浆的弹性模量越大，相应地，砌体的抗压强度也就越高。

(4)**砌筑质量**。砌筑质量是指砌体的砌筑方式、灰缝砂浆的饱满度、砂浆层的铺砌厚度等。砌筑质量与工人的技术水平有关，砌筑质量不同，砌体强度则不同。

◇**特别提醒**　砖在砌筑前要提前浇水湿润，以增加砖和砂浆的黏结性能，采用干砖和含水饱和的砖砌筑都会降低砖与砂浆的粘结强度，从而降低砌体的抗压强度。

3. 砌体的轴心受拉性能

与砌体的抗压强度相比，砌体的抗拉强度很低。按照力作用于砌体方向的不同，砌体可能发生如图 11-5 所示的三种破坏。当轴向拉力与砌体的水平灰缝平行时，砌体可能发生沿竖向及水平向灰缝的齿缝截面破坏[图 11-5(a)]；或沿块体和竖向灰缝截面破坏[图 11-5(b)]。通常，当块体的强度等级较高而砂浆的强度等级较低时，砌体发生前一种破坏形态；当块体的强度等级较低而砂浆的强度等级较高时，砌体则发生后一种破坏形态。当轴向拉力与砌体的水平灰缝垂直时，砌体可能沿通缝截面破坏[图 11-5(c)]。

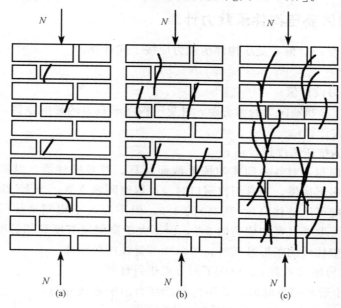

图 11-5　砖砌体的轴心受拉破坏形式
(a)沿竖向齿缝截面的破坏；(b)沿块体和竖向灰缝截面的破坏；(c)沿通缝截面的破坏

砌体的抗拉强度主要取决于块材与砂浆连接面的粘结强度。因为块材和砂浆的粘结强度主要取决于砂浆的强度等级，所以，砌体的轴心抗拉强度可由砂浆的强度等级来确定。

4. 砌体的受弯性能

按弯曲拉应力使砌体截面破坏的特征，砌体结构弯曲受拉存在三种破坏形态，即沿齿缝截面受弯破坏、沿块体与竖向灰缝截面受弯破坏和沿通缝截面受弯破坏。沿齿缝和通缝截面的受弯破坏与砂浆的强度有关。

5. 砌体的受剪性能

砌体在剪力作用下的破坏，均为沿灰缝的破坏，故单纯受剪时砌体的抗剪强度主要取决于水平灰缝中砂浆及砂浆与块体的粘结强度。

任务三　砌体结构构件承载力计算

任务目标

在实际工程中，运用和解决砌体受压构件承载力计算的能力。

一、无筋砌体受压构件承载力计算

无筋砌体轴心受压、偏心受压构件承载力应按下式计算：

$$N \leqslant \varphi f A \tag{11-1}$$

式中　N——轴向力设计值；

　　　φ——高厚比 β 和轴向力的偏心距 e 对受压构件承载力的影响系数，应根据受力条件按公式计算；

　　　f——砌体的抗压强度设计值；

　　　A——截面面积，对各类砌体均按毛截面计算。对带壁柱墙，其翼缘宽度取定要求为：多层房屋，当有门窗洞口时，可取窗间墙宽度；当无门窗洞口时，每侧翼墙宽度可取壁柱高度（层高）的 1/3，但不应大于相邻壁柱间的距离。单层房屋，可取壁柱宽加墙高的 2/3，但不大于窗间墙宽度和相邻壁柱间的距离。计算带壁柱墙的条形基础时，可取相邻壁柱间的距离。

受压构件承载力影响系数 φ，可按下列公式进行计算：

（1）无筋砌体矩形截面单向偏心受压构件承载力影响系数除可通过查表求得外，还可按下列公式计算求出（图 11-6）：

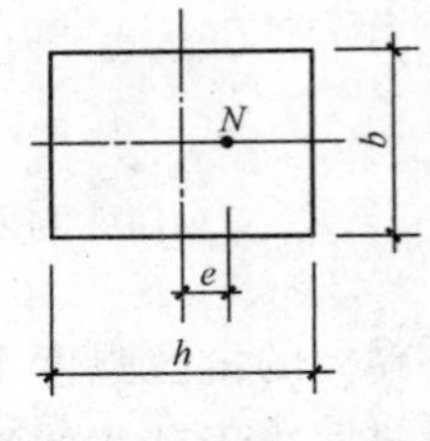

当 $\beta \leqslant 3$ 时

$$\varphi = \frac{1}{1 + 12\left(\dfrac{e}{h}\right)^2} \tag{11-2}$$

图 11-6　单向偏心受压
时截面尺寸示意

当 $\beta > 3$ 时

$$\varphi = \frac{1}{1 + 12\left[\dfrac{e}{h} + \sqrt{\dfrac{1}{12}\left(\dfrac{1}{\varphi_0} - 1\right)}\right]^2} \tag{11-3}$$

$$\varphi_0 = \frac{1}{1 + \alpha \beta^2} \tag{11-4}$$

式中　e——轴向力的偏心距，应按内力设计值计算，并不应大于 $0.6y$（y 为截面重心到轴向力所在偏心方向截面边缘的距离）；

　　　h——矩形截面的轴向力偏心方向的边长；

　　　φ_0——轴心受压构件的稳定系数；

　　　α——与砂浆强度等级有关的系数，当砂浆强度等级大于或等于 M5 时，$\alpha = 0.0015$；

当砂浆强度等级等于 M2.5 时，$\alpha=0.002$；当砂浆强度等级 $f_2=0$ 时，$\alpha=0.009$；

β——构件的高厚比。

构件的高厚比 β 应按下列规定采用：

对矩形截面

$$\beta=\gamma_\beta\frac{H_0}{h} \tag{11-5}$$

对 T 形截面

$$\beta=\gamma_\beta\frac{H_0}{h_T} \tag{11-6}$$

式中　γ_β——不同砌体材料构件高厚比修正系数，应按表 11-2 采用；

　　　H_0——构件计算高度；

　　　h_T——T 形截面的折算厚度，可近似按 $3.5i$（i 为截面回转半径）计算。

表 11-2　高厚比修正系数 γ_β

砌体材料种类	γ_β
烧结普通砖、烧结多孔砖	1.0
混凝土普通砖、混凝土多孔砖、混凝土及轻集料混凝土砌块	1.1
蒸压灰砂普通砖、蒸压粉煤灰普通砖、细料石	1.2
粗料石、毛石	1.5
注：对灌孔混凝土砌块砌体，γ_β 取 1.0。	

(2)矩形截面双向偏心受压时的承载力按下列公式计算(图 11-7)：

$$\varphi=\frac{1}{1+12\left[\left(\dfrac{e_b+e_{ib}}{b}\right)^2+\left(\dfrac{e_h+e_{ih}}{h}\right)^2\right]} \tag{11-7}$$

$$e_{ib}=\frac{b}{\sqrt{12}}\sqrt{\frac{1}{\varphi_0}-1}\left(\frac{\dfrac{e_b}{b}}{\dfrac{e_b}{b}+\dfrac{e_h}{h}}\right) \tag{11-8}$$

$$e_{ih}=\frac{h}{\sqrt{12}}\sqrt{\frac{1}{\varphi_0}-1}\left(\frac{\dfrac{e_h}{h}}{\dfrac{e_b}{b}+\dfrac{e_h}{h}}\right) \tag{11-9}$$

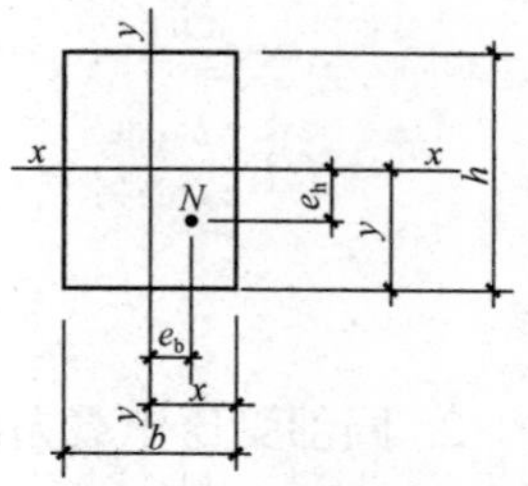

图 11-7　矩形截面双向
偏心受压示意

式中　e_b，e_h——轴向力在截面重心 x 轴、y 轴方向的偏心距，宜分别不大于 $0.5x$ 和 $0.5y$；

　　　x，y——自截面重心沿 x 轴、y 轴至轴向力所在偏心方向截面边缘的距离；

　　　e_{ib}，e_{ih}——轴向力在截面重心 x 轴、y 轴方向的附加偏心距，用以控制弯曲受拉情况的出现。

当 $e_b>0.3b$，$e_h>0.3h$ 时，随荷载增大，砌体水平缝和竖向缝几乎同时出现，甚至水平缝还可能出现得早些，故设计时偏心率限值偏小（$e_b\leqslant0.5x$，$e_h\leqslant0.5y$）是十分必要的。

当一方向偏心率（如 e_b/b）不大于另一方向（如 e_h/h）的 5％ 时，可近似按另一方向的单向偏压（如 e_h/h）构件计算，其承载力误差小于 5％。也即当一个方向的偏心距较小而忽略其影响时，则双向偏压即可恢复到单向偏压。

二、无筋砌体局部受压承载力计算

1. 受压特点

(1)局部受压是砌体结构中常见的一种受力状态，其特点在于轴向力仅作用于砌体的部分截面上。如承受上部柱或墙传来的压力的基础顶面；支撑梁或屋架的墙柱，在梁或屋架端部支撑处的砌体截面上，均产生局部受压。作用在局部受压面积上的应力可能均匀分布，也可能不均匀分布。当砌体截面上作用局部均匀压力，称为局部均匀受压。当砌体截面上作用局部非均匀压力，称为局部不均匀受压。

(2)局部均匀受压可分为中心局部受压、边缘局部受压、中部局部受压、端部局部受压、角部局部受压，如图 11-8 所示。

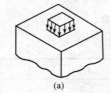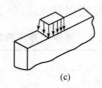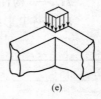

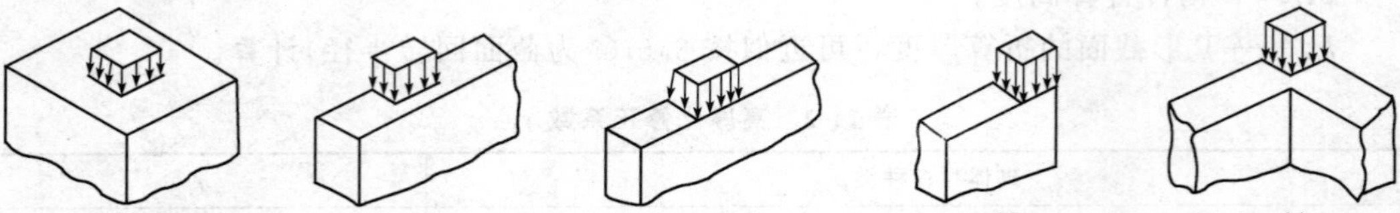

(a)　　　　　(b)　　　　　(c)　　　　　(d)　　　　　(e)

图 11-8　局部均匀受压

(a)中心局部受压；(b)边缘局部受压；(c)中部局部受压；(d)端部局部受压；(e)角部局部受压

(3)局部不均匀受压主要是由梁端传来的压力偏心作用于墙上，如图 11-9 所示。

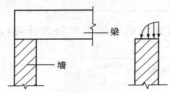

图 11-9　局部不均匀受压

2. 局部受压承载力的计算

(1)局部均匀受压承载力应按下式计算：

$$N_l \leqslant \gamma f A_l \tag{11-10}$$

式中　N_l——局部受压面积上的轴向力设计值；

　　　　γ——砌体局部抗压强度提高系数；

　　　　f——砌体的抗压强度设计值，局部受压面积小于 0.3 m² 时，可不考虑强度调整系数 γ_a 的影响；

　　　　A_l——局部受压面积。

由式(11-10)可以看出，当砌体的抗压强度为 f 时，则砌体的局部抗压强度可取为 γf，此 γ 值大于1，称为局部抗压强度提高系数。根据试验研究(图 11-10)，当砌体局部受压面积为 A_l，影响局部抗压强度的计算面积为 A_0 时，对于中心局部受压，可取 $\gamma = 1 + 0.7 \sqrt{(A_0/A_l) - 1}$；对于一般墙体中部、端部和角部局部受压，可取 $\gamma = 1 + 0.35 \sqrt{(A_0/A_l) - 1}$。在上述计算式中，等号右边第一项可视为局部受压面积范围内砌体自身的抗压强度，第二项可视为受非局部受压面积

(A_0-A_l)所提供的侧向压力和应力扩散作用的综合影响而增加的抗压强度。为了简化计算，无论局部均匀受压或局部不均匀受压均取用上述结果中的较小值，即按下式确定局部抗压强度提高系数：

$$\gamma = 1 + 0.35 \sqrt{\frac{A_0}{A_l} - 1} \tag{11-11}$$

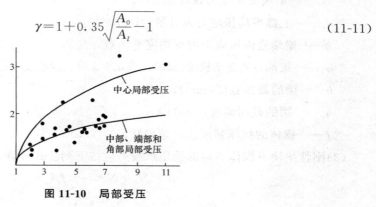

图 11-10　局部受压

按照式(11-11)计算出来的局部抗压强度提高系数还应符合下列规定：

1）在图 11-11 所示的情况下，$A_0 = (a+c+h)h$，根据式(11-11)计算所得的 γ 值应不大于 2.5；

2）在图 11-12 所示的情况下，$A_0 = (b+2h)h$，根据式(11-11)计算所得的 γ 值应不大于 2.0；

3）在图 11-13 所示的情况下，$A_0 = (a+h)h + (b+h_1-h)h_1$，根据式(11-11)计算所得的 γ 值应不大于 1.5；

4）在图 11-14 所示的情况下，$A_0 = (a+h)h$，根据式(11-11)计算所得的 γ 值应不大于 1.25。

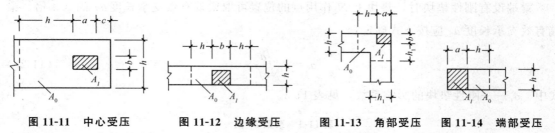

图 11-11　中心受压　　　图 11-12　边缘受压　　　图 11-13　角部受压　　　图 11-14　端部受压

（2）梁端支撑处砌体局部受压承载力应按下列公式计算：

$$\psi N_0 + N_l \leqslant \eta \gamma f A_l \tag{11-12}$$

$$\psi = 1.5 - 0.5 \frac{A_0}{A_l} \tag{11-13}$$

$$N_0 = \sigma_0 A_l \tag{11-14}$$

$$A_l = a_0 b \tag{11-15}$$

$$a_0 = 10 \sqrt{\frac{h_c}{f}} \tag{11-16}$$

式中 ψ——上部荷载的折减系数，当 $A_0/A_l \geqslant 3$ 时，应取 $\psi=0$；

$\quad\quad N_0$——局部受压面积内上部轴向力设计值（N）；

$\quad\quad N_l$——梁端支承压力设计值（N）；

$\quad\quad \sigma_0$——上部平均压应力设计值（N/mm²）；

$\quad\quad \eta$——梁端底面压应力图形的完整系数，应取 0.7，对于过梁和墙梁应取 1.0；

$\quad\quad a_0$——梁端有效支承长度（mm），当 $a_0>a$ 时，应取 $a_0=a$，a 为梁端实际支承长度（mm）；

$\quad\quad b$——梁的截面宽度（mm）；

$\quad\quad h_c$——梁的截面高度（mm）；

$\quad\quad f$——砌体的抗压强度设计值（MPa）。

（3）刚性垫块下砌体的局部受压承载力应按下列公式计算：

$$N_0 + N_l \leqslant \varphi \gamma_1 f A_b \tag{11-17}$$

$$N_0 = \sigma_0 A_b \tag{11-18}$$

$$A_b = a_b b_b \tag{11-19}$$

式中 N_0——垫块面积 A_b 内上部轴向力设计值（N）；

$\quad\quad \varphi$——垫块上 N_0 及 N_l 合力的影响系数，应取 $\beta \leqslant 3$ 时的 φ 值；

$\quad\quad \gamma_1$——垫块外砌体面积的有利影响系数，γ_1 应为 0.8γ（γ 为砌体局部抗压强度提高系数），但不小于 1.0，按式（11-11）以 A_b 代替 A_l 计算得出；

$\quad\quad A_b$——垫块面积（mm²）；

$\quad\quad a_b$——垫块伸入墙内的长度（mm）；

$\quad\quad b_b$——垫块的宽度（mm）。

梁端设有刚性垫块时，垫块上 N_l 作用点的位置可取梁端有效支承长度 a_0 的 0.4 倍。梁端有效支承长度 a_0 应按下式确定：

$$a_0 = \delta_1 \sqrt{\frac{h_c}{f}} \tag{11-20}$$

式中 δ_1——刚性垫块的影响系数，见表 11-3。

表 11-3 系数 δ_1 值

σ_0/f	0	0.2	0.4	0.6	0.8
δ_1	5.4	5.7	6.0	6.9	7.8

注：表中其间的数值可采用插入法求得。

（4）梁下设有长度大于 πh_0 的垫梁时，垫梁下的砌体局部受压承载力应按下列公式计算：

$$N_0 + N_l \leqslant 2.4\delta_2 f b_b h_0 \tag{11-21}$$

$$N_0 = \pi b_b h_0 \sigma_0 / 2 \tag{11-22}$$

$$h_0 = 2\sqrt[3]{\frac{E_c I_c}{Eh}} \tag{11-23}$$

式中 N_0——垫梁上部轴向力设计值（N）；

b_b——垫梁在墙厚方向的宽度（mm）；

δ_2——垫梁底面压应力分布系数，当荷载沿墙厚方向均匀分布时 δ_2 可取 1.0，不均匀时 δ_2 可取 0.8；

h_0——垫梁折算高度（mm）；

E_c，I_c——分别为垫梁的混凝土弹性模量（MPa）和截面惯性矩（mm^4）；

E——砌体的弹性模量（MPa）；

h——墙厚（mm）。

◇**特别提醒**　（1）梁或屋架端部支承面下砌体局部受压承载力不足时，通常采用预制刚性垫块或与梁端浇成整体形成的现浇垫块，也可将梁端下的圈梁及其他楼面梁作为垫梁，来增大砌体的局部受压面积，提高砌体的局部受压承载力。

（2）刚性垫块分为预制刚性垫块和现浇刚性垫块（图 11-15）。

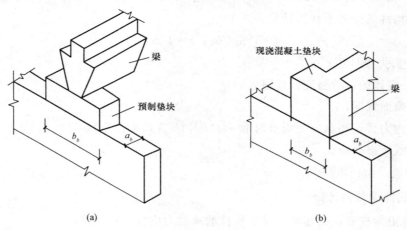

图 11-15　刚性垫块

三、其他构件的承载力计算

1. 轴心受拉构件承载力计算

由于砌体的抗拉性能很差，因此在实际工程中很少采用砌体作为轴心受拉构件。只有由砌体构成的圆形水池或筒状料仓，在液体或松散物料的侧压力作用下，砌体壁内才会出现拉力，如图 11-16 所示。

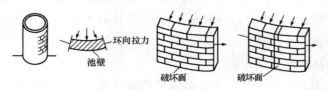

图 11-16　轴心受拉构件的受力状态

轴心受拉构件承载力应按下式计算：

$$N_t \leqslant f_t A \tag{11-24}$$

式中　N_t——轴心拉力设计值；

　　　f_t——砌体的轴心抗拉强度设计值；

　　　A——砌体截面面积。

2. 受弯构件承载力计算

(1)受弯构件承载力计算公式：

$$M \leqslant f_{tm} W \tag{11-25}$$

式中　M——弯矩设计值；

　　　f_{tm}——弯曲抗拉强度设计值；

　　　W——截面抵抗矩。

(2)受弯构件的受剪承载力计算公式：

$$V \leqslant f_v bz, \quad z = I/S \tag{11-26}$$

式中　V——剪力设计值；

　　　f_v——砌体的抗剪强度设计值；

　　　b——截面宽度；

　　　z——内力臂，当截面为矩形时取 $z = 2h/3$（h 为截面高度）；

　　　I——截面惯性矩；

　　　S——截面面积矩。

3. 受剪构件承载力计算

沿通缝或沿阶梯截面破坏时，受剪构件的承载力应按下式计算：

$$V \leqslant (f_v + \alpha \mu \sigma_0) A \tag{11-27}$$

当 $\gamma_G = 1.2$ 时，$\mu = 0.26 - 0.082 \dfrac{\sigma_0}{f}$

当 $\gamma_G = 1.35$ 时，$\mu = 0.23 - 0.065 \dfrac{\sigma_0}{f}$

式中　V——剪力设计值；

　　　A——水平截面面积；

　　　f_v——砌体抗剪强度设计值，对灌孔的混凝土砌块砌体取 f_{vg}；

　　　α——修正系数；当 $\gamma_G = 1.2$ 时，砖（含多孔砖）砌体取 0.60，混凝土砌块砌体取 0.64；当 $\gamma_G = 1.35$ 时，砖（含多孔砖）砌体取 0.64，混凝土砌块砌体取 0.66；

　　　μ——剪压复合受力影响系数；

　　　f——砌体的抗压强度设计值；

　　　σ_0——永久荷载设计值产生的水平截面平均压应力，其值不应大于 $0.8f$。

【例 11-1】　已知单排孔混凝土小砌块柱截面尺寸为 390 mm×590 mm，用 MU10 砌块，Mb7.5 混合砂浆砌筑，砌块孔洞率为 45%，空心部位用 Cb20 细石混凝土灌实，柱的计算高度

$H_0 = 5\,700$ mm，承受荷载设计值 $N = 520$ kN，偏心距 $e = 85$ mm。试验算该柱的承载力。

【解】 （1）验算长边方向（偏心受压）。由于采用 MU10 单排孔混凝土砌块，Mb7.5 混合砂浆砌筑，查附表 15 得抗压强度设计值 $f = 2.50$ N/mm^2。独立柱强度调整系数为 0.7。

柱截面面积 $A = bh = 390 \times 590 = 230 \times 10^3 (\text{mm}^2) = 0.23$ m^2 < 0.3 m^2

砌体强度设计值调整系数 $\gamma_a = 0.23 + 0.7 = 0.93$

柱高厚比 $\beta = \gamma_\beta \dfrac{H_0}{h} = 1.1 \times \dfrac{5700}{590} = 10.63$

由式（11-3）及式（11-4）得：

$$\varphi_0 = \frac{1}{1 + 0.0015 \times 10.63^2} = 0.855$$

$$\varphi = \frac{1}{1 + 12 \times \left[\dfrac{85}{590} + \sqrt{\dfrac{1}{12} \times \left(\dfrac{1}{0.855} - 1 \right)} \right]^2} = 0.547$$

已知孔洞率 $\delta = 0.45$，灌实率 $\rho = 100\%$，灌孔混凝土为 Cb20，抗压强度设计值 $f_c = 9.6$ MPa，可得：

灌孔砌体的抗压强度设计值 $f_g = f + 0.6 f_c = 2.5 \times 0.7 \times 0.93 + 0.6 \times 0.45 \times 9.6 = 4.22$(MPa)

由于 f_g 大于未灌孔砌体抗压强度设计值的 2 倍，取 $f_g = 2 \times 1.63 = 3.26$(MPa)，验算柱承载力得：

$N_u = \varphi f_g A = 0.547 \times 3.26 \times 230 \times 10^3 = 410.14$(kN) > 380 kN（满足要求）

（2）验算短边方向（轴心受压）。

柱高厚比 $\beta = \gamma_\beta \dfrac{H_0}{b} = 1.1 \times \dfrac{5\,700}{390} = 16.08 < [\beta] = 17$

当 $\beta = 16.08$ 时，$\varphi_0 = 0.723 > \varphi = 0.522$，故满足要求。

【例 11-2】 某圆形水池，采用强度等级为 MU15 的烧结普通砖和强度等级为 M10 的水泥砂浆砌筑，水池壁厚为 460 mm，水池壁承受 $N_t = 50$ kN/m 的环向拉力设计值，试验算水池壁砌体的受拉承载力。

【解】 （1）确定砌体的轴心抗拉强度设计值 f_t。根据 MU15 烧结普通砖和 M10 水泥砂浆查附表 19 得 $f_t = 0.19$ MPa，因采用水泥砂浆，f_t 应乘以 0.8 的系数。

（2）构件截面面积 A，取 1 000 mm 宽进行计算，得：

$A = 1\,000 \times 460 = 460 \times 10^3 (\text{mm}^2)$

（3）计算水池壁的受拉承载力。

$N_{tu} = 0.19 \times 0.8 \times 460 \times 10^3 = 69.92$(kN) > 50 kN（满足要求）

【例 11-3】 有一截面尺寸为 240 mm × 370 mm 的钢筋混凝土柱，支承在厚度为 240 mm 的混凝土砌块墙上，作用位置如图 11-17 所示。墙采用强度等级为 MU10 的砌块和 Mb5 的混合砂浆砌筑，柱作用到砌块砌体的荷载设计值 $N = 240$ kN，试验算局部受压承载力。

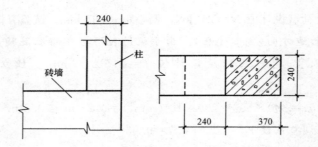

图 11-17　柱支承在砖墙上的位置

【解】 局部受压面积

$$A_l = ab = 240 \times 370 = 88\,800\,(\text{mm}^2)$$

局部受压计算面积

$$A_0 = (a+b)h = (240+370) \times 240 = 146\,400\,(\text{mm}^2)$$

砌体局部抗压强度提高系数 $\gamma = 1 + 0.35 \times \sqrt{\dfrac{146\,400}{88\,800} - 1} = 1.28 > 1.25$

取 $\gamma = 1.25$。

由于采用 MU10 砌块和 Mb5 混合砂浆砌筑，查附表 15 得 $f = 2.22$ MPa。

局部受压承载力设计值 $N_l = \gamma f A_l = 1.25 \times 2.22 \times 88\,800 = 246.42\,(\text{kN}) > 240$ kN，故满足承载力要求。

【例 11-4】 某挡土墙厚度为 240 mm，墙墩间距为 3 m，该墙底部 1 m 高内承受有沿水平方向的土压力设计值 $q = 1.8$ kN/m，设该墙体采用 MU10 砖和 M5 混合砂浆砌筑，试验算墩间墙体的抗弯承载力。

【解】 墩间墙体承受的跨中最大弯矩（按简支考虑）：

$$M_{\max} = \frac{1}{8}ql^2 = \frac{1}{8} \times 1.8 \times 3^2 = 2.025\,(\text{kN} \cdot \text{m})$$

最大剪力：

$$V_{\max} = \frac{1}{2}ql = \frac{1}{2} \times 1.8 \times 3 = 2.7\,(\text{kN})$$

$$A = bh = 1\,000 \times 240 = 0.24 \times 10^6\,(\text{mm}^2)$$

$$W = \frac{1}{6}bh^2 = \frac{1}{6} \times 1\,000 \times 240^2 = 9.6 \times 10^6\,(\text{mm}^3)$$

$$z = \frac{2}{3}h = \frac{2}{3} \times 240 = 160\,(\text{mm})$$

由于砌体齿缝截面破坏时的弯曲抗拉强度设计值 $f_m = 0.23$ N/mm²，$f_v = 0.11$ N/mm²，可得：

$$f_m W = 0.23 \times 9.6 \times 10^6 = 2.208 \times 10^6\,(\text{N} \cdot \text{mm}) = 2.208\,(\text{kN} \cdot \text{m}) > M_{\max} = 2.025 \text{ kN} \cdot \text{m}$$

$$f_v bz = 0.11 \times 1\,000 \times 160 = 17.6 \times 10^3\,(\text{N}) = 17.6\,(\text{kN}) > V_{\max} = 2.7 \text{ kN}$$

满足要求。

任务四　砌体构件的构造要求

任务目标

能正确理解砌体房屋构造要求的能力。

一、墙、柱高厚比的验算

1. 墙、柱高厚比的影响因素

(1)**砂浆强度等级**。由于砌体弹性模量和砂浆强度等级有关，所以砂浆强度等级是影响允许高厚比的一项重要因素，详见表11-4。

表 11-4　墙、柱的允许高厚比[β]值

砌体类型	砂浆强度等级	墙	柱
无筋砌体	M2.5	22	15
	M5.0 或 Mb5.0、Ms5.0	24	16
	≥M7.5 或 Mb7.5、Ms7.5	26	17
配筋砌块砌体	—	30	21

注：1. 毛石墙、柱的允许高厚比应按表中数值降低20%；

　　2. 带有混凝土或砂浆面层的组合砖砌体构件的允许高厚比，可按表中数值提高20%，但不得大于28；

　　3. 验算施工阶段砂浆尚未硬化的新砌砌体构件高厚比时，允许高厚比对墙取14，对柱取11。

(2)**横墙间距**。横墙间距越远，那么墙体的稳定性和刚度越差，墙、柱的允许高厚比也应该越小；反之，横墙间距越近，那么墙体的稳定性和刚度越好，墙、柱的允许高厚比可以适当放大。

(3)**构造的支撑条件**。刚性方案时，墙、柱的允许高厚比可以相对大一些；而弹性和刚弹性方案时，墙、柱的允许高厚比应该相对小一些。

(4)**砌体截面形式**。截面惯性矩越大，则越不易丧失稳定性。此时，墙、柱的允许高厚比可以适当大一些；相反，如果墙体上门窗洞口较多，对墙体截面惯性矩削弱越多，对墙体的稳定性就越不利。此时，墙、柱的允许高厚比应该减小些。

(5)**构件重要性和房屋使用情况**。房屋中的次要构件，如非承重墙，墙、柱的允许高厚比可以适当提高；对使用时有振动的房屋，墙、柱的允许高厚比应比一般房屋适当降低。

2. 高厚比的验算

(1)无壁柱墙或矩形截面柱的高厚比验算。

$$\beta = \frac{H_0}{h} \leqslant \mu_1 \mu_2 [\beta] \tag{11-28}$$

$$\mu_2 = 1 - 0.4\frac{b_s}{s} \tag{11-29}$$

式中 H_0——墙、柱的计算高度；

h——墙厚或矩形柱的边长；

μ_1——自承重墙允许高厚比的修正系数，对承重墙，$\mu_1 = 1.0$；对自承重墙，μ_1 值根据墙厚度按表 11-5 取用；

μ_2——有门窗洞口墙允许高厚比的修正系数；

b_s——宽度 s 范围内的门窗洞口宽度；

s——相邻窗间墙或壁柱之间的距离，如图 11-18 所示；

$[\beta]$——墙、柱的允许高厚比，见表 11-5。

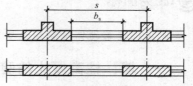

11-18 相邻窗间墙或壁柱之间的距离

表 11-5 自承重墙允许高厚比的修正系数 μ_1

墙厚度 h/mm	μ_1
240	1.2
≤90	1.5
240>h>90	按线性内插法取值

(2)带壁柱墙的高厚比验算(图 11-19)。

$$\beta = \frac{H_0}{h_T} \leqslant \mu_1 \mu_2 [\beta] \tag{11-30}$$

式中 H_0——墙柱的计算高度，按附表 25 取用；

h_T——带壁柱墙截面的折算厚度，$h_T = 3.5i$；

i——带壁柱墙截面的回转半径，$i = \sqrt{\dfrac{I}{A}}$；

I，A——分别为带壁柱墙截面的惯性矩和面积。

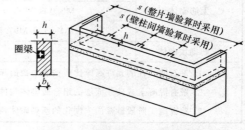

图 11-19 带壁柱墙的高厚比验算

在确定截面回转半径时，墙截面的计算翼缘宽度 b_f 可按表 11-6 的规定确定。

表 11-6 带壁柱墙截面的计算翼缘宽度 b_f

房屋层数		计算翼缘宽度 b_f 取值
单层房屋		$b_f = b + 2H/3$(b 为壁柱宽度，H 为墙高)且不大于窗间墙宽度和相邻壁柱间距离
多层房屋	无门窗洞口时	壁柱高度(层高)的 1/3 且不大于相邻壁柱间的距离
	有门窗洞口时	窗间墙宽度

设有钢筋混凝土圈梁的带壁柱墙，当 $b/s \geqslant 1/30$(b 为圈梁宽度)时，圈梁可视作壁柱间墙的不动铰支点。如具体条件不允许增加圈梁宽度，可按等刚度原则(墙体平面外刚度相等)增加圈梁高度，以满足壁柱间墙不动铰支点的要求。即在上述情况下，有圈梁时墙的计

算高度可取圈梁之间的距离。

（3）带构造柱墙的高厚比验算。

$$\beta = \frac{H_0}{h} \leqslant \mu_c \mu_1 \mu_2 [\beta] \tag{11-31}$$

$$\mu_c = 1 + \gamma \frac{b_c}{l} \tag{11-32}$$

式中　H_0——墙、柱的计算高度，按附表 25 取用，此时表中 s 取相邻横墙间的距离；

　　　　h——取墙厚；

　　　　γ——系数，按表 11-7 取用；

　　　　b_c——构造柱沿墙长方向的宽度；

　　　　l——构造柱的间距。

注：1. 当 $b_c/l > 0.25$ 时，取 $b_c/l = 0.25$；当 $b_c/l < 0.05$ 时，取 $b_c/l = 0$，μ_c 的值见表 11-8；

　　2. 构造柱作为壁柱验算构造柱间墙的高厚比时，构造柱的截面高度应 $\geqslant 1/30$ 柱高且不小于墙厚。

表 11-7　系数 γ 的取值

砌体类别	γ
细料石砌体	0
混凝土砌块、粗料石、毛料石及毛石砌体	1.0
其他砌体	1.5

表 11-8　带构造柱墙的提高系数 μ_c 的值

γ	b_c/l								
	0	0.05	0.08	0.11	0.14	0.17	0.20	0.23	0.25
0	1.0	1.0	1.0	1.0	1.0	1.0	1.0	1.0	1.0
1.0	1.0	1.05	1.08	1.11	1.14	1.17	1.20	1.23	1.25
1.5	1.0	1.08	1.12	1.16	1.21	1.26	1.30	1.34	1.38

◆**应用提示**　需要注意的是，考虑构造柱有利作用的墙体允许高度比的提高，只适用于构造柱与墙体形成整体后的使用阶段；并且，构造柱与墙体有可靠的连接，不适用于施工阶段。

二、过梁

1. 过梁的适用范围

（1）钢筋砖过梁的跨度不应超过 1.5 m。

（2）砖砌平拱的跨度不应超过 1.2 m。

（3）跨度超过上述限值的门窗洞口，以及有较大振动荷载或可能产生不均匀沉降的房屋的门窗洞口，应采用钢筋混凝土过梁。

2. 过梁的形式

（1）砖砌平拱过梁。砖砌平拱过梁是指将砖竖立或侧立构成跨越洞口的过梁，其跨度不宜超过 1 200 mm，用竖砖砌筑部分高度不应小于 240 mm。

(2)砖砌弧拱过梁。砖砌弧拱过梁是指将砖竖立或侧立成弧形跨越洞口的过梁，当矢高 $f=(1/12\sim1/8)l_n$ 时，$l_n=2.5\sim3.0$ m；当矢高 $f=(1/6\sim1/5)l_n$ 时，$l_n=3.0\sim4.0$ m。此种形式的过梁由于施工复杂，目前已很少采用。

◆**应用提示**　砖砌过梁整体性差，抗变形能力差，因此，受有较大振动荷载或可能产生不均匀沉降的房屋不宜采用，砖砌过梁跨度不宜过大。当门窗洞口宽度较大时，应采用钢筋混凝土过梁。

(3)钢筋砖过梁。钢筋砖过梁是指在洞口顶面砖砌体下的水平灰缝内配置纵向受力钢筋而形成的过梁，其净跨 l_n 不宜超过 2.0 m，底面砂浆层处的钢筋直径不应小于 5 mm，间距不宜大于 120 mm，根数不应少于 2 根，末端带弯钩的钢筋伸入支座砌体内的长度不宜小于 240 mm，砂浆层厚度不宜小于 30 mm。

(4)钢筋混凝土过梁。钢筋混凝土过梁在端部保证支承长度不小于 240 mm 的前提条件下，一般应按钢筋混凝土受弯构件计算。

3. 过梁的破坏特征

砖过梁在荷载作用下，墙体上部受压、下部受拉，像受弯构件一样受力。随着荷载的不断增大，当跨中竖向截面的拉应力或支座斜截面的主拉应力超过砌体的抗拉强度时，将先后在跨中出现竖向裂缝，在靠近支座处出现阶梯形斜裂缝。过梁可能出现以下三种破坏形式：

(1)过梁跨中正截面的受弯承载力不足而破坏。

(2)过梁支座附近截面受剪承载力不足，沿灰缝产生 45°方向的阶梯形斜裂缝不断扩展而破坏。

(3)过梁支座端部墙体宽度不够，引起水平灰缝的受剪承载力不足而发生支座滑移破坏。

4. 过梁承载力的计算

(1)砖砌平拱受弯承载力计算。

$$M \leqslant f_{tm}W \qquad (11\text{-}33)$$

式中　M——按简支梁并取净跨计算的过梁跨中弯矩设计值；

　　　f_{tm}——砌体沿齿缝截面的弯曲抗拉强度设计值；

　　　W——过梁的截面抵抗矩。

注：由于过梁支座水平推力的存在，将延缓过梁沿正截面的弯曲破坏，提高砌体沿通缝截面的弯曲抗拉强度。在式(11-33)中，不采用沿通缝截面的弯曲抗拉强度而采用沿齿缝截面的弯曲抗拉强度，是考虑支座水平推力的有利作用。

(2)砖砌平拱受剪承载力计算。

$$V \leqslant f_v bz \qquad (11\text{-}34)$$
$$z = I/S \qquad (11\text{-}35)$$

式中　V——按简支梁并取净跨计算的过梁支座剪力设计值；

　　　f_v——砌体的抗剪强度设计值；

　　　b——过梁的截面宽度，取墙厚；

z——内力臂，取 $z = I/S = 2h/3$；

I——截面惯性矩；

S——截面面积矩；

h——过梁的截面计算高度。

(3)钢筋砖过梁受弯承载力计算。

$$M \leqslant 0.85 h_0 f_y A_s \tag{11-36}$$

式中　M——按简支梁并取净跨计算的过梁跨中弯矩设计值；

f_y——钢筋的抗拉强度设计值；

A_s——受拉钢筋的截面面积；

h_0——过梁截面的有效高度，取 $h_0 = h - a_s$；

h——过梁的截面计算高度，取过梁底面以上的墙体高度，但不大于 $l_n/3$；当考虑梁、板传来的荷载时，则按梁、板下的高度采用；

a_s——受拉钢筋重心至截面下边缘的距离。

三、墙梁

1. 墙梁的定义

(1)由混凝土托梁和托梁上计算高度范围内的砌体墙组成的组合构件，称为墙梁。

(2)墙梁包括简支墙梁、连续墙梁和框支墙梁，还可划分为承重墙梁和自承重墙梁。

(3)墙梁中承托砌体墙和楼(屋)盖的混凝土简支梁、连续梁和框架梁，称为托梁。

(4)墙梁中考虑组合作用的计算高度范围内的砌体墙，简称为墙体。

(5)墙梁的计算高度范围内墙体顶面处的现浇混凝土圈梁，称为顶梁。

(6)墙梁支座处与墙体垂直连接的纵向落地墙体，称为翼墙。

2. 墙梁的类型

(1)按有无洞口，墙梁可分为无洞口墙梁(图 11-20)和有洞口墙梁(图 11-21)。

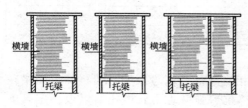 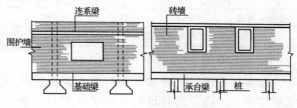

图 11-20　无洞口墙梁　　　　　　　图 11-21　有洞口墙梁

1)无洞口墙梁在竖向均布荷载作用下的弯曲，与托梁、墙体的刚度有关。当托梁的刚度越大时，作用于托梁跨中的竖向应力也越大；当托梁的刚度无限大时，作用在托梁上的竖向应力则为均匀分布。

2)当托梁刚度不大时，由于墙体内存在的拱作用，墙梁顶面的均布荷载主要沿主压应力轨迹线逐渐向支座传递，靠近托梁，水平截面上的竖向应力由均匀分布变成向两端集中的非均匀分布，托梁承受的弯矩将减小。

3)孔洞对称于跨中的开洞墙梁，由于孔洞处于低应力区，不影响墙梁的受力拱作用，因此，其受力性能如无洞口墙梁那样，为拉杆拱组合受力机构，其破坏形态也类似于无洞口墙梁的破坏形态。

4)对于偏开洞墙梁，洞口偏于墙体的一侧。由于偏开洞的干扰，其受力更加复杂，墙体内形成一个大拱并套一个小拱，托梁既作为拉杆，又作为小拱的弹性支座而承受较大的弯矩，因而托梁处于大偏心受拉状态，墙梁为梁—拱组合受力结构。

（2）按墙梁是否承受由屋盖、楼盖传来的荷载，可分为自承重墙梁和承重墙梁。

自承重墙梁只承受托梁自重和托梁顶面以上墙体自重，如基础。承重墙梁除承受托梁自重和托梁顶面以上墙体自重外，还要承受由屋盖、楼盖传来的荷载，如上层为住宅或旅馆，底层为较大空间的商店，通常需要设置承重墙梁。

3. 墙梁的适用范围

（1）墙梁主要适用于建筑工程中承受重力荷载为主的简支墙梁、连续墙梁和框支墙梁的非抗震设计。

（2）在墙梁计算高度范围内每跨允许设置一个洞口；洞口边至支座中心的距离为 a_i，距边支座不应小于 $0.15l_{0i}$（l_0 为墙梁的计算跨度），距中支座不应小于 $0.07l_{0i}$。对多层房屋的墙梁，各层洞口应设置在相同位置，并应上下对齐。

（3）大开间墙梁房屋模型拟动力试验和深梁构件试验表明，对称开两个洞的墙梁的受力性能和偏开一个洞的墙梁类似。对多层房屋的纵向连续墙梁或多跨框支墙梁每跨对称开两个窗洞时，也可参照使用。

4. 墙梁计算的一般规定

为防止出现上述承载能力较低的破坏形态，保证墙体与托梁有较强的组合作用，《砌体规范》对采用烧结普通砖砌体、烧结多孔砖砌体以及配筋砌体砌筑的墙梁，规定了尺寸要求，见表 11-9。

表 11-9 墙梁计算的一般规定

墙梁类别	墙体总高度/m	跨度/m	墙体高跨比 h_w/l_{0i}	托梁高跨比 h_b/l_{0i}	洞宽比 b_h/l_{0i}	洞高 h_h
承重墙梁	≤18	≤9	≥0.4	≥1/10	≤0.3	≤$5h_w/6$ 且 h_w-h_h≥0.4 m
自承重墙梁	≤18	≤12	≥1/3	≥1/15	≤0.8	—

注：墙体总高度指托梁顶面到檐口的高度，带阁楼的坡屋面应算到山尖墙 1/2 高度处。

5. 墙梁的计算简图

在实际房屋中，托梁上面的墙体高度往往都是相当高的。试验表明，墙再高，墙梁在弯矩作用下的内力臂并没有什么明显增长，而且墙体抗剪强度也主要由托梁以上一定高度内的墙体控制。因此，《砌体规范》规定，参与墙梁承重作用的墙体计算高度 h_w 只取托梁面一层高，但不大于墙梁的计算跨度 l_{0i}，即满足 $h_w \leq l_{0i}$。墙梁的计算简图如图 11-22 所示。其中，有关各计算参数按下列规定取用：

（1）墙梁计算跨度 l_0（l_{0i}），对简支墙梁和连续墙梁取 1.1 倍净跨（l_n 或 l_{ni}）或支座中心距离（l_c 或 l_{ci}）的较小值；对框支墙梁，取框架柱中心线间的距离 l_c（l_{ci}）。

（2）墙体计算高度 h_w，取托梁顶面上一层墙体（包括顶梁）高度。当 $h_w > l_0$ 时，取 $h_w = l_0$（对连续墙梁和多跨框支墙梁，l_0 取各跨的平均值）。

（3）墙梁跨中截面计算高度 H_0，取 $H_0 = h_w + 0.5h_b$。

（4）翼墙计算宽度 b_f，取窗间墙宽度或横墙间距的 2/3，且每边不大于 $3.5h$（h 为墙体厚度）和 $l_0/6$。

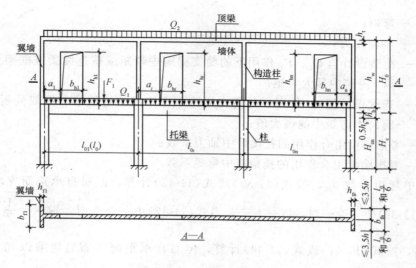

图 11-22　墙梁的计算简图

(5)框架柱计算高度 H_c，取 $H_c = H_{cn} + 0.5h_b$（H_{cn} 为框架柱净高，取基础顶面至托梁底面的距离）。

6. 墙梁的计算荷载

墙梁是在托梁上砌筑墙体而逐渐形成的。在墙梁设计中，应分别按施工阶段和使用阶段的荷载进行计算。

(1)施工阶段。作用在托梁上的荷载有托梁自重、本层楼盖自重及本层楼盖的施工荷载。墙体自重可取高度为 $l_{0\max}/3$ 的墙体自重，$l_{0\max}$ 为计算跨度的最大值。

(2)使用阶段。使用阶段作用在墙梁上的荷载按作用位置不同，可分为以下两类：

1)直接作用于托梁顶面，由托梁自重及本层楼盖的恒荷载和活荷载组成的荷载设计值 Q_1、F_1。

2)作用于墙梁顶面墙体计算高度范围内的墙体自重和墙梁顶面楼盖的恒荷载、活荷载，以及上部各层的恒荷载和活荷载组成的荷载设计值 Q_2，集中荷载可沿作用的跨度近似化为均布荷载。

使用阶段作用在非承重墙梁上的荷载仅有墙梁顶面的荷载设计值 Q_2，且只包括托梁自重及托梁以上的全部墙体自重。

7. 墙梁的截面承载力计算

墙梁应分别进行托梁使用阶段正截面承载力和斜截面受剪承载力计算、墙体受剪承载力和托梁支座上部砌体局部受压承载力计算，以及施工阶段托梁的承载力验算。自承重墙梁可不验算墙体受剪承载力和砌体局部受压承载力。

(1)墙梁的托梁正截面承载力计算。托梁取跨中最大弯矩处的截面为计算截面。在此截面上作用有轴向拉力和弯矩，应按偏心受拉构件计算。其弯矩 M_{bi} 及轴心拉力 N_{bti}，按下列公式计算：

$$M_{bi} = M_{1i} + \alpha_M M_{2i} \tag{11-37}$$

$$N_{bti} = \eta_N \frac{M_{2i}}{H_0} \tag{11-38}$$

式中 M_{bi}——弯矩；

  N_{bti}——轴向拉力；

  M_{1i}——荷载设计值 Q_1、F_1 作用下的简支梁跨中弯矩或按连续梁或框架分析的托梁第 i 跨跨中最大弯矩；

  M_{2i}——荷载设计值 Q_2 作用下的简支梁跨中弯矩或按连续梁、框架分析的托梁第 i 跨跨中弯矩中的最大值；

  η_N——考虑墙梁组合作用的托梁跨中轴力系数；

  α_M——考虑墙梁组合作用的托梁跨中弯矩系数。

托梁跨中弯矩系数 α_M，按式（11-39）或式（11-42）计算，但对自承重简支墙梁应乘以 0.8；当式（11-39）中 $\frac{h_b}{l_0}>\frac{1}{6}$ 时，取 $\frac{h_b}{l_0}=\frac{1}{6}$；当式（11-42）中 $\frac{h_b}{l_{0i}}>\frac{1}{7}$ 时，取 $\frac{h_b}{l_{0i}}=\frac{1}{7}$；托梁跨中轴力系数 η_N，按式（11-41）或式（11-44）计算，但对自承重简支墙梁应乘以 0.8；当 $\frac{h_w}{l_0}$ 或 $\frac{h_w}{l_{0i}}>1.0$ 时，取 $\frac{h_w}{l_0}$ 或 $\frac{h_w}{l_{0i}}=1.0$。

对简支墙梁：

$$\alpha_M=\psi_M\left(1.7\frac{h_b}{l_0}-0.03\right) \tag{11-39}$$

$$\psi_M=4.5-10\frac{a}{l_0} \tag{11-40}$$

$$\eta_N=0.44+2.1\frac{h_w}{l_0} \tag{11-41}$$

对连续墙梁和框支墙梁：

$$\alpha_M=\psi_M\left(2.7\frac{h_b}{l_{0i}}-0.08\right) \tag{11-42}$$

$$\psi_M=3.8-8.0\frac{a_i}{l_{0i}} \tag{11-43}$$

$$\eta_N=0.8+2.6\frac{h_w}{l_{0i}} \tag{11-44}$$

式中 ψ_M——洞口对托梁弯矩的影响系数，当无洞口时 $\psi_M=1.0$，有洞口时分别按式（11-40）、式（11-43）计算；

  a_i——洞口边至墙梁最近支座的距离，当 $a_i>0.35l_{0i}$ 时，取 $a_i=0.35l_{0i}$。

对于连续墙梁和框支墙梁的支座截面，应按混凝土受弯构件计算托梁的正截面承载力，其弯矩 M_{bj} 可按下式计算：

$$M_{bj}=M_{1j}+\alpha_M M_{2j} \tag{11-45}$$

$$\alpha_M=0.75-\frac{a_i}{l_{0i}} \tag{11-46}$$

式中 M_{1j}——荷载设计值 Q_1、F_1 作用下按连续梁或框架分析的托梁第 j 支座截面的弯矩设计值；

  M_{2j}——荷载设计值 Q_2 作用下按连续梁或框架分析的托梁第 j 支座截面的弯矩设计值；

α_M——考虑组合作用的托梁支座弯矩系数，无洞口墙梁取 0.4，有洞口墙梁中按式(11-46)计算。当支座两边的墙体均有洞口时，式中 a_i 取较小值。

墙体受压区一般不产生弯曲受压破坏，故无须对墙体进行弯压强度验算。

(2)墙梁的墙体和托梁斜截面受剪承载力计算。

1)墙体斜截面受剪承载力按下式计算：

$$V_2 \leqslant \xi_1 \xi_2 \left(0.2 + \frac{h_b}{l_{0i}} + \frac{h_t}{l_{0i}}\right) f h h_w \qquad (11\text{-}47)$$

式中　V_2——在荷载设计值 Q_2 作用下墙梁支座边产生的剪力最大值；

ξ_1——翼墙或构造柱影响系数，对单层墙梁取 1.0；对多层墙梁，当 $\frac{b_f}{h} = 3$ 时取 1.3，当 $\frac{b_f}{h} = 7$ 时或设置构造柱时取 1.5，当 $3 < \frac{b_f}{h} < 7$ 时，按线性插入取值；

ξ_2——洞口影响系数，无洞口墙梁取 1.0，单层有洞口墙梁取 0.6，多层有洞口墙梁取 0.9；

h_t——墙梁顶面圈梁截面高度。

2)托梁斜截面受剪承载力按钢筋混凝土受弯构件计算，其剪力 V_{bj} 的计算式为

$$V_{bj} = V_{1j} + \beta_v V_{2j} \qquad (11\text{-}48)$$

式中　V_{1j}——荷载设计值 Q_1、F_1 作用下按连续梁或框架分析的托梁第 j 支座边缘截面剪力设计值；

V_{2j}——荷载设计值 Q_2 作用下按连续梁或框架分析的托梁第 j 支座边缘截面剪力设计值；

β_v——考虑组合作用的托梁剪力系数，无洞口墙梁边支座取 0.6，中间支座取 0.7；有洞口墙梁边支座取 0.7，中间支座截面取 0.8；对自承重墙梁，无洞口时取 0.45，有洞口时取 0.5。

(3)托梁支座上部砌体局部受压承载力按下式计算：

$$Q_2 \leqslant \zeta h f \qquad (11\text{-}49)$$
$$\zeta = 0.25 + 0.08 b_f / h \qquad (11\text{-}50)$$

式中　ζ——局部受压系数，当 $\zeta > 0.81$ 时，取 $\zeta = 0.81$。

试验表明，纵向翼墙对墙体的局部受压有明显的改善作用，当翼墙宽度 $b_f \geqslant 5h$（h 为墙梁中墙体厚度）或墙梁支座处设置上下贯通的落地构造柱时，可不进行局部受压承载力验算。对非承重墙梁，砌体有足够的局部受压强度，也可不予验算。

(4)施工阶段承载力验算。施工阶段托梁按钢筋混凝土受弯构件进行受弯承载力验算与受剪承载力验算。由施工阶段托梁上的荷载来确定托梁的内力。

知识拓展：防止或减轻墙体开裂的主要措施

任务实训

任务1 多层民用砌体结构设计

实训目的：通过给定的一栋民用建筑设置圈梁，掌握圈梁的构造要求。

实训内容与要求：

(1)学会圈梁设置。

(2)学会过梁截面尺寸选择、过梁上荷载计算；

(3)学会内力值求解及配筋计算；

(4)学会梁端支撑处局部承压验算。

任务2 某梁端部设置在墙体上，设计一刚性垫块

实训目的：通过端梁下设置刚性垫块，掌握其原理是扩大梁端支撑面积，增加梁端下砌体的局部受压承载力。

实训内容与要求：学会选用刚性垫块。

 能力提升

一、填空题

1. 无筋砌体可分为_____、_____和_____。

2. 目前用得比较多的砌块砌体是_____。

3. 烧结多孔砖的孔洞率一般不少于_____。

4. 天然石材按其加工后的外形规则程度，可分为_____和_____两类。

5. 砌体结构材料的强度等级用符号_____表示，强度等级由标准试验方法得出的块体极限抗压强度的平均值确定，单位为_____。

6. 砂浆按其组成材料的不同，可分为_____、_____和_____。

7. 砌体的抗拉强度主要取决于块材与砂浆连接面的_____强度。

8. 由混凝土托梁和托梁上计算高度范围内的砌体墙组成的组合构件，称为_____。

9. 墙梁按有无洞口，可分为_____和_____。

10. 按墙梁是否承受由屋盖、楼盖传来的荷载，可分为_____和_____。

二、选择题

1. 影响砌体抗压强度的因素不包括(　　)。

　　A. 块体与砂浆的强度等级　　　　　　B. 块体养护时间长短

　　C. 砂浆的流动性、保水性及弹性模量　　D. 砌筑质量

2. 按弯曲拉应力使砌体截面破坏的特征，砌体结构弯曲受拉存在的破坏形态不包括(　　)。

　　A. 沿齿缝截面受弯破坏　　　　　　　B. 沿块体与竖向灰缝截面受弯破坏

　　C. 沿通缝截面受弯破坏　　　　　　　D. 沿块体与通缝截面受弯破坏

3. 砌体构件墙、柱高厚比的影响因素不包括(　　)。

    A. 砂浆强度等级　　　　　　　　　　B. 纵墙间距

    C. 构造的支撑条件　　　　　　　　　D. 砌体截面形式

三、简答题

1. 什么是砌体结构？砌体结构的优缺点有哪些？

2. 砌体可分为哪两类？

3. 砂浆在砌体中的作用是什么？砂浆的特性有哪些？

4. 块体和砂浆的选择原则是什么？

5. 砌体从开始受荷到破坏的过程分为哪几个阶段？

6. 无筋受压构件承载力影响系数 φ 如何计算？

7. 无筋砌体局部受压特点有哪些？

四、计算题

1. 某截面为 $370 \text{ mm} \times 490 \text{ mm}$ 的砖柱，柱计算高度 $H_0 = H = 5 \text{ m}$，采用强度等级为 MU10 的烧结普通砖及 M5 的混合砂浆砌筑，柱底承受轴向压力设计值 $N = 150 \text{ kN}$，结构安全等级为二级，施工质量控制等级为 B 级。试验算该柱底截面是否安全。

2. 一钢筋混凝土柱截面尺寸为 $250 \text{ mm} \times 250 \text{ mm}$，支承在厚为 370 mm 的砖墙上，作用位置如图 11-23 所示，砖墙用 MU10 烧结普通砖和 M5 水泥砂浆砌筑，柱传递到墙上的荷载设计值为 120 kN。试验算柱下砌体的局部受压承载力。

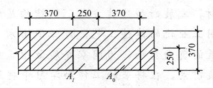

图 11-23　截面示意

项目十二 钢结构

知识目标

1. 了解钢结构的类型、特点；熟悉钢材的力学性能、钢材的种类及规格。
2. 掌握钢结构的连接方法、焊接连接的构造与计算、螺栓连接的设计与计算。
3. 掌握轴心受力构件计算、受弯构件计算。

素养目标

1. 具有积极的工作态度、饱满的工作热情、良好的人际关系，善于与同事合作。
2. 传达正确而准确的信息，工作有条理、务实、精细。

> 我国明确城市规划和建筑业发展总方向，以"适用、经济、绿色、美观"的建筑方针提出推广绿色建筑和建材，发展新型建造方式。钢结构是土木工程中常用的建筑材料，通过科技进步，并采用工业化的建造工艺，可降低土木工程行业的碳排放，降低对环境、健康与可持续发展的负面影响，为国家发展做出贡献。教师引导学生充分认识绿色建筑技术未来的发展前景，在将来的工作和学习中将绿色建筑技术运用于实践中，为节约能源、保护环境贡献力量。

项目导入

1. 工程概况

某厂区内三栋结构形式基本一致的钢结构门式刚架，跨度为 30 m，柱距为 6 m，长度为 72 m，建筑面积均为 2 250 m²。设计基准期为 50 年，建筑高度为 12.250 m，防火设计建筑分类为二类，耐火等级为二级。非承重外墙采用 100 mm 厚玻璃棉夹芯压型钢板，屋面采用角驰Ⅲ型夹芯板，保温层为 100 mm 厚玻璃棉。建筑的重要性及安全等级为丙类二级，抗震设防烈度为六度，地震分组为第二组(0.05g)，基本风压为 0.35 kN/m²，B 类地面粗糙度，基本雪压为 0.45 kN/m²。该工程屋面恒荷载为 0.3 kN/m²(包括屋面板及檩条自重)，屋面活荷载为 0.50 kN/m²。垫层采用 C15 混凝土，其余为 C30 混凝土，钢筋采用 HPB300、HRB400 级钢筋。刚架采用 10.9 级大六角头摩擦型高强度螺栓连接，地脚螺栓采用 Q345B 钢，其他锚栓为 Q235 钢。

该工程在钢柱、钢梁吊装基本完成时，遭遇暴风雨天气，三栋钢结构厂房相继沿刚架平面外整体倒塌。

2. 原因分析

根据该工程的检测结果，当日最大风速产生的风压远小于当地的基本风压值，而且厂房围护结构尚未安装，受风面积较小，可以排除所承受风荷载超过工程设计值的原因；而且，该工程所用材料的尺寸规格、混凝土强度等级均满足设计要求，可以排除用材不当的原因。

从倒塌厂房的构件安装情况看，钢柱、钢梁及水平系杆基本安装完毕，但柱间斜向支撑尚未安装，且此时柱脚底板与基础顶面间尚有空隙，二次浇筑尚未完成，因此钢柱在刚架平面外抵抗侧向弯矩能力较小。在遭遇侧向(平面外)大风时，刚架结构沿平面外倒塌。虽然结构上设有缆风绳，但从现场情况看，缆风绳已经破坏，其提供的抗侧向力有限，未能阻止结构的倒塌。

任务一 钢结构概述

◎ 任务目标

能对钢结构有初步的认识，能选择合适的钢材的种类和规格。

一、钢结构的类型及特点

(一)钢结构的类型

钢结构是各类工程结构中应用比较广泛的一种建筑结构，按照使用功能及结构组成方式的不同，主要可分为厂房类钢结构、桥梁类钢结构、海上采油平台钢结构及卫星发射钢塔架等。常见的为厂房类钢结构和桥梁类钢结构。

1. 厂房类钢结构

厂房类钢结构是指主要的承重构件是由钢材组成的厂房结构，如钢柱子、钢结构基础、钢梁、钢屋架及钢屋盖等。厂房类钢结构主要包括轻型钢结构和重型钢结构。

2. 桥梁类钢结构

桥梁类钢结构在公路、铁路领域有极广泛的应用，如板梁桥、桁架桥、拱桥、悬索桥、斜拉桥等。

(二)钢结构的特点

(1)钢材的质量较轻，抗拉、抗压及抗剪强度相对较高，适用于跨度大、高度大、承载大的结构，也适用于抗地震、可移动、易装拆的结构。

(2)钢材的塑性和韧性较高，可靠性好，不会因偶然超载或局部超载而发生断裂。

(3)钢结构的密封性好，适宜用于气密性及水密性要求较高的高压容器、大型油库、输送管道等的建造。

(4)钢结构制作简便，施工工期短，可降低投资成本。

(5)钢结构面积小，则相应建筑物的使用面积大，增加了建筑物的使用价值和经济效益。

(6)钢结构耐腐蚀性差，应采取防护措施。钢材在潮湿的环境中易腐蚀，需要进行防腐处理，并要经常进行维护，所以会增加投资成本。

(7)钢结构耐火性差。钢材耐热而不耐火。随着温度的升高，钢结构的强度会降低，故应在钢结构表面喷涂防火材料。

知识拓展：钢结构
的应用

二、钢材的力学性能

（1）强度性能。如图 12-1 所示，Oa 段为直线，表示钢材具有完全弹性性质，a 点应力称为比例极限。随着荷载的增加，曲线出现 ab 段，b 点的应力称为屈服极限。超过屈服平台，材料出现应变硬化，曲线上升，直至曲线最高处的 e 点，这点的应力称为抗拉强度或极限强度。

当以屈服点的应力 f_y 作为强度设计值时，de 段便称为材料的强度储备段。

（2）塑性性能。试件被拉断时的绝对变形值与试件原标距之比的百分数，称为伸长率。伸长率代表材料在单向拉伸时的塑性应变能力。

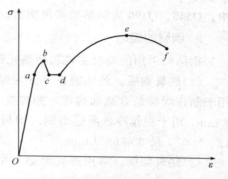

图 12-1 低碳钢典型应力-应变曲线

（3）耐疲劳性。钢材在循环荷载作用下，应力低于极限强度，甚至低于屈服强度，但仍然会发生断裂破坏，这种破坏形式就称为疲劳破坏。材料总是有"缺陷"的，在反复荷载作用下，先在其缺陷处发生塑性变形和硬化而生成一些极小的裂痕。此后，这种微观裂痕逐渐发展成宏观裂纹，试件截面削弱。而在裂纹根部出现应力集中现象，使材料处于三向拉伸应力状态，塑性变形受到限制。当反复荷载达到一定的循环次数时，材料终于破坏，并表现为突然的脆性断裂。

（4）冷弯性能。冷弯性能由冷弯试验确定。试验时使试件弯成 $180°$，如试件外表面不出现裂纹和分层，即合格。冷弯性能合格是鉴定钢材在弯曲状态下的塑性应变能力和钢材质量的综合指标。

（5）冲击韧性。韧性是钢材强度和塑性的综合指标。由于低温对钢材的脆性破坏有显著影响，在寒冷地区建造的结构不但要求钢材具有常温（$20\ ℃$）冲击韧性指标，还要求具有负温（$0\ ℃$、$-20\ ℃$ 或 $-40\ ℃$）冲击韧性指标，以保证结构具有足够的抗脆性破坏能力。

三、钢材的种类及规格

1. 钢材的种类

钢材按用途，可分为结构钢、工具钢、特殊钢等；按冶炼方法，可分为转炉钢、平炉钢；按脱氧方法，可分为沸腾钢、镇静钢、特殊镇静钢；按成型方法，可分为轧制钢、锻钢、铸钢；按化学成分，可分为碳素钢、合金钢。在建筑工程中，通常采用的是碳素结构钢和低合金高强度结构钢。

我国目前生产的碳素结构钢的牌号有 Q195、Q215A、Q215B、Q235A、Q235B、Q235C 及 Q235D、Q275。含碳量越多，屈服点越高，塑性越低。Q235 的含碳量低于 0.22%，属于低碳钢，其强度适中，塑性、韧性和焊接性较好，是建筑钢结构常用的钢材品种之一。碳素结构钢牌号中，Q 为"屈服点"的拼音首字母，其他符号含义如图 12-2 所示。

图 12-2 碳素结构钢牌号中符号含义

脱氧方法符号为 F、Z 和 TZ，分别表示沸腾钢、镇静钢和特殊镇静钢，反映钢材在浇铸过程中的脱氧程度不同。

低合金高强度结构钢是在冶炼碳素结构钢时加一种或几种适量的合金元素而炼成的钢种，可提高强度、冲击韧性、耐腐蚀性，又不太降低塑性。我国颁布的《低合金高强度结构钢》(GB/T 1591－2018)将低合金高强度结构钢按屈服点由小到大排列，分为 Q345、Q390、Q420、Q460、Q500、Q550、Q620 和 Q690 共 8 个牌号，牌号意义和碳素结构钢相同。其中，Q345、Q390 为钢结构常用钢材。

2. 钢材的规格

钢结构采用的型材主要包括热轧钢板、热轧型钢与冷弯薄壁型钢。

(1)**热轧钢板。** 热轧钢板可分为厚钢板和薄钢板两种。厚钢板的厚度为 4.5～60 mm，用于制作焊接组合截面构件，如焊接 I 形截面梁翼缘板、腹板等；薄钢板的厚度为 0.35～4 mm，用于制作冷弯薄壁型钢。钢板的表示方法为"—宽度×厚度×长度"，如"—400×12×800"，尺寸单位为 mm。

(2)**热轧型钢。** 常用热轧型钢有角钢、槽钢、工字钢、H 型钢、T 型钢和钢管等，如图 12-3 所示。

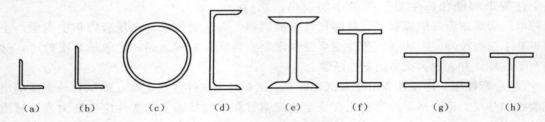

图 12-3 热轧型钢的截面形式

(a)、(b)角钢；(c)钢管；(d)槽钢；(e)、(f)工字钢；(g)H 型钢；(h)T 型钢

1)角钢。角钢可分为等边角钢和不等边角钢。等边角钢表示为"∟边宽×厚度"，如"∟100×8"；不等边角钢的表示方法为"∟长边宽×短边宽×厚度"，如"∟100×80×8"，尺寸单位为 mm。

2)槽钢。槽钢有普通槽钢和轻型槽钢两种。普通槽钢截面用符号"["和截面高度(cm)表示。高度在 20 cm 以上的槽钢，还用字母 a、b、c 表示不同的腹板厚度。如"[32 b"，表示截面外轮廓高度 32 cm、腹板中等厚度的槽钢。轻型槽钢截面用符号"["和截面外轮廓高度(cm)、符号"Q"表示。"[25 Q"表示截面外轮廓高度 25 cm，Q 是"轻"的意思。号数相同的轻型槽钢与普通槽钢相比，板件较薄。

3)工字钢。工字钢分成普通工字钢和轻型工字钢，用截面符号"I"和截面高度(cm)表示。高度在 20 cm 以上的普通工字钢，用字母 a、b、c 表示不同的腹板厚度，如 I 32c 表示截面外轮廓高度 32 cm、腹板厚度为 c 类的工字钢。轻型工字钢由于壁厚已薄，故不再按厚度划分，如 I 32Q 表示截面外轮廓高度为 32 cm 的轻型工字钢。

4)H 型钢和剖分 T 型钢。H 型钢是目前广泛使用的热轧型钢。与普通工字钢相比，其特点是翼缘较宽，故两个主轴方向的惯性矩相差较小。另外，翼缘内外两侧平行，便于与其他构件相连。为满足不同需要，H 型钢有宽翼缘 H 型钢、中翼缘 H 型钢和窄翼缘 H 型钢,分别用标记 HW、HM 和 HN 表示。各种 H 型钢均可剖分为 T 型钢,相应标记用 TW、TM、TN 表示。H 型钢和剖分 T 型钢的表示方法是:标记符号、高度×宽度×腹板厚度×翼缘厚度。例如,HM244×175×7×11,其剖分 T 型钢是 TM122×175×7×11,尺寸单位为 mm。

5)钢管。钢管可分为无缝钢管和焊接钢管两种,表示方法为"ϕ外径×壁厚",如 ϕ180×4,尺寸单位为 mm。

(3)**冷弯薄壁型钢**。冷弯薄壁型钢通常由薄钢板经模压或弯曲而制成,如图 12-4 所示。其壁厚一般为 1.5～5 mm,可用作轻型屋面及墙面等构件。

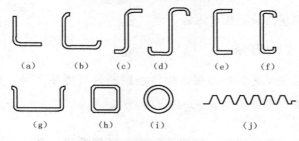

图 12-4 薄壁型钢的截面形式

(a)等边角钢;(b)卷边等边角钢;(c)Z 型钢;(d)卷边 Z 型钢;(e)槽钢;
(f)卷边槽钢;(g)向外卷边槽钢(帽型钢);(h)方管;(i)圆管;(j)压型板

💡 **知识窗**

建筑钢材的选择

建筑钢材的选择是根据《钢结构设计标准》(GB 50017—2017)要求,确定钢材牌号及其质量等级。选择的目的是保证安全可靠、经济合理,同时要节约钢材。选择钢材时,应考虑下述原则:

(1)结构的重要性。对重型工业建筑结构、大跨度结构、高层民用建筑结构等重要结构,应考虑选用质量好的钢材。

(2)荷载情况。直接承受动荷载的结构和强烈地震区的结构,应选用综合性能好的钢材;一般承受静荷载的结构则可选用质量等级稍低的钢材,以降低造价。

(3)连接方法。钢结构的连接方法有焊接和非焊接两种。对于焊接结构,为保证焊缝质量,要选择可焊性较好的钢材。

(4)结构所处的温度和工作环境。在低温下工作的结构,尤其是焊接结构,应选用有良好抗低温脆断性能的镇静钢。在露天工作或有害介质环境中工作的结构,应考虑结构要有较好的防腐性能。

任务二　钢结构的连接

任务目标

能进行钢结构的焊接连接、螺栓连接。

一、钢结构的连接方法

钢结构的连接方法主要有焊接连接、螺栓连接和铆钉连接三种。目前，焊接连接被广泛应用，铆钉连接已基本不采用。

1. 焊接连接

焊接连接是通过电弧产生热量，使焊条和焊件局部熔化，经冷却凝结成焊缝，从而将焊件连接成一体。其优点是任何形式的构件一般都可直接相连，不会削弱构件截面，且用料经济，构造简单，加工方便，连接刚度大，密封性能好，可采用全自动或半自动作业，提高生产效率；缺点是焊缝附近的钢材在高温作用下形成热影响区，使其金相组织和力学性能都发生变化，导致材质局部变脆；焊接过程中由于钢材受到不均匀的加温和冷却，所以结构产生焊接残余应力和残余变形，这也使钢材的承载力、刚度和使用性能受到影响。

焊接连接有气焊、接触焊和电弧焊等方法。在电弧焊中，又可分为手工焊、自动焊和半自动焊三种。目前，钢结构中较常用的焊接方法是手工电弧焊。

知识窗

手工电弧焊是钢结构中最常用的一种焊接方法，其设备简单，操作灵活方便，实用性强，应用广泛；但生产效率比自动或半自动焊低，质量较差，且变异性大。焊缝质量在一定程度上取决于焊工的技术水平，劳动条件差。

手工焊常用的焊条有碳钢焊条和低合金焊条。其牌号为 E43 型、E50 型和 E55 型等，其中 E 表示焊条，两位数字表示焊条熔敷金属抗拉强度的最小值（单位为 N/mm^2）。手工焊采用的焊条应符合国家标准的规定，焊条的选用应与主体金属强度相匹配。一般情况下，对 Q235 钢采用 E43 型焊条，对 Q345 钢采用 E50 型焊条，对 Q390 和 Q420 钢采用 E55 型焊条。当不同强度的两种钢材进行连接时，宜采用与低强度钢材相适应的焊条。

自动或半自动埋弧焊的主要设备是自动电焊机，它可沿轨道按设定的速度移动。通电引弧后，电弧使埋在焊剂下的焊丝和附近的焊剂熔化，焊渣浮在熔化的焊缝金属上面，使融化金属不与空气接触，并供给焊缝金属以必要的合金元素。随着焊机的自动移动，颗粒状的焊剂不断从料斗漏下，电弧完全被埋在焊机之内；同时，焊丝也自动地边熔化边下降，故称为自动埋弧焊。如果焊机的移动是由人工操作，则称为半自动埋弧焊。

自动埋弧焊的焊缝质量稳定，焊缝内部缺陷少，塑性和韧性好，其质量比手工电弧焊好，但它只适合焊接较长的直线焊缝。半自动埋弧质量介于自动焊和手工焊之间，因焊机移动由人工操作，故适用于焊接曲线或任意形状的焊缝。自动焊或半自动焊应采用与焊件金属强度相匹配的焊丝和焊机。焊丝应符合国家标准的规定，焊剂则根据焊接工艺要求确定。

2. 螺栓连接

螺栓连接可分为普通螺栓连接和高强度螺栓连接两种。

螺栓连接的优点是施工工艺简单，安装方便，适用于工地安装连接，能更好地保证工程进度和质量；缺点是因开孔对构件截面会产生一定的削弱，且被连接的构件需要相互搭接或另加拼接板、角钢等连接件，因而相对耗材较多，构造比较复杂。

3. 铆钉连接

铆钉是由顶锻性能好的铆钉钢制成的。进行铆钉连接时，先在被连接的构件上制成比钉径大 1.0~1.5 mm 的孔，然后将一端有半圆钉头的铆钉加热，直到铆钉呈樱桃红色时将其塞入孔内，再用铆钉枪或铆钉机进行铆合，使铆钉填满钉孔，并打成另一铆钉头。铆钉在铆合后冷却收缩，对被连接的板束产生夹紧力，这有利于传力。

◆ **应用提示**　铆钉连接的韧性和塑性都比较好，但比较费工且耗材较多，目前只用于承受较大动力荷载的大跨度钢结构。在工厂几乎已被焊接连接所取代，在工地几乎已被高强度螺栓连接所取代。

二、焊接连接的构造与计算

（一）对接焊缝的构造与计算

1. 对接焊缝的构造

在对接焊缝的拼接处，当焊件的宽度不同或厚度在一侧相差 4 mm 以上时，应分别在宽度方向或厚度方向从一侧或两侧做成坡度不大于 1：2.5 的斜角（图 12-5）；当厚度不同时，焊缝坡口形式应根据较薄焊件厚度相关要求取用。

对于较厚的焊件（$t \geqslant 20$ mm，t 为钢板厚度），应采用 V 形缝、U 形缝、K 形缝、X 形缝。其中，V 形缝和 U 形缝为单面施焊，但在焊缝根部还需补焊。当没有条件补焊时，要事先在根部加垫板（图 12-6）。当焊件可随意翻转施焊时，使用 K 形缝和 X 形缝较好。

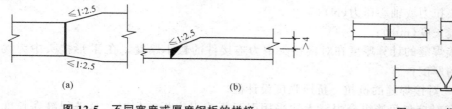

图 12-5　不同宽度或厚度钢板的拼接

（a）不同宽度；（b）不同厚度

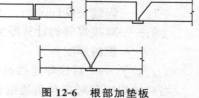

图 12-6　根部加垫板

在钢板厚度或宽度有变化的焊接中，为了使构件传力均匀，应在板的一侧或两侧做成坡度不大于 1∶4 的斜角，形成平缓的过渡(图 12-7)。

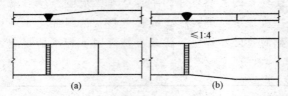

图 12-7　不同厚度或宽度钢板的连接
(a)改变厚度；(b)改变宽度

当采用部分焊透的对接焊缝时，应在设计图中注明坡口的形式和尺寸，其计算厚度 h_e 不得小于 $1.5\sqrt{t}$(t 为较大的焊件厚度)。在直接承受动力荷载的结构中，垂直于受力方向的焊缝不宜采用部分焊透的对接焊缝。

钢板拼接采用对接焊缝时，纵、横两个方向的对接焊缝可采用十字形交叉或 T 形交叉。当为 T 形交叉时，交叉点的间距不得小于 200 mm，如图 12-8 所示。

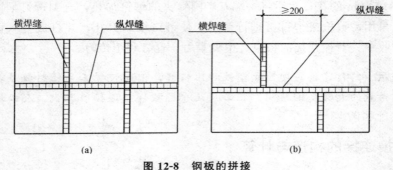

图 12-8　钢板的拼接
(a)十字形交叉；(b)T 形交叉

2. 对接焊缝的计算

对接焊缝中的应力分布情况与焊件原来的情况基本相同。下面，根据焊缝受力情况分述焊缝的计算公式。

(1)轴心力作用下的对接焊缝计算。在对接接头和 T 形接头中，垂直于轴心拉力或轴心压力的对接焊缝或对接与角接组合焊缝。其强度应按下式计算：

$$\sigma = \frac{N}{l_w h_e} \leqslant f_t^w \text{ 或 } f_c^w \tag{12-1}$$

式中　N——轴心拉力或轴心压力(N)；

　　　l_w——焊缝长度(mm)；

　　　h_e——对接焊缝的计算厚度在对接接头中为连接件的较小厚度，在 T 形接头中为腹板的厚度；

　　　f_t^w, f_c^w——对接焊缝的抗拉、抗压强度设计值。

当对接焊缝和对接与角接组合焊缝无法采用引弧板或引出板施焊时，每条焊缝在长度计算时应各减去 $2t$。

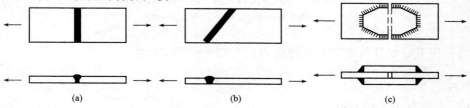

知识窗

焊缝形式

按对接焊缝按作用力与焊缝方向之间的关系，焊缝可分为正对接焊缝[图 12-9(a)]和斜对接焊缝[图 12-9(b)]。

角焊缝[图 12-9(c)]按作用力的方向，可分为正面角焊缝、侧面角焊缝和斜角角焊缝。常见的角焊缝是直角角焊缝。

图 12-9　焊缝形式

(a)正对接焊缝；(b)斜对接焊缝；(c)角焊缝

焊缝按其长度方向的布置，还可分为连续角焊缝和间断角焊缝。连续角焊缝受力情况较好，应用广泛；间断角焊缝易在分段的两端引起严重的应力集中，重要结构应避免使用。受力间断角焊缝的间断距离不宜过大，对受压翼缘净间距≤15t，对受拉翼缘净间距≤30t(t 为较薄焊件厚度)。

【**例 12-1**】　如图 12-10 所示的对接连接中，已知：钢材为 Q345 钢，焊条为 E50 型，焊缝质量三级($f_t^w=265 \text{ N/mm}^2$)，施工时不用引弧板，承受轴心拉力设计值为 610 kN。试通过计算验证焊缝是否满足连接要求。

【**解**】　不加引弧板：

$$l_w = l - 2t = 280 - 2 \times 10 = 260 \text{(mm)}$$

焊缝强度：

$$\sigma = \frac{N}{l_w h_e} = \frac{610 \times 10^3}{260 \times 10} = 234.62 \text{(N/mm}^2)$$

由于 $\sigma < f_t^w = 265 \text{ N/mm}^2$，所以该焊缝满足连接要求。

(2)弯矩和剪力共同作用下的对接焊缝计算。在对接接头和 T 形接头中承受弯矩与剪力共同作用的对接焊缝或对接与角接组合焊缝，其正应力和剪应力应分别进行计算。弯矩作用下焊缝产生正应力，剪力作用下焊缝产生剪应力。其应力分布如图 12-11 所示。

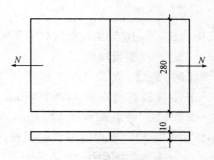

图 12-10　某钢板对接焊缝尺寸

弯矩作用下焊缝截面上 A 点正应力最大，其计算公式为

$$\sigma_M = \frac{M}{W_w} \tag{12-2}$$

式中　M——焊缝承受的弯矩；

　　　W_w——焊缝计算截面的截面模量。

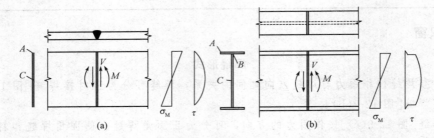

图 12-11 弯矩和剪力共同作用下的对接焊缝

(a)钢板对接焊缝；(b)工字钢对接焊缝

剪力作用下，焊缝截面上 C 点剪应力最大，可按下式计算：

$$\tau = \frac{VS_w}{I_w t}$$ (12-3)

式中　V——焊缝承受的剪力；

　　　I_w——焊缝计算截面对其中和轴的惯性矩；

　　　S_w——计算剪应力处以上焊缝计算截面对中和轴的面积矩。

对于工字形、箱形等构件，在腹板与翼缘交接处，如图 12-10 所示，焊缝截面的 B 点同时受较大的正应力 σ_1 和较大的剪应力 τ_1 作用，还应计算折算应力。其计算公式为

$$\sigma_f = \sqrt{\sigma_1^2 + 3\tau_1^2}$$ (12-4)

式中　σ_1——腹板与翼缘交接处焊缝正应力。

$$\sigma_1 = \frac{Mh_0}{W_w h}$$ (12-5)

式中　h_0，h——焊缝截面处腹板高度、总高度；

　　　τ_1——腹板与翼缘交接处焊缝剪应力。

$$\tau_1 = \frac{VS_1}{I_w t_w}$$ (12-6)

式中　S_1——B 点以上面积对中和轴的面积矩；

　　　t_w——腹板厚度。

【例 12-2】 如图 12-12 所示，工字钢的截面尺寸为：翼缘宽度 $b = 70$ mm，厚度 $t = 10$ mm；腹板截面高度 $h_0 = 150$ mm，厚度 $t_w = 8$ mm；工字钢接头处的内力为：轴向拉力 $N = 200$ kN，弯矩 $M = 40$ kN·m，剪力 $V = 240$ kN；工字钢的钢号为 Q345B，手工焊接，焊条为 E50 型。施焊时增设引弧板，焊缝质量等级属二级。试验算焊缝强度。

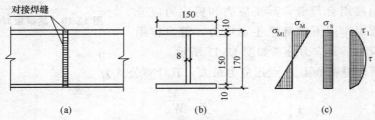

图 12-12 工字钢对接焊缝示意

(a)立面；(b)横截面；(c)应力图形

【解】 （1）焊缝截面特性计算。

$$A_w=2\times150\times10+150\times8=4.2\times10^3(mm^2)$$

$$I_w=\frac{8\times150^3}{12}+2\times150\times10\times80^2=2\ 145\times10^4(mm^4)$$

$$W_w=\frac{I_w}{y}=\frac{2\ 145\times10^4}{85}=252\times10^3(mm^3)$$

$$S_1=150\times10\times80=120\times10^3(mm^3)$$

（2）翼缘焊缝应力验算。

$$\sigma_N=\frac{N}{A_w}=\frac{200\times10^3}{4.2\times10^3}=47.6(N/mm^2)$$

$$\sigma_M=\frac{M}{W_w}=\frac{40\times10^6}{252\times10^3}=158.7(N/mm^2)$$

$$\sigma=47.6+158.7=206.3(N/mm^2)\leqslant315\ N/mm^2$$

满足要求。

（3）腹板顶点处的焊缝应力验算。

$$\sigma_{M1}=\frac{M}{W_w}\cdot\frac{h_0}{h}=\frac{40\times10^6}{252\times10^3}\times\frac{150}{170}=140(N/mm^2)$$

$$\sigma_1=140+47.6=187.6(N/mm^2)$$

$$\tau_1=\frac{VS_1}{I_wt_w}=\frac{240\times10^3\times120\times10^3}{2145\times10^4\times8}=167.8(N/mm^2)$$

$$\sigma_f=\sqrt{\sigma_1^2+3\tau_1^2}=\sqrt{187.6^2+3\times167.8^2}=345.9(N/mm^2)\leqslant1.1\times315=346.5(N/mm^2)$$

满足要求。

（二）角焊缝的构造与计算

1. 角焊缝的构造

角焊缝主要用于两个不在同一平面的焊件连接。**角焊缝通常有三种主要截面形式，即普通式焊缝、平坡式焊缝和凹面式焊缝。**

（1）一般规定。钢结构角焊缝的构造应符合下列规定：

1）在直接承受动力荷载的结构中，角焊缝表面应做成直线形或凹形。焊脚尺寸的比例：对正面角焊缝，宜为 $1:1.5$（长边顺内力方向）；对侧面角焊缝，可为 $1:1$。

2）在次要构件或次要焊缝连接中，可采用断续角焊缝。断续角焊缝焊段的长度不得小于 $10h_f$ 或 $50\ mm$，其净距不应大于 $15t$（对受压构件）或 $30t$（对受拉构件）（t 为较薄焊件的厚度）。

3）当板件的端部仅有两侧面角焊缝连接时，每条侧面角焊缝长度不宜小于两侧面角焊缝之间的距离；同时，两侧面角焊缝之间的距离不宜大于 $16t$（当 $t>12\ mm$ 时）或 $190\ mm$（当 $t\leqslant12\ mm$ 时）。

4）当角焊缝的端部在构件转角处做长度为 $2h_f$ 的绕角焊时，转角处必须连续施焊。

5）在搭接连接中，搭接长度不得小于焊件较小厚度的 5 倍，并不得小于 $25\ mm$。

（2）尺寸要求。钢构件角焊缝的构造尺寸应符合下列规定：

1）角焊缝的焊脚尺寸 h_f 不得小于 $1.5\sqrt{t}$［t 为较厚焊件厚度（当采用低氢型碱性焊条施焊

时，t 可采用较薄焊件的厚度）〕。但对埋弧自动焊，最小焊脚尺寸可减小 1 mm；对 T 形连接的单面角焊缝，应增加 1 mm。当焊件厚度小于或等于 4 mm 时，最小焊脚尺寸应与焊件厚度相同。

2）角焊缝的焊脚尺寸不宜大于较薄焊件厚度的 1.2 倍（钢管结构除外），但板件（厚度为 t）边缘的角焊缝最大焊脚尺寸尚应符合下列要求：

当 $t \leqslant 6$ mm 时，$h_f \leqslant t$；

当 $t > 6$ mm 时，$h_f \leqslant t - (1 \sim 2)$ mm。

圆孔或槽孔内的角焊缝尺寸不宜大于圆孔直径或槽孔短径的 1/3。

3）角焊缝的两焊脚尺寸一般相等。当焊件的厚度相差较大且等焊脚尺寸不能符合最大（最小）焊脚尺寸要求时，可采用不等焊脚尺寸。与较薄焊件接触的焊脚边应符合最小焊脚尺寸要求，与较厚焊件接触的焊脚边应符合最大焊脚尺寸要求。

4）侧面角焊缝或正面角焊缝的计算长度不得小于 $8h_f$ 和 40 mm。

5）侧面角焊缝的计算长度不宜大于 $60h_f$。当大于上述数值时，其超过部分在计算中不予考虑。若内力沿侧面角焊缝全长分布，其计算长度不受此限。

（3）单面角焊缝的构造要求。为减少腹板因焊接产生变形并提高工效，当 T 形接头的腹板厚度不大于 8 mm 且不要求全熔透时，可采用单面角焊缝（图 12-13）。单面角焊缝应符合下列规定：

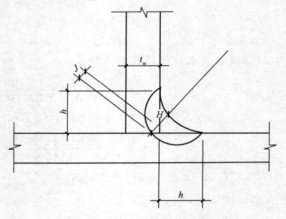

图 12-13　单面角焊缝

1）单面角焊缝适用于仅承受剪力的焊缝；

2）单面角焊缝仅可用于承受静态荷载和间接动态荷载的、非露天和不接触强腐蚀性介质的结构构件；

3）焊脚尺寸及最小根部熔深应符合表 12-1 的要求；

表 12-1　单面角焊缝参数　　　　　　　　　　　　　　　　mm

腹板厚度 t_w	最小焊脚尺寸 h	有效厚度 H	最小根部熔深 J （焊丝直径 1.2～2.0）
3	3	2.1	1.0
4	4	2.8	1.2
5	5	3.5	1.4
6	5.5	3.9	1.6
7	6	4.2	1.8
8	6.5	4.6	2.0

4）经工艺评定合格的焊接参数、方法不得变更；

5）柱与底板的连接、柱与牛腿的连接、梁端板的连接、起重机梁及支承局部悬挂荷载的吊架等，除非设计有专门规定，否则不得采用单面角焊缝。

2. 角焊缝的计算

(1)在通过焊缝形心的拉力、压力或剪力作用下：

正面角焊缝（作用力垂直于焊缝长度方向）：

$$\sigma_f = \frac{N}{h_e l_w} \leqslant \beta_f f_f^w \tag{12-7}$$

侧面角焊缝（作用力平行于焊缝长度方向）：

$$\tau_f = \frac{N}{h_e l_w} \leqslant f_f^w \tag{12-8}$$

(2)在各种力的综合作用下，σ_f 和 τ_f 共同作用处：

$$\sqrt{\left(\frac{\sigma_f}{\beta_f}\right)^2 + \tau_f^2} \leqslant f_f^w \tag{12-9}$$

式中　　σ_f——按焊缝有效截面（$h_e l_w$）计算，垂直于焊缝长度方向的应力；

τ_f——按焊缝有效截面计算，沿焊缝长度方向的剪应力；

h_e——角焊缝的计算厚度，对直角角焊缝等于 $0.7h_f$（h_f 为焊脚尺寸）；

l_w——角焊缝的计算长度，对每条焊缝取其实际长度减去 $2h_f$；

f_f^w——角焊缝的强度设计值；

β_f——正面角焊缝的强度设计值增大系数，对承受静力荷载和间接承受动力荷载的结构，$\beta_f = 1.22$；对直接承受动力荷载的结构，$\beta_f = 1.0$；被连接板件的最小厚度不大于 4 mm 时，取 $\beta_f = 1.0$。

(3)斜角角焊缝（$60° \leqslant \alpha \leqslant 135°$ 的 T 形接头）的强度应按式(12-7)～式(12-9)计算，但取 $\beta_f = 1.0$，计算厚度 $h_e = h_f \cos \dfrac{\alpha}{2}$（根部间隙 b、b_1 或 $b_2 \leqslant 1.5$ mm）或 $h_e = \left[h_f - \dfrac{b(\text{或} b_1 \text{、} b_2)}{\sin \alpha}\right] \cos \dfrac{\alpha}{2}$（$b$、$b_1$ 或 $b_2 > 1.5$ mm，但 $\leqslant 5$ mm）。

(4)部分焊透的对接焊缝和 T 形对接与角接组合焊缝强度，应按式(12-7)～式(12-9)计算；在垂直于焊缝长度方向的压力作用下，β_f 取 1.22；其他受力情况，β_f 取 1.0。其计算厚度应采用：

1)V 形坡口：当 $\alpha \geqslant 60°$ 时，$h_e = s$；当 $\alpha < 60°$ 时，$h_e = 0.75s$。

2)单边 V 形和 K 形坡口：当 $\alpha = 45° \pm 5°$ 时，$h_e = s - 3$。

3)U 形和 J 形坡口：当 $\alpha = 45° \pm 5°$ 时，$h_e = s$。

式中，s 为坡口深度，即根部至焊缝表面（不考虑余高）的最短距离（mm）；α 为 V 形、单边 V 形或 K 形坡口角度。

当熔合线处焊缝截面边长等于或接近于最短距离 s 时，抗剪强度设计值应按角焊缝的强度设计值乘以 0.9。

(5)角钢与钢板、圆钢与钢板、圆钢与圆钢之间的角焊缝连接计算。

1)角钢与钢板连接的角焊缝，应按表 12-2 所列的公式计算。

表 12-2 角钢与钢板连接的角焊缝计算公式（$l_{w1} \geq l_{w3}$）

项次	连接形式	公式	说明
1	(a) 两面侧焊	$l_{w1} = \dfrac{k_1 N}{2 \times 0.7 h_f f_f^w}$ $l_{w2} = \dfrac{k_2 N}{2 \times 0.7 h_f f_f^w}$	假定侧面角焊缝的焊脚尺寸 h_f 为已知，求焊缝计算长度 l_w，焊缝计算长度为设计长度减去 $2h_f$
2	(b) 三面围焊	$N_3 = 2 \times 0.7 h_{f3} l_{w3} \beta_f f_f^w$ 但须 $N_3 < 2k_2 N$ $N_1 = k_1 N - N_3/2$ $N_2 = k_2 N - N_3/2$ $l_{w1} = \dfrac{N_1}{2 \times 0.7 h_{f1} f_f^w}$ $l_{w2} = \dfrac{N_2}{2 \times 0.7 h_{f2} f_f^w}$	假定正面角焊缝的焊脚尺寸 h_{f3} 和长度 l_{w3} 为已知，侧面角焊缝的焊脚尺寸 h_{f1}、h_{f2} 为已知，求焊缝计算长度 l_{w1}、l_{w2}
3	(c) L形围焊	$N_3 = 2k_2 N$ $l_{w1} = \dfrac{N - N_3}{2 \times 0.7 h_{f1} f_f^w}$ $l_{w3} = \dfrac{N_3}{2 \times 0.7 h_{f2} f_f^w}$	L形围焊一般只宜用于内力较小的杆件连接，且使 $l_{w1} \geq l_{w3}$
4	(d) 单角钢的单面连接	$l_{w1} = \dfrac{k_1 N}{0.7 h_{f1}(0.85 f_f^w)}$ $l_{w2} = \dfrac{k_2 N}{0.7 h_{f2}(0.85 f_f^w)}$	单角钢杆件单面连接，只宜用于内力较小的情况，式中的 0.85 为焊缝强度折减系数

注：h_{f1}、l_{w1}——一个角钢肢背侧面角焊缝的焊脚尺寸和计算长度；

h_{f2}、l_{w2}——一个角钢肢尖侧面角焊缝的焊脚尺寸和计算长度；

h_{f3}、l_{w3}——一个角钢端部正面角焊缝的焊脚尺寸和计算长度；

k_1、k_2——角钢肢背和肢尖的角焊缝内力分配系数。

2）圆形塞焊焊缝和圆孔或槽孔内角焊缝的强度应分别按式（12-10）和式（12-11）计算：

$$\tau_f = \frac{N}{A_w} \leq f_f^w \qquad (12\text{-}10)$$

$$\tau_f = \frac{N}{h_e l_w} \leq f_f^w \qquad (12\text{-}11)$$

式中　A_w——塞焊圆孔面积；

　　　l_w——圆孔内或槽孔内角焊缝的计算长度。

【例 12-3】 焊于 H 型钢柱上的 T 形钢牛腿，翼缘板宽度 $b_1 = 120$ mm，厚度 $t = 12$ mm；牛腿腹板高度 $h_w = 200$ mm，厚度 $t_w = 10$ mm（图 12-14）。作用于牛腿上的竖向力 $P = 150$ kN，作用点至牛腿根部焊缝

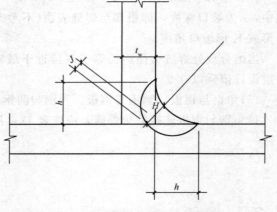

图 12-14 角焊缝复合应力的验算

的距离 $e=150$ mm。牛腿采用 Q235 钢，手工焊接，焊条型号为 E43。试进行角焊缝验算。

【解】 （1）作用于牛腿根部焊缝的力。

剪力 $V=P=150$ kN，弯矩 $M=Pe=150\times0.15=22.5(\text{kN}\cdot\text{m})$

（2）焊缝截面特性的计算。设角焊缝的焊角尺寸 $h_f=10$ mm，则

两条水平焊缝的截面面积：

$$A'_f=h_e\sum l'_w=0.7\times10\times2\times(120-10)=1\,540(\text{mm}^2)$$

两条竖向角焊缝的截面面积：

$$A''_f=h_e\sum l''_w=0.7\times10\times2\times(200-15-10)=2\,450(\text{mm}^2)$$

$$\sum A_f=A'_f+A''_f=1\,540+2\,450=3\,990(\text{mm}^2)$$

焊缝重心位置：

$$y_1=\frac{1}{3\,990}\times2\,450\times\left(\frac{175}{2}+5+15+\frac{12}{2}\right)=70(\text{mm})$$

$$y_2=\left(200+\frac{12}{2}\right)-70-5=131(\text{mm})$$

焊缝截面惯性矩：

$$I_f=\frac{1}{12}\times2\times0.7\times10\times175^3+2\,450\times\left(131-\frac{175}{2}\right)^2+1\,540\times70^2$$

$$=6\,253\times10^3+4\,636\times10^3+7\,546\times10^3$$

$$=18\,435\times10^3(\text{mm}^4)$$

（3）焊缝强度验算。

钢牛腿顶面 a 点水平焊缝应力：

$$\sigma_{fa}=\frac{My_1}{I_f}=\frac{22.5\times10^6\times70}{18\,435\times10^3}=85.4(\text{N/mm}^2)$$

腹板下端 b 点复合应力：

$$\sigma_{fb}=\frac{My_2}{I_f}=\frac{22.5\times10^6\times131}{18\,435\times10^3}=160(\text{N/mm}^2)$$

$$\tau_{fb}=\frac{V}{A''h_f}=\frac{150\times10^3}{2\,450}=61(\text{N/mm}^2)$$

$$\sigma_b=\sqrt{\left(\frac{\sigma_{fb}}{\beta_f}\right)^2+\tau_{fb}^2}=\sqrt{\left(\frac{160}{1.22}\right)^2+61^2}=145(\text{N/mm}^2)<160(\text{N/mm}^2)，满足要求。$$

（三）焊接应力与焊接变形

焊接是一种局部加热的工艺过程。焊接过程中及焊接后，被焊构件内将不可避免地产生焊接应力和焊接变形。

1. 焊接应力

在钢结构焊接时，产生的应力主要有以下三种：

（1）**热应力**（或称温度应力）。热应力是在不均匀加热和冷却过程中产生的。它与加热的温度及其不均匀程度、材料的热物理性能及构件本身的刚度有关。

（2）**组织应力**（或称相变应力）。组织应力是在金属相变时由于体积的变化而引起的应力。例如，奥氏体分解为珠光体或转变为马氏体时都会引起体积的膨胀，这种膨胀受周围

材料的约束，结果会产生应力。

（3）**外约束应力**。外约束应力是由于结构自身的约束条件所造成的应力，包括结构形式、焊缝的布置、施焊顺序、构件的自重、冷却过程中其他受热部位的收缩，以及夹持部件的松紧程度，都会使焊接接头承受不同的应力。

通常，将（1）和（2）两种应力称为内约束应力，根据焊接的先后将焊接过程中焊件内产生的应力称为瞬时应力；焊接后在焊件中留存下来的应力称为残余应力。同理，残留下来的变形就称为残余变形。

2. 焊接变形

（1）焊接变形的分类。在焊接过程中，钢结构基本尺寸的变化主要有三种，即与焊缝垂直的横向收缩、与焊缝平行的纵向收缩和角变形（即绕焊缝线回转）。由于这三种原因的综合影响，再加上结构的形状、尺寸、周界条件和施焊条件的不同，焊接结构中产生的变形状态也很复杂。根据变形的状态，一般可做如下分类（图 12-15）。

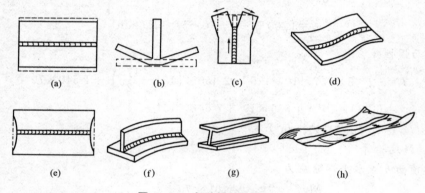

图 12-15　各种焊接变形示意
（a）横向收缩；（b）角变形；（c）回转变形；（d）压曲变形；
（e）纵向收缩；（f）纵向弯曲变形；（g）扭曲变形；（h）波浪变形

1）横向收缩——垂直于焊缝方向的收缩。

2）角变形（横向变形）——厚度方向的非均匀热分布造成的紧靠焊缝线的变形。

3）回转变形——由于热膨胀而引起的板件在平面内的角变形。

4）压曲变形——焊后构件在长度方向上的失稳。

5）纵向收缩——沿焊缝方向的收缩。

6）纵向弯曲变形——焊后构件在穿过焊缝线并与板件垂直的平面内的变形。

7）扭曲变形——焊后构件产生的扭曲。

8）波浪变形——当板件变薄时，在板件整体平面上造成的压曲变形。

（2）焊接变形的控制。虽然焊接应力和焊接变形的发生是不可避免的，但在实际中，为了减少焊接应力和焊接变形引起的不利影响，结构设计时就应对焊缝的布置、数量、尺寸和形状等多予以考虑；焊接时应合理地选择焊接的方法、顺序和预热等其他工艺措施，尽可能地把焊接应力和焊接变形控制到最低程度。

1）宜按下列要求采用合理的焊接顺序控制变形：

①对于对接接头、T 形接头和十字接头坡口焊接，在工件放置条件允许或易于翻身的

情况下，宜采用双面坡口对称顺序焊接；对于有对称截面的构件，宜采用对称于构件中和轴的顺序焊接。

②对双面非对称坡口焊接，宜采用先焊深坡口侧部分焊缝，后焊浅坡口侧部分焊缝，最后焊深坡口侧焊缝的顺序。

③对长焊缝，宜采用分段退焊法或与多人对称焊接法同时运用。

2)在节点形式、焊缝布置、焊接顺序确定的情况下，宜采用熔化极气体保护电弧焊或药芯焊丝自保护电弧焊等能量密度相对较高的焊接方法，并采用较小的热输入。

3)宜采用反变形法控制角变形。

4)对一般构件，在用定位焊固定的同时限制变形；对大型、厚板构件，宜用刚性固定法增加结构焊接时的刚性。

5)对于大型结构，宜采取分部组装焊接。在分别矫正变形后，再进行总装焊接或连接的施工方法。

三、螺栓连接的设计与计算

(一)普通螺栓连接的计算

1. 普通螺栓承载力设计值

(1)普通螺栓受剪连接中，单个螺栓承载力设计值按下列公式取值：

$$N_v^b = n_v \frac{\pi d^2}{4} f_v^b \tag{12-12}$$

$$N_c^b = d \sum t f_c^b \tag{12-13}$$

式中　N_v^b——单个螺栓抗剪承载力设计值；

　　　N_c^b——单个螺栓承压承载力设计值；

　　　n_v——受剪面数目；

　　　d——螺栓杆直径(mm)；

　　　$\sum t$——在不同受力方向中一个受力方向承压构件的较小总厚度(mm)；

　　　f_v^b，f_c^b——螺栓的抗剪和承压强度设计值(N/mm²)。

(2)普通螺栓杆轴受拉连接中，单个螺栓承载力设计值按下式计算：

$$N_t^b = \frac{\pi d_e^2}{4} f_t^b \tag{12-14}$$

式中　d_e——螺栓在螺纹处的有效直径(mm)；

　　　f_t^b——普通螺栓的抗拉强度设计值(N/mm²)。

2. 普通螺栓连接的计算公式

(1)承受轴心力的抗剪连接。如图 12-16 所示，需要螺栓数的要求如下：

$$n \geqslant \frac{N}{N_{min}} \tag{12-15}$$

式中　N_{min}——一个螺栓受剪承载力设计值。

(2)承受偏心力的抗剪连接。如图 12-17 所示，布置螺栓后，对受力最大的螺栓进行验算，其值应符合下列条件：

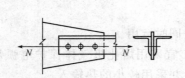
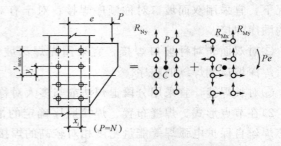

图 12-16　承受轴心力的抗剪连接简图　　　　**图 12-17　承受偏心力的抗剪连接简图**

$$R = \sqrt{R_{Mx}^2 + (R_{Ny} + R_{My})^2} \leqslant N_{min} \tag{12-16}$$

其中 $R_{Ny} = \dfrac{P}{n}$

$$R_{Mx} = \frac{Pey_{max}}{\sum (x_i^2 + y_i^2)}$$

$$R_{My} = \frac{Pex_{max}}{\sum (x_i^2 + y_i^2)}$$

式中　e——偏心距；

　　　x_i，y_i——任一螺栓的坐标；

　　　n——螺栓个数。

当 $y_{max} > 3x_{max}$ 时，可取 $R_{Mx} = \dfrac{Pe\,y_{max}}{\sum y_i^2}$。

（3）承受轴心力的抗拉连接。如图 12-18 所示，所需螺栓的数目应符合下列要求：

$$n \geqslant \frac{N}{N_t^b} \tag{12-17}$$

式中　N_t^b——一个螺栓的受拉承载力设计值。

（4）承受偏心力的抗拉连接。如图 12-19 所示，布置螺栓后，对受力最大的螺栓进行验算，其值应符合下列条件：

$$\frac{N}{n} + \frac{Ney_{max}}{\sum y_i^2} \leqslant N_t^b \tag{12-18}$$

式中　e——N 至螺栓群中心的距离；

　　　y_i——任一螺栓到旋转轴的距离；

　　　n——螺栓个数。

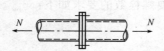
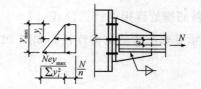

图 12-18　承受轴心力的抗拉连接简图　　　**图 12-19　承受偏心力的抗拉连接简图**

（5）同时承受拉力和剪力的螺栓连接。普通螺栓同时承受拉力和剪力时，单个螺栓承载力应分别符合下列公式要求：

$$\sqrt{\left(\frac{N_v}{N_v^b}\right)^2+\left(\frac{N_t}{N_t^b}\right)^2}\leqslant 1 \qquad (12\text{-}19)$$

$$N_v\leqslant N_c^b \qquad (12\text{-}20)$$

式中　N_v，N_t——某个普通螺栓所承受的剪力和拉力；

N_v^b，N_t^b，N_c^b——一个普通螺栓的受剪、受拉和承压承载力设计值。

【例 12-4】　设计双盖板拼接的普通精制 5.6 级螺栓连接，被拼接的钢板为 370 mm×16 mm，钢材为 Q235A·F，承受作用在拼接接头处的弯矩设计值 $M=59$ kN·m，剪力设计值 $V=350$ kN，轴向拉力设计值 $N=350$ kN，螺栓 M20，孔径为 20.5 mm，如图 12-20 所示。

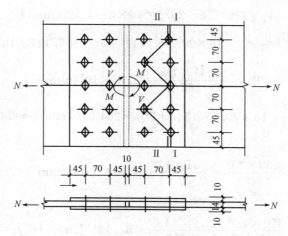

图 12-20　双盖板螺栓连接计算简图

【解】　(1)单个螺栓的承载力。

$$N_v^b=n_v\frac{\pi d^2}{4}f_v^b=2\times\frac{3.14\times 20^2}{4}\times 190=119\,320(\text{N})=119.3(\text{kN})$$

$$N_c^b=d\sum tf_c^b=20\times 16\times 405=129.6(\text{kN})$$

将剪力 V 移至螺栓群形心，所引起的附加弯矩 M_1 为

$$M_1=350\times(0.045+0.07/2)=28(\text{kN}\cdot\text{m})$$

修正后的弯矩：

$$M=59-28=31(\text{kN}\cdot\text{m})$$

$$\sum r^2=\sum x^2+\sum y^2=10\times 35^2+4\times 70^2+4\times 140^2=110\,250(\text{mm}^2)$$

则

$$N_{1x}^M=\frac{My_1}{\sum r^2}=\frac{31\times 10^6\times 140}{110\,250}=39\,365(\text{N})$$

$$N_{1y}^M=\frac{Mx_1}{\sum r^2}=\frac{31\times 10^6\times 35}{110\,250}=9\,841(\text{N})$$

$$N_{1x}^{N} = \frac{N}{n} = \frac{350 \times 10^3}{10} = 35\,000(\text{N})$$

$$N_{1y}^{N} = \frac{V}{n} = \frac{350 \times 10^3}{10} = 35\,000(\text{N})$$

由 M、V、N 的方向可知，右上角螺栓的受力最大，则

$$N_1^{M,V,N} = \sqrt{(N_{1x}^{M} + N_{1x}^{N})^2 + (N_{1y}^{M} + N_{1y}^{N})^2}$$

$$= \sqrt{(39\,365 + 35\,000)^2 + (9\,841 + 35\,000)^2}$$

$$= 86\,838(\text{N}) < N_{min}^{b}\{N_v^{b}, N_c^{b}\} = 119\,300(\text{N})$$

(2)验算钢板净截面强度，如图 12-19 所示；对并列螺栓排列，Ⅱ—Ⅱ 净截面比 Ⅰ—Ⅰ 净截面大，所以只需验算 Ⅰ—Ⅰ 净截面面积。

$$A_n = 370 \times 16 - 20.5 \times 16 \times 5 = 4\,280(\text{mm}^2)$$

$$I_n = \frac{16 \times 370^3}{12} - 2 \times 16 \times 20.5 \times (140^2 + 70^2) = 5.147 \times 10^7(\text{mm}^4)$$

$$W_n = \frac{5.147 \times 10^7}{185} = 2.78 \times 10^5(\text{mm}^3)$$

$$S_n = \frac{16 \times 370^2}{8} - 16 \times 20.5 \times (140 + 70) = 204\,920(\text{mm}^3) \approx 2.05 \times 10^5\,\text{mm}^3$$

则正应力为

$$\sigma_{max} = \frac{N}{A_n} + \frac{M}{W_n} = \frac{350 \times 10^3}{4280} + \frac{31 \times 10^6}{2.78 \times 10^5} = 193.29(\text{N/mm}^2) < f = 215\ \text{N/mm}^2$$

剪应力为

$$\tau_{max} = \frac{V \cdot S_n}{I_n t} = \frac{350 \times 10^3 \times 2.05 \times 10^5}{5.147 \times 10^7 \times 16} = 87.13(\text{N/mm}^2) < f_v = 125\ \text{N/mm}^2$$

因为 σ_{max} 出现在钢材边缘，τ_{max} 出现在钢板中间，所以不必再求折算应力。

(二)高强度螺栓连接的计算

1. 高强度螺栓抗剪承载力设计值

(1)在抗剪连接中，每个摩擦型高强度螺栓的承载力设计值应按下式计算：

$$N_v^{b} = 0.9kn_f\mu P \tag{12-21}$$

式中　n_f——传力摩擦面数目；

　　　μ——摩擦面的抗滑移系数；

　　　P——一个高强度螺栓的预拉力设计值(N)；

　　　k——孔型系数，标准孔取 1.0；大圆孔取 0.85；内力与槽孔长向垂直时取 0.7；内力与槽孔长向平行时取 0.6。

在螺栓杆轴方向受拉的连接中，每个高强度螺栓的承载力设计值取 $N_t^{b} = 0.8P$。

(2)在抗剪连接中，单个承压型高强度螺栓的承载力设计值的计算方法与普通螺栓相同。当剪切面在螺纹处时，其受剪承载力设计值应按螺纹处的有效面积计算。承压型高强度螺栓的预拉力 P 的施拧工艺和设计值取值，应与摩擦型高强度螺栓相同。

◆**特别提醒**　在杆轴方向受拉的连接中，单个承压型高强度螺栓的承载力设计值的计算方法与普通螺栓相同。

2. 高强度螺栓连接的计算公式

(1)当高强度螺栓摩擦型连接同时承受摩擦面间的剪力和螺栓杆轴方向的外拉力时，其承载力应按下式计算：

$$\frac{N_v}{N_v^b} + \frac{N_t}{N_t^b} \leqslant 1.0 \tag{12-22}$$

式中　N_v，N_t——某个高强度螺栓所承受的剪力和拉力(N)；

　　　N_v^b，N_t^b——一个高强度螺栓的受剪、受拉承载力设计值(N)。

(2)同时承受剪力和杆轴方向拉力的承压型连接的高强度螺栓，应符合下列公式要求：

$$\sqrt{\left(\frac{N_v}{N_v^b}\right)^2 + \left(\frac{N_t}{N_t^b}\right)^2} \leqslant 1 \tag{12-23}$$

$$N_v \leqslant N_c^b / 1.2 \tag{12-24}$$

式中　N_c^b——一个高强度螺栓的承压承载力设计值。

(3)高强度螺栓抗拉连接时，拉力 N 通过螺栓群形心时所需螺栓数为

$$n = \frac{N}{N_t^b} = \frac{N}{0.8P} \tag{12-25}$$

在弯矩作用下，最上端螺栓应满足：

$$N_{t1} = \frac{M y_1}{\sum y_i^2} \leqslant 0.8P \tag{12-26}$$

对高强度螺栓在弯矩作用下受拉计算时，取螺栓群形心应偏于安全。

(4)高强度螺栓群的抗剪计算。

1)高强度螺栓群受轴心力作用时，对构件净截面验算，高强度螺栓承压型连接与普通螺栓相同；对于高强度螺栓摩擦型连接，孔前传力占螺栓传力的 50%，构件截面强度按下式计算：

$$N' = N\left(1 - \frac{0.5n_1}{n}\right) \tag{12-27}$$

式中　n_1——计算截面上的螺栓数；

　　　n——连接一侧的螺栓总数。

构件截面强度按下列公式计算：

$$\sigma = \frac{N'}{A_n} \leqslant f \tag{12-28}$$

$$\sigma = \frac{N}{A} \leqslant f \tag{12-29}$$

式中　A_n——构件的净截面面积；

　　　A——构件的毛截面面积。

2)扭矩作用及扭矩、剪力和轴心力共同作用时，高强度螺栓的受剪计算同普通螺栓。

💡 知识窗

高强度螺栓的紧固方法

(1)转角法。先用扳手将螺母拧到贴紧板面位置(初拧)并作标记线，再用长扳手将螺母转动 1/2～3/4 圈(终拧)，终拧角度与螺栓直径和连接件厚度等有关。此法实际上是通过螺栓的应变来控制预拉力，不需要专用扳手，工具简单但不够精确。

（2）扭矩法。先用普通扳手初拧（不小于终拧扭矩值的 50%），使连接件紧贴，然后用定扭矩测力扳手终拧。终拧扭矩值根据预先测定的扭矩和预拉力之间的关系确定，施拧时偏差不得超过±10%。

（3）扭断螺栓尾部梅花卡头法。紧固螺栓时，采用特制的电动扳手。这种扳手有内外两个套筒，外套筒卡住螺母，内套筒卡住梅花卡头。接通电源后，两个套筒按反方向转动，螺母逐步拧紧，梅花卡头的环形槽沟受到越来越大的剪力。当达到所需的紧固力时，环形槽沟处剪断，梅花卡头掉下。这时，螺栓预拉力达到设计值，紧固完毕。

大六角头型高强度螺栓采用转角法和扭矩法，扭剪型高强度螺栓采用扭断螺栓尾部的梅花卡头法。

【例 12-5】 试验算如图 12-21 所示双盖板拼接的钢板连接。钢板钢材为 Q235 钢。采用摩擦型高强度螺栓连接，螺栓性能等级为 10.9 级，M20。螺栓孔径 $d_0 = 21.5$ mm。构件接触面经喷砂后涂无机富锌漆，$\mu = 0.35$。作用在螺栓群形心处的轴向拉力 $N = 800$ kN。

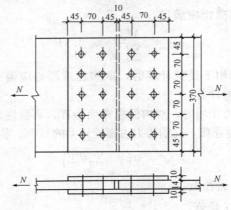

图 12-21　钢板连接图

【解】（1）螺栓连接计算。查相关资料得一个 M20 的 10.9 级高强度螺栓的预拉力 $P = 155$ kN，计算一个螺栓承载力设计值为

$$N_v^b = 0.9kn_t\mu P = 0.9 \times 1.0 \times 2 \times 0.35 \times 155 = 97.7 (kN)$$

一个螺栓所受的剪力为

$$N_v = \frac{N}{n} = \frac{800}{10} = 80 (kN) < N_v^b$$

（2）钢板截面强度计算。

钢板净截面面积为

$$A_n = A - n_1 d_0 t = 370 \times 14 - 5 \times 21.5 \times 14 = 3\ 675 (mm^2)$$

钢板强度为

$$\sigma = \frac{\left(1 - 0.5\dfrac{n_1}{n}\right)N}{A_n} = \frac{\left(1 - 0.5 \times \dfrac{5}{10}\right) \times 800 \times 10^3}{3\ 675} = 163.3 (N/mm^2) < 215 (N/mm^2)$$

$$\sigma = \frac{N}{A} = \frac{800 \times 10^3}{370 \times 14} = 154.4 (N/mm^2) < 215 (N/mm^2)$$

任务三　轴心受力构件计算

任务目标

具备对轴心受力构件进行计算的能力。

轴心受力构件是只承受通过构件截面形心的轴向力作用的构件，分为轴心受拉构件和轴心受压构件。轴心受力构件广泛地应用于主要承重钢结构，如桁架、网架、双层网壳、塔架等结构中。轴心受力构件还常常用于操作平台和其他结构的支柱。一些非承重结构，如支撑、缀条等，也常常由许多轴心受力构件组成。

轴心受力构件的截面形式有三种：第一种是热轧型钢截面，如图 12-22（a）所示；第二种是冷弯薄壁型钢截面，如图 12-22（b）所示；第三种是用型钢和钢板或钢板和钢板连接而成的组合截面，如图 12-22（c）所示的实腹式组合截面和图 12-22（d）所示的格构式组合截面等。

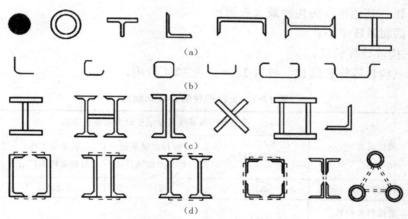

图 12-22　轴心受力构件的截面形式
（a）热轧型钢；（b）冷弯薄壁型钢；（c）组合截面；（d）格构式截面

钢结构基本构件的设计采用以概率理论为基础的极限状态设计法，因而，设计和计算轴心受力构件应满足以下两种极限状态的要求：

（1）承载能力极限状态；

（2）正常使用极限状态。

为达到上述要求，轴心受拉构件应进行强度、刚度计算；轴心受压构件应进行强度、刚度及稳定性计算。轴心受拉构件一般均按强度控制设计，轴心受压构件常按稳定控制设计。

一、轴心受力构件的强度计算

轴心受力构件无论截面是否有孔洞等削弱，均以其净截面平均应力 σ 不超过钢材的强度设计值 f 作为承载力极限状态。其计算公式为

$$\sigma = \frac{N}{A_n} \leqslant f \tag{12-30}$$

式中　N——构件轴心受力设计值；

　　　A_n——构件的净截面面积；

　　　f——钢材的强度设计值。

二、轴心受力构件的刚度验算

为满足结构的正常使用要求，轴心受力构件应具有一定的刚度，以保证构件不会在运输和安装过程中产生弯曲或过大变形，不会因自重使处于非竖直位置的构件产生较大挠曲，也不会在动力荷载作用时发生较大振动。《钢结构设计标准》(GB 50017—2017)通过限制构件的长细比不超过容许长细比，来保证轴心受力构件的刚度。其计算公式为

$$\lambda = \frac{l_0}{i} \leqslant [\lambda] \tag{12-31}$$

式中　λ——构件长细比，对于仅承受静力荷载的桁架为自重产生弯曲的竖向平面内的长细比，其他情况为构件最大长细比；

　　　i——截面回转半径；

　　　l_0——构件计算长度；

　　　$[\lambda]$——构件容许长细比，按表 12-3 或表 12-4 取用。

表 12-3　受拉构件的容许长细比

项次	构件名称	承受静力荷载或间接承受动力荷载的结构			直接承受动力荷载的结构
		一般建筑结构	对腹杆提供平面外支点的法杆	有重级工作制起重机的厂房	
1	桁架的杆件	350	250	250	250
2	吊车梁或吊车桁架以下的柱间支撑	300	—	200	—
3	除张紧的圆钢外的其他拉杆、支撑、系杆等	400	—	350	—

表 12-4　受压构件的容许长细比

项次	构件名称	容许长细比
1	轴心受压柱、杆架和天窗架中的压杆	150
	柱的缀条、吊车梁或吊车桁架以下的柱间支撑	
2	支撑(吊车梁或吊车桁架以下的柱间支撑除外)	200
	用以减少受压构件计算长度的杆件	

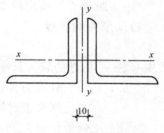

【例 12-6】 某轴心受拉构件采用 2 ∟125×14 双角钢做成，如图 12-23 所示。承受静力荷载设计值 880 kN，钢材为 Q235，y 轴平面内计算长度 $l_{0x}=6$ m，x 轴平面内计算长度 $l_{0y}=12$ m，验算此拉杆的强度和刚度。

【解】 查附表，$A_n=2\times33.37=66.74$（cm²），回转半径 $i_x=3.80$ cm，$i_y=5.59$ cm。

图 12-23 例 12-6 图

$$\sigma=\frac{N}{A_n}=\frac{880\times10^3}{66.74\times10^2}=131.9（N/mm^2）<f=$$

215（N/mm²），故强度满足要求。

$$\lambda_x=\frac{l_{0x}}{i_x}=\frac{6\,000}{38.0}=157.9<[\lambda]=350,$$

$$\lambda_y=\frac{l_{0y}}{i_y}=\frac{12\,000}{55.9}=214.7<[\lambda]=350$$

故刚度满足要求。

三、轴心受压构件的稳定计算

对于轴心受拉构件，由于在拉力作用下总有拉直绷紧的倾向，其平衡状态总是稳定的，因此不必进行稳定性验算。但对于轴心受压构件，当其长细比较大时，构件截面往往是由其稳定性来确定的。

1. 整体稳定验算

除可考虑屈服后强度的实腹式构件外，轴心受压构件的稳定性计算应符合下式要求：

$$\frac{N}{\varphi A f}\leqslant1.0 \tag{12-32}$$

式中　N——轴心受压构件的压力设计值；

　　　A——构件的毛截面面积；

　　　f——钢材的抗压强度设计值；

　　　φ——轴心受压构件的稳定系数（取截面两主轴稳定系数中的较小者），根据构件的长细比（或换算长细比）、钢材屈服强度和《钢结构设计标准》（GB 50017—2017）中表 7.2.1-1、表 7.2.1-2 的截面分类，按《钢结构设计标准》（GB 50017—2017）附录 D 采用。

2. 局部稳定

钢结构中的轴心受压构件设计时，采用的板件宽度与厚度之比（简称宽厚比）一般都较大，以使截面具有较大的回转半径，从而获得较高的经济效益。但如果板件过薄，在轴心压力作用下，可能在构件丧失整体稳定或强度破坏之前，板件偏离其原来的平面位置而发生波状鼓屈，这种现象称为构件丧失局部稳定或发生局部屈曲。构件丧失局部稳定后还可能继续承载，但板件的局部屈曲对构件的承载力有所影响，会加速构件的整体失稳。

为防止轴心受压构件发生局部失稳而影响构件的承载力，《钢结构设计标准》（GB 50017—2017）通过限制板件的宽厚比或高厚比的方法来保证，限制的原则是板件的局部失稳不先于构件的整体失稳。

（1）实腹轴心受压构件要求不出现局部失稳者，其板件宽厚比应符合下列规定：

1）H 形截面腹板：

$$h_0/t_w \leqslant (25+0.5\lambda)\varepsilon_k \tag{12-33}$$

式中　λ——构件的较大长细比；当 $\lambda<30$ 时，取为 30；当 $\lambda>100$ 时，取为 100；

h_0，t_w——分别为腹板计算高度和厚度；对于轧制型截面，腹板计算高度不包括翼缘腹板过渡处圆弧段；

ε_k——钢号修正系数，其值为 235 与钢材牌号中屈服点数值的比值的平方根。

2）H 形截面翼缘：

$$b/t_f \leqslant (10+0.1\lambda)\varepsilon_k \tag{12-34}$$

式中　b，t_f——分别为翼缘板自由外伸宽度和厚度。

3）箱形截面壁板：

$$b/t \leqslant 40\varepsilon_k \tag{12-35}$$

式中　b——壁板的净宽度，当箱形截面设有纵向加劲肋时，为壁板与加劲肋之间的净宽度。

4）T 形截面翼缘宽厚比限值应按式（12-34）确定。

T 形截面腹板宽厚比限值为

热轧剖分 T 型钢：

$$h_0/t_w \leqslant (15+0.2\lambda)\varepsilon_k \tag{12-36}$$

焊接 T 型钢：

$$h_0/t_w \leqslant (13+0.7\lambda)\varepsilon_k \tag{12-37}$$

对焊接构件，h_0 取腹板高度 h_w；对热轧构件，h_0 取腹板平直段长度。简要计算时，可取 $h_0=h_w-t_f$，但不小于 (h_w-20)mm。

5）等边角钢轴心受压构件的肢件宽厚比限值为

当 $\lambda \leqslant 80\varepsilon_k$ 时：

$$w/t \leqslant 15\varepsilon_k \tag{12-38}$$

当 $\lambda > 80\varepsilon_k$ 时：

$$w/t \leqslant 5\varepsilon_k + 0.125\lambda \tag{12-39}$$

式中　w，t——分别为角钢的平板宽度和厚度，简要计算时 w 可取为 $b-2t$，b 为角钢宽度；

λ——按角钢绕非对称主轴回转半径计算的长细比。

6）圆管压杆的外径与壁厚之比不应超过 $100\varepsilon_k^2$。

（2）当轴心受压构件的压力小于稳定承载力 φAf 时，可将其板件宽厚比限值由上述第（1）条中相关公式计算求得后乘以放大系数 $\alpha=\sqrt{\varphi Af/N}$ 确定。

任务四　受弯构件计算

◎ 任务目标

具备对受弯构件进行设计计算的能力。

受弯构件主要是指承受横向荷载而受弯的实腹钢构件，即钢梁。

一、梁的强度计算

1. 正应力计算

在主平面内受弯的实腹式构件，其受弯强度应按下式计算：

$$\frac{M_x}{\gamma_x W_{nx}} + \frac{M_y}{\gamma_y W_{ny}} \leqslant f \tag{12-40}$$

式中　M_x，M_y——同一截面绕 x 轴和 y 轴的弯矩设计值（N·mm）；

　　　W_{nx}，W_{ny}——对 x 轴和 y 轴的净截面模量；

　　　f——钢材的抗弯强度设计值（N/mm²）；

　　　γ_x，γ_y——对主轴 x、y 的截面塑性发展系数。应按《钢结构设计标准》(GB 50017—2017)的规定取值。

2. 剪应力计算

在主平面内受弯的实腹构件(不考虑腹板屈曲后强度)，其抗剪强度应按下式计算：

$$\tau = \frac{VS}{I\, t_w} \leqslant f_v \tag{12-41}$$

式中　V——计算截面沿腹板平面作用的剪力（N）；

　　　S——计算剪应力处以上毛截面对中和轴的面积矩（mm³）；

　　　I——毛截面惯性矩（mm⁴）；

　　　t_w——腹板厚度（mm）；

　　　f_v——钢材的抗剪强度设计值（N/mm²）。

3. 局部压应力计算

当梁上翼缘受沿腹板平面作用的集中荷载，且该荷载处又未设置支承加劲肋时，腹板计算高度上边缘的局部承压强度应按下式计算：

$$\sigma_c = \frac{\psi F}{t_w l_z} \leqslant f \tag{12-42}$$

$$l_z = 3.25 \sqrt[3]{\frac{I_R + I_s}{t_w}} \tag{12-43}$$

$$l_z = a + 5h_y + 2h_R \tag{12-44}$$

式中　F——集中荷载设计值，对动力荷载应考虑动力系数（N）；

$\quad\quad\psi$——集中荷载增大系数，对重级工作制起重机梁，$\psi=1.35$；对其他梁，$\psi=1.0$；

$\quad\quad l_z$——集中荷载在腹板计算高度上边缘的假定分布长度（mm）；

$\quad\quad a$——集中荷载沿梁跨度方向的支承长度，对钢轨上的轮压可取 50 mm；

$\quad\quad h_y$——自梁顶面至腹板计算高度上边缘的距离（mm）；

$\quad\quad h_R$——轨道的高度，对梁顶无轨道的梁，$h_R=0$（mm）；

$\quad\quad f$——钢材的抗压强度设计值（N/mm²）。

4. 折算应力计算

在梁的腹板计算高度边缘处，若同时受较大的正应力、剪应力和局部压应力，或同时受较大的正应力和剪应力（如连续梁中部支座处或梁的翼缘截面改变处等），其折算应力应按下式计算：

$$\sqrt{\sigma^2+\sigma_c^2-\sigma\sigma_c+3\tau^2}\leqslant\beta_1 f \tag{12-45}$$

式中　σ,τ,σ_c——腹板计算高度边缘同一点上同时产生的正应力、剪应力和局部压应力，τ 和 σ_c 应按式（12-41）和式（12-42）计算；σ 和 σ_c 以拉应力为正值，压应力为负值（N/mm²）；σ 应按下式计算：

$$\sigma=\frac{M}{I_n}y_1 \tag{12-46}$$

式中　I_n——梁净截面惯性矩（mm⁴）；

$\quad\quad y_1$——所计算点至梁中和轴的距离（mm）；

$\quad\quad \beta_1$——计算折算应力的强度设计值增大系数；当 σ 与 σ_c 异号时，取 $\beta_1=1.2$；当 σ 与 σ_c 同号或 $\sigma_c=0$ 时，取 $\beta_1=1.1$。

二、整体稳定性计算

梁的整体稳定性计算是使梁的最大弯曲纤维压应力小于或等于使梁侧扭失稳的临界应力，从而保证梁不致因侧扭而失去整体稳定性。符合下列情况之一时，可不计算梁的整体稳定性：

（1）有铺板（各种钢筋混凝土板和钢板）密铺在梁的受压翼缘上并与其牢固相连、能阻止梁受压翼缘的侧向位移时。

（2）箱形截面简支梁符合（1）的要求或其截面尺寸满足 $h/b_0\leqslant6$，$l_1/b_0\leqslant95\varepsilon_k^2$ 时。

除上述情况外，在最大刚度主平面内受弯的构件，其整体稳定性应按下式计算：

$$\frac{M_x}{\varphi_b W_x f}\leqslant1.0 \tag{12-47}$$

式中　M_x——绕强轴作用的最大弯矩设计值（N·mm）；

$\quad\quad W_x$——按受压纤维确定的梁毛截面模量；

$\quad\quad \varphi_b$——梁的整体稳定系数，参见《钢结构设计标准》（GB 50017—2017）附录 C 进行确定。

在两个主平面受弯的 H 型钢截面或工字形截面构件，其整体稳定性应按下式计算：

$$\frac{M_x}{\varphi_b W_x f}+\frac{M_y}{\gamma_y W_y f}\leqslant1.0 \tag{12-48}$$

式中 W_x，W_y——按受压纤维确定的对 x 轴和 y 轴毛截面模量；

　　　　φ_b——绕强轴弯曲所确定的梁的整体稳定系数。

💡 **知识窗**

整体稳定验算

　　为了提高抗弯强度，节省钢材，钢梁截面一般做成高而窄的形式，致使梁的侧向刚度较受荷方向的刚度小得多。如图 12-24 所示的工字形截面梁，垂直荷载作用在梁的最大刚度平面内。但是，荷载不可能准确地作用在梁的垂直平面内，同时，还不可避免地存在各种偶然因素引起的横向作用，因此，梁不但沿 y 轴产生垂直变形，还会产生侧向弯曲和扭转变形。当荷载增加到某一数值时，梁在达到强度极限承载力之前突然发生侧向弯曲（绕弱轴的弯曲）和扭转，并丧失继续承载的能力，这种现象称为梁的弯曲扭转屈曲（弯扭屈曲）或梁丧失整体稳定。梁丧失整体稳定是突然发生的，事先没有明显预兆，因而比强度破坏更危险，设计、施工中要特别注意。

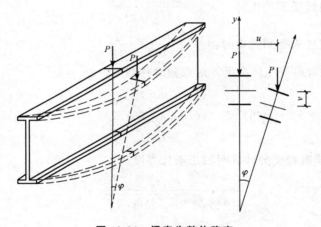

图 12-24　梁丧失整体稳定

三、局部稳定性计算

1. 不考虑腹板屈曲后强度的受弯构件设计

（1）焊接截面梁腹板配置加劲肋应符合下列规定：

1）当 $h_0/t_w \leqslant 80\varepsilon_k$ 时，对有局部压应力的梁，应按构造配置横向加劲肋；当局部压应力较小时，可不配置加劲肋。

2）当 $h_0/t_w > 80\varepsilon_k$ 时，应配置横向加劲肋。其中，当 $h_0/t_w > 170\varepsilon_k$ 或 $h_0/t_w > 150\varepsilon_k$（受压翼缘扭转未受到约束时），或按计算需要时，应在弯曲应力较大区格的受压区增加配置纵向加劲肋。局部压应力很大的梁，必要时宜在受压区配置短加劲肋。

　　任何情况下，h_0/t_w 均不应超过 250。此处，h_0 为腹板的计算高度（对单轴对称梁，当确定是否要配置纵向加劲肋时，h_0 应取腹板受压区高度 h_c 的 2 倍），t_w 为腹板厚度。

3)梁的支座处和上翼缘受有较大固定集中荷载处，宜设置支承加劲肋。

（2）仅配置横向加劲肋的腹板，其各区格的局部确定应按下式计算：

$$\left(\frac{\sigma}{\sigma_{cr}}\right)^2+\left(\frac{\tau}{\tau_{cr}}\right)^2+\frac{\sigma_c}{\sigma_{c,cr}}\leqslant1.0 \tag{12-49}$$

式中　σ——所计算腹板区格内，由平均弯矩产生的腹板计算高度边缘的弯曲压应力；

τ——所计算腹板区格内，由平均剪力产生的腹板平均剪应力，应按 $\tau=V/(h_w t_w)$ 计算（h_w 为腹板高度）；

σ_c——腹板计算高度边缘的局部压应力，应按式（12-42）计算，但取式中的 $\psi=1.0$；

σ_{cr}，τ_{cr}，$\sigma_{c,cr}$——各种应力单独作用下的临界应力，按下列方法计算：

$$1)\sigma_{cr}=\begin{cases}f & (\lambda_{n,b}\leqslant0.85)\\ [1-0.75(\lambda_{n,b}-0.85)]f & (0.85<\lambda_{n,b}\leqslant1.25)\\ 1.1f/\lambda_{n,b}^2 & (\lambda_{n,b}>1.25)\end{cases} \tag{12-50}$$

式中　$\lambda_{n,b}$——用于梁腹板受弯计算的正则化宽厚比。

当梁受压翼缘扭转受到约束时：$\lambda_{n,b}=\dfrac{2h_c/t_w}{177}\cdot\dfrac{1}{\varepsilon_k}$ $\qquad$ (12-51)

当梁受压翼缘扭转未受到约束时：$\lambda_{n,b}=\dfrac{2h_c/t_w}{138}\cdot\dfrac{1}{\varepsilon_k}$ $\qquad$ (12-52)

式中　h_c——梁腹板弯曲受压区高度，对双轴对称截面，$2h_c=h_0$。

$$2)\tau_{cr}=\begin{cases}f_v & (\lambda_{n,s}\leqslant0.8)\\ [1-0.59(\lambda_{n,s}-0.8)]f_v & (0.8<\lambda_{n,s}\leqslant1.2)\\ 1.1f_v/\lambda_{n,s}^2 & (\lambda_{n,s}>1.2)\end{cases} \tag{12-53}$$

式中　$\lambda_{n,s}$——用于梁腹板受剪计算时的正则化宽厚比。

当 $a/h_0\leqslant1.0$ 时：$\lambda_{n,s}=\dfrac{h_0/t_w}{37\eta\sqrt{4+5.34(h_0/a)^2}}\cdot\dfrac{1}{\varepsilon_k}$ $\qquad$ (12-54)

当 $a/h_0>1.0$ 时：$\lambda_{n,s}=\dfrac{h_0/t_w}{37\eta\sqrt{5.34+4(h_0/a)^2}}\cdot\dfrac{1}{\varepsilon_k}$ $\qquad$ (12-55)

$$3)\sigma_{c,cr}=\begin{cases}f & (\lambda_{n,c}\leqslant0.9)\\ [1-0.79(\lambda_{n,c}-0.9)]f & (0.9<\lambda_{n,c}\leqslant1.2)\\ 1.1f/\lambda_{n,c}^2 & (\lambda_{n,c}>1.2)\end{cases} \tag{12-56}$$

式中　$\lambda_{n,c}$——用于梁腹板受局部压力计算时的正则化宽厚比。

当 $0.5\leqslant a/h_0\leqslant1.5$ 时：

$$\lambda_{n,c}=\frac{h_0/t_w}{28\sqrt{10.9+13.4(1.83-a/h_0)^3}}\cdot\frac{1}{\varepsilon_k} \tag{12-57}$$

当 $1.5<a/h_0\leqslant2.0$ 时：

$$\lambda_{n,c}=\frac{h_0/t_w}{28\sqrt{18.9-5a/h_0}}\cdot\frac{1}{\varepsilon_k} \tag{12-58}$$

（3）同时用横向加劲肋和纵向加劲肋加强的腹板，其局部稳定性应按下列公式计算：

1)受压翼缘与纵向加劲肋之间的区格：

$$\frac{\sigma}{\sigma_{cr1}} + (\frac{\sigma_c}{\sigma_{c,cr1}})^2 + (\frac{\tau}{\tau_{cr1}})^2 \leqslant 1.0 \tag{12-59}$$

其中 σ_{cr1}、$\sigma_{c,cr1}$、τ_{cr1} 应分别按下列方法计算:

①σ_{cr1} 应按式(12-50)计算,但式中的 $\lambda_{n,b}$ 改用 $\lambda_{n,b1}$ 代替。

当梁受压翼缘扭转受到约束时:

$$\lambda_{n,b1} = \frac{h_1/t_w}{75\epsilon k} \tag{12-60}$$

当梁受压翼缘扭转未受到约束时:

$$\lambda_{n,b1} = \frac{h_1/t_w}{64\epsilon k} \tag{12-61}$$

②$\sigma_{c,cr1}$ 应按式(12-50)计算,但式中的 $\lambda_{n,b}$ 改用 $\lambda_{n,c1}$ 代替。

当梁受压翼缘扭转受到约束时:

$$\lambda_{n,c1} = \frac{h_1/t_w}{56\epsilon k} \tag{12-62}$$

当梁受压翼缘扭转未受到约束时:

$$\lambda_{n,c1} = \frac{h_1/t_w}{40\epsilon k} \tag{12-63}$$

③τ_{cr1} 应按式(12-53)~式(12-55)计算,但将式中的 h_0 改为 h_1。

2)受拉翼缘与纵向加劲肋之间的区格:

$$\frac{\sigma_2}{\sigma_{cr2}} + (\frac{\sigma_{c2}}{\sigma_{c,cr2}}) + (\frac{\tau}{\tau_{cr2}})^2 \leqslant 1.0 \tag{12-64}$$

其中 σ_{cr2}、$\sigma_{c,cr2}$、τ_{cr2} 应分别按下列方法计算:

①σ_{cr2} 应按式(12-50)计算,但式中的 $\lambda_{n,b}$ 改用 $\lambda_{n,b2}$ 代替。

$$\lambda_{n,b2} = \frac{h_2/t_w}{194\epsilon k} \tag{12-65}$$

②$\sigma_{c,cr2}$ 应按式(12-56)~式(12-58)计算,但式中的 h_0 改为 h_2,当 $a/h_2 > 2$ 时,取 $a/h_2 = 2$。

③τ_{cr1} 应按式(12-53)~式(12-55)计算,但将式中的 h_0 改为 h_2($h_2 = h_0 - h_1$)。

式中　　h_1——纵向加劲肋至腹板计算高度受压边缘的距离(mm);

　　σ_2——所计算区格内由平均弯矩产生的腹板在纵向加劲肋处的弯曲压应力(N/mm^2);

　　σ_{c2}——腹板在纵向加劲肋处的横向压应力,取 $0.3\sigma_c$(N/mm^2)。

·2. 考虑腹板屈曲后强度的受弯构件设计

(1)腹板仅配置支承加劲肋(或尚有中间横向加劲肋)而考虑屈曲后强度的工字形截面焊接组合梁,应按下列公式验算受弯和受剪承载能力:

$$\left(\frac{V}{0.5V_u} - 1\right)^2 + \frac{M - M_f}{M_{eu} - M_f} \leqslant 1 \tag{12-66}$$

$$M_f = \left(A_{f1}\frac{h_{m1}^2}{h_{m2}} + A_{f2}h_{m2}\right)f \tag{12-67}$$

式中　M,V——梁的同一截面上同时产生的弯矩和剪力设计值;计算时,当 $V < 0.5V_u$ 时,取 $V = 0.5V_u$;当 $M < M_f$ 时,取 $M = M_f$;

　　M_f——梁两翼缘所承担的弯矩设计值(N·mm);

　　A_{f1},h_{m1}——较大翼缘的截面面积(mm^2)及其形心至梁中和轴的距离(mm);

A_{f2}，h_{m2}——较小翼缘的截面面积（mm^2）及其形心至梁中和轴的距离（mm）；

M_{eu}，V_u——梁抗弯和抗剪承载力设计值。

1）M_{eu} 应按下列公式计算：

$$M_{eu} = \gamma_x \alpha_e W_x f \tag{12-68}$$

$$\alpha_e = 1 - \frac{(1-\rho)h_c^3 t_w}{2 I_x} \tag{12-69}$$

式中 α_e——梁截面模量考虑腹板有效高度的折减系数；

I_x——按梁截面全部有效算得的绕 x 轴的惯性矩（mm^4）；

h_c——按梁截面全部有效算得的腹板受压区高度（mm）；

γ_x——梁截面塑性发展系数；

ρ——腹板受压区有效高度系数。

$$\rho = \begin{cases} 1.0 & (\lambda_{n,b} \leqslant 0.85) \\ 1 - 0.82(\lambda_{n,b} - 0.85) & (0.85 < \lambda_{n,b} \leqslant 1.25) \\ \dfrac{1}{\lambda_{n,b}}\left(1 - \dfrac{0.2}{\lambda_{n,b}}\right) & (\lambda_{n,b} > 1.25) \end{cases} \tag{12-70}$$

式中 $\lambda_{n,b}$——用于腹板受弯计算的正则化高厚比，按式（12-51）和式（12-52）计算。

2）V_u 应按下列公式计算：

$$V_u = \begin{cases} h_w t_w f_v & (\lambda_{n,s} \leqslant 0.8) \\ h_w t_w f_v [1 - 0.5(\lambda_{n,s} - 0.8)] & (0.8 < \lambda_{n,s} \leqslant 1.2) \\ h_w t_w f_v / \lambda_{n,s}^{1.2} & (\lambda_{n,s} > 1.2) \end{cases} \tag{12-71}$$

式中 $\lambda_{n,s}$——用于腹板受剪计算时的正则化宽厚比，按式（12-54）和式（12-55）计算。当焊接截面梁仅配置支座加劲肋时，取式（12-55）中的 $h_0/a = 0$。

（2）当仅配置支承加劲肋不能满足式（12-66）的要求时，应在两侧成对配置中间横向加劲肋。中间横向加劲肋和上端受有集中压力的中间支承加劲肋，其截面尺寸除应满足《钢结构设计标准》（GB 50017—2017）中式（6.3.6-1）和式（6.3.6-2）的要求外，还应按轴心受压构件计算其在腹板平面外的稳定性，轴心压力应按下式计算：

$$N_s = V_u - \tau_{cr} h_w t_w + F \tag{12-72}$$

式中 h_w——腹板高度（mm）；

F——作用于中间支承加劲肋上端的集中压力（N）。

当腹板在支座旁的区格利用屈曲后强度即 $\lambda_{n,s} > 0.8$ 时，支座加劲肋除承受梁的支座反力外，尚应承受拉力场的水平分力 H，按压弯构件计算强度和在腹板平面外的稳定性：

$$H = (V_u - \tau_{cr} h_w t_w) \sqrt{1 + (a/h_0)^2} \tag{12-73}$$

式中 a——对设中间横向加劲肋的梁，取支座端区格的加劲肋间距；对不设中间加劲肋的腹板，取梁支座至跨内剪力为零点的距离（mm）。

当支座加劲肋采用图 12-25 的构造形式时，可按下述简化方法进行计算：加劲肋 1 作为承受支座反力 R 的

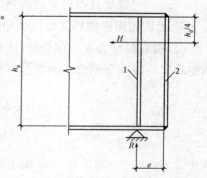

图 12-25 设置封头肋板的梁端构造
1—加劲肋；2—封头肋板

轴心压杆计算；封头肋板 2 的截面面积不应小于按下式计算的数值：

$$A_c = \frac{3h_0 H}{16ef} \tag{12-74}$$

腹板高厚比不应大于 250。考虑腹板屈曲后强度的梁，可按构造需要设置中间横向加劲肋。中间横向加劲肋间距较大（$a > 2.5h_0$）和不设中间横向加劲肋的腹板，当满足式（12-74）时，可取 $H = 0$。

【例 12-7】 图 12-26 所示为两端简支的焊接组合截面 H 型钢梁，受静荷载作用，$P = 200$ kN，钢材为 Q235B，$f = 215$ N/mm^2，$f_v = 125$ N/mm^2。试验算跨中荷载作用位置的强度是否能够满足要求。

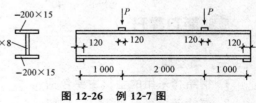

图 12-26　例 12-7 图

【解】 H 型钢梁截面的惯性矩：

$$I_x = 0.8 \times 35^3/12 + 2 \times 20 \times 1.5 \times (17.5 + 0.75)^2 = 22\,842\,(\text{cm}^4)$$

净截面模量：

$$W_{nx} = \frac{i_x}{h/2} = \frac{22\,842 \times 10^4}{(350 + 2 \times 15)/2} = 120.22 \times 10^4\,(\text{mm}^3)$$

在荷载 P 作用处的弯矩和剪力最大，分别为

$$M_{xmax} = 200 \times 1\,000 = 2 \times 10^5\,(\text{kN} \cdot \text{mm}), \quad V_{max} = P = 200\ \text{kN}$$

最大正应力：

$$\sigma_{max} = \frac{M_{xmax}}{\gamma_{max} W_{nx}} = \frac{2 \times 10^5 \times 10^3}{1.05 \times 120.22 \times 10^4} = 158.4\,(\text{N/mm}^2) < f = 215\,(\text{N/mm}^2)，满足要求$$

最大剪应力：

$$\tau_{max} = \frac{V_{max} S}{i_x t_w} = \frac{200 \times 10^3 \times \left(175 \times 8 \times \dfrac{175}{2} + 200 \times 15 \times 182.5\right)}{22\,842 \times 10^4 \times 8}$$

$$= 73.3\,(\text{N/mm}^2) < f_v = 125\,(\text{N/mm}^2)$$

满足要求。

 任务实训

任务 1　了解钢结构建筑组成和形成

实训目的：通过接触和参观，了解钢结构的实际加工制作和安装过程，对钢结构有一个比较深刻的认识，为以后的工作打下基础。

实训内容与要求：在厂房参加钢结构的现场安装施工，学习钢结构工程的施工技术和施工组织管理方法，学习和应用有关工程施工规范及质量检验评定标准，学习施工过程中对技术的处理方法。

任务 2　压弯构件柱头与柱脚的连接构造模型参观

实训目的：通过参观柱头与柱脚连接构造模型，增强感性认识。

实训内容与要求：能认识压弯构件柱头与柱脚连接构造。

实训实物：压弯构件柱头与柱脚构造模型。

任务3　认识轴心受压构件

实训目的：通过现场学习钢结构施工，了解轴心受压构件的施工工艺。

实训内容与要求：能理解施工图中轴心受压构件与施工实际的关系。

能力提升

一、填空题

1. 钢结构采用的型材主要包括_____、_____与_____。

2. 螺栓连接可分为_____和_____两种。

3. 在钢板厚度或宽度有变化的焊接中，为了使构件传力均匀，应在板的一侧或两侧做成坡度不大于_____的斜角，形成平缓的过渡。

4. 在钢结构焊接时，产生的应力主要有_____、_____、_____。

5. 受弯构件主要是指承受横向荷载而受弯的_____钢构件。

6. 梁的整体稳定性计算是使梁的最大弯曲纤维压应力小于或等于使梁侧扭失稳的_____，从而保证梁不致因侧扭而失去整体稳定性。

二、简答题

1. 钢结构的特点有哪些？

2. 钢结构的连接方法有哪几种？

3. 角焊缝通常有哪三种截面形式？

4. 在焊接过程中，钢结构基本尺寸的变化主要有哪几种？

三、计算题

1. 某 8 m 跨度的简支梁，在距离支座 2.4 m 处采用对接焊缝连接，如图 12-27 所示。已知：钢材为 Q235，$q = 150$ kN/m(设计值，已包含梁自重在内)，采用 E43 型焊条，手工焊，质量等级为三级，施焊时采用引弧板。试验算对接焊缝的强度是否满足要求。

2. 某轴心受拉构件采用 2∟125×14 双角钢做成，如图 12-28 所示。承受静力荷载设计值 880 kN，钢材为 Q235，y 轴平面内计算长度 $l_{0x} = 6$ m，x 轴平面内计算长度 $l_{0y} = 12$ m。试验算此拉杆的强度和刚度。

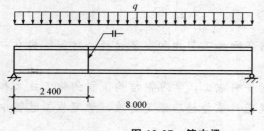

图 12-27　简支梁

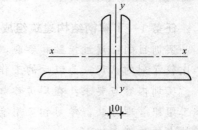

图 12-28　轴心受拉构件

附录　常用数据

附表 1　混凝土强度标准值、设计值和弹性模量　N·mm^{-2}

强度种类与弹性模量		混凝土强度等级													
		C15	C20	C25	C30	C35	C40	C45	C50	C55	C60	C65	C70	C75	C80
强度标准值	轴心抗压 f_{ck}	10.0	13.4	16.7	20.1	23.4	26.8	29.6	32.4	35.5	38.5	41.5	44.5	47.4	50.2
	轴心抗拉 f_{tk}	1.27	1.54	1.78	2.01	2.20	2.39	2.51	2.64	2.74	2.85	2.93	2.99	3.05	3.11
强度设计值	轴心抗压 f_c	7.2	9.6	11.9	14.3	16.7	19.1	21.1	23.1	25.3	27.5	29.7	31.8	33.8	35.9
	轴心抗拉 f_t	0.91	1.10	1.27	1.43	1.57	1.71	1.80	1.89	1.96	2.04	2.09	2.14	2.18	2.22
弹性模量 E_c(×10^4)		2.20	2.55	2.80	3.00	3.15	3.25	3.35	3.45	3.55	3.60	3.65	3.70	3.75	3.80
注：括号内为预应力螺纹钢筋的数值。															

附表 2　每米板宽各种钢筋间距的钢筋截面面积　mm^2

钢筋间距/mm	钢筋直径/mm										
	6	6/8	8	8/10	10	10/12	12	12/14	14	14/16	16
70	404	561	719	920	1 121	1 369	1 616	1 907	2 199	2 536	2 872
75	377	524	671	859	1 047	1 277	1 508	1 780	2 052	2 367	2 681
80	354	491	629	805	981	1 198	1 414	1 669	1 924	2 218	2 513
85	333	462	592	758	924	1 127	1 331	1 571	1 811	2 088	2 365
90	314	437	559	716	872	1 064	1 257	1 483	1 710	1 972	2 234
95	298	414	529	678	826	1 008	1 190	1 405	1 620	1 868	2 116
100	283	393	503	644	785	958	1 131	1 335	1 539	1 775	2 011
110	257	357	457	585	714	871	1 028	1 214	1 399	1 614	1 828
120	236	327	419	537	654	798	942	1 113	1 283	1 480	1 676
125	226	314	402	515	628	766	905	1 068	1 231	1 420	1 608
130	218	302	387	495	604	737	870	1 027	1 184	1 366	1 574
140	202	281	359	460	561	684	808	954	1 099	1 268	1 436
150	189	262	335	429	523	639	754	890	1 026	1 183	1 340
160	177	246	314	403	491	599	707	834	962	1 110	1 257

钢筋间距 /mm	钢筋直径/mm										
	6	6/8	8	8/10	10	10/12	12	12/14	14	14/16	16
170	166	231	296	379	462	564	665	785	905	1 044	1 183
180	157	218	279	358	436	532	628	742	855	985	1 117
190	149	207	265	339	413	504	595	703	810	934	1 058
200	141	196	251	322	393	479	565	668	770	888	1 005
220	129	179	229	293	357	436	514	607	700	807	914
240	118	164	210	268	327	399	471	556	641	740	838
250	113	157	201	258	314	383	452	534	616	710	804
260	109	151	193	248	302	369	435	513	592	682	773
280	101	140	180	230	280	342	404	477	550	634	718
300	94.2	131	168	215	262	319	377	445	513	592	670
320	88.4	123	157	201	245	299	353	417	481	554	628

注：表中 6/8、8/10…是指该两种直径的钢筋交替放置。

附表 3 活荷载按楼层的折减系数

墙、柱、基础计算截面以上的层数	1	2~3	4~5	6~8	9~20	>20
计算截面以上各楼层活荷载总和的折减系数	1.00 (0.90)	0.85	0.70	0.65	0.60	0.55

注：当楼面梁的从属面积超过 25 m² 时，应采用括号内的系数。

附表 4 屋面均布活荷载标准值及其组合值系数、频遇值系数和准永久值系数

项次	类别	标准值/(kN·m⁻²)	组合值系数 ψ_c	频遇值系数 ψ_f	准永久值系数 ψ_q
1	不上人的屋面	0.5	0.7	0.5	0
2	上人的屋面	2.0	0.7	0.5	0.4
3	屋顶花园	3.0	0.7	0.6	0.5
4	屋顶运动场	3.0	0.7	0.6	0.4

注：1. 不上人的屋面，当施工或维修荷载较大时，应按实际情况采用；对不同类型的结构应按有关设计规范的规定采用，但不得低于 0.3 kN/m²。
2. 当上人的屋面兼作其他用途时，应按相应楼面活荷载采用。
3. 对于因屋面排水不畅、堵塞等引起的积水荷载，应采取构造措施加以防止；必要时，应按积水的可能深度确定屋面活荷载。
4. 屋顶花园活荷载不应包括花圃土石等材料自重。

附表 5　钢筋混凝土矩形截面受弯构件正截面受弯承载力计算系数表

ξ	γ_s	α_s	ξ	γ_s	α_s
0.01	0.995	0.010	0.32	0.840	0.269
0.02	0.990	0.020	0.33	0.835	0.276
0.03	0.985	0.030	0.34	0.830	0.282
0.04	0.980	0.039	0.35	0.825	0.289
0.05	0.975	0.049	0.36	0.820	0.295
0.06	0.970	0.058	0.37	0.815	0.302
0.07	0.965	0.068	0.38	0.810	0.308
0.08	0.960	0.077	0.39	0.805	0.314
0.09	0.955	0.086	0.40	0.800	0.320
0.10	0.950	0.095	0.41	0.795	0.326
0.11	0.945	0.104	0.42	0.790	0.332
0.12	0.940	0.113	0.43	0.785	0.338
0.13	0.935	0.122	0.44	0.780	0.343
0.14	0.930	0.130	0.45	0.775	0.349
0.15	0.925	0.139	0.46	0.770	0.354
0.16	0.920	0.147	0.47	0.765	0.360
0.17	0.915	0.156	0.48	0.760	0.365
0.18	0.910	0.164	0.49	0.755	0.370
0.19	0.905	0.172	0.50	0.750	0.375
0.20	0.900	0.180	0.51	0.745	0.380
0.21	0.895	0.188	0.518	0.741	0.384
0.22	0.890	0.196	0.52	0.740	0.385
0.23	0.885	0.204	0.53	0.735	0.390
0.24	0.880	0.211	0.54	0.730	0.394
0.25	0.875	0.219	0.55	0.725	0.399
0.26	0.870	0.226	0.56	0.720	0.403
0.27	0.865	0.234	0.57	0.715	0.408
0.28	0.860	0.241	0.58	0.710	0.412
0.29	0.855	0.248	0.59	0.705	0.416
0.30	0.850	0.255	0.60	0.700	0.420
0.31	0.845	0.262	0.614	0.693	0.426

注：当混凝土强度等级为 C50 以下时，表中 ξ=0.576、0.550、0.518，分别为 HPB300 级、HRB335 级、HRB400 级和 RRB400 级钢筋的界限相对受压区高度。

均布荷载：$\qquad$ $M=Kql^2$ $\qquad$ $V=K_1ql$

集中荷载：$\qquad$ $M=KPl$ $\qquad$ $V=K_1P$

式中　q——单位长度上的均布荷载；

$\qquad$ P——集中荷载；

$\qquad$ K，K_1——内力系数，由表中相应栏内查得。

内力正负号规定：

$\qquad$ M——使截面上部受压、下部受拉为正；

$\qquad$ V——对邻近截面所产生的力矩沿顺时针方向者为正。

(1)两跨梁

序号	荷载简图	跨内最大弯矩		支座弯矩	横向剪力			
		M_1	M_2	M_B	V_A	$V_{B左}$	$V_{B右}$	V_C
1		0.070	0.070	−0.125	0.375	−0.625	0.625	−0.375
2		0.096	−0.025	−0.063	0.437	−0.563	0.063	0.063
3		0.156	0.156	−0.188	0.312	−0.688	0.688	−0.312
4		0.203	−0.047	−0.094	0.406	−0.594	0.094	0.094
5		0.222	0.222	−0.333	0.667	−1.334	1.334	−0.667
6		0.278	−0.056	−0.167	0.833	−1.167	0.167	0.167

(2)三跨梁

序号	荷载简图	跨内最大弯矩		支座弯矩		横向剪力					
		M_1	M_2	M_B	M_C	V_A	$V_{B左}$	$V_{B右}$	$V_{C左}$	$V_{C右}$	V_D
1		0.080	0.025	−0.100	−0.100	0.400	−0.600	0.500	−0.500	−0.600	−0.400

序号	荷载简图	跨内最大弯矩		支座弯矩		横向剪力					
		M_1	M_2	M_B	M_C	V_A	$V_{B左}$	$V_{B右}$	$V_{C左}$	$V_{C右}$	V_D
2		0.101	−0.050	−0.050	−0.050	0.450	−0.550	0.000	0.000	0.550	−0.450
3		−0.025	0.075	−0.050	−0.050	−0.050	−0.050	0.005	0.050	0.050	0.050
4		0.073	0.054	−0.117	−0.033	0.383	−0.617	0.583	−0.417	0.033	0.033
5		0.094	—	−0.067	−0.017	0.433	−0.567	0.083	0.083	−0.017	−0.017
6		0.175	0.100	−0.150	−0.150	0.350	−0.650	0.500	−0.500	0.650	−0.350
7		0.213	−0.075	−0.075	−0.075	0.425	−0.575	0.000	0.000	0.575	−0.425
8		−0.038	0.175	−0.075	−0.075	−0.075	−0.075	0.500	−0.500	0.075	0.075
9		0.162	0.137	−0.175	0.050	0.325	−0.675	0.625	−0.375	0.050	0.050
10		0.200	—	−0.100	0.025	0.400	−0.600	0.125	0.125	−0.025	−0.025
11		0.244	0.067	−0.267	−0.267	0.733	−1.267	1.000	−1.000	1.267	−0.733
12		0.289	−0.133	−0.133	−0.133	0.866	−1.134	0.000	0.000	1.134	−0.866
13		−0.044	0.200	−0.133	−0.133	−0.133	−0.133	1.000	−1.000	0.133	0.133
14		0.229	0.170	−0.311	0.089	0.689	−1.311	1.222	−0.778	0.089	0.089
15		0.274	—	−0.178	0.044	0.822	−1.178	0.222	0.222	−0.044	−0.044

(3) 四跨梁

序号	荷载简图	跨内最大弯矩				支座弯矩			横向剪力							
		M_1	M_2	M_3	M_4	M_B	M_C	M_D	V_A	$V_{B左}$	$V_{B右}$	$V_{C左}$	$V_{C右}$	$V_{D左}$	$V_{D右}$	V_E
1		0.077	−0.036	0.036	0.077	−0.107	−0.071	−0.107	0.393	−0.607	0.536	−0.464	0.464	−0.536	0.607	−0.393
2		0.100	0.045	0.081	−0.023	−0.054	−0.036	−0.054	0.446	−0.554	0.018	0.018	0.482	−0.518	0.054	0.054
3		0.072	0.061	—	0.098	−0.121	−0.018	−0.058	0.380	−0.020	0.603	−0.397	−0.040	−0.040	0.558	−0.442
4		—	0.056	0.056	—	−0.036	−0.107	−0.036	−0.036	−0.036	0.429	−0.571	0.571	−0.429	0.036	0.036
5		0.094	—	—	—	−0.067	0.018	−0.004	0.433	−0.567	0.085	0.085	−0.022	−0.022	0.004	0.004
6		—	0.071	—	—	−0.049	−0.054	0.013	−0.049	−0.049	0.496	−0.504	0.067	0.067	−0.013	−0.013
7		0.169	0.116	0.116	−0.169	−0.161	−0.107	−0.161	0.339	−0.661	0.553	−0.446	0.446	−0.554	0.661	−0.339
8		0.210	0.067	0.183	−0.040	−0.080	−0.054	−0.080	0.420	−0.580	0.027	0.027	0.473	0.527	0.080	0.080
9		0.159	0.146	—	0.206	−0.181	−0.027	−0.087	0.319	−0.681	0.654	−0.346	−0.060	−0.060	0.587	−0.413

序号	荷载简图	跨内最大弯矩				支座弯矩			横向剪力							
		M_1	M_2	M_3	M_4	M_B	M_C	M_D	V_A	$V_{B左}$	$V_{B右}$	$V_{C左}$	$V_{C右}$	$V_{D左}$	$V_{D右}$	V_E
10		—	0.142	0.142	—	−0.054	−0.161	−0.054	−0.054	−0.054	0.393	−0.607	0.607	−0.393	0.054	0.054
11		0.202	—	—	—	−0.100	0.027	−0.007	0.400	−0.600	0.127	0.127	−0.033	−0.033	0.007	0.007
12		—	0.173	—	—	−0.074	−0.080	0.020	−0.074	−0.074	0.493	−0.507	0.100	0.100	−0.020	−0.020
13		0.238	0.111	0.111	0.238	−0.286	−0.191	−0.286	0.714	−1.286	1.095	−0.905	0.905	−0.095	1.286	−0.714
14		0.286	−0.111	0.222	−0.048	−0.143	−0.095	−0.143	0.875	−1.143	0.048	0.048	0.952	1.048	0.143	0.143
15		0.226	0.194	—	0.282	−0.321	−0.048	−0.155	0.679	−1.321	1.274	−0.726	−0.107	−0.107	1.155	−0.845
16		—	0.175	0.175	—	−0.095	−0.286	−0.095	−0.095	−0.095	0.810	−1.190	0.190	−0.810	0.095	0.095
17		0.274	—	—	—	−0.178	0.048	−0.012	0.822	−1.178	0.226	0.226	−0.060	−0.060	0.012	0.012
18		—	0.198	—	—	−0.131	−0.143	−0.036	−0.131	−0.131	0.988	−1.012	0.178	0.178	−0.036	−0.036

（4）五跨梁

序号	荷载简图	跨内最大弯矩			支座弯矩				横向剪力									
		M_1	M_2	M_3	M_B	M_C	M_D	M_E	V_A	$V_{B左}$	$V_{B右}$	$V_{C左}$	$V_{C右}$	$V_{D左}$	$V_{D右}$	$V_{E左}$	$V_{E右}$	V_F
1		0.078 1	0.033 1	0.046 2	-0.105	-0.079	-0.079	-0.105	0.394	-0.606	0.526	-0.474	0.500	-0.500	0.474	-0.526	0.606	-0.394
2		0.100 0	-0.046 1	0.085 5	-0.053	-0.040	-0.040	-0.053	0.447	-0.553	0.013	0.013	0.500	-0.500	-0.013	-0.013	0.553	-0.447
3		-0.026 3	0.078 7	-0.039 5	-0.053	-0.040	-0.040	-0.053	-0.053	-0.053	0.513	-0.487	0.000	0.000	0.487	-0.513	0.053	0.053
4		0.073	0.059	—	-0.119	-0.022	-0.044	-0.051	0.380	-0.620	0.598	-0.402	-0.023	-0.023	0.493	-0.507	0.052	0.052
5		—	0.055	0.064	-0.035	-0.111	-0.020	-0.057	-0.035	-0.035	0.424	-0.576	-0.591	-0.049	-0.037	-0.037	0.557	-0.443
6		0.094	—	—	-0.067	0.018	-0.005	0.001	0.433	-0.567	0.085	0.085	-0.023	-0.023	0.006	0.006	-0.001	-0.001
7		—	0.074	—	-0.049	-0.054	-0.014	-0.004	-0.049	-0.049	0.495	-0.505	0.068	-0.068	-0.018	0.018	0.004	0.004
8		—	—	0.072	0.013	-0.053	-0.053	0.013	0.013	0.013	-0.066	-0.066	0.500	-0.500	0.066	0.066	-0.013	-0.013
9		0.171	0.112	0.132	-0.158	-0.118	-0.118	-0.158	0.342	-0.658	0.540	-0.460	0.500	-0.500	0.460	-0.540	0.658	-0.342
10		0.211	-0.069	0.191	-0.079	-0.059	-0.059	-0.079	0.421	-0.579	0.020	0.020	0.500	-0.500	-0.020	-0.020	0.579	-0.421
11		0.039	0.181	-0.059	-0.079	-0.059	-0.059	-0.079	-0.079	-0.079	0.520	-0.480	0.000	0.000	0.480	-0.520	0.079	0.079
12		0.160	0.144	—	-0.179	-0.032	-0.066	-0.077	0.321	-0.679	0.647	-0.353	-0.034	-0.034	0.489	-0.511	0.077	0.077

序号	荷载简图	跨内最大弯矩			支座弯矩				横向剪力									
		M_1	M_2	M_3	M_B	M_C	M_D	M_E	V_A	$V_{B左}$	$V_{B右}$	$V_{C左}$	$V_{C右}$	$V_{D左}$	$V_{D右}$	$V_{E左}$	$V_{E右}$	V_F
13		—	0.140	0.151	−0.052	−0.167	−0.031	−0.086	−0.052	−0.052	0.385	−0.615	0.637	−0.363	−0.056	−0.056	0.586	−0.414
14		0.200	—	—	−0.100	0.027	−0.007	0.002	0.400	−0.600	0.127	0.127	−0.034	−0.034	0.009	0.009	−0.002	−0.002
15		—	0.173	0.171	−0.073	−0.081	0.022	−0.005	−0.073	−0.073	0.493	−0.507	0.102	0.102	−0.027	−0.027	0.005	0.005
16		0.240	0.100	0.122	0.020	0.079	−0.079	0.020	0.020	0.020	−0.099	−0.099	0.500	−0.500	0.099	0.099	−0.020	−0.020
17		0.287	−0.117	0.228	−0.281	−0.211	−0.211	−0.281	0.719	−1.281	1.070	−0.930	1.000	−1.000	0.930	−1.070	1.281	−0.719
18		−0.047	−0.216	−0.105	−0.140	−0.105	−0.105	−0.140	0.860	−1.140	0.035	0.035	1.000	−1.000	−0.035	−0.035	1.140	−0.860
19		0.227	0.189	—	−0.140	−0.105	−0.105	−0.140	−0.140	−0.140	1.035	−0.965	0.000	0.000	0.965	−1.035	0.140	0.140
20		—	0.172	0.198	−0.319	−0.057	−0.118	−0.137	0.681	−1.319	1.262	−0.738	−0.061	−0.061	0.981	−1.019	0.137	0.137
21		0.274	—	—	−0.093	−0.297	−0.054	−0.153	−0.093	−0.093	0.796	−1.204	1.243	−0.757	−0.099	−0.099	1.153	−0.847
22		—	0.198	—	−0.179	0.048	−0.013	0.003	0.821	−1.179	0.227	0.227	−0.061	−0.061	0.016	0.016	−0.003	−0.003
23		—	—	0.193	0.131	−0.144	−0.038	−0.010	−0.131	−0.131	0.987	−1.013	0.182	0.182	−0.048	−0.048	0.010	0.010
24		—	—	—	0.035	−0.140	−0.140	0.035	0.035	0.035	−0.175	−0.175	1.000	−1.000	0.175	0.175	−0.035	−0.035

1. 符号说明

f，f_{max}——板中心点的挠度和最大挠度；

m_x，m_{xmax}——平行于 l_x 方向板中心点单位板宽内的弯矩和板跨内最大弯矩；

m_y，m_{ymax}——平行于 l_y 方向板中心点单位板宽内的弯矩和板跨内最大弯矩；

m_x'——固定边中点沿 l_y 方向单位板宽内的弯矩；

m_y'——固定边中点沿 l_x 方向单位板宽内的弯矩。

————代表自由边；======代表简支边；┬┬┬┬┬┬┬代表固定边。

正负号的规定：

弯矩——使板的受荷面受压者为正；

挠度——变位方向与荷载方向相同者为正。

2. 计算公式

$$弯矩＝表中系数×ql^2$$

$$B_c＝\frac{Eh^3}{12(1-\nu^2)}，刚度$$

式中　E——弹性模量；

　　　h——板厚；

　　　ν——泊松比。

①四边简支			
		挠度＝表中系数×$\dfrac{ql^4}{B_c}$ $\nu＝0$，弯矩＝表中系数×ql^2 式中，l 取用 l_x 和 l_y 中之较小者	
l_x/l_y	f	m_x	m_y
0.50	0.010 13	0.096 5	0.017 4
0.55	0.009 40	0.089 2	0.021 0
0.60	0.008 67	0.082 0	0.024 2
0.65	0.007 96	0.075 0	0.027 1
0.70	0.007 27	0.068 3	0.029 6
0.75	0.006 63	0.062 0	0.031 7
0.80	0.006 03	0.056 1	0.033 4
0.85	0.005 47	0.050 6	0.034 8
0.90	0.004 96	0.045 6	0.035 8
0.95	0.004 49	0.041 0	0.036 4
1.00	0.004 06	0.036 8	0.036 8

②三边简支、一边固定

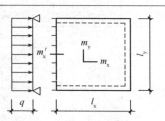

挠度＝表中系数×$\dfrac{ql^4}{B_c}$

$\nu=0$，弯矩＝表中系数×ql^2

式中，l 取用 l_x 和 l_y 中之较小者

l_x/l_y	l_y/l_x	f	f_{max}	m_x	m_{xmax}	m_y	m_{ymax}	m_x'
0.50		0.004 88	0.005 04	0.058 3	0.064 6	0.006 0	0.006 3	−0.121 2
0.55		0.004 71	0.004 92	0.056 3	0.061 8	0.008 1	0.008 7	−0.118 7
0.60		0.004 53	0.004 72	0.053 9	0.058 9	0.010 4	0.011 1	−0.115 8
0.65		0.004 32	0.004 48	0.051 3	0.055 9	0.012 6	0.013 3	−0.112 4
0.70		0.004 10	0.004 22	0.048 5	0.052 9	0.014 8	0.015 4	−0.108 7
0.75		0.003 88	0.003 99	0.045 7	0.049 6	0.016 8	0.017 4	−0.104 8
0.80		0.003 65	0.003 76	0.042 8	0.046 3	0.018 7	0.019 3	−0.100 7
0.85		0.003 43	0.003 52	0.040 0	0.043 1	0.020 4	0.021 1	−0.096 5
0.90		0.003 21	0.003 29	0.037 2	0.040 0	0.021 9	0.022 6	−0.092 2
0.95		0.002 99	0.003 06	0.034 5	0.036 9	0.023 2	0.023 9	−0.088 0
1.00	1.00	0.002 79	0.002 85	0.031 9	0.034 0	0.024 3	0.024 9	−0.083 9
	0.95	0.003 16	0.003 24	0.032 4	0.034 5	0.028 0	0.028 7	−0.088 2
	0.90	0.003 60	0.003 68	0.032 8	0.034 7	0.032 2	0.033 0	−0.092 6
	0.85	0.004 09	0.004 17	0.032 9	0.034 7	0.037 0	0.037 8	−0.097 0
	0.80	0.004 64	0.004 73	0.032 6	0.034 3	0.042 4	0.043 3	−0.101 4
	0.75	0.005 26	0.005 36	0.031 9	0.033 5	0.048 5	0.049 4	−0.105 6
	0.70	0.005 95	0.006 05	0.030 8	0.032 3	0.055 3	0.056 2	−0.109 6
	0.65	0.006 70	0.006 80	0.029 1	0.030 6	0.062 7	0.063 7	−0.113 3
	0.60	0.007 52	0.007 62	0.026 8	0.028 9	0.070 7	0.071 7	−0.116 6
	0.55	0.008 38	0.008 48	0.023 9	0.027 1	0.079 2	0.080 1	−0.119 3
	0.50	0.009 27	0.009 35	0.020 5	0.024 9	0.088 0	0.088 8	−0.121 5

③两对边简支、两对边固定

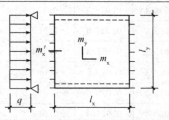

挠度＝表中系数×$\dfrac{ql^4}{B_c}$

$\nu=0$，弯矩＝表中系数×ql^2

式中，l 取用 l_x 和 l_y 中之较小者

l_x/l_y	l_y/l_x	f	m_x	m_y	m_x'
0.50		0.002 61	0.041 6	0.001 7	−0.084 3
0.55		0.002 59	0.041 0	0.002 8	−0.084 0
0.60		0.002 55	0.040 2	0.004 2	−0.083 4
0.65		0.002 50	0.039 2	0.005 7	−0.082 6

l_x/l_y	l_y/l_x	f	m_x	m_y	m'_x
0.70		0.002 43	0.037 9	0.007 2	−0.081 4
0.75		0.002 36	0.036 6	0.008 8	−0.079 9
0.80		0.002 28	0.035 1	0.010 3	−0.078 2
0.85		0.002 20	0.033 5	0.011 8	−0.076 3
0.90		0.002 11	0.031 9	0.013 3	−0.074 3
0.95		0.002 01	0.030 2	0.014 6	−0.072 1
1.00	1.00	0.001 92	0.028 5	0.015 8	−0.069 8
	0.95	0.002 23	0.029 6	0.018 9	−0.074 6
	0.90	0.002 60	0.030 6	0.022 4	−0.079 7
	0.85	0.003 03	0.031 4	0.026 6	−0.085 0
	0.80	0.003 54	0.031 9	0.031 6	−0.090 4
	0.75	0.004 13	0.032 1	0.037 4	−0.095 9
	0.70	0.004 82	0.031 8	0.044 1	−0.101 3
	0.65	0.005 60	0.030 8	0.051 8	−0.106 6
	0.60	0.006 47	0.029 2	0.060 4	−0.111 4
	0.55	0.007 43	0.026 7	0.069 8	−0.115 6
	0.50	0.008 44	0.023 4	0.079 8	−0.119 1

④两邻边简支、两邻边固定

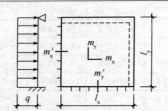

挠度＝表中系数$\times\dfrac{ql^4}{B_c}$

$\nu=0$，弯矩＝表中系数$\times ql^2$

式中，l取用l_x和l_y中之较小者

l_x/l_y	f	f_{max}	m_x	m_{xmax}	m_y	m_{ymax}	m'_x	m'_y
0.50	0.004 68	0.004 71	0.055 9	0.056 2	0.007 9	0.013 5	−0.117 9	−0.078 6
0.55	0.004 45	0.004 54	0.052 9	0.053 0	0.010 4	0.015 3	−0.114 0	−0.078 5
0.60	0.004 19	0.004 29	0.049 6	0.049 8	0.012 9	0.016 9	−0.109 5	−0.078 2
0.65	0.003 91	0.003 99	0.046 1	0.046 5	0.015 1	0.018 3	−0.104 5	−0.077 7
0.70	0.003 63	0.003 68	0.042 6	0.043 2	0.017 2	0.019 5	−0.099 2	−0.077 0
0.75	0.003 35	0.003 40	0.039 0	0.039 6	0.018 9	0.020 6	−0.093 8	−0.076 0
0.80	0.003 08	0.003 13	0.035 6	0.036 1	0.020 4	0.021 8	−0.088 3	−0.074 8
0.85	0.002 81	0.002 86	0.032 2	0.032 8	0.021 5	0.022 9	−0.082 9	−0.073 3
0.90	0.002 56	0.002 61	0.029 1	0.029 7	0.022 4	0.023 8	−0.077 6	−0.071 6
0.95	0.002 32	0.002 37	0.026 1	0.026 7	0.023 0	0.024 4	−0.072 6	−0.069 8
1.00	0.002 10	0.002 15	0.023 4	0.024 0	0.023 4	0.024 9	−0.067 7	−0.067 7

⑤四边固定

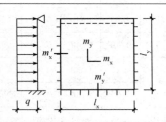

挠度＝表中系数×$\dfrac{ql^4}{B_c}$

$\nu=0$，弯矩＝表中系数×ql^2

式中，l 取用 l_x 和 l_y 中之较小者

l_x/l_y	f	m_x	m_y	m_x'	m_y'
0.50	0.002 53	0.040 0	0.003 8	−0.082 9	−0.057 0
0.55	0.002 46	0.038 5	0.005 6	−0.081 4	−0.057 1
0.60	0.002 36	0.036 7	0.007 6	−0.079 3	−0.057 1
0.65	0.002 24	0.034 5	0.009 5	−0.076 6	−0.057 1
0.70	0.002 11	0.032 1	0.011 3	−0.073 5	−0.056 9
0.75	0.001 97	0.029 6	0.013 0	−0.070 1	−0.056 5
0.80	0.001 82	0.027 1	0.014 4	−0.066 4	−0.055 9
0.85	0.001 68	0.024 6	0.015 6	−0.062 6	−0.055 1
0.90	0.001 53	0.022 1	0.016 5	−0.058 8	−0.054 1
0.95	0.001 40	0.019 8	0.017 2	−0.055 0	−0.052 8
1.00	0.001 27	0.017 6	0.017 6	−0.051 3	−0.051 3

⑥一边简支、三边固定

挠度＝表中系数×$\dfrac{ql^4}{B_c}$

$\nu=0$，弯矩＝表中系数×ql^2

式中，l 取用 l_x 和 l_y 中之较小者

l_x/l_y	l_y/l_x	f	f_{max}	m_x	m_{xmax}	m_y	m_{ymax}	m_x'	m_y'
0.50		0.002 57	0.002 58	0.040 8	0.040 9	0.002 8	0.008 9	−0.083 6	−0.056 9
0.55		0.002 52	0.002 55	0.039 8	0.039 9	0.004 2	0.009 3	−0.082 7	−0.057 0
0.60		0.002 45	0.002 49	0.038 4	0.038 6	0.005 9	0.010 5	−0.081 4	−0.057 1
0.65		0.002 37	0.002 40	0.036 8	0.037 1	0.007 6	0.011 6	−0.079 6	−0.057 2
0.70		0.002 27	0.002 29	0.035 0	0.035 4	0.009 3	0.012 7	−0.077 4	−0.057 2
0.75		0.002 16	0.002 19	0.033 1	0.033 5	0.010 9	0.013 7	−0.075 0	−0.057 2
0.80		0.002 05	0.002 08	0.031 0	0.031 4	0.012 4	0.014 7	−0.072 2	−0.057 0
0.85		0.001 93	0.001 96	0.028 9	0.029 3	0.013 8	0.015 5	−0.069 3	−0.056 7
0.90		0.001 81	0.001 84	0.026 8	0.027 3	0.015 9	0.016 3	−0.066 3	−0.056 3
0.95		0.001 69	0.001 72	0.024 7	0.025 2	0.016 0	0.017 2	−0.063 1	−0.055 8

l_x/l_y	l_y/l_x	f	f_{max}	m_x	m_{xmax}	m_y	m_{ymax}	m_x'	m_y'
1.00	1.00	0.001 57	0.001 60	0.022 7	0.023 1	0.016 8	0.0180	−0.060 0	−0.055 0
	0.95	0.001 78	0.001 82	0.022 9	0.023 4	0.019 4	0.020 7	−0.062 9	−0.059 9
	0.90	0.002 01	0.002 06	0.022 8	0.023 4	0.022 3	0.023 8	−0.065 6	−0.065 3
	0.85	0.002 27	0.002 33	0.022 5	0.023 1	0.025 5	0.027 3	−0.068 3	−0.071 1
	0.80	0.002 56	0.002 62	0.021 9	0.022 4	0.029 0	0.031 1	−0.070 7	−0.077 2
	0.75	0.002 86	0.002 94	0.020 8	0.021 4	0.032 9	0.035 4	−0.072 9	−0.083 7
	0.70	0.003 19	0.003 27	0.019 4	0.020 0	0.037 0	0.040 0	−0.074 8	−0.090 3
	0.65	0.003 52	0.003 65	0.017 5	0.018 2	0.041 2	0.044 6	−0.076 2	−0.097 0
	0.60	0.003 86	0.004 03	0.015 3	0.016 0	0.045 4	0.049 3	−0.077 3	−0.103 3
	0.55	0.004 19	0.004 37	0.012 7	0.013 3	0.049 6	0.054 1	−0.078 0	−0.109 3
	0.50	0.004 49	0.004 63	0.009 9	0.010 3	0.053 4	0.058 8	−0.078 4	−0.114 6

附表 8　受压构件承载力影响系数 φ(砂浆强度等级≥M5)

β	$\dfrac{e}{h}$或$\dfrac{e}{h_T}$												
	0	0.025	0.05	0.075	0.10	0.125	0.15	0.175	0.20	0.225	0.25	0.275	0.30
≤3	1.00	0.99	0.97	0.94	0.89	0.84	0.79	0.73	0.68	0.62	0.57	0.52	0.48
4	0.98	0.95	0.90	0.85	0.80	0.74	0.69	0.64	0.58	0.53	0.49	0.45	0.41
6	0.95	0.91	0.86	0.81	0.75	0.69	0.64	0.59	0.54	0.49	0.45	0.42	0.38
8	0.91	0.86	0.81	0.76	0.70	0.64	0.59	0.54	0.50	0.46	0.42	0.39	0.36
10	0.87	0.82	0.76	0.71	0.65	0.60	0.55	0.50	0.46	0.42	0.39	0.36	0.33
12	0.82	0.77	0.71	0.66	0.60	0.55	0.51	0.47	0.43	0.39	0.36	0.33	0.31
14	0.77	0.72	0.66	0.61	0.56	0.51	0.47	0.43	0.40	0.36	0.34	0.31	0.29
16	0.72	0.67	0.61	0.56	0.52	0.47	0.44	0.40	0.37	0.34	0.31	0.29	0.27
18	0.67	0.62	0.57	0.52	0.48	0.44	0.40	0.37	0.34	0.31	0.29	0.27	0.25
20	0.62	0.57	0.53	0.48	0.44	0.40	0.37	0.34	0.32	0.29	0.27	0.25	0.23
22	0.58	0.53	0.49	0.45	0.41	0.38	0.35	0.32	0.30	0.27	0.25	0.24	0.22
24	0.54	0.49	0.45	0.41	0.38	0.35	0.32	0.30	0.28	0.26	0.24	0.22	0.21
26	0.50	0.46	0.42	0.38	0.35	0.33	0.30	0.28	0.26	0.24	0.22	0.21	0.19
28	0.46	0.42	0.39	0.36	0.33	0.30	0.28	0.26	0.24	0.22	0.21	0.19	0.18
30	0.42	0.39	0.36	0.33	0.31	0.28	0.26	0.24	0.22	0.21	0.20	0.18	0.17

附表 9　受压构件承载力影响系数 φ(砂浆强度等级 M2.5)

β	$\dfrac{e}{h}$ 或 $\dfrac{e}{h_{\mathrm{T}}}$												
	0	0.025	0.05	0.075	0.10	0.125	0.15	0.175	0.20	0.225	0.25	0.275	0.30
≤3	1.00	0.99	0.97	0.94	0.89	0.84	0.79	0.73	0.68	0.62	0.57	0.52	0.48
4	0.97	0.94	0.89	0.84	0.78	0.73	0.67	0.62	0.57	0.52	0.48	0.44	0.40
6	0.93	0.89	0.84	0.78	0.73	0.67	0.62	0.57	0.52	0.48	0.44	0.40	0.37
8	0.89	0.84	0.78	0.72	0.67	0.62	0.57	0.52	0.48	0.44	0.40	0.37	0.34
10	0.83	0.78	0.72	0.67	0.61	0.56	0.52	0.47	0.43	0.40	0.37	0.34	0.31
12	0.78	0.72	0.67	0.61	0.56	0.52	0.47	0.43	0.40	0.37	0.34	0.31	0.29
14	0.72	0.66	0.61	0.56	0.51	0.47	0.43	0.40	0.36	0.34	0.31	0.29	0.27
16	0.66	0.61	0.56	0.51	0.47	0.43	0.40	0.36	0.34	0.31	0.29	0.26	0.25
18	0.61	0.56	0.51	0.47	0.43	0.40	0.36	0.33	0.31	0.29	0.26	0.24	0.23
20	0.56	0.51	0.47	0.43	0.39	0.36	0.33	0.31	0.28	0.26	0.24	0.23	0.21
22	0.51	0.47	0.43	0.39	0.36	0.33	0.31	0.28	0.26	0.24	0.23	0.21	0.20
24	0.46	0.43	0.39	0.36	0.33	0.31	0.28	0.26	0.24	0.23	0.21	0.20	0.18
26	0.42	0.39	0.36	0.33	0.31	0.28	0.26	0.24	0.22	0.21	0.20	0.18	0.17
28	0.39	0.36	0.33	0.30	0.28	0.26	0.24	0.22	0.21	0.20	0.18	0.17	0.16
30	0.36	0.33	0.30	0.28	0.26	0.24	0.22	0.21	0.20	0.18	0.17	0.16	0.15

附表 10　受压构件承载力影响系数 φ(砂浆强度 0)

β	$\dfrac{e}{h}$ 或 $\dfrac{e}{h_{\mathrm{T}}}$												
	0	0.025	0.05	0.075	0.10	0.125	0.15	0.175	0.20	0.225	0.25	0.275	0.30
≤3	1.00	0.99	0.97	0.94	0.89	0.84	0.79	0.73	0.68	0.62	0.57	0.52	0.48
4	0.87	0.82	0.77	0.71	0.66	0.60	0.55	0.51	0.46	0.43	0.39	0.36	0.33
6	0.76	0.70	0.65	0.59	0.54	0.50	0.46	0.42	0.39	0.36	0.33	0.30	0.28
8	0.63	0.58	0.54	0.49	0.45	0.41	0.38	0.35	0.32	0.30	0.28	0.25	0.24
10	0.53	0.48	0.44	0.41	0.37	0.34	0.32	0.29	0.27	0.25	0.23	0.22	0.20
12	0.44	0.40	0.37	0.34	0.31	0.29	0.27	0.25	0.23	0.21	0.20	0.19	0.17
14	0.36	0.33	0.31	0.28	0.26	0.24	0.23	0.21	0.20	0.18	0.17	0.16	0.15
16	0.30	0.28	0.26	0.24	0.22	0.21	0.19	0.18	0.17	0.16	0.15	0.14	0.13
18	0.26	0.24	0.22	0.21	0.19	0.18	0.17	0.16	0.15	0.14	0.13	0.12	0.12
20	0.22	0.20	0.19	0.18	0.17	0.16	0.15	0.14	0.13	0.12	0.12	0.11	0.10
22	0.19	0.18	0.16	0.15	0.14	0.14	0.13	0.12	0.12	0.11	0.10	0.10	0.09
24	0.16	0.15	0.14	0.13	0.13	0.12	0.11	0.11	0.10	0.10	0.09	0.09	0.08
26	0.14	0.13	0.13	0.12	0.11	0.11	0.10	0.10	0.09	0.09	0.08	0.08	0.07
28	0.12	0.12	0.11	0.11	0.10	0.10	0.09	0.09	0.08	0.08	0.08	0.07	0.07
30	0.11	0.10	0.10	0.09	0.09	0.09	0.08	0.08	0.07	0.07	0.07	0.07	0.06

高厚比 β	配筋率 ρ /%					
	0	0.2	0.4	0.6	0.8	≥1.0
8	0.91	0.93	0.95	0.97	0.99	1.00
10	0.87	0.90	0.92	0.94	0.96	0.98
12	0.82	0.85	0.88	0.91	0.93	0.95
14	0.77	0.80	0.83	0.86	0.89	0.92
16	0.72	0.75	0.78	0.81	0.84	0.87
18	0.67	0.70	0.73	0.76	0.79	0.81
20	0.62	0.65	0.68	0.71	0.73	0.75
22	0.58	0.61	0.64	0.66	0.68	0.70
24	0.54	0.57	0.59	0.61	0.63	0.65
26	0.50	0.52	0.54	0.56	0.58	0.60
28	0.46	0.48	0.50	0.52	0.54	0.56

注：组合砖砌体构件截面的配筋率 $\rho=A'_s/bh$。

附表 12　烧结普通砖和烧结多孔砖砌体的抗压强度设计值　　　　　　MPa

砖强度等级	砂浆强度等级					砂浆强度
	M15	M10	M7.5	M5	M2.5	0
MU30	3.94	3.27	2.93	2.59	2.26	1.15
MU25	3.60	2.98	2.68	2.37	2.06	1.05
MU20	3.22	2.67	2.39	2.12	1.84	0.94
MU15	2.79	2.31	2.07	1.83	1.60	0.82
MU10	—	1.89	1.69	1.50	1.30	0.67

注：当烧结多孔砖的孔洞率大于30%时，表中数值应乘以0.9。

附表 13　混凝土普通砖和混凝土多孔砖砌体的抗压强度设计值　　　　MPa

砖强度等级	砂浆强度等级					砂浆强度
	Mb20	Mb15	Mb10	Mb7.5	Mb5	0
MU30	4.61	3.94	3.27	2.93	2.59	1.15
MU25	4.21	3.60	2.98	2.68	2.37	1.05
MU20	3.77	3.22	2.67	2.39	2.12	0.94
MU15	—	2.79	2.31	2.07	1.83	0.82

附表 14　蒸压灰砂普通砖和蒸压粉煤灰普通砖砌体的抗压强度设计值　　MPa

砖强度等级	砂浆强度等级				砂浆强度
	M15	M10	M7.5	M5	0
MU25	3.60	2.98	2.68	2.37	1.05
MU20	3.22	2.67	2.39	2.12	0.94
MU15	2.79	2.31	2.07	1.83	0.82

注：当采用专用砂浆砌筑时，其抗压强度设计值按表中数值采用。

砌块强度等级	砂浆强度等级					砂浆强度
	Mb20	Mb15	Mb10	Mb7.5	Mb5	0
MU20	6.30	5.68	4.95	4.44	3.94	2.33
MU15	—	4.61	4.02	3.61	3.20	1.89
MU10	—	—	2.79	2.50	2.22	1.31
MU7.5	—	—	—	1.93	1.71	1.01
MU5	—	—	—	—	1.19	0.70

注：1. 对独立柱或厚度为双排组砌的砌块砌体，应按表中数值乘以 0.7；

　　2. 对 T 形截面墙体、柱，应按表中数值乘以 0.85；

　　3. 单排孔混凝土砌块对孔砌筑时，灌孔混凝土砌块砌体的抗压强度设计值 f_g，应按下式计算：

$$f_g = f + 0.6\alpha f_c$$

$$\alpha = \delta\rho$$

式中　f_g——灌孔混凝土砌块砌体的抗压强度设计值，该值不应大于未灌孔砌体抗压强度设计值的 2 倍；

　　　　f——未灌孔混凝土砌块砌体的抗压强度设计值，应按本表采用；

　　　　f_c——灌孔混凝土的轴心抗压强度设计值；

　　　　α——混凝土砌块砌体中灌孔混凝土面积与砌体毛面积的比值；

　　　　δ——混凝土砌块的孔洞率；

　　　　ρ——混凝土砌块砌体的灌孔率，是截面灌孔混凝土面积与截面孔洞面积的比值，灌孔率应根据受力或施工条件确定，且不应小于 33%。

　　混凝土砌块砌体的灌孔混凝土强度等级不应低于 Cb20，且不应低于 1.5 倍的块体强度等级。灌孔混凝土强度指标取同强度等级的混凝土强度指标。

　　4. 单排孔混凝土砌块对孔砌筑时，灌孔砌体的抗剪强度设计值 f_{vg}，应按下式计算：

$$f_{vg} = 0.2 f_g^{0.55}$$

式中　f_g——灌孔砌体的抗压强度设计值（MPa）。

砌块强度等级	砂浆强度等级			砂浆强度
	Mb10	Mb7.5	Mb5	0
MU10	3.08	2.76	2.45	1.44
MU7.5	—	2.13	1.88	1.12
MU5	—	—	1.31	0.78
MU3.5	—	—	0.95	0.56

注：1. 表中的砌块为火山渣、浮石和陶粒轻集料混凝土砌块；

　　2. 对厚度方向为双排组砌的轻集料混凝土砌块的抗压强度设计值，应按表中数值乘以 0.8。

毛料石强度等级	砂浆强度等级			砂浆强度
	M7.5	M5	M2.5	0
MU100	5.42	4.80	4.18	2.13

毛料石强度等级	砂浆强度等级			砂浆强度
	M7.5	M5	M2.5	0
MU80	4.85	4.29	3.73	1.91
MU60	4.20	3.71	3.23	1.65
MU50	3.83	3.39	2.95	1.51
MU40	3.43	3.04	2.64	1.35
MU30	2.97	2.63	2.29	1.17
MU20	2.42	2.15	1.87	0.95

注：对细料石砌体、粗料石砌体和干砌勾缝砌体，表中数值应分别乘以调整系数 1.4、1.2 和 0.8。

附表 18　毛石砌体的抗压强度设计值　　　　　　MPa

毛石强度等级	砂浆强度等级			砂浆强度
	M7.5	M5	M2.5	0
MU100	1.27	1.12	0.98	0.34
MU80	1.13	1.00	0.87	0.30
MU60	0.98	0.87	0.76	0.26
MU50	0.90	0.80	0.69	0.23
MU40	0.80	0.71	0.62	0.21
MU30	0.69	0.61	0.53	0.18
MU20	0.56	0.51	0.44	0.15

附表 19　沿砌体灰缝截面破坏时砌体的轴心抗拉强度设计值、
弯曲抗拉强度设计值和抗剪强度设计值　　　　　　MPa

强度类别	破坏特征及砌体种类		砂浆强度等级			
			≥M10	M7.5	M5	M2.5
轴心抗拉	沿齿缝	烧结普通砖、烧结多孔砖	0.19	0.16	0.13	0.09
		混凝土普通砖、混凝土多孔砖	0.19	0.16	0.13	—
		蒸压灰砂普通砖、蒸压粉煤灰普通砖	0.12	0.10	0.08	
		混凝土和轻集料混凝土砌块	0.09	0.08	0.07	
		毛石	—	0.07	0.06	0.04
弯曲抗拉	沿齿缝	烧结普通砖、烧结多孔砖	0.33	0.29	0.23	0.17
		混凝土普通砖、混凝土多孔砖	0.33	0.29	0.23	—
		蒸压灰砂普通砖、蒸压粉煤灰普通砖	0.24	0.20	0.16	
		混凝土和轻集料混凝土砌块	0.11	0.09	0.08	—
		毛石	—	0.11	0.09	0.07
	沿通缝	烧结普通砖、烧结多孔砖	0.17	0.14	0.11	0.08
		混凝土普通砖、混凝土多孔砖	0.17	0.14	0.11	
		蒸压灰砂普通砖、蒸压粉煤灰普通砖	0.12	0.10	0.08	
		混凝土和轻集料混凝土砌块	0.08	0.06	0.05	—

强度类别	破坏特征及砌体种类	砂浆强度等级			
		≥M10	M7.5	M5	M2.5
抗剪	烧结普通砖、烧结多孔砖	0.17	0.14	0.11	0.08
	混凝土普通砖、混凝土多孔砖	0.17	0.14	0.11	—
	蒸压灰砂普通砖、蒸压粉煤灰普通砖	0.12	0.10	0.08	—
	混凝土和轻集料混凝土砌块	0.09	0.08	0.06	—
	毛石	—	0.19	0.16	0.11

注：1. 对于用形状规则的块体砌筑的砌体，当搭接长度与块体高度的比值小于1时，其轴心抗拉强度设计值 f_t 和弯曲抗拉强度设计值 f_{tm} 应按表中数值乘以搭接长度与块体高度比值后采用；

2. 表中数值是依据普通砂浆砌筑的砌体确定，采用经研究性试验且通过技术鉴定的专用砂浆砌筑的蒸压灰砂普通砖、蒸压粉煤灰普通砖砌体，其抗剪强度设计值按相应普通砂浆强度等级砌筑的烧结普通砖砌体采用；

3. 对混凝土普通砖、混凝土多孔砖、混凝土和轻集料混凝土砌块砌体，表中的砂浆强度等级分别为≥Mb10、Mb7.5及Mb5。

附表 20　烧结普通砖和烧结多孔砖砌体的抗压强度标准值 f_k　　　　MPa

砖强度等级	砂浆强度等级					砂浆强度
	M15	M10	M7.5	M5	M2.5	0
MU30	6.30	5.23	4.69	4.15	3.61	1.84
MU25	5.75	4.77	4.28	3.79	3.30	1.68
MU20	5.15	4.27	3.83	3.39	2.95	1.50
MU15	4.46	3.70	3.32	2.94	2.56	1.30
MU10	—	3.02	2.71	2.40	2.09	1.07

附表 21　混凝土砌块砌体的抗压强度标准值 f_k　　　　MPa

砌块强度等级	砂浆强度等级					砂浆强度
	Mb20	Mb15	Mb10	Mb7.5	Mb5	0
MU20	10.08	9.08	7.93	7.11	6.30	3.73
MU15	—	7.38	6.44	5.78	5.12	3.03
MU10	—	—	4.47	4.01	3.55	2.10
MU7.5	—	—	—	3.10	2.74	1.62
MU5	—	—	—	—	1.90	1.13

附表 22　毛料石砌体的抗压强度标准值 f_k　　　　MPa

料石强度等级	砂浆强度等级			砂浆强度
	M7.5	M5	M2.5	0
MU100	8.67	7.68	6.68	3.41
MU80	7.76	6.87	5.98	3.05
MU60	6.72	5.95	5.18	2.64

料石强度等级	砂浆强度等级			砂浆强度
	M7.5	M5	M2.5	0
MU50	6.13	5.43	4.72	2.41
MU40	5.49	4.86	4.23	2.16
MU30	4.75	4.20	3.66	1.87
MU20	3.88	3.43	2.99	1.53

附表 23　毛石砌体的抗压强度标准值 f_k　　　　MPa

料石强度等级	砂浆强度等级			砂浆强度
	M7.5	M5	M2.5	0
MU100	2.03	1.80	1.56	0.53
MU80	1.82	1.61	1.40	0.48
MU60	1.57	1.39	1.21	0.41
MU50	1.44	1.27	1.11	0.38
MU40	1.28	1.14	0.99	0.34
MU30	1.11	0.98	0.86	0.29
MU20	0.91	0.80	0.70	0.24

附表 24　沿砌体灰缝截面破坏时的轴心抗拉强度标准值 $f_{t,k}$、弯曲抗拉强度标准值 $f_{tm,k}$ 和抗剪强度标准值 $f_{v,k}$　　　　MPa

强度类别	破坏特征	砌体种类	砂浆强度等级			
			≥M10	M7.5	M5	M2.5
轴心抗拉	沿齿缝	烧结普通砖、烧结多孔砖、混凝土普通砖、混凝土多孔砖	0.30	0.26	0.21	0.15
		蒸压灰砂普通砖、蒸压粉煤灰普通砖	0.19	0.16	0.13	—
		混凝土砌块	0.15	0.13	0.10	—
		毛石	—	0.12	0.10	0.07
弯曲抗拉	沿齿缝	烧结普通砖、烧结多孔砖、混凝土普通砖、混凝土多孔砖	0.53	0.46	0.38	0.27
		蒸压灰砂普通砖、蒸压粉煤灰普通砖	0.38	0.32	0.26	—
		混凝土砌块	0.17	0.15	0.12	—
		毛石		0.18	0.14	0.10
	沿通缝	烧结普通砖、烧结多孔砖、混凝土普通砖、混凝土多孔砖	0.27	0.23	0.19	0.13
		蒸压灰砂普通砖、蒸压粉煤灰普通砖	0.19	0.16	0.13	—
		混凝土砌块	—	0.10	0.08	
抗剪		烧结普通砖、烧结多孔砖、混凝土普通砖、混凝土多孔砖	0.27	0.23	0.19	0.13
		蒸压灰砂普通砖、蒸压粉煤灰普通砖	0.19	0.16	0.13	—
		混凝土砌块	0.15	0.13	0.10	—
		毛石		0.29	0.24	0.17

房屋类别			柱		带壁柱墙或周边拉结的墙		
			排架方向	垂直排架方向	$s > 2H$	$2H \geqslant s > H$	$s \leqslant H$
有起重机的单层房屋	变截面柱上段	弹性方案	$2.5H_u$	$1.25H_u$	$2.5H_u$		
		刚性、刚弹性方案	$2.0H_u$	$1.25H_u$	$2.0H_u$		
	变截面柱下段		H_l	$0.8H_l$	$1.0H_l$		
无起重机的单层和多层房屋	单跨	弹性方案	$1.5H$	$1.0H$	$1.5H$		
		刚弹性方案	$1.2H$	$1.0H$	$1.2H$		
	多跨	弹性方案	$1.25H$	$1.0H$	$1.25H$		
		刚弹性方案	$1.10H$	$1.0H$	$1.1H$		
	刚性方案		$1.0H$	$1.0H$	H	$0.4s + 0.2H$	$0.6s$

注：1. H_u 为变截面柱的上段高度；H_l 为变截面柱的下段高度。

2. 对于上端为自由端的构件，$H_0 = 2H$。

3. 独立砖柱，当无柱间支撑时，柱在垂直排架方向的 H_0 应按表中数值乘以 1.25 后采用。

4. s 为房屋横墙间距。

5. 自承重墙的计算高度应根据周边支承或拉结条件确定。

6. 构件高度 H 应按下列规定采用：

(1)在房屋底层，为楼板顶面到构件下端支点的距离。下端支点的位置，可取在基础顶面。当埋置较深且有刚性地坪时，可取室外地面下 500 mm 处；

(2)在房屋其他层，为楼板或其他水平支点间的距离；

(3)对于无壁柱的山墙，可取层高加山墙尖高度的 1/2；对于带壁柱的山墙，可取壁柱处的山墙高度。

7. 对有起重机的房屋，当荷载组合不考虑起重机作用时，变截面柱上段的计算高度可按本表采用；变截面柱下段的计算高度可按下列规定采用：

(1)当 $H_u/H \leqslant 1/3$ 时，取无起重机房屋的 H_0；

(2)当 $1/3 < H_u/H < 1/2$ 时，取无起重机房屋的 H_0 乘以修正系数，修正系数 μ 可按下式计算：

$$\mu = 1.3 - 0.3 I_u / I_l$$

式中　I_u——变截面柱上段的惯性矩；

　　　I_l——变截面柱下段的惯性矩。

(3)当 $H_u/H \geqslant 1/2$ 时，取无起重机房屋的 H_0。但在确定 β 值时，应采用上柱截面。

上述规定也适用于无起重机房屋的变截面柱。

[1] 胡兴福．建筑结构[M]．5 版．北京：中国建筑工业出版社，2021．

[2] 任红梅，傅赛男，刘真勇．建筑结构[M]．武汉：同济大学出版社，2022．

[3] 杜春燕，唐菁菁，周迎．工程经济学[M]．北京：机械工业出版社，2016．

[4]邵颖红．工程经济学概论[M]．北京：电子工业出版社，2015．

[5]李志生．建筑技术经济学[M]．成都：西南大学出版社，2016．

[6]李慧民．工程经济与项目管理[M]．北京：科学出版社，2016．

[7]王飞．工程经济学与案例分析[M]．北京：高等教育出版社，2015．

[8]熊丹安，杨冬梅．建筑结构[M]．6 版．广州：华南理工大学出版社，2013．

[9]苏小卒．砌体结构设计[M]．2 版．上海：同济大学出版社，2013．

项目编辑：瞿义勇

策划编辑：李　鹏

封面设计：易细文化

建筑结构（第4版）

北京理工大学出版社

BEIJING INSTITUTE OF TECHNOLOGY PRESS

通信地址：北京市丰台区四合庄路6号

邮政编码：100070

电话：010-68914026　68944437

网址：www.bitpress.com.cn

ISBN 978-7-5763-2887-5

9 787576 328875 >

定价：89.00 元